U0189610

《海错图》通考

ANNOTATIONS AND COMMENTS ON *HAICUO TU*,

AN ENCYCLOPEDIA OF MARINE CREATURES IN ANCIENT CHINA

主　编　杨德渐　徐奎栋

副主编　吴旭文

编　者　杨德渐　徐奎栋　吴旭文　张均龙　孙忠民

　　　　蒋　维　张树乾　李　阳　徐　雨

Chief editors　Dejian Yang　Kuidong Xu

Vice chief editor　Xuwen Wu

Editors　Dejian Yang　Kuidong Xu　Xuwen Wu

　　　　Junlong Zhang　Zhongmin Sun　Wei Jiang

　　　　Shuqian Zhang　Yang Li　Yu Xu

中国海洋大学出版社

·青岛·

图书在版编目（CIP）数据

《海错图》通考 / 杨德渐，徐奎栋主编. —青岛：
中国海洋大学出版社，2021.9
　ISBN 978-7-5670-2601-8

　Ⅰ.①海… Ⅱ.①杨… ②徐… Ⅲ.①海洋生物 – 研究
Ⅳ.①Q178.53

　中国版本图书馆CIP数据核字（2020）第198383号

HAICUO TU TONGKAO

《海错图》通考

出版发行	中国海洋大学出版社
社　　址	青岛市香港东路23号　　邮政编码　266071
网　　址	http://pub.ouc.edu.cn
出版人	杨立敏
责任编辑	孙玉苗　　　　　　　　电　　话　0532-85901040
电子信箱	94260876@qq.com
印　　制	青岛国彩印刷股份有限公司
版　　次	2021年9月第1版
印　　次	2021年9月第1次印刷
成品尺寸	210 mm × 297 mm
印　　张	35.5
字　　数	852千
印　　数	1 ~ 2 000
定　　价	298.00元
订购电话	0532-82032573（传真）

序

　　《海错图》，是一部来自民间的"国之重宝"，由清初聂璜工笔彩绘并撰文。

　　聂璜于康熙六年（1667年）起绘，康熙二十六年（1687年）绘成《蟹谱》，至康熙三十七年（1698年）"集稿誊绘，通为一图"。雍正四年（1726年），《海错图》被拆分为4册，深藏清宫，鲜为人知。至抗日战争时期，故宫文物南迁，4册失群。其后，其中3册返回北京故宫博物院，1册收藏于台北故宫博物院。

　　聂璜《图海错序》曰："及客台瓯（台州、温州一带）几二十载，所见无非海物……客淮扬，访海物于河北、天津……近客闽几六载……年来每睹一物，则必图而识之，更考群书，核其名实，仍质诸蜑（蜑）户鱼叟，以辨订其是非。"这说明，聂璜绘《海错图》30余年。聂璜在《图海错序》评曰："古今来，载籍多矣，然皆弗图也。《本草·鱼虫部》载有图，而肖象未真；《山海经》虽依文拟议以为图，然所志者山海之神怪也……"他还说："盖昔贤著书多在中原，闽粤边海相去辽阔，未必亲历其地……故诸书不无小讹。而《尔雅翼》尤多臆说……《本草》博采海鱼，纰缪不少。至于《字汇》一书，即考鱼虫部内，或遗字未载，或载字未解，或解字不详，常使求古寻论者对之惘然。"

　　2013年在拙著《海错鳞雅——中华海洋无脊椎动物考释》付印时，先后收到《中华大典·生物学典·动物分典》编辑部求解的《海错图》的11个和25个条目，即感不俗。及至读《海错图》前3册，不禁啧啧称奇。著有《海错图》的聂璜，应被誉为我国古代研究海洋生物的第一人。古无一人既记述海洋生物之名，又为其绘彩图。虽前有明·文俶著《金石昆虫草木状》，后有清·赵之谦于咸丰十一（1861年）绘《异鱼图》手卷，但乃至民国时期，学者所绘所文皆无出其右者。

《海错图》问世300余年，其在海洋生物和文学艺术研究中的地位和价值甚高，迄今仍未见有任何点校本。可以说《海错图》是中国最早的一部海洋生物志（百科全书），不应被国人所忽视！

　　为寻《海错图》第4册，我们曾主动联系台北故宫博物院并希望联合考释，但因种种原因，未能如愿。所幸，经多方联络，《海错图》终于集成。

　　本书80余万字。书名及成书基于以下缘由：其一，忠于原著原名；其二，使失联于海峡两岸的四册合璧；其三，笔者愿在有生之年，与中国科学院海洋研究所学有所长的中青年专家联袂，倾所学，注其文、校其误，上至先秦下达当代，考其渊源流变，归类整合并融合中西诠释，以补我国生物学、古籍人文书画之所阙。

　　本书编者，特向中国科学院动物研究所王祖望研究员，中国海洋大学陈万青教授、陈大刚教授、孙世春教授、刘云副教授、于子山教授，台湾中兴大学施习德教授，山东师范大学张述铮教授，淮阴师范大学钱仓水教授，作家柳士同先生，纽约世界华语出版社罗慰年先生，中国科学院海洋研究所张素萍研究员、刘静研究员、沙忠利研究员、王少青工程师，海洋文化学者盛文强先生，澎湖科技大学李孟芳教授，南昌大学周宪民教授，以及黄超、王智、杨德援等先生，深表感谢。

　　本书的付梓，还有幸得到中国海洋大学出版社的鼎力支持，并得到国家自然科学基金项目的部分资助。

　　书中试编制了适于《海错图》的检索表，意在便于读者阅读和识别。书中附中文名索引、学名索引、参考书目，旨在便于读者查阅或深入研究。

　　尽管我们有过努力，但学海无涯，书中不当之处在所难免。恳请读者多加指正。

杨德渐

2018年7月17日

2020年5月10日修改

阅 读 说 明

聂璜用名 —— 海鳝——鳞烟管鱼 —— 本书用名

聂璜赞 ——
　　海鳝赞　剑自龙化，舄作凫迁①，鳝跃道傍，变珊瑚鞭。

聂璜文 ——
　　海鳝[一]，色大赤而无鳞。全体皆油，不堪食。干而盘之，悬以充玩而已。大者粗如臂，长数尺，亦赤。

　　张汉逸曰："大者名油龙。"亦有嗜食者云亦肥美。《字汇·鱼部》有"鮹"字，注称海鱼，形似鞭鞘，更有"鯾"字，宜合称之为鯾鮹，则海鳝之状确似也。

聂璜图 —— —— 本书用图

鳞烟管鱼

编者注 ——
注释

　　① 舄（xì）作凫迁　舄，即履（鞋）。据传，汉邺令王乔有神仙之术，每月初一、十五乘双凫飞向都城朝见皇帝。后用"凫舄"指仙履，喻指仙术。

编者校 ——
校释

　　【一】海鳝　此名多有歧义。参见"鳗鲡目"部分。

编者释文 ——
考释

书证 ——
　　南朝梁·顾野王《玉篇·鱼部》："鮹（shāo），鱼名。"明·李时珍《本草纲目·鳞四·鮹鱼》："〔集解〕藏器曰，出江湖，形似马鞭，尾有两歧，如鞭鞘，故名。"

释义 ——
　　鮹如鞭鞘，亦称马鞭鱼。其吻形如烟管，又称烟管鱼。

　　鳞烟管鱼 *Fistularia petimba* Lacépède，隶于刺鱼目烟管鱼科。体裸露无鳞，稍平扁。吻甚长，呈管状，口开于吻管前端。尾鳍叉形，中间鳍条延长成长丝。背部鲜红色，腹部银白色。体长 1 m多。鳞烟管鱼为暖水性底层鱼类，栖于岩礁或珊瑚礁海域，见于黄海、东海、南海。

目 录

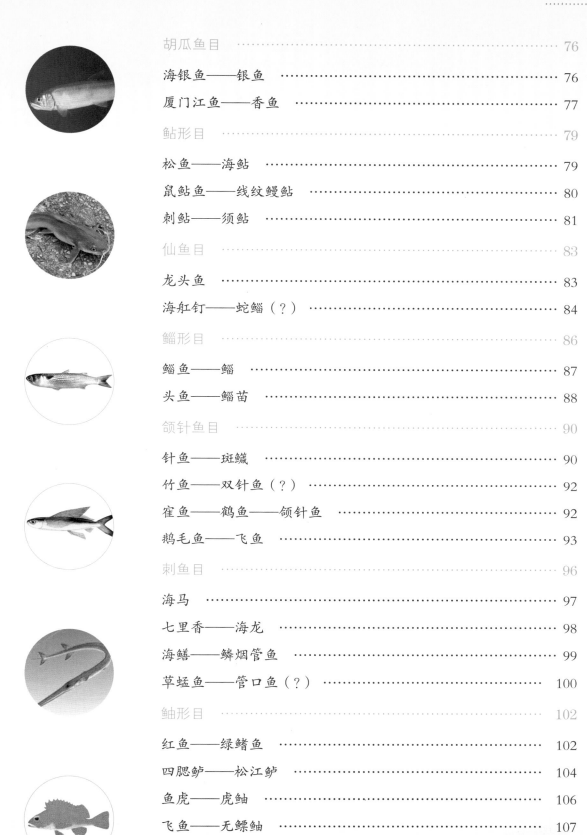

5 海洋软骨鱼

6　海　鞘

7　海星　蛇尾　海胆　海参

8　海　蟹

9　寄居蟹　瓷蟹

10　虾蛄

11　龙虾

17 乌贼 蛸

18 海 螺

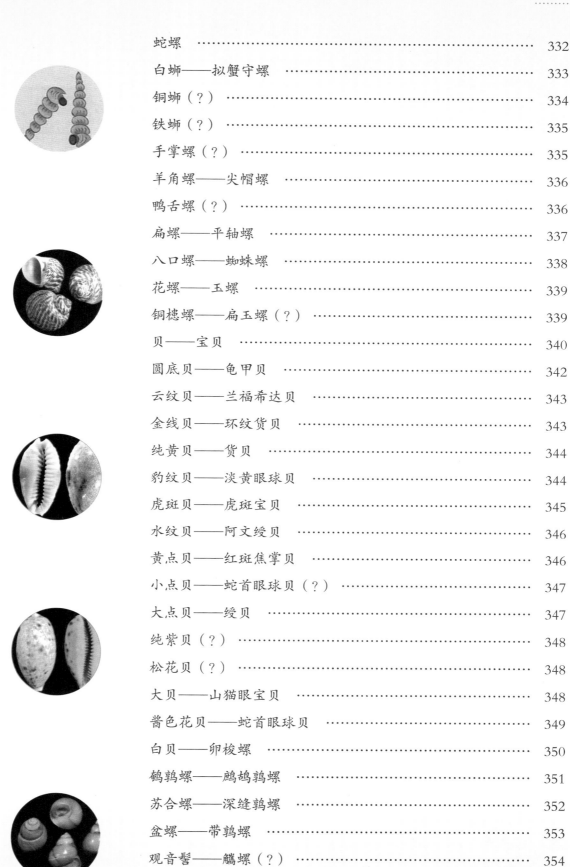

20 石 鳖

21 星虫 环节动物

22 珊瑚　水母

23 夜光虫

24 海洋植物

25 海洋神话动物

26 海洋化生说

27 余 辑

《海错图》序 观海赞 跋文

图海错序 观海赞 附跋文

1

海 兽

海兽，为胎生、哺乳、恒温、有两心室和两心耳的海洋哺乳动物。其中，无毛、具喷气孔者称鲸豚。

通常把鲸豚中体长大于 5 m 者称鲸，小于 5 m 者称豚。

海兽，包括哺乳纲中鲸下目、鳍足亚目、海牛目以及食肉目的海獭和北极熊等种类。极地海域到热带海域都有海兽分布，以大西洋北部、太平洋北部、北冰洋和南极海域分布的数量为多。

《海错图》海兽检索表

1. 仅具前肢，后肢退化 2

　　具前、后肢　　　　　　　　　食肉目（海豹、海狗——北海狗、海驴——北海狮、海獭）

2. 具颈部，无喷气孔　　　　　　　　　　　　　　　　海牛目（人鱼——儒艮）

　　无颈部，有喷气孔　　鲸偶蹄目（海鳝——鲸、井鱼——鲸、环鱼——鲸、跨鲨——鲸、

　　　　　　　　　　　　　　　　　　　　　　　　　　　海狸——江豚）

食肉目

聂璜近访渔民，远问商贾，旁征博引，用力甚勤，然未能亲见大型海洋哺乳动物；且又以鱼为本，并秉承"山有海亦有之"的理念，误把海豹、海狗、海狮绘为豹、狗、驴。

《海错图》食肉目检索表

海豹

海豹赞① 不识有钱，误认作虎，失势难行，观者如堵。

康熙三十一年②，福宁州③南镇海上，渔舟网得海豹。约长二尺余[一]，黑绿色，腹白，身圆，首如豹，有二耳。尾黄白相间，体是鱼皮状而无毛。口中齿如虎鲨，无须。背有圈纹如钱④，四足软而无爪。起网运至家，尚活，乡人齐玩不已，置之于地，四足软弱不能行⑤。

众皆异之，虽老于海上者从未之见。土人以其似虎也，遂以海老虎名。有识之者曰："非虎也，此海豹也。现有钱纹非豹，而何况其尾亦系豹尾式，乌得谬指为虎乎？"

愚按，朝鲜有海豹皮充贡，今此豹未卜是否。后闻海人不敢食，复投之海，则四足履水而去。

环斑小头海豹

注释

① 赞 以四字四言韵文引领正文。此为晋·郭璞《山海经图赞》、明·杨慎《异鱼图赞》文体风格的延续。

②康熙三十一年 1692年。

③福宁州 治所在今福建霞浦。

④背有圈纹如钱 此即环斑小头海豹的鉴别特征。

⑤四足软弱不能行 此即海豹类之共性。

校释

【一】约长二尺余 有语病。"约"与"余"不可同时使用。

考释

海豹，英文名seal；为无外耳壳，鳍状后肢不前弯、恒后伸，无法坐立的海兽。海豹在水中，靠划动后肢游泳，用前肢操纵；在陆或冰上，靠腹部扭（蠕）动，或用前肢拉行。

海豹之称，最早见于唐代。宋·欧阳修等所撰《新唐书》卷一四五："玄宗开元中，（新罗）数入朝，献果下马、朝霞绸（绸）、鱼牙绸（绸）、海豹皮。"按，"玄宗开元"指唐玄宗时期。宋·朱彧《萍洲可谈》卷二："海哥，盖海豹也。有斑文如豹而无尾，凡四足，前二足如手，后二足与尾相纽如一。"康熙版本《登州府志》："海豹……丛居水涯，常一豹护守，如雁奴之类。"清·杨宾《柳边纪略》卷三："海豹皮，出东北海中。长三四尺，阔二尺许，短毛，淡绿色，有黑点。京师人误指为海龙皮，染黑作帽。"

海豹，又常与海狗、海狮、海牛等混称，古有鲯鱼、豽、膃肭兽、牛鱼、海牛、海哥、骨貀兽、阿慈勃他你、骨肭兽、海龙等物名。

我国记录海豹3种：具斑块状色斑的西太平洋斑海豹（原名斑海豹），色斑圆环状的环斑小头海豹和无色斑的髯海豹（须海豹、胡子海豹）。

西太平洋斑海豹 *Phoca largha* Pallas，亦称大齿斑海豹、大齿海豹；属于食肉目鳍足亚目；为国家一级重点保护野生动物，2004年被列入《中国物种红色名录》，属濒危物种。体纺锤形，肥壮而浑圆，长1.2～2 m，重约100 kg。头圆，眼大，颈短，无外耳壳。四肢趾间以皮膜相连，为鳍状。后鳍脚和尾相连，恒向后伸，不能朝前弯，不能上陆步行。全身披毛，灰黄色或炭灰色，具许多黑色和白色小斑。其平时海栖，以鱼和软体动物为食，繁殖时上陆或上冰。斑海豹栖息于温带、亚寒带沿海，在我国主要分布于渤海，少数见于黄海、东海。

西太平洋斑海豹

髯海豹

海狗——北海狗

　　海狗赞　既不吠日，又不吠雪，生于齐东，牡者性热。

　　《海语》曰，海狗，似狗而小，其毛黄色。尝海游背风沙中。遥见船行则投海，渔人以技获之。盖利其肾也，医人以为即腽肭脐①。

　　愚按，海狗与腽肭脐当是二种[一]。考据《异鱼图》，则知腽肭脐是兽首而鱼身，考据《海语》则知海狗如狗形。今山东海上果有其物，云牡一而牝百，每逐队行。人取牡者，用其肾以扶阳道。然真者难得。

北海狗　　　　　　（自《古今图书集成》）

注释

　　①腽（wà）肭（nà）脐　参见"腽肭脐——雄性海狗泌尿生殖系"条。

校释

　　【一】海狗与腽肭脐，当是二种　聂璜误认为腽肭脐为一物种。

考释

　　《山海经·北山经》："（北岳之山）诸怀之水出焉，而西流注于嚣水，其中多鮨鱼。鱼身而犬首，其音如婴儿，食之已狂。"晋·郭璞注："（鮨）音诣。""今海中有虎鹿鱼及海狶，体皆如鱼而头似虎鹿猪，此其类也。"郝懿行云："推寻郭义，此经鮨鱼，盖鱼身鱼尾而狗头，极似今海狗，本草家谓之骨（腽）肭兽是也。"《金史·太宗本纪》："往者岁捕海狗、海东青（又名矛隼）、鹘鹕（hú，古指助猎鸟）于高丽之境。"明·郭裴《广东通志·海狗》记："海狗纯黄，形如狗，大如猫。常群游背风沙中，遥见船行则没海。渔以技获之，盖利其肾也，医工以为即腽肭脐云。"

海狗，英文名为fur seal，俗称海熊；属于食肉目鳍足下目海狮科。我国有北海狗 *Callorhinus ursinus*（Linnaeus）。体纺锤形，灰黑色，被厚密绒毛并有粗毛。四肢鳍状，前鳍长、大，后鳍自脚踝处前弯。海狗可坐立，坐姿似狗；可上陆步行、跳跃。海狗在水中，靠前鳍推进游泳；在陆地上，以四肢着力在地面移动。

雄性体长可达 2.4 m，体重 180~300 kg。雌性比雄性体形小很多。海狗上陆生殖，一大型雄性个体可控制百只雌性。海狗以鲱鱼、沙丁鱼、青鱼和乌贼等为食。其毛皮珍贵，尤以栗色绒毛者最佳，不亚于貂皮，称为海龙皮。其雄性生殖器官如睾丸、输精管、阴茎经干燥后入中药，名腽肭脐、海狗肾。海狗难驯，能上场表演顶球者是海狮。

海狗是分布于北太平洋白令海、鄂霍次克海的迁徙动物，少数游来黄海、东海、南海，在我国一度被捕猎殆尽。

腽肭脐——雄性海狗泌尿生殖系

腽肭脐赞　兽头鱼体，似非所宜，考据有本，见者勿疑。

《异鱼图》内有腽肭脐。《本草》仿其形图之，兽头、鱼身、鱼尾，而有二足。并载《异鱼图说》云："试腽肭脐者，于腊月冲风处置盂，水浸之，不冻者为真。"若系狗形，不当入《异鱼图》。今其说既出《异鱼图》内，则其为鱼形，可知《本草》内游移不定，不能分辨。《衍义》云："腽肭脐，今出登、莱州[①]。"《药性论》谓是狗外肾，《日华子》又谓之兽。

今观其状，非狗非兽，亦非鱼。淡青色，腹腰下白皮厚且韧如牛皮，边将多取以饰鞍鞯，今人多不识。

愚按，《登州志》有海牛岛，有海牛，无角，足似龟，尾若鲇鱼，见人则飞赴水，皮堪弓鞬。又有海獭，亦上牛岛产乳，逢人则化为鱼入水。若此，则海中之兽多肖鱼形。腽肭脐善接物，或即海獭之类。又《字汇》注"鱼"字曰："兽名，云似猪，其皮可饰弓鞬，遂指为海猪。非是。"今观腽肭脐之皮，坚厚如牛皮。《诗》所谓象弭鱼服[②]，或即此也。而《字汇》不能深辨腽肭脐确有其物，而海狗又实有海狗，其肾或皆可用，故图内两存之。《字汇·鱼部》有"𩾌"字、"𩽾"字，为鱼中犬狗存名也。

（自明·文俶）

注释

① 莱州　治所在掖县。1988年撤销掖县，设莱州市。

② 象弭（mǐ）鱼服　句出《诗·小雅·采薇》："四牡翼翼，象弭鱼服。"象弭，以象牙装饰的弓梢；鱼服，用鱼皮制成的箭袋。

考释

膃，本义为动物温热的身体。膃肭，在古汉语中也指肥软之貌。有文称，是北海道、萨哈林岛（库页岛）和千岛群岛虾夷族（阿伊奴族）语onnep之音转。明·李时珍《本草纲目·兽二·膃肭兽》："《唐韵》：膃肭，肥貌。或作骨貀，讹为骨讷，皆番言也。"

膃肭兽，特指日本北部之海狗。明·文俶《金石昆虫草木状》彩图中生物（见上）亦混称膃肭脐。

"脐"一义为肾，故膃肭脐当释为膃肭肾。中药之膃肭脐，指雄性海狗的阴茎、睾丸等的干制品（切片），据古代药学典籍记载具温肾壮阳之功效。

海狗，分布于北太平洋，偶见于我国黄海、东海、南海。随着海狗资源的匮乏，人们常以在我国较多的海豹充之。久之，海狗、海豹则混称膃肭兽，又误称膃肭脐。

聂璜未能亲见，又承袭古记，将"膃肭脐"绘成鱼身、狗头，甚误。参见"海豹""海狗——北海狗"等条目。

海驴——北海狮

海驴赞　黔地难求，海岛可遘①，龙种更奇，能与虎斗。

海驴，全是驴，山东海上常有之。《登州志》载："海驴岛与海牛岛相近。海驴常以八、九月上岛产乳，其皮可以御雨。海牛无角而紫色，长丈余，足似龟。"《海语》载："海驴多出东海，状如驴。舶人有得其皮者，毛长二寸②，能验阴晴，用以为褥，能别人之善恶〔一〕。"又《明纪》载："刘马太监③从西番得一黑驴进上，能一日千里，又善斗虎。上取虎城牝虎与斗，一蹄而虎毙。又另斗牡虎，三蹄而虎毙。后取斗狮，被狮折其节。刘大恸，盖龙种也〔二〕。"

北海狮

注释

① 遘（gòu）　相遇。

② 毛长二寸　雄性成体颈部具鬃状长毛。

③ 刘马太监　为三随明成祖北征蒙古、总督京营兵马的太监刘永诚之别称。

校释

【一】能别人之善恶　无据。

【二】盖龙种也　为传说，不可信。

考释

聂璜臆造，将北海狮绘成善踢之驴。

宋·乐史《太平寰宇记》卷二〇："海驴岛，岛上多海驴。常以八、九月于此岛乳产。皮毛可长二分，其皮水不能润，可以御雨。时有获者，可贵。"宋·孔平仲《常甫招客望海亭》诗："海中百怪所会聚，海马海人并海驴。"明·李时珍《本草纲目·兽部一·海驴》："东海岛中出海驴，能入水不濡。"不濡乃不沾湿，说明系北海狮，绒毛少、体多裸露、颇具油性。

北海狮 *Eumetopias jubatus*（Schreber），属于哺乳纲食肉目鳍足下目海狮科，英文名为 sea lion，古称海驴，亦称北太平洋海狮、斯氏海狮。其叫声似狮吼，因以得名。北海狮是海狮属中体形最大的一种，体长近 3 m，重达 1 t。北海狮黄褐色，体形瘦长，头顶略凹，具外耳壳，眼大，颈长，被毛粗短，无明显的绒毛，雄性成体颈部生有鬃状长毛。其主要以底栖鱼类和头足类、蛤、海蜇为食，且多整吞而不加咀嚼。为助消化，其需吞食些小石子。其分布于太平洋，从阿拉斯加、阿留申群岛到澳大利亚海域都有。在我国江苏启东、辽宁大洼偶有获者。

北海狮天资聪明，易驯养，可学会顶球、投篮、钻圈，用后肢站立，用前肢倒立行走，甚至能跃过距水面 1.5 m 高的绳圈，在动物园和水族馆是颇受欢迎的角色。

海獭

海獭赞　殃民者盗，害鱼者獭，盗息獭除，民安鱼乐。

海獭，毛短黑而光。形如狗，前脚长，后脚短①。康熙二十七年②三月，温州平阳徐城守好畜野兽，乳虎、鹿、兔，无不取而养饲之。其日，兵汛守海边，见沙上有狗脚迹，知必有獭。凡獭，在海日潜而食鱼，夜多登岸，乃张网于海岸俟之。至夜，果有一獭入其彀③中，乃笼。送营主，日饲以鱼，养至二年，颇驯。

愚按，獭善水性，故能入水，狗不能没水。近闻京都有捕鱼之狗，疑狗母与獭接而生之〔一〕，狗故有獭性。亦犹搏虎之犬，犬与狼接而生，遂易犬性。物理新奇，即此二端，可补入《续博物志》。

海獭

注释

①前脚长，后脚短　此为海獭特征之一。

②康熙二十七年　1688年。

③彀（gòu）　比喻圈套、陷阱。

校释

【一】狗母与獭接而生之　系杜撰。

考释

聂璜所述无据，难续《博物志》。其所绘似善跑之狗，而非善游之獭。

先秦记獭。《逸周书·时训解》："惊蛰之日，獭祭鱼。"《礼记·月令》："（孟春之月）东风解冻，蛰虫始振。鱼上冰，獭祭鱼，鸿雁来。"东汉·许慎《说文》："獭，如小狗，水居食鱼。从犬，赖声。"唐·段成式《酉阳杂俎》卷五："元和末，均州郧乡县有百姓，年七十，养獭十余头，捕鱼为业。"此皆指淡水的水獭。

海獭之名，见于唐·陈藏器《本草拾遗》："海獭，生海中。似獭而大如犬，脚下有皮如人胼拇，毛着水不濡。人亦食其肉。"其后，宋·唐慎微《证类本草》、宋·范成大《桂海虞衡志》、明·李时珍《本草纲目·兽部二·海獭》等，均有收录。清·郭柏苍《海错百一录》卷五："其肉腥臊，海人剥其皮为帽、为领。但南风发潮，易烂而不蛀。"

海獭 *Enhydra lutris*（Linnaeus），属于食肉目鼬科。英文名 sea otter。体长约 1.5 m，重近 50 kg。头小，具耳壳。躯干肥圆，后部细。眼小。齿尖，短而钝。前肢小而裸，适于把持食物和梳刷绒毛。后肢扁平，趾间有蹼且连成鳍状，适于游泳。尾扁平，长度约为体长的 1/4，游泳时用以当舵。毛皮深褐色，密被厚绒毛。海獭喜群栖，于近海岸生活，几乎不上陆活动，亦从不远离海岸。其喜仰游，嗜吃蟹、海胆、鲍等。海獭主要分布于北太平洋。

海鼠——小爪水獭

> 海鼠赞　鼠不穴社，乃栖海边，鼠鲇与邻，宁不垂涎。
>
> 海鼠，灰白色，穴于海岩石隙。能识水性，潮退则出穴觅食。此鼠，鲇鱼之所以能见狎[①]也。

小爪水獭

注释

① 狎（xiá）　亲近而不庄重，或指交配。古人对鼠的印象一向不佳，戏称鼠可与多种动物交配。参见"化生说""海洋神话动物"诸条。

考释

宋·周去非《岭外代答》："山獭，出宜州溪峒。俗传为补助要药。峒人云，獭性淫毒……"按，宜州属于广西中部偏北的河池市，溪峒为西南地区少数民族聚居地之旧称。此后，明·李时珍《本草纲目》、清·屈大均《广东新语》等所录均出一辙，且多有淫词秽语。

小爪水獭*Aonyx cinerea*（Illiger），属于食肉目鼬科，是世界上最小的水獭，俗称水鬼、水怪。英文名 oriental small-clawed otter 或 Asian small-clawed otter。体赭色至暗棕色，富有光泽。下颌前方和两侧为灰白色，鼻部粉红色或略黑。头短而阔，齿粗大。四肢短小。足具五趾且趾间蹼膜不完全，足垫大而厚。尾基部宽厚；近尾端渐变尖，毛短而稀，几近裸露。体长 40～63 cm，尾长 26～30 cm，体重 2.7～5.4 kg。小爪水獭分布于台湾、福建、海南等地，筑巢穴居，常多只组群嬉戏。其食蟹、软体动物、两栖动物，也吃昆虫和小型鱼类。人类的过度捕猎和环境的污染使其数量下降。小爪水獭为国家二级重点保护野生动物，并被列入《世界自然保护联盟濒危物种红色名录》。

海牛目

人鱼——儒艮

人鱼赞　鱼以人名，手足俱全，短尾黑肤，背鬣①指胼②。

人鱼，其长如人。肉黑发黄，手足、眉目、口鼻皆具，阴阳亦与男女同。惟背有翅，红色，后有短尾及胼指，与人稍异耳。粤人柳某曾为予图，予未之信。及考《职方外纪》，则称此鱼为海人。《正字通》作魜③，云即鰕鱼。其说与所图无异，因信而录之。

此鱼多产广东大鱼山、老万山海洋。人得之亦能着衣饮食，但不能言，惟笑而已。携至大鱼山，没入水去。郭璞有《人鱼赞》。《广东新语》云："海中有大风雨时，人鱼乃骑大鱼，随波往来，见者惊怪。"火长有祝④云："毋逢海女，毋见人鱼。"

（自《山海经》）

儒艮

海牛

注释

①背鬣（liè）背部生有鳍或毛。

② **指胼（pián）** 指间具皮相连。

③ **魜（rén）** 人鱼，即儒艮。

④ **火长有祝** 火长，船上指挥众水手驾驶船舶的大头目。清乾隆抄本《送船科仪》中记载了清代福建航船上的工种有"船主、裁副、香公、舵工、直库、火长、大寮、二寮、押工、头仟、二仟、三仟、阿班、杉板工、头锭、二锭、总铺"。祝，祈祷。当时人们认为遇到"海女""人鱼"为不祥之兆。

考释

《山海经·海内北经》："陵鱼，人面手足鱼身，在海中。"袁珂校注："《楚辞·天问》云：'鲮鱼何所？'刘逵注《吴都赋》引作'陵鱼曷止'，即人鱼也。"

晋·干宝《搜神记》卷十二："南海之外，有鲛人。水居如鱼，不废织绩。其眼泣，则能出珠。"南朝梁·任昉《述异记》卷上："鲛人，即泉先也，又名泉客。"宋·聂田《徂异记》："查道使高丽，见妇人红裳双袒，髻鬟纷乱，腮后微露红鬣，命扶于水中，拜手感恋而没，乃人鱼也。"清·郭柏苍《海错百一录》："美人鱼，人首鱼身，无鳞，膁下微红，稍具秒状。福清、江阴、连江各澳，偶有触网，则海水不利，辄弃之。"

清·屈大均《广东新语》："有卢亭者，新安大鱼山与南亭竹没老万山多有之。其长如人，有牝牡，毛发焦黄而短，眼睛亦黄，而臀黑，尾长寸许。见人则惊怖入水，往往随波飘至，人以为怪，竞逐之。有得其牝者，与之媱（嬉戏）。不能言语，惟笑而已，久之能着衣食五谷，携之大鱼山，仍没入水，盖人鱼之无害于人者。""人鱼雄者为海和尚，雌者为海女。"清·邓淳《岭南丛述》："大奚山，三十六屿，在莞邑海中。水边岩穴，多居蜑（疍）蛮种类，或传系晋海盗卢循遗种。今名卢亭，亦曰卢余。"传说，该半人半鱼的生物卢亭（卢余），为东晋末年反晋首领卢循之后，后居香港大奚山上，为疍家人的始祖（参见"砚台螺——蜑螺"条）。

《海错图》中的人鱼，非淡水中的大鲵（娃娃鱼、啼鱼），应指儒艮。

儒艮 *Dugong dugon*（Müller），成体背面灰白色，腹面色稍浅。体呈鱼雷状。吻下弯，前端为具短密刚毛的吻盘。鼻孔位于吻盘背面，具活瓣。耳小，无耳郭。其仅具桨状、无指甲的前鳍（肢）。尾叶分叉，水平位。雌性儒艮鳍肢下方具乳房，哺乳时可拥抱幼崽露出水面，憨态可掬，故常被称为"美人鱼"。儒艮体长 2.5～4 m，体重 250～500 kg。其 6 岁性成熟，寿命可达 50 年，最高纪录达到 73 年。

儒艮多出没于距海岸 20 m 左右的海草丛，可随潮水进入河口，很少游向外海。其主食多种海藻，是终身的素食者。儒艮主要分布于西太平洋及印度洋的热带浅海，在我国广西、台湾海域曾有分布，今已罕见。

与儒艮同属于海牛目的海牛，尾部扁平，尾缘略呈圆弧形，外观犹如大型的桨，在我国无分布。人们常把儒艮混称为海牛。

鲸偶蹄目

《海错图》鲸偶蹄目检索表

1. 呼吸孔1对；成体口内无齿具鲸须（须鲸）..2

　呼吸孔1个；成体口内具齿无鲸须（齿鲸）..3

2. 具背鳍（须鲸科）..大翅鲸（座头鲸）、蓝鲸

　无背鳍..4

3. 上颌远长于下颌；仅下颌具齿..5

　上颌与下颌几乎等长；上、下颌皆具齿..6

4. 无背肉峰；仅头部具角质皮茧（露脊鲸科）..露脊鲸

　具背肉峰；躯干部亦具加厚的结节（灰鲸科）..灰鲸

5. 头呈方形..抹香鲸

　头不呈方形..小抹香鲸

6. 喉部具腹褶（折沟）..喙鲸

　喉部无腹褶（折沟）..7

7. 鼻孔前具瘤状突起；侧齿扁铲状（鼠海豚科）..江豚

　鼻孔前无瘤状突起；齿圆锥形..8

8. 喙上翘；背鳍基部长于鳍高..白鱀豚

　喙不上翘；背鳍基部不长于鳍高..海豚（虎鲸、瓶鼻海豚）

海鳅——鲸

海鳅赞　海中大物，莫过于鳅，身长百里，岂但吞舟！

海鳅，《字汇》从酋，不从秋。愚谓酋健而有力也，故曰酋劲。是以古人称蛮夷，以野性难驯为酋。今鱼而从酋，其悍可知。即今河泽泥鳅虽至小，亦倔强难死。海鳅之为海鳅，可想见矣。《字汇》惜未痛快解出。《尔雅翼》①称："海鳅大者②，长数十里。穴居海底，入穴则海溢为潮[一]。"《汇苑》载："海鳅，长者直百余里。牡蛎聚族其背，旷岁之积，崇十许丈，鳅负以游。鳅背平水，则牡蛎嶂岓③如山矣。"又闻海人云："海鳅斗，则潮水为之赤。"

愚按，海鳅甚大，多游外洋。即④小海鳅，网中亦不易得，难识其状。闻洋客云："日本人最善捕，云其形头如犊牛而大，偏身皆蛎房攒喋⑤。"与《汇苑》之说相符。予因得其意而图其背，欲即以此大畅海鳅之说。

康熙丁卯⑥，偶于山阴道上遇舶贾杨某，三至日本，偕行三日，尽得其说，笔记其事为十八则。后复访之苏杭舶客，斟酌是非，集为《日本新话》，附入《闻见录》，海鳅之说则绪余⑦也。

据洋客云："日本渔人以捕海鳅为生意，捐重。本人数百渔船，数十只出大海，探鳅迹之所在。以药枪标之，鳅身体皆蛎房，壳甚坚。番人验背翅可容枪处，投之药枪数百枝，枪颈皆围锡球令重，必有中其背翅可透肉者。鳅觉之，乃舍窠穴游去，半日仍返故处。又以药枪投之。鳅又负痛去，去而又返。又投药枪。如是者三，药毒大散，鳅虽巨，惫甚矣。诸渔人乃聚舟，以竹绠牵拽至浅岸，长数十丈不等。脔⑧肉以为油，市之。日本灯火皆用鳅油，而伞扇器皿雨衣等物皆需之，所用甚广，是以一鳅常获千金之利。惟肠可食，其脊骨则以为舂臼。其至大者灵异难捕，往往浮游岛屿间。背壳嶙峋如大山，舶人不识，多有误登其上，借路以通樵汲者。"

取舶客之论以参载籍之所记，可谓伟观矣。夫海鳅，无鳞甲者也。狡狯之性，必故受阳和⑨滋生诸壳，以为一身之捍卫。尝闻山猪每啮松树，令出油，以身摩揉皮毛，胶粘滚受沙土，如是者数数，久之，其皮坚厚如铁石，不但猎人刀镞不能入，即虎狼牙爪亦不能伤[二]。观于海鱼山兽之用心自卫如此，人间勇士可忘甲胄哉？

海鳅之背，尝有儿鳅伏其上[三]。海人所得之鳅，皆儿鳅也。

海中大物，莫如海鳅。《珠玑薮》云长数千里，予未之信。及阅《苏州府志》，载"明末，海上有大鱼过崇明县，八日八夜始尽"。《事类赋》所载"七日而头尾尽"者，居然伯仲矣。其余边海州县所志滩上死鱼长十丈不等者，不渺乎小哉？木元虚《海赋》曰："鱼则横海之鲸，突兀孤游，巨鳞刺云，洪鬐插天，头颅成岳，流血为渊。"海人云："舟师樵汲⑩，常误鱼背以为山。"又云："海鳅斗，则海水为之尽赤[四]。"此"成岳""为渊"之明验也。

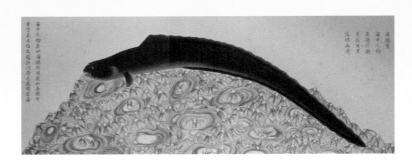

大翅鲸（座头鲸）（左）和长须鲸（右）（自《中国海洋生物图集》）

注释

①《尔雅翼》 宋代罗愿作，解释《尔雅》之词汇，以为《尔雅》辅翼，故名《尔雅翼》。聂璜评该书"尤多臆说"。

② 海鳅大者 语出《水经》："海中鳅，长数千里，穴居海底。入穴则海溢鳅潮，出穴则潮退。出入有节，故潮水有期。"

③ 峍屼（lù wù） 亦作"峍兀"。高耸。

④ 即 即使，就算。

⑤ 蛎房攒唼（zuō） 攒唼，聚集而咬吃。蛎房宜记为藤壶。

⑥ 康熙丁卯 康熙二十六年（1687年）。

⑦ 绪余 残余。示意犹未尽。

⑧ 脔（luán） 切肉成块。

⑨ 阳和 春天温暖的天气。

⑩ 樵汲 打柴、汲水。

校释

【一】入穴则海溢为潮 潮汐的产生，与鲸无关。见考释文。

【二】尝闻山猪每啮松树……即虎狼牙爪亦不能伤 此处所述为臆想，十分有趣。

【三】有儿鳅伏其上 此为聂璜的想象。

【四】海鳅斗，则海水为之尽赤 为古人杜撰。

考释

聂璜绘儿鳅伏背，言海鳅"入穴则海溢为潮"，均显示海鳅之巨大。把儿鳅绘为海鳗样，系误认为海鳛为"鱼"或未亲见海鳛所致。

关于潮汐的起因，宋·罗愿《尔雅翼·释鱼三》亦称："鲸，海中大鱼也。其大横海吞舟，穴处海底。出穴则水溢，谓之鲸潮。或曰：'出则潮下，入则潮上。'其出入有节，故鲸潮有时。"

汉·王充《论衡》："涛之起也，随月盛衰。"清·屈大均《广东新语》卷二十："昔人多以为潮者海鳛之所为，不知潮长则海鳛随之出，潮消则海鳛随之入。海鳛之出入以潮，非海鳛之自能为潮也。此海鱼之应潮者也。"

井鱼——鲸

井鱼赞　鱼头有水，海岛有泉，其味皆淡，妙理难诠。

井鱼，头上有一穴，贮水冲起[一]。多在大洋，舶人常有见之者。

《汇苑》载："段成式云，井鱼，脑有穴。每嗡①水辄②于脑穴，瘦③出如飞泉，散落海中，舟人竞以空器贮之。海水咸苦，经鱼脑穴出，反淡如泉水焉。"又《四译考》④载："三佛齐⑤海中，有建同鱼，四足，无鳞。鼻如象，能吸水，上喷高五六丈。"又《西方答问》内载："西海内一种大鱼，头有两角，而虚其中。喷水入舟，舟几沉。"说者曰："此鱼嗜酒嗜油，或抛酒油数桶，则恋之而舍舟也。"又《博物志》云："鲸鱼鼓浪成雷，喷味[二]成雨。"

《惠州志》亦称："鲸鱼头骨如数百斛⑥，一大孔大于瓮。"又《本草》称："海狖脑上有孔，喷水直上。"除海狖已有图外，诸说鱼头容水，予概以井鱼目之而难于图。今考《西洋怪鱼图》，内有是状，特摹临之，以资辨论。

尝读《变化论》⑦，曰："人能变火，龙能变水。"人能变火者，人身三焦五脏之火，无端而生，病皆生于火，故病字从丙。龙能生水者，龙借江湖之水以行雨，其水有限。龙能吞吐变幻而出之，以少为多，以近布远，如星星之火，可以燎原也。今观建同等鱼，并能生水，可知水族皆能变水，不止于龙也。是以江海泛溢，风起云涌，不崇朝⑧而桑田变成沧海者，宁独龙雨如澍⑨哉？海鱼并乘风潮，从而和之。

《说文》云："池鱼满三百六十，则蛟来为长，率之而飞。"海鱼之多，何止亿万？龙之招引而起，以壮风云之气，有断然者。但洪水为灾，则天地昏惨，神鬼号呼，民尽为鱼，谁能见之者？既难则论者无据，是以古今载籍多未言及。吾则有以验于安常处顺⑩之日矣。

盖滨海之乡，当夏秋之间，或龙雨未兴，尝有风云疾起，海上诸鳞介皆得逞一技一能以布雨，风起云涌而雨至，风过云散而雨收。一日之间，凡数十次，田禾利之。此非龙雨，而海中鱼虫之雨，老农皆能辨之。至于近海之乡，天欲作霖，则雾先起于海，而后漫延于山，取说原鼍能吐雾致雨之语。合之井鱼诸说，而证之于图，信乎？水族并能变水，世所论则但称龙云[三]。

（自《西洋怪鱼图》）

（自《坤舆图说》）

（自《古今图书集成》）

注释

① 嗡（wēng） 象声词。

② 辄（zhé） 总是，就。

③ 蹙（cù） 有紧迫、骤然收缩之意。

④《四译考》 即《四译馆考》，清代江蘩撰，记外藩进贡事，兼及海外风物。

⑤ 三佛齐 大巽他群岛上的一古国。唐、宋两代与三佛齐国多有往来。1470年三佛齐国灭亡。

⑥ 斛（hú） 升、斗、斛（石）为古代容量单位。唐朝以前，斛为石之旧称，一斛为十斗。宋代将斛与石分开，一石为二斛，故一斛为五斗。

⑦《西方答问》《西洋怪鱼图》《变化论》 明末自西方引入，其中《西方答问》为意大利传教士艾儒略所作；其他两种不知何人所为，或亦为传教士之作。

⑧ 崇朝 从天亮到早饭时。有时喻时间短暂，犹言一个早晨，亦指整天。

⑨ 澍 音shù，及时的雨；音zhù，古同"注"，灌注。

⑩ 安常处顺 句出《庄子·养生主》："适来，夫子时也；适去，夫子顺也。安时而处顺，哀乐不能入也。"意指习惯于正常生活，处于顺利境遇。

校释

【一】头上有一穴，贮水冲起　此穴为喷气孔。后诸书所载"贮水冲起"，均无依据。

【二】味　笔误，当为"沫"，"喷沫成雨"。

【三】水族并能变水，世所论则但称龙云　系神话。

考释

聂璜把鲸画为鳍、爪具备之巨型"鱼"，且绘出了其"喷沫成雨"的情态，似袭明末清初南怀仁《坤舆图说》之图。

鲸在换气时，由鼻孔（喷气孔）呼出的气体、少量海水和体内分泌的黏液，在遇到冷空气后，则形成异常壮观的雾柱（喷气水柱），即所谓"贮水冲起"。露脊鲸两鼻孔通畅，雾柱呈V形，侧面观似一条水柱，可高达7 m。蓝鲸的雾柱可达6～12 m，有时左股高于右股。抹香鲸左鼻孔通畅而右鼻孔堵塞，雾柱呈45°角向左前方喷出，常低于2 m，也有达5 m的。

殷墟出土过鲸骨，说明3 000年前，我国先民已知鲸，或视其为鱼。其大如京（城），故制字从鱼为鲸。汉·许慎《说文·鱼部》："鳔，海大鱼也。从鱼，畺声。""鲸，鳔或从京。"《汉书·杨雄传》："乘巨鳞，骑京鱼。"汉·杨孚《异物志》："鲸鱼，长者有数十里。雄曰鲸，雌曰鲵。"三国魏·曹操《四时食制》："东海有鱼如山，长五六里，谓之鲵。"晋·崔豹《古今注》卷中："鲸鱼者，海鱼也。大者长千里，小者数千丈，一生数万子，常以五六月间就岸边生子，至七八月，导从其子还大海中。鼓浪成雷，喷沫成雨。水族惊畏，一皆逃匿，莫敢当者。"晋·张湛注《列子·汤问篇》："有鱼焉，其广数千里，其长称焉，其名为鲲。"唐·段成式《酉阳杂俎》："井鱼，脑有穴。每翕水辄于脑穴，蹙出如飞泉，散落海中，舟人竞以空器贮之。海水咸苦，经鱼脑穴出，反淡如泉水焉。"唐·刘恂《岭表录异》卷上："海鳅，即海上最伟者也，其小者亦千余尺。吞舟之说，固非谬也。"唐·李白《临江王节士歌》："安得倚天剑，跨海斩长鲸。"唐·释玄应撰《一切经音义》卷一："摩迦罗鱼，亦言摩竭鱼，正言摩迦罗鱼，此云鲸鱼，谓鱼之王也。"唐·慧琳《慧琳音义》卷四十一："摩竭，海中大鱼，吞啖一切。"南怀仁《坤舆图说》："把勒亚，身长数十丈，首有二大孔，喷水上出，势若悬河。见海舶则昂首注水舶中，顷刻水满舶沈（沉）。遇之者以盛酒钜木罂投之，连吞数罂，俯首而逝。"按，"首有二大孔"是下述须鲸之特征。

明·屠本畯《闽中海错疏》卷上："海鳅……舟人相值，必鸣金鼓以怖之，布米以厌（此作满足解）之。鳅攸然而逝，否则，鲜不罹害。"清·郭柏苍《海错百一录》卷一："舶猝遇之，如当其首，辄震以铳炮，鳅惊，徐徐而没，犹漩涡数里，舶颠顿久之乃定，人始有更生之贺。"清·杨慎《异鱼图赞》卷三："鱼之最巨，曰海鳅尔。舟行逢之，不知几里。七日逢头，九日逢尾。产子仲春，赤遍海水。"《海错图》五绘鲸，记鳅、井鱼、环鱼、跨鲨、海狗。

今，鲸类动物统称鲸，英文名whale。体呈纺锤形，长1～30 m，裸露无毛。前肢鳍状，后肢退化。尾鳍水平状，中间凹。喷气孔1个或2个，位于头顶。鲸需出水行肺呼吸。胎生，一般一胎一仔，哺乳。皮下脂肪很厚，借以保持恒定体温。无外耳壳，听觉灵敏。有些种类具洄游习性，夏季寒海索饵，冬季暖海产仔。全球约计 90 种，我国记有 35 种。可分为口内无齿有须的须鲸（如蓝鲸、长须鲸、座头鲸、露脊鲸、灰鲸等）和口内无须有齿的齿鲸（如抹香鲸、虎鲸、领航鲸、海豚等）。

鲸肉可食，皮可制革，脂肪可炼油，须可制作工艺品，骨可制肥料和中药，内脏可提取维生素；而抹香鲸消化道内似结石的龙涎香又为名贵的保香剂。鲸因被过度猎捕，已濒于灭绝。我国将鲸列为国家重点保护野生动物。有报道说，1904～1920 年在南极海域记录到体长 33.58 m 的蓝鲸，再后捕到重 190 t 的蓝鲸。有人推算一头蓝鲸一次即可滤食 200 万只磷虾。

环鱼——鲸

环鱼赞　海鱼衣绯，何以伛偻？密迩①龙王，敢不低头？

康熙二十五年②七月，平湖县点一和尚同李闻思过海盐天宁寺，见一湾鱼，墨红色，其尾与划水③皆黑。云自海随潮进，顺龙江潮退，厄于埼岸不能出。渔人捕之，约重二千斤，抬至岸，其体曲而不直。老人云："此环鱼也。"海盐城中观者如堵，尽商其肉为油。

考《博物》等书，虽无环鱼，而《字汇》有"鳏鱼"，云与鳏④同。若此，则是鱼即则鳏鱼也。鳏鱼，虽有名，而无有明言其状者。今据其形而思其义，鳏独之状显然。水族虽繁，谁与结同心哉⑤？有鳏在下，始于《虞书》，其字最古，沿及周世，惠鲜鳏寡，怀保小民，鳏之为鳏，典籍昭然。

夫⑥凤管、牺尊、饕餮、梼杌⑦，古人取象，后世考核，必实有一物，且有深意存于其间。鳏鱼肖象穷独，宁独托之空言乎？由字义以按鱼形，吾愿天下博物君子共为推论，何如？又，考《惠州志》有鳏鱼，云："大如指，长八寸，脊骨美滑，宜羹。"未识其状亦鳏否也。存附于此，以俟高明。

又按，鳏鱼非虚名也，必实一种鱼名。鳏者，《诗》云："其鱼鲂鳏。"鲂与鳏，两种也。又，《孔丛子》曰："卫人钓于河，得鳏鱼，其大盈车。"则鳏鱼亦有甚大者。今鳏与鳏同，可想见矣。

虎鲸（自《中国海洋生物图集》）

①**密迩** 亦作"密尔"，很接近。

②**康熙二十五年** 1686年。

③**划水** 指鳍。

④**鳏（guān）** 本指一种大鱼，即鳡（gǎn），又名黄钻、竿鱼，古称贤鳏鱼。腹平，头似鲩，口大，颊似鲇而色黄，鳞似鳟而稍细。大者三四十斤。其性情凶猛。

⑤**水族虽繁，谁与结同心哉** 水族虽多，有谁能与鳏鱼结为同心伴侣呢？

⑥**夫** 相当于"这"或"那"。

⑦**凤管、牺尊、饕餮（tāotiè）、梼杌（táowù）** 传说的龙子名。凤管乃笙箫或笙箫之乐的美称。牺尊指牺牛造型的盛酒器，多见于春秋战国和商周。饕餮，羊身人面、眼在腋下、虎齿人手而贪吃，其名喻贪婪之徒。梼杌，传说是一种猛兽或远古"四凶"之一，泛指恶人等。参见"海洋神话动物"部分。

考释

在我国沿海，约重1 t、随潮水进入而搁浅的"环鱼"，非鲸莫属。聂璜绘以肉质须等，皆袭鲤鱼之形。文中对环鱼、鳏鱼、鳏鱼的解读，有望文生义之嫌。

古有海鳝的搁浅记载。宋·洪迈撰《夷坚志》："绍兴二十四年（1154年），秀州海盐县……一巨鳅困阁（搁）沙上，时时扬鬐拨刺……额上有窍径尺，其中空空……经日，始有架梯蹑其背者……又两日，尚能掉尾转动，遭压死者十人。或疑为谪（zhé，降或贬职）龙，虽得肉，弗敢食。一无赖子煮尝之，云极珍美。于是厥（其）价徒贵，至持入州城，每斤为钱二百，涉旬乃尽。"宋·陈耆卿《赤城志》："淳熙五年八月出于宁海县铁场港，乘潮而上，形长十余丈，皮黑如牛，扬鬐鼓鬣，喷水至半空，皆成烟雾，人疑其龙也。潮退阁（搁）泥中不能动，但睛嗒嗒然视人，两日死。识者呼为海鳅，争斧其肉，煎为油，以其脊骨作臼。"

搁浅，是海洋哺乳动物游至浅水处，不能游回海或死后被海水冲到岸边的现象。而关于搁浅之因，众说纷纭。单头鲸搁浅，常因环境改变、年老罹病、被捕鱼者误伤、被船撞伤或撞死、环境污染、被虎鲸咬死或咬伤、随水势误入等。集体搁浅，为2头以上的鲸（不含母子）同时在一处搁浅。地磁场变化使之失去方向感，地震、风暴使之惊慌失措，寄生虫、病毒感染使族群脑部回声系统失灵，不弃不离的助他行为使鲸同归于尽。

据报道，全球每年都会有数千头鲸在海滩搁浅，或孤身只影，或集体溘然长逝。鲸一旦搁浅，也显得惊恐，甚至发出悲惨的求救声。新西兰南岛送别角的海滩，是鲸搁浅的多发地。2015年2月12日，此地就发生了198头鲸集体搁浅的惨况。

对搁浅鲸的施救，需在有经验者指导下进行。施救者不宜在鲸之首尾处活动，否则如宋·洪迈撰《夷坚志》所记："又两日，尚能掉尾转动，遭压死者十人。"

跨鲨——鲸

跨鲨赞　熊伸鹤引，修炼有候。跨鲨效之，必得其寿。

跨鲨[一]，诸书不载。访之闽海渔人，云海中至大之鲨也，有白跨、黑跨二种。白跨尤大，头如山岳，可四五丈，身长数十丈，出没于大洋中，可以吞舟。其次亦长三五丈不等，头身俱有撮嘴①生其上，触物如坚甲之在身，网罟所不能罗。即初生小鲨亦重五六十斤。或有随潮误厄于浅滩者，渔人往往取其油以为膏火之用，不堪食也。

鲨曷②以跨名，以其在海常昂首跃起，悬跨于洪波巨浪中，如觔斗③状，头尾旋转于水面。或百十为群，前鲨翻去，后鲨踵至。白浪滔天，山岳为之动摇，日月为之惨暗，渔舟遥望，往往惊怖。

愚按，熊肥则常上高树，而自堕于地者数数，名曰跌肥，非此则气血胀满难堪矣。今大鲨不顺水而游，乃鼓勇而跨，或亦与跌肥之意同。熊鹤伸引，似符道家修养法，并能寿，而鲨亦肖之，是以能永年为海中大物也。《汇苑》："吞舟之鱼曰摩竭④。""摩竭"二字或于跨鲨用力，拟议，亦未可知。《字汇·鱼部》有"鰪""鲅"字。

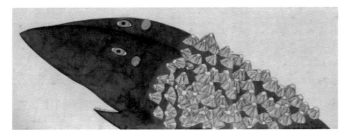

露脊鲸（自《中国海洋生物图集》）

注释

① 撮嘴　藤壶。参见"撮嘴——藤壶"条。

② 曷（hé）　怎么，为什么。

③ 觔斗　觔，同"筋"。筋斗，为方言，跟头。

④ 摩竭　鲸之音译名。

校释

【一】跨鲨　此为聂璜误听误记。皮肤光滑、运动快捷的鲨，不会被藤壶固着。即使鲸，也只有具皮茧的座头鲸、露脊鲸有藤壶固着。

考释

前人把"熊跌""鹤引""鲨跨"列为"道家修养法"，认为这样能助人长寿，颇具想象力。

固着在鲸身上的是鲸藤壶 *Coronula*。鲸藤壶其螺纹的基盘和辐射状的壁板可"拧"和"挖掘"进鲸的皮肤深处。其固着力如此之强，以至于人们在采集它们的标本时，不得不连同鲸的皮肤一起切割下来。

海狏——江豚

海狏赞　海狏如猪，殊难信书，考验得实，始知为鱼[一]。

《本草》谓："海狏①，生大海中，候风潮出。形如豚，鼻中有声，脑上有孔，喷水直上。百数为群[二]。人先取其子系之水中，母自来就②其子。千百为群，随母而行。其油照樗蒲③则明，照读书及绩纺则暗，俗言懒妇所化[三]。"又云："其肉作脯，一如水牛肉，味小腥耳。皮中肪摩恶疮，杀犬马瘤、疥虫。"

今考验，海狏形全似鱼，背灰黑色无鳞甲，尾圆而有白点，腹下四皮垂垂，似足非足，若划水然[四]。目可开合，其体臃肿圆肥，长可二三尺，绝类公庭所击木柝④。《篇海》《字汇》注"鱼"字曰："兽名，似猪，东海有之。"疑即此也。然既云是猪，其体仍是鱼形，何欤？询之渔人，曰："海狏实鱼形，非猪形也。不鬻⑤于市，人多不识。网中得此，多称不吉，恶之。其肉不堪食，熬为膏烛，机杼不污。腹内有膏两片，绝似猪肪。其肝肠心肺腰肚全是猪腹中物，皆堪食，而肚尤美。惟肝味如木屑，差劣。"

予谓，海鱼如燕虹、鹦鹉鱼、鹤鱼、鼠鲇鱼，肖形者不一，而多在外。惟海狏肖猪形于内。不经考核，但睹外状，何由信之？即古人注"鱼"字为兽，曰似猪，亦不详。所以似猪之实，且注又谓此鱼有毛，干之可以验潮候，益非矣。今此鱼无毛，岂别有一种有毛之狏鱼乎？

海狏好风，水中头竖起，向风苯拜而复潜，潜而复起，随浪高下不定。渔人偶得，知必有大风将至，亟收舶撤网避之。

懒妇所化者，非真。化自懒妇也，特戏言耳。头中有孔，能喷水，曾询之海人张朝禄，云："果然，似乎其腮在顶也[五]。"考《字汇·鱼部》有"鱁"字，以明鱼中之鱀而非兽中之鱀⑥也。字注未注明，今为证出。

江豚

注释

① 海独（tún）　独，《广韵》本作"豚"或"独"，泛指猪。故古记海独乃海猪，指海豚或指江猪、江豚。

② 就　做伴。

③ 樗（chū）蒲　古代博戏中用的投子，最初是用樗木制成，故称樗蒲。

④ 木柝　打更用的梆子。

⑤ 鬻（yù）　卖。

⑥ 彘（zhì）　本义指野猪，现泛指猪。下方的"矢"字和两边的符号表示箭射入野猪。

校释

【一】始知为鱼　古人误认海独为鱼。

【二】百数为群　海豚喜群游，江豚则喜独处或2～3头在一起。

【三】懒妇所化　对妇女的歧视，由来已久。南朝梁·任昉《述异记》卷上："江南有懒妇鱼。俗云昔杨氏家妇为姑所溺而死，化为鱼焉。其脂膏可燃灯烛，以之照鸣琴博弈则烂然有光，及照纺绩则不复明焉。"明·李时珍《本草纲目·鳞四》："其中有油脂……点灯照樗蒲即明，照读书工作即暗，俗言懒妇所化也。"清·杨慎《丹铅续录》："鮹鱼，即懒妇鱼也。多膏，以为灯，照酒食则明，照纺绩则暗。佛经谓之馋灯。"鮹，意为鱼膏。现代书家丁福保《佛学大词典》："阅佛经，有馋灯，初不解，查为鮹鱼，即懒妇鱼也。多膏，可以为灯，照酒食则明，照纺绩则暗，此可为懒妇之喻。"江豚非由懒妇所化。聂璜亦记："化自懒妇也，特戏言耳。"

【四】腹下四皮垂垂，似足非足，若划水然　《海错图》中多次出现"划水"两字，今释为鳍。"腹下四皮垂垂，似足非足"者，实为鳍状肢。海豚、江豚无后肢。聂璜所绘具喷气孔、"腹下四皮垂垂"、尾圆形、具吻的海洋动物，未见有，系臆造。

【五】其腮在顶也　误认喷气孔为鳃（腮）。

考释

　　晋·郭璞《山海经注》："今，海中有海狶。体如鱼，头似猪。"晋·郭璞《江赋》："鱼则江豚海狶。"按，狶，指猪。依晋·郭璞《江赋》，先人已识江豚和海狶是两种（类）。然后世常混淆，且出现诸多异名。

　　江豚，单称鱅、鯆（pū）、鲯，亦称鯅鱼、溥浮、江猪、鲟鮧鱼、敷常、拜风。

　　汉·许慎《说文·鱼部》："鱅，鯅鱼也。出乐浪潘国。从鱼，匊声。一曰鯅鱼出九江。有两乳。一曰溥浮。"清·段玉裁注："鱅即今之江猪，亦曰江豚。"乐浪潘国指朝鲜。

　　三国魏·曹操《魏武四时食制》："鲟鮧鱼，黑色。大如百斤猪，黄肥不可食。数枚相随，一浮一沉，一名敷。"唐·孙愐《唐韵》："鯆，鱼名，又江豚别名，天欲风则见。"宋·孔武仲《江豚诗》："黑者江豚，白者白鱀。状异名殊，同宅大水。"按，20世纪80年代，笔者曾赴崇明岛，海运江豚，活者确系浅蓝色。江豚死后，才变为黑色，故曹操等人可能未见过活的江豚。孔武仲诗句"白者白鱀"很可能指长江之白鱀豚。

　　明·李时珍《本草纲目·鳞四·海豚鱼》："〔释名〕……时珍曰，海豚、江豚，皆因形命名。""〔集解〕藏器曰，海豚生海中，候风潮出没……江豚，生江中，状如海豚而小。出没水上，舟人候之占风。""时珍曰，其状大如数百斤猪，形色青黑如鲇鱼，有两乳，有雌雄，类人。数枚同行，一浮一没，在大风将至甚活跃，谓之拜风。"

　　长江江豚 *Neophocaena asiaeorientalis* Pilleri et Gihr。属于鲸偶蹄目鼠海豚科，英文名 river dolphin。体长 1～1.9 m，重 30～45 kg。头圆，额突出，无喙，眼小，齿铲形，无背鳍。体浅蓝色且随年龄增长而变为瓦灰色。其动作迟钝，无戏水习性，喜独游或二三头同游，以小鱼和头足类为食。长江江豚 10 月产仔，寿命可达 23 年。除长江外，我国各海域近岸都见其踪影。

　　据报道，1984—1991 年，长江中下游长江江豚种群数量约为 2 700 头，2006 年下降到 1 800 头左右，而 2012 年仅有约 1 040 头。

2

海 鸟

附 燕窝

鸟,亦称禽、羽、羽虫,为全身有羽、有喙无齿、前肢两足、后肢成翼且具羽、恒温、卵生、能行走、多善飞的脊椎动物。

殷墟甲骨字鸟,《诗经》咏鸟,《尔雅》释鸟,汉·许慎《说文》注鸟,晋·师旷《禽经》录鸟,清·余省、张为邦《摹蒋廷锡鸟谱》绘鸟,传承有序。

我国记现生鸟1 200多种,含海鸟70余种,按形态分属于平胸(鸵鸟)、企鹅、突胸三总目,按生态类群可分为游禽、涉禽、步禽、猛禽、攀禽、鸣禽。

真正的海鸟,指大部分时间在海上,仅在营巢、产卵、育雏时上陆之鸟。金丝燕并非海鸟,《海错图》记有燕窝,本书仅释以参考。

《海错图》海鸟检索表

1. 腿、颈、喙皆不长　　　　　　　　　　　　　（游禽）　　　　　　　　　　　　2

　　腿、颈、喙皆长或腿、颈长　　　　　　　　　（涉禽）　　　　　　　　　　　　9

2. 鼻孔呈管状　　　　　　　　　　　　　　（鹱形目）　　　　　　　　　　　　　3

　　鼻孔非管状　　　　　　　　　　　　　　　　　　　　　　　　　　　　　　　5

3. 大（后）趾残存　　　　　　　　　　　　　　　　　　　　　　　　　　　　鹱科

　　无大（后）趾　　　　　　　　　　　　　　　　　　　　　　　　　　　　　　4

4. 两鼻管合并　　　　　　　　　　　　　　　　　　　　　　　　海燕科（海燕）

　　两鼻管不合并　　　　　　　　　　　　　　　　　　　　　　信天翁科（信天翁）

5. 四趾间具全蹼　　　　　　　　　　　　　　　　　　　鹈形目（鹈鹕、鸬鹚）

　　四趾间不具全蹼　　　　　　　　　　　　　　　　　　　　　　　　　　　　6

6. 喙平扁，先端具嘴甲　　　雁形目（天鹅、海凫——海沙秋——潜鸭、海鹅——雪雁）

　　喙不平扁　　　　　　　　　　　　　　　　　　　　　　　　　　　　　　　7

7. 翅尖长；尾羽不被掩盖　　　　　　　　　　　　　　　鸥形目（海鸥、海雀）

　　翅短圆；尾羽被掩盖　　　　　　　　　　　　　　　　　　　　　　　　　　8

8. 前三趾间具蹼　　　　　　　　　　　　　　　　　　　　　　　　　　　潜鸟目

　　前趾间具瓣蹼　　　　　　　　　　　　　　　　　　　　　　　　　　　䴙䴘目

9. 具后趾且后趾与前三趾位于同一平面　　　　　　　（鹳形目）　　　　　　　10

　　或无后趾，或具后趾且高于前三趾平面　　　　　　　　　　　　　　　　　11

10. 中指爪内侧具栉状突；飞行时颈呈S形　　　　　　　　鹭科（海鹳——鹭）

　　中指爪内侧不具栉状突；飞行时颈不呈S形　　　　　　　　　　　　　　鹳科

11. 翅短圆；第一初级飞羽短于第二初级飞羽　　　鹤形目（鹤、海鸡——黑尾鸥）

　　翅尖长；第一初级飞羽长于或等长于第二初级飞羽　　　　　　　　　　鸻形目

注：

聂璜所画海鸟，多有麻雀的身影。金丝燕不适于行步和握枝，故不会在陆跳跃。

本书沿用鸥形目。现今海鸥、海雀已录于鸻形目。

海鹘——鹭

海鹘赞　海鹘夜鸣，立辨阴晴，斑鸠唤雨，彼此知音。

海鹘，略如鹭而小，啄（喙）与脚皆长[1]，嗜鱼，好没水。近江湖则潜于江湖，近海岸则潜于海底[2]食鱼。郭景纯《江赋》[3]有"潜鹘"，即此也。

海鹘遇久雨，则夜飞城市，绕天而鸣。一只鸣则来朝主晴，两只鸣则仍是雨。久晴而夜鸣亦然。常试之，甚有验。

黄嘴白鹭（自刘云）

大白鹭（左）、中白鹭（中）、小白鹭（右）（自刘云）

注释

① 喙与脚皆长　当属涉禽。

② 潜于海底　可潜于海底者，为游禽。

③ 《江赋》　晋·郭璞《江赋》："尔其水物怪错，则有潜鹘……"

◢ 考释 ◣

鹄（hú），古称天鹅，为游禽，与聂璜所绘差别大。参见"海鹅——雪雁"条。

观聂璜所绘图，今释海鹄为鹭。鹭为腿、颈、喙皆长之涉禽，具后趾且与前三趾位于同一平面。飞行时颈呈 S 形。唐·杜甫家喻户晓的名句"两个黄鹂鸣翠柳，一行白鹭上青天"提到的"白鹭"就是鹳（guàn）形目中的鹭。

《尔雅·释鸟》："鹭，舂（chōng）锄。"晋·郭璞注："白鹭也。头翅背上皆有长翰毛。"《诗经》中有 3 首写鹭的诗。《鲁颂·有駜》："振振鹭，鹭于飞。鼓咽咽，醉言归。"《周颂·振鹭》："振鹭于飞，于彼西雍（yōng）。"《陈风·宛丘》："无冬无夏，值其鹭羽……无冬无夏，值其鹭翿（dào）。"按，駜意为肥壮强健，翿为用羽毛做成的似伞或扇的舞具。

晋·张华《禽经》："鹴（shuāng）飞则霜，鹭飞则露，其名以此。步于浅水，好自低昂，如舂如锄之状，故曰舂锄。"按，鹭到农历白露时即飞离。明·李时珍《本草纲目·禽一·鹭》："〔释名〕鹭鸶（《禽经》），丝禽（陆龟蒙），雪客（李所命），舂锄（《尔雅》），白鸟。"

大白鹭 *Ardea alba*（Linnaeus）和中白鹭 *Egretta intermedia*（Wagler）的趾黑色、头后无饰羽；前者口裂至眼后，后者则不及。小白鹭 *E. garzetta*（Linnaeus）俗称白鹭或鹭，趾黄色，繁殖期头后具饰羽。

黄嘴白鹭 *E. eulophotes*（Swinhoe），俗称唐白鹭、白老。其体纤瘦修长，长 46 ~ 65 cm，重 320 ~ 650 g。羽乳白色，嘴橙黄色，枕部具多枚长 10 余厘米的白色矛状饰羽，背、肩和前颈下部具蓑状长饰羽。黄嘴白鹭栖于海湾、河口及其沿海湿地和岛屿，以小型鱼类、虾、蟹、蝌蚪和水生昆虫等为食，于辽东半岛、山东、江苏浙江、福建沿海无人居住的海岛上繁殖。黄嘴白鹭为我国珍稀水禽，属于易危物种，为国家一级重点保护野生动物。

海鸡——黑尾鸥

海鸡赞　海鸡无帻，以鱼为生，匪鸡则鸣[①]，猫儿之声。

海鸡，状如鸡而无冠，白色而斑。栖海滨岩石及岛屿间，千百为群，好食鱼虾，其鸣作猫声。仅能翔步于沙滩浅水，而不能如凫[②]之善没。肉瘠而腥，不堪食。其育卵处积如囷仓，渔人偶得之，伪充鸡鸭蛋以鬻于城市。至暮夜，其卵生光，殊有辨也。

《汇苑》鸥凫而外，海禽无几，仅载海鸡，鳖足，或别有一种，未可知也。予尝语门人论《齐风》[③]"匪鸡则鸣"句，"则"字朱注，未经解明。作虚字，读解不去。盖"则"者，法也，式也。作齐音口气解，当在"这不是鸡鸣的调儿，乃苍蝇之声也"。下章"匪东方则明"，亦当云："这不是东方明的样子，难道是月出之光？"作反言说，方见得一步紧一步，是再告之体，因借诗句以赞海鸡，并附解于此。

黑尾鸥（自王少青）

注释

① 匪鸡则鸣　写妻子在天没亮时，就一再催丈夫起身。《诗经·齐风·鸡鸣》："鸡既鸣矣，朝既盈矣。匪鸡则鸣，苍蝇之声。"匪：同"非"。

② 凫　野鸭之古称。广义含野鸭10余种，本文之海凫仅为其一；狭义指绿头鸭，现今家鸭均由此驯化而来。

③《齐风》　为《诗经·国风》中的内容。"鸡既鸣矣，朝既盈矣。匪鸡则鸣，苍蝇之声。东方明矣，朝既昌矣。匪东方则明，月出之光。"

考释

聂璜说"状如鸡而无冠，白色而斑。栖海滨岩石及岛屿间，千百为群，好食鱼虾，其鸣作猫声。仅能翔步于沙滩浅水，而不能如凫之善没"，又特画鸟一对。成对出行等习性与黑尾鸥吻合。其趾间具蹼，聂璜误绘为无蹼。

黑尾鸥 *Larus crassirostris* Vieillot，属于鸻形目鸥科。体长约46 cm，腿、颈、喙皆不长（游禽），尾羽有宽大黑纹。其鸣叫似猫，在日本称海猫，在韩国谓猫鸥。英文名 black-tailed gull。黑尾鸥喜栖于海岸悬崖峭壁，以及沙滩、草地、湿地等处，常成对或群集活动于沿海，主要捕食海洋上层小型鱼类，也吃甲壳动物、软体动物和水生昆虫等。其和海鸥一样喜欢追逐船只觅食。黑尾鸥是东亚沿海地区的一种常驻鸟类，主要分布于中国、日本和朝鲜半岛海域，偶见于阿拉斯加和北美东北部海域。其冬季在我国华南、华东及台湾沿海越冬，繁殖区在山东至福建沿海。2000年，黑尾鸥被列入《国家保护的有益的或者有重要经济、科学研究价值的陆生野生动物名录》。

海鹅——雪雁

海鹅赞　衡阳无雁[①]，海东有鹅，右军所遗[②]，散入洪波。

海鹅[③]，似鹅而小。羽白，喙黄，身短而圆，脚弱不能行，以其久在水也。其肉腥而瘠，不堪食。

雪雁

注释

① 衡阳无雁　典出宋·范仲淹诗句："塞下秋来风景异，衡阳雁去无留意。"相传，古人认为北雁南飞，到衡阳止。

② 右军所遗　《奉化县志》载："奉化县西，有水曰剡源，夹溪而出，其地近越之县，故名。以曲数者凡九，一曲曰六诏。有晋王右军祠，右军隐于此，六诏不赴，故名。山有砚石，右军所遗也。"

③ 海鹅　即雪雁，简称鸿。见考释文。

雪雁

雪雁

考释

唐·杜甫诗："故国霜前白雁来。"明·毛晋《毛诗草木鸟兽虫鱼疏广要》："今北方有白雁，似鸿而小。色白，秋深乃来。来则霜降，河北谓之霜信也。"清·余省、张为邦《摹蒋廷锡鸟谱》："一名霜信。白雁，赤黑睛，浅红嘴，通身苍白，浅红足掌。"

聂璜所谓"似鹅而小"之鸿，乃鸿雁之别称。

鹄、雁有别。鹄亦称天鹅、黄鹄、丹鹄。《说文·鸟部》："鹄，黄鹄也。"《战国策》："黄鹄游于江海，淹于大沼。奋其六翮而陵清风……"段玉裁注："凡经史言鸿鹄者，皆为黄鹄也。或单言鹄，或单言鸿。"《孟子·告子上》："一人虽听之，一心以为有鸿鹄将至，思援弓缴而射之。"明·李时珍《本草纲目·禽四·鹄》："案师旷《禽经》云'鹄鸣哠哠'，故谓之鹄。吴僧赞宁云，凡物大者，皆以天名。天者，大也。则天鹅名义，盖亦同此。""〔集解〕时珍曰，鹄大于雁……"

聂璜所述海鹅，"似鹅而小"，释为雪雁。雪雁 Chen caerulescens（Linnaeus），属于雁形目鸭科。曾用名 Anser caerulescens（Linnaeus），俗名白雁。英文名 snow goose。雪雁身长 60～85 cm，为腿、颈、喙皆不长的游禽。喙扁平，边缘锯齿状，先端具嘴甲。鼻孔非管状。四趾间不具全蹼（前趾有蹼，拇指短，位高）。羽毛洁白，初级飞羽（翼角）黑色，腿和嘴粉红色，嘴裂黑色。腿位于身体的中心支点而行走自如。雪雁喜群居，飞迁时呈有序的"一"字或"人"字形队列。其为一夫一妻制，寿命可达 25 年。偶见雪雁于渤海、黄海沿岸及鄱阳湖越冬。

海凫——海沙秋——潜鸭

海凫石首赞　凫化石首，载之简册，考核何凭，凫头有石。

《类书》云，凫名野鸭。头上有毛者为凫，数百为群。多泊江湖沙上，食沙石皆消，惟食海蛤不消[一]。且其曹蔽天而下①，声如风雨，所至田间谷粱一空。

《字汇》云："凫，水鸟。如鸭，背上有纹青色，卑脚短喙。"《本草》云："野鸭，头中有石，是石首鱼所化[二]。"予初亦未之深信，盖虽有其说，渔人从未见也。及闻鱼化黄雀者于粤籍，蛇化海鸥传自闽人，始信石首化凫，古人之言必不大谬。且诸鱼在水，除鳄鱼、河豚有声，余皆无能鸣者，独石首千万乘潮而来，海底如蛙鸣聒耳。渔人常以竹筒探水，听而张网以捕。声应气求，其化凫也，宜哉。又石首头中白石，亦如交颈霭②凫，甚奇。

凤头潜鸭

注释

① 曹蔽天而下　句出晚唐诗人陆龟蒙《禽暴》:"凫,鹥也。其曹蔽天而下,盖田所留之禾,必竭穗而后去。"此诗句记述了江南水稻所遇的灾害。"凫,鹥也",有误。

② 覆　一释义为"双"。

校释

【一】惟食海蛤不消　无依据。

【二】是石首鱼所化　古人对比亦存疑。见考释文。

考释

宋·叶廷珪《海录碎事·鸟兽草木》:"石首鱼,至秋化为冠凫,头中犹有石也。"明·李时珍《本草纲目·禽四·凫》:"〔集解〕时珍曰凫,东南江海湖泊皆有之……海中一种冠凫,头上有冠,乃石首鱼所化也,并宜冬月取之。"明·谢肇淛《五杂俎·物部一》:"韦昭《春秋外传》注曰:'石首成凫。凫,鸭也。'《吴地志》亦云:'石首鱼,至秋化为冠凫。'今海滨石首,至今未闻有化鸭者。"清·聂璜《海错图》记海凫。清·余省、张为邦《摹蒋廷锡鸟谱》:"凤头黑脚鸭,一名翁凫。雄者黄白目晕,青灰嘴,嘴尖有黑点,头颈俱黑,顶有黑毛如绥,长短不齐,参差下向,臆毛白质,黑文鳞次,腹下纯白,背毛黑色带赤,翅根毛间黑白二色,翅尾俱赤黑色,黑足掌。雌者深黄,目晕,缥青嘴,黑嘴尖。黑头,头项细长,顶上垂毛亦短少,颈至臆赤黑色,背膊翅尾皆黑带赤色,翅根短毛,间露白节,腹毛带赤白,浅黑足掌。"

凤头潜鸭 *Aythya fuligula*(Linnaeus),属于雁形目鸭科,俗称泽凫、凤头鸭子、黑头四鸭。身长40~47 cm,体重500~900 g。体矮,头大,喙扁。雄鸟鼻孔非管状,四趾间不全具蹼。雄鸟腹白,其他部位黑色,头带长形羽冠。雌鸟褐色,羽冠较短。凤头潜鸭为杂食性,以水生植物和鱼、虾、贝为食。其在我国分布于东南沿海地区并于较大的湖泊越冬。

附 燕窝

燕窝——金丝燕（？）

金丝燕赞 由来兴废，到处沧桑，乌衣国主，换黄袍王。

燕窝赞 燕窝佳品，不列八珍，味超郇馔①，名缺段经。

燕窝，海错之上珍也。其物薄而圆洁，丝丝如银鱼然。白者为上，黄者次之。相传谓海燕衔小鱼为卵巢，故曰燕窝。然予食此，每条分而缕折，视其状，非鱼也。盖凡小鱼，初生即有两目甚显，今燕窝虽曰鱼，实无目，可验其非。询之闽士，皆不知其原。有博识者曰："《泉南杂志》所载不谬也。"《志》云："燕窝，产闽之远海近番处。有燕毛黄名金丝者，首尾似燕而甚小。临育卵时，群飞近泥沙有石处，啄（啄）蚕螺②食之。"据土番云："蚕螺背上，肉有两筋，如枫蚕丝，坚洁而白，食之可补虚损，已劳瘵。故此燕食之，肉化而筋不化，并津液吐③出，结为小窝。"予得其说，始知燕窝之果非鱼也[一]。

燕窝，《本草》诸书不载④，而食者多云甚有裨益，今番人云可补虚损，理不诬矣。近得一秘方云："痰甚者，以燕窝用蜜汁蒸而啖之，自化，神效。"然未试也。

金丝燕

注释

① 郇（huán）馔 典出《新唐书·韦陟传》，言郇君善治美食，赐郇国公。后以郇公厨称膳食精美的人家。

② 蚕螺 泛指海蚕、海螺等海洋动物。

③吐 《泉南杂志》本记为"呕"。

④《本草》诸书不载 有关燕窝的记载始见于清初。

校释

【一】燕窝之果非鱼也 非所录《泉南杂志》之记。参见考释文。

考释

聂璜所绘海燕三趾朝前、一趾在后，尾燕式，落于平地，体色似麻雀，错误明显。

明·黄衷《海语》记："海燕，大如鸠。春回，巢于古岩危壁葺垒，乃白海菜也。岛夷伺其秋去，以修竿铲取而鬻之，谓之海燕窝。随舶至广，贵家宴品珍之，其价翔矣。"明·王世懋《闽部疏》："燕窝菜，竟不辨是何物，漳海边已有之。盖海燕所筑，衔之飞渡海中，翮力倦，则掷置海面，浮之若杯。身坐其中，久之复衔以飞。多为海风吹泊山澳。海人得之以货。大奇大奇。"明·陈懋仁撰《泉南杂志》："闽之远海近番处，有燕名金丝者。首尾似燕而甚小，毛如金丝。临卵育子时，群飞近沙汐泥有石处，啄蚕螺食。有询海商，闻之土番云：蚕螺背上肉有两筋如枫蚕丝，坚洁而白，食之可补虚损，已劳瘵。故此燕食之，肉化而筋不化，并津液呕出，结为小窝，附石上。久之，与小雏鼓翼而飞，海人依时拾之，故曰燕窝也。"至清康熙三十三年（1694年）汪昂撰《本草备要》、嘉庆六年（1801年）张璐撰《本经逢原》等始详述，故聂文谓"燕窝，《本草》诸书不载"。

爪哇金丝燕 *Sigaretornus planus*（A. Adams），属于雨燕目雨燕科，因体上部羽褐黑色、带金丝光泽而得名，见于我国东南沿海和南海诸岛。嘴细弱下弯。体下部灰白色或纯白色。翅尖长。尾叉状。脚短而细，四趾全朝前，不适于行步和握枝。春天，金丝燕做窝育雏，发达的舌下腺吐出唾液并衔海藻粘成燕窝。燕窝形如碟，直径6～7 cm、深3～4 cm，多洁白晶莹。《泉南杂志》所述金丝燕呕出蚕螺背上筋，有误。

燕窝被列入"海八珍"。有关"海八珍"，有不同的说法（其一为燕窝、海参、鱼翅、鲍鱼、鱼肚、干贝、鱼唇、鱼子），但各种说法均有燕窝。

3

海蛇　海龟

附　畸形陆龟 鳄 鼋

　　海蛇和海龟，为具角质鳞或腹盾（甲）、以肺呼吸、变温、心脏由两心耳和分隔不全的两心室构成、四肢多具爪、发生中具羊膜的海洋爬行动物，主要分布于温暖海域。

　　适应海洋环境的海蛇、海龟与陆蛇、陆龟有不少差异。《海错图》常据陆蛇形象绘海蛇，且据陆龟特征言海龟，多有舛误。

　　湾鳄，在我国大河河口曾出现过，今已绝迹。

《海错图》海蛇、海龟检索表

1. 无腹盾（甲）；上、下颌具齿（有鳞目） 2

　 具腹盾（甲）；上、下颌无齿（龟鳖目） 3

2. 无四肢；体长圆筒形 ....蛇类（游蛇、海蛇）

　 具四肢；体背腹扁平 ....鳄鱼——鳄

3. 四肢桨状，无爪；背盾（甲）革质，具7条纵勒（棱皮龟科） ....棱皮龟

　 四肢桨状，具爪；背盾（甲）角质，无纵勒（海龟科） 4

4. 前额鳞2对 5

　 前额鳞1对 ....绿海龟

5. 肋盾（甲）6～9对 ....丽海龟

　 肋盾（甲）不超过5对 6

6. 肋盾（甲）5对；上喙不弯曲；壳缘非缺刻状 ....蠵龟

　 肋盾（甲）4对；上喙弯曲成钩状；壳缘缺刻状 ....瑇（玳）瑁——玳瑁

注：

　　爬行动物的角质鳞，仅由外胚层腺上皮分泌的角质而成，见于陆蛇的体表，海蛇的部分体表，龟（含海龟）体背部的背盾（甲）、肋盾（甲）和头部的前额鳞等。龟（含海龟）的腹部，则具与鱼类同源的骨质鳞，称腹盾（甲）。腹盾（甲）由外胚层腺上皮分泌的角质层和中胚层真皮分泌的钙质骨板共同构成。

　　聂璜记录了海蛇和玳瑁。《海错图》中鹰嘴龟、三尾八足神龟、海和尚的原型是陆龟，且多畸形。动物界中，也只有畸形的陆龟多能存活。

海蛇

海蛇赞 古昔龙蛇①，驱放之沮，至今海表，尚存其余。

海蛇，生外海大洋。形如蛇而无鳞甲【一】，如鳗体状，其斑则红黑青黄不等。至冬春雨后晴明，多缘海崖受日色，遇人见则跃入海②。澎湖、台湾海中甚多，台湾民番皆食之，然其状不及见。

康熙己卯③，张汉逸姊丈金华香室有干海蛇两条，云为琉球人所赠，可为治疯之药。其蛇头圆而有鳞纹，一如蛇状，奈皮脱不知其色。海人语以斑点色，因为图之。台湾海蛇另是一种也。

蓝灰扁尾海蛇

注释

① 龙蛇 是一种色黑、身体细长、长着独特鳞片、夜间活动的原始蛇类。

② 多缘海崖受日色，遇人见则跃入海 此多为生活于近陆浅滩的扁尾海蛇类。

③ 康熙己卯 康熙三十八年（1699年）。

校释

【一】无鳞甲 海蛇具鳞片。

考释

人们对蛇的敬畏和神化，缘于与蛇近距离接触且有被蛇咬的经历。

古代有耳挂、脚踩两蛇的传说。《山海经·大荒东经》："东海之渚中，有神。人面鸟身，珥两黄蛇，践两黄蛇，名曰禺䝞。黄帝生禺䝞，禺䝞生禺京，禺京处北海，禺䝞处东海，是为海神。"

唐·陈藏器《本草拾遗》卷六："蛇婆，味咸平。无毒……生东海，一如蛇，常在水中浮游。"《古今图书集成·禽虫典·蛇部》引南朝宋·刘敬叔《异苑》："海曲有物，名蛇公。形如覆莲花，正白。"清·郑文彩纂《琼山县志》卷三："海蛇，似簸箕甲，冬出。人初不敢啖，今则价与鱼等。"

海蛇，常较陆蛇短，体长 0.5~1 m，具色环，背、腹无硬壳，外被鳞片，但腹部鳞片退化或较陆蛇者小，上、下颌具齿，躯干后段和尾侧扁如桨。我国有海蛇 10 多种，这些海蛇均隶属于眼镜蛇科。其中扁尾海蛇 *Laticauda* 对海洋依赖度较低，腹鳞较大，鼻孔侧位，需上陆产卵生殖，多生活于近陆浅滩；海蛇 *Hydrophis* 适应海洋程度较高，腹鳞退化，鼻孔背位，不上陆，卵胎生，水中产仔，如青环海蛇 *H. cyanocinctus* Daudin、环纹海蛇 *H. fasciatus*（Schneider）等。

我国沿海海蛇资源丰富，在福建平潭、惠安、东山等县年获量 10 多吨，在北部湾每年可达 50 t。海蛇毒素系神经毒素，可治风湿性关节痛、腰腿痛、肌肤麻木、妇女产后身痛等病。

青环海蛇（左）和长吻海蛇（右）（自《中国海洋生物图集》）

瑇（玳）瑁——玳瑁

瑇瑁赞　本是龟①体，恶其行秽，服色改装，是名瑇瑁。

瑇瑁①，《汇苑》注曰："状如龟，背负十二叶[一]。产南番海洋深处，白多黑少者价高，大者不可得。

新官莅任，渔人必携一二来献，皆小者耳。取用时，必倒悬其身，以滚醋泼之[二]，逐片应手而落，但不老则其皮薄不堪用。"《本草》云："大者如盘。入药需用生者乃灵，带之亦可辟蛊，凡遇饮食有毒则必自摇动；死者则不能神矣。"昔唐嗣薛王②镇南海，海人有献生瑇瑁者，王令揭背上甲一小片系于左臂。其揭处后复生还。今人多用杂龟筒③作器，即生者亦不易得。

又有一种龟鼊④，亦瑇瑁之类。其形如笠，四足无指，其甲亦有黑珠文彩，但薄而色浅，不堪作器，谓之鼊皮，不入药用。《字汇》引张守节注曰："一说雄曰瑇瑁，雌曰觜蠵。"《粤志》广州、琼、廉⑤皆产。《华彝考》注："瑇瑁，身类龟，首如鹦鹉。六足，前四足有爪，后二足无爪[三]。安南、占城、苏禄、爪哇诸国皆产。"考之群书，瑇瑁之说可谓备矣⑥。

愚按，瑇瑁实生海洋深处，而《本草》云产岭南山水间，且图其形，系四足，盖惟辨其药性，而未深考其形状及出处也。《字汇》注，但引张守节一说，义亦简略。

昔人云以龟筒充玳瑁，今也以羊角点斑为之，瑇瑁徧⑦天下也。

是图粤人既为予绘。予更考验余我生药室所藏真壳，果系十有二叶。《埤雅》云："象体具十二生肖，惟鼻是其本肉。"《录异记》云："鼋之身有十二属肉。"今瑇瑁背叶十二，或亦按生肖欤⑧？存疑以俟辨者。

玳瑁（自《中华海洋本草精选本》）

注释

① 瑇（dài）瑁 瑇同"玳"。

② 唐嗣薛王 《新五代史》记为唐宪宗之子建王李恪，《蜀后主实录》又记为唐嗣薛王。

③ 龟筒 蠵龟甲似玳瑁者而薄，堪为贴饰。宋·朱彧《萍洲可谈》卷二："南方大龟，长二三尺，介厚而白。造玳瑁器者用以补衬，名曰龟筒。"明·李时珍《本草纲目·介一·蠵龟》："工人以其甲通明黄色者，煮拍陷玳瑁为器，谓之龟筒。"

④ 龟鼊（bì） 古指龟类。

⑤ 琼、廉 琼指今海南省，廉指广西合浦。

⑥ 备矣 备，详尽、完备；矣，语气词"了"。"备矣"即"详尽了"。典出宋·范仲淹《岳阳楼记》："此则岳阳楼之大观也，前人之述备矣。"

⑦ 徧 同"遍"。

⑧ 欤（yú） 欤同"与"，文言文中表句尾的语气词。

校释

【一】背负十二叶 此处有误。背有甲十三片。

【二】以滚醋泼之 此行为可怖而残忍。

【三】瑇（玳）瑁，身类龟，首如鹦鹉。六足，前四足有爪，后二足无爪 有误。参见考释文。

考释

先秦至汉，玳瑁因玲珑剔透、光润夺目，备受人们喜爱。《逸周书·王会解》："正南……请令以珠玑、玳瑁……为献。"汉·司马迁《史记》卷一一七《司马相如传》："毒冒鳖鼋。"按，毒古音dài，同"玳"；冒音mào，同"瑁"；毒冒即"玳瑁"。汉乐府《孔雀东南飞》："足下蹑丝履，头上玳瑁光。"《后汉书·王符传》："犀象珠玉、虎魄（珀）瑇（玳）瑁。"李贤注引《吴录》曰："瑇（玳）瑁，似龟而大，出南海。"

古籍记载玳瑁具解毒驱邪之功效。唐·刘恂《岭表录异》卷上："玳瑁，形状似龟，惟腹背甲有红点。《本草》云玳瑁解毒……广南卢亭（海岛夷人）获活玳瑁龟一枚，以献连帅嗣薛王。王令取背甲，小者两片，带于左臂上以辟毒……或云玳瑁若生，带之有验。凡饮馔中有蛊毒，玳瑁甲即自摇动。若死，无此验。"

宋·范成大《桂海虫鱼志》："玳瑁，形似龟鼋辈。背甲十三片，黑白斑文相错，鳞差以成一背。其边裙阑阚，啮如锯齿。无足而有四鬣（四肢）。前两鬣长，状如楫。后两鬣极短，其上皆有鳞甲。以四鬣棹水而行。海人养以盐水，饲以小鳞。"

聂璜《海错图》对玳瑁的描绘，包括背甲十二片、裙边平滑、四足非桨状、壳缘无缺刻等，皆有误。

玳瑁 *Eretmochelys imbricata*（Linnaeus），属于龟鳖目海龟科。体长 60 cm，体重 9～14 kg。有壳长近 1 m、重达 210 kg 的记录。头较长，上、下颌弯曲成钩状，又名鹰嘴海龟。前额鳞 2 对。背盾（甲）卵形，暗红色或黑褐色，光彩斑斓，具黄色云状斑，含中央背甲 5 片、肋甲 4 对，覆瓦状排列（随年龄增长而平铺），故名十三鳞、十三鲮龟、十三棱龟，又称文甲。边缘甲 25 片，呈锯齿状（缺刻状）排列。腹面鳞甲 13 片。四肢（鬣）鳍（桨）状。前肢大，足端具 2 爪。后肢足端具 1 爪。尾短且常不外露。玳瑁上滩，总是一侧前肢抬起，另一侧前肢前移爬扒，奇特而低效。其喜栖于珊瑚礁，见于我国南海诸岛海域，偶见于温带淡水水域。玳瑁主要以海绵为食。海水污染、珊瑚礁遭破坏、海绵死亡、过度捕捞，使之濒危。

聂璜记"今人多用杂龟筒作器，即生者亦不易得"，可见自古就有作伪的。

附　畸形陆龟　鳄　鼋

三尾八足神龟

三尾八足神龟[一]赞　锡我十朋①，何如八足？以尾数寿，三百可卜②。

康熙甲子③四月初十，温州灰窑渔户驾船出洋捕鱼，举网得一巨龟如箕。长四尺，阔三尺许，八足三尾，背上嚎（蚝）蛎、撮嘴累累[二]而绿毛四垂，腹下微红色，头短而不长，眼赤如火。渔人以铁环贯其壳，系之以绳，令数十人且抬且拽，而尾后又以巨木推送之，始得入城。送各衙门玩阅，时温处道诸讳定远令五人立其背，其龟负之而行甚稳，兵民聚观者以万计。当事以此龟神物也，仍命送归海。

吴天麟设绛④闽中，与予图述于甲戌⑤之秋。及戊寅⑥之春，滕际昌复为予述曰："此龟，多产太平玉环山海中，小者人多取而食之，此龟则最大者也。闻能登陆食鸟兽，土人名为汪龟，未识有其名否，且不知何以有三尾而八足也。"

予曰，诸书无汪龟之名，或系鼋字，为土音所讹。《字汇》："鼋龟，临海水吐气，形薄，头啄似鹅指爪。"今其龟状又未然，不敢遽为定名。但考类书，龟百岁一尾，千岁之龟十尾，皆卵生，今是龟盖三百岁物也。其足之八数虽不可考，然暹罗海产亦往往有六足龟，是又一种龟，此八足特老而增益之者耳。凡龟壳上下皆从腰间接连，今此龟独不连，或生足以后破裂脱离，亦未可知。龟板脊上五叶，为金、木、水、火、土，两旁各四叶为八卦，边上二十四小叶为二十四气。世之卜家、画家皆能道，不知合腹下十叶共五十九叶，脊上颈边更有一小叶，合之得六十数。此造物产灵龟，数配甲子一周之妙。

《说文》《博志》论未及此，特为研出，以俟识者。

注释

① 朋　先秦以贝为币，五贝为一串，两串为一朋。

② 卜　古人迷信，用火灼龟甲，根据其裂纹来预测行事的吉凶。

③康熙甲子　1684年。

④设绛　指开馆讲学。东汉马融在讲学时曾挂绛纱帐。

⑤甲戌　指康熙甲戌（康熙三十三年），即1694年。

⑥戊寅　指康熙戊寅（康熙三十七年），即1698年。

校释

【一】三尾八足神龟　此乃畸形陆龟。

【二】背上嚎（蚝）蛎、撮嘴累累　聂璜把"蠔"（蚝）误写为嚎。指龟背上固着有许多牡蛎和藤壶。

考释

龟，常被作为吉祥、长寿的象征，有"千年王八万年龟"之说。

《礼记·曲礼》疏引刘向曰："蓍之言耆，龟之言久。龟千岁而灵，蓍百年而神，以其长久，故能辨吉凶也。"南朝梁·任昉《述异记》："龟千年生毛，寿五千年谓之神龟。"古人将龙、凤、麟、龟并列为"四灵"。

龟长寿，但其寿命能达500年一说缺乏依据。据记载，1766年捕获的一只成年海龟，在第一次世界大战结束时（1918年）才寿终正寝，寿命超过152年。

本条图文不对应。的确有"背上蠔（蚝）蛎、撮嘴累累"的海龟。但就图而言，五爪之足为陆龟所具，背甲13片者系玳瑁或绿海龟特有。这说明聂璜虽拥有药室，并未亲见海龟甲，有想当然或仅凭耳闻按陆龟作画之嫌。

鹰嘴龟——陆龟

鹰嘴龟赞　鹰嘴无稽，谁不怀疑？研求出典，始信为奇。

康熙三十年①，李闻思温州平阳作贾，得见此龟，云牧儿于阳石门沙涂中捕蟹，忽见一物穴而伸其首，乃引众发之。其大如米箕，颈甚长，顶上有钩如鹰嘴，头与背色皆杏黄，目赤，口有齿［一］，足与尾皆黑色，并有鱼鳞纹，其腹下之壳如龟背而大，背上之壳小而平，若龟之仰身者。然观者皆不识其名，但以其首曲而尖，名之曰鹰嘴龟。遂令画家图其稿以示予，附入海错。或有见而笑之者曰："龟有定形，多在人耳目，海中焉得有此？毋信人之言，人实诳女（汝）。"予曰："有典籍在，焉能诳也？"

考《尔雅》，龟有十种，一神、二灵、三摄、四宝、五文、六筮、七山、八泽、九水、十火。龟类如是其多也，海中之龟更有鼊鼊。鼊鼊形如玳瑁。琉球海中实有鼊鼊屿。郭景纯《江赋》又有鼊鼃。鼊鼃，字书音翳麻，云似鼊鼊生海边沙中，肉甚美多膏。今其龟得之沙中，即鼊鼃也。况予更以龟形询之海人，名虽不识，云其肉如牛肉可食，其膏黄，合之，记载不爽，予是以信而图之。况海中原有一种龟，名曰鲍。今首上有鲍，又当名为鲍龟。《博物》《本草》中一物而数名者甚多。如虎名山君，又名伯都；虾蟆子名蝌蚪，又名活东师之类。今此龟亦有二名，曰鲍，曰鼊鼃。

他日乃以其说与李，李叹曰："非君研求，则予将为所惑矣。"当日平阳文武各官送阅，得见者历历可数。如总镇朱公则讳天贵者是也，其余右营吴城守徐游、府路守戎金以及平阳宰则赵令，合城兵民无不见之，但无有识之者。阅毕，仍命投之江。予备存其说，庶几鼊鼃一物今而后传信不疑矣。

注释

① 康熙三十年　1691 年。

校释

【一】口有齿　龟口无齿。

考释

肢非桨状、趾具 5 爪、两颌具齿等皆非海龟之性状。

有文称，此条文字记述与平胸龟大致相符，只是描述夸张。

海和尚

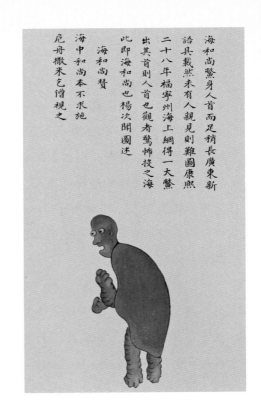

　　海和尚赞　海中和尚，本不求施，危舟撒米，乞僧视之。

　　海和尚①，鳖身人首，而足稍长。《广东新语》具载，然未有人亲见，则难图。

　　康熙二十八年②，福宁州海上网得一大鳖，出其首，则人首也。观者惊怖，投之海。此即海和尚也。杨次闻图述。

注释

　　① 海和尚　清·屈大均《广东新语》称"人鱼雄者为海和尚"。参见"人鱼——儒艮""潜龙鲨——中华鲟"条。

　　② 康熙二十八年　1689年。

考释

　　聂璜依友人所言而记述并绘图，似在猎奇。

朱鳖——鳖

　　朱鳖赞　左青右白，龙虎本色，鳖挂朱衣，代雀之职。

　　予得岭南朱鳖图，四目六足而赤色。

　　考《寰宇记》①："高州有朱鳖，状如肺，四眼六脚而吐珠。"《粤志》亦载，可并证矣。谢若愚曰，日本有朱鳖，可食。

注释

①《寰宇记》　指《太平寰宇记》，是我国古代地理志史，记述了宋朝的疆域版图。书中广泛引用历代史书、地志、文集、碑刻、诗赋以至仙佛杂记等，计约200种，且多注明出处，保留了大量珍贵史料。

考释

《山海经》记珠鳖。

鳖亦有畸形者，然与龟有别，更不属于海龟。

鳄鱼——鳄

鳄鱼赞　鳄以文传，其状难见，远访安南，披图足验。

鳄鱼，类书及《字汇》云："似蜥蜴而大，水潜，吞人即浮。"《潮州志》载："府城东，海边有鳄溪，亦名恶溪①。有鳄鱼，往往为人害。鹿行崖上，群鳄鸣吼，鹿大怖，落崖，鳄即吞食。"《珠玑薮》载："鳄鱼，一产百卵，及形成，有为蛇、为龟、为鲛鲨种种不同之异②。"韩昌黎③有《祭鳄文》，亦恶其为人物害也，其文后注："鳄鱼尾上有胶，水边遇有人畜，即以尾击拂之，即粘之入水而食。"诸说如此，其鱼[一]狞恶难捕，其真形不可得见。

康熙己卯春，闽人俞伯谨云，曾于安南国④亲见。细询，其详述："自康熙三十年，表兄刘子兆为海舶主人，自闽载客货往安南贸易，携予偕往。自福省三月二十五日开船，遇顺风，七日抵安南境，二十四日进港登岸。游其国都，见番人皆被发跣足。适安南番王为王考作周年，令各府及各国献异物焚祭，以展孝思。时东坡蔗地方献犀牛，其角在鼻，体逾于水牯而尾长，尾上毛大如斗，身有斑驳，如松皮状而黑灰色；又，所属新州府官献长尾猴，其猴身上赤下黑，尾长尺余；又浦门府官献乳虎十三头，仅如狗大而色黄。惟占城国贡鳄鱼三条，各长二丈余，以竹篾作巨筐笼之，尚活。其鱼金黄色，身有甲如鱼鳞，鳞上生金线三行。口方而阔，有两耳，目细长可开合。四足短而有爪。尾甚长，不尖而扁。牙虽利而无舌。逢人物在水崖，则以尾拨入水吞之。所最异者，两目之上及四腿之傍，有生成火焰，白上衬红如绘。将祭之日，欲焚诸物，诸番臣以犀牛有角可珍，长尾猴具有灵性，俱不伤人，焚之可惜。番王令放其猴于山，犀牛养于浦村港口，令牧人日给以刍。惟鳄鱼及乳虎，异至⑤淳化地方，架薪木焚祭，远近聚观者数万人。"此日畅玩，是以得备识鳄鱼形状，即为予图，并记其事。

愚按，龙称神物，故被五色而游。而《诗》亦曰"为龙为光"。故绘龙者，每增火焰，非矫饰也。今鳄体有生成赤光，俨类龙种，但其性恶戾，特龙种之恶者耳。其所生种类，亦必不善。海中有钩蛇，其尾有钩，虹鱼尾如蝎而有毒，鲛鲨之大者能吞人、吞舟[二]。参之《珠玑薮》之说，宁皆非鳄之余孽乎？此予所以于虹鱼、鲨鱼之上，而必以鳄统之也。

张汉逸曰："存翁著此图，考于古者，既稽之芸简⑥。访于今者，又询于刍荛⑦，故每能以其所已知者，推及其所不及知者。如鳄身光焰，群书不载，不经目击者，取证何由详悉如此？"予曰："一人之耳目有限，千百人之闻见无穷。蜥蜴之状，掉尾之说，吞人畜之事，凭乎人之所言，更合乎书之所记。信乎不谬。"

注释

①海边有鳄溪，亦名恶溪　句出唐·刘恂《岭表录异》卷下："南中鹿多，最惧此物。鹿走崖岸之上，群鳄噪叫其下，鹿怖惧落崖，多为鳄鱼所得。"

②及形成，有为蛇、为龟、为鲛鲨种种不同之异　句出宋·沈括《梦溪笔谈》："生卵甚多，或为鱼，或为鼍（tuó）、鼋，其为鳄者不过一二。"此系臆说。

③韩昌黎　即唐代文学家韩愈，819年曾被贬为潮州刺史。韩愈言鳄鱼尾上有胶，可粘人入水。这一说法毫无根据。

④安南国　清嘉庆前，称越南为安南国。

⑤舁（yú）至　抬至。

⑥稽之芸简　查考书信。

⑦询于刍荛（ráo）　"刍荛"指割草打柴的人。"询于刍荛"指询问百姓。

校释

【一】其鱼　古人误以鳄为鱼，故称鳄鱼。

【二】愚按，龙称神物，故被五色而游……鲛鲨之大者能吞人、吞舟 系道听途说的奇谈，谬不可信。

考释

《说文·虫部》："蟧，似蜥易（蜴）。长一丈，水潜，吞人即浮，出日南也。从虫，乎声。"按，日南，汉武帝时设，今越南中部。宋·朱胜非《秀水闲居录》："鳄鱼之状，龙吻，虎爪，蟹目，鼍鳞，尾长数尺，末大如箕，芒刺成钩，仍自胶黏。多于水滨潜伏，人畜近，以尾击取，盖犹象之任鼻也。"

湾鳄 *Crocodylus porosus*（Schneider），属于鳄目鳄亚科。其体巨大，大型个体长 10 m，长 6~7 m 者常见，是现存鳄类中最大的一种。背腹无硬壳，外被革质皮肤，无鳞片。喙很长，上颌齿 16~21 枚，上、下颌第五齿最强大，咬合时上、下颌齿交错。湾鳄贪婪且攻击力强。据研究，其齿终生更迭不已。湾鳄分布于南亚和东南亚等地大河入海三角洲，偶见于海洋，又称海鳄、咸水鳄、港湾鳄。其曾见于两广等地近海。宋·沈括《梦溪笔谈》："予少时到闽中，时王举直知潮州，钓得一鳄，其大如船，画以为图，而自序其下。大体其形如鼍，但喙长等其身，牙如锯齿。有黄、苍二色，或时有白者。尾有三钩，极铦利，遇鹿豕即以尾戟（即刺）之以食。"

据记载，湾鳄在我国绝迹并非全因被驱、捕、钓之故，而主要是因为环境和气候的变化。13 世纪前，气候暖和，我国两广近海适于鳄类生活。以后气候变冷，寒流侵袭，加之河汉淤积，沧海变良田，宋以后我国已无湾鳄踪迹。

鼋

鼋赞　乾元首易①，善长②是训，鼋之从元，宁无意蕴③？

类书称鼋似鳖而大，阔一二丈，肉具十二生肖。《录异记》曰："赤者为鼋，白者鳖，至难死。"渔人捕得，虽支分膴④解，随其巨细，入汤镬者，皆能跳动。然鳖与鼋虽至大，如蚊蚋⑤噆⑥之，一夕而死。《尔雅翼》称："鼋之大者，阔或至一二丈。天地之初，介潭生先龙，先龙生位鼋，位鼋生灵龟，灵龟生庶龟。然则鼋，介虫之元也。"又云："以鳖为雌，鼋鸣而鳖应。"⑦诸说如此。

愚按，鼋之为体，据《说文》《尔雅翼》，但称鳖之大者。然则鼋，特大鳖耳，而不知非然也。鼋之腹虽如鳖，其背则龟壳而圆裙，壳上有斑则如瑇瑁，盖一体而三物之象具属。

康熙癸亥年⑧，温州双塔寺有大鼋登陆，阔可半丈，见人亦逡巡⑨不去。健儿鼓勇笼络，舁⑩之入城，费十余人肩力。献玩文武各官，见者甚多，已而仍命纵之江。其余近江、近海之民，或得之网中，或阱之穴内。长江以上多食，海乡之民每每放生。放生者以其状可怖，不敢啖。食之者亦以古人鼋味未尝，食指先动。且《月令》九月，命有司登龟取鼋。古人盖尝食之矣。

然以予揆⑪之，皆江河小鼋，而非海中之大鼋也。鼋在江海中，最恶厉，无所不食。人有浴于江海者，多遭其害。以人肾囊明如灯，故能招引而至也。且鼋亦谲诈，尝遇晴明登水岸，缩其头足，寂然不动。人或步履其上汲水浣衣，鼋忽伸颈衔人，入水而啖。或谓鼋背既有龟纹及瑇瑁斑，有目者必能辨认，何以误登？曰鼋虽龟背，而仍有一绿皮从裙上包络，不全似龟。且老鼋之背，蛎房、撮嘴、苔藓蔓绕，绝似顽石。予得其状，腹稿为图久之。近复考验于目击诸人，云："其头斑点，而足亦然，故称癞头。其壳如镬形，不长而圆，不平而丰。"已吻合矣。

张汉逸又携予就一药室，有枯鼋壳，视而酌绘其图，更无剩意。夫鼋不过介虫之一物，而予必为之考核精详者，何也？盖世人但知龟为介虫之长，不知鼋尤为介虫之宗，此字义所以从元，而龟、鳖、瑇瑁三体之所以咸备，而肉具十二属也，岂偶然哉！

鼋

注释

① 乾元首易　指乾卦是《易经》所有卦象中的起始卦。

② 善长　同"擅长"。

③ 意蕴　事物的内容或含义。

④ 脔（luán）　割。

⑤ 蚋（ruì）　幼虫栖于水中的昆虫，长 2～3 mm，头小，色黑，胸背隆起，吸人畜的血液。

⑥ 噆（zǎn）　叮咬。

⑦《尔雅翼》称："鼋之大者……鼋鸣而鳖应。"　聂文与原书《尔雅翼》语句略有差异。原句："鼋，鳖之大者，阔或至一二丈。天地之初，介潭生先龙，先龙生元鼋，元鼋生灵龟，灵龟生庶龟。凡介者生于庶龟。然则鼋，介虫之元也。天地之性，细腰纯雄，大腰纯雌。故龟鳖之类，以蛇为雄……今鼋亦以大腰，乃复以鳖为雌。故曰鼋鸣而鳖应。"按，古人不辨物种之别，想当然地视鼋、鳖为同一物种之雄、雌个体。

⑧ 康熙癸亥年　1683 年。

⑨ 逡巡（qūnxún）　犹豫、徘徊不前。

⑩ 畀（bì）　给予。

⑪ 揆（kuí）　揣测。

考释

鼋，亦称沙鳖、蓝团鱼、绿团鱼、癞头鼋，是淡水鳖科动物中最大的一种。

本条把淡水陆龟和海龟混为一谈。

4

海洋硬骨鱼

　　鱼，是用鳃呼吸、靠鳍游泳、以颌摄食、变温的水生脊椎动物。汉·许慎《说文·鱼部》："鱼，水虫也。象形，鱼尾与燕尾相似。"清·段玉裁注："其尾皆枝，故象枝形，非从火也。"鱼多被鳞，"鳞"常用作鱼的代称。《说文·鱼部》："鳞，鱼甲也，从鱼粦声。"

　　鱼的种类繁多。明·屠本畯《闽中海错疏》序曰："夫水族之多莫若鱼，而名之异亦莫若鱼，物之大莫若鱼；而味之美亦莫若鱼。多而不可算数穷推，大则难以寻常量度。"在脊椎动物五大类中，鱼是种类最多的类群，包括硬骨鱼（辐鳍鱼）和软骨鱼两大类，约有3.3万种，我国已记录海水鱼3 000多种。

《海错图》鱼类检索表

1. 鳃裂外露；鳃盖膜质；脑颅无缝   软骨鱼类

   鳃裂不外露；鳃盖骨质；脑颅具缝   硬骨鱼类

《海错图》海洋硬骨鱼（辐鳍鱼）类检索表

1. 尾歪形   鲟形目（潜龙鲨——中华鲟）

   尾非歪形   2

2. 鳔无鳔管（具肉须）   7

   鳔具鳔管   3

3. 具韦氏器（具口须）   鲇形目（松鱼——海鲇、鼠鲇鱼——线纹鳗鲇、刺鲇——须鲇）

   无韦氏器   4

4. 体鳗形（眼不近前端）   鳗鲡目（鲈鳗——花鳗、海鳗、血鳗——前肛鳗）

   体非鳗形   5

5. 上颌口缘仅由前颌骨构成（无发光器）   仙鱼目［龙头鱼、海虹钉——蛇鲻（？）］

   上颌口缘由前颌骨和上颌骨构成   6

6. 具侧线（或具脂鳍、后3节椎骨上弯、鳃盖条6~7枚）

                                 胡瓜鱼目（海银鱼——银鱼、厦门江鱼——香鱼）

   无侧线（具上颌辅骨）   鲱形目［鲥鱼——鲥、鲦鱼——斑鲦、鳓鱼——鳓、

     黄鳞——江口小公鱼（？）、海焰鱼——鳀（？）、小鱼——丁香鱼——鳀（？）、

                               鲞鱼——刀鲚、刀鱼——宝刀鱼］

7. 上颌口缘由前颌骨和上颌骨构成   鲀形目（河豚——东方鲀、划腮鱼——圆鲀、

                       刺鱼——刺鲀、夹甲鱼——箱鲀、鲼鱼——三刺鲀）

   上颌口缘非如上述   8

8. 体不对称；两眼位于同侧   鲽形目（真比目鱼——比目——比目鱼、箬叶鱼——鳎——舌鳎）

   体对称；两眼不位于同侧   9

9. 无背鳍棘 10

具背鳍棘 11

10. 背鳍胸位（具颏须） .... 鳕鱼目

背鳍胸后位（每侧具一鼻孔）（骨骼绿色）　颌针鱼目［针鱼——斑鱵、竹鱼——双针鱼（？）、

崔鱼——鹤鱼——颌针鱼、鹅毛鱼——飞鱼］

11. 具眶蝶骨 .... 须鳂、金眼鲷等目

无眶蝶骨 12

12. 腰带不与匙骨相连；吻管状　　刺鱼目［海马、七里香——海龙、海鳝——鳞烟管鱼、

草蜢鱼——管口鱼（？）］

腰带与匙骨相连；吻非管状 13

13. 背鳍2个且分离 .... 鲻形目（鲻鱼——鲻）

背鳍2个且靠近 14

14. 第三眶下骨后延且与鳃盖骨相连　鲉形目［红鱼——绿鳍鱼、四腮鲈——松江鲈、鱼虎——虎鲉、

飞鱼——无鳔鲉、空头鱼——马鲅（？）］

第三眶下骨不后延，亦不与鳃盖骨相连

鲈形目［印鱼——鮣、顶甲鱼——鮣、跳鱼——弹涂鱼、鳗腮鱼——虾虎鱼、

党甲鱼——刺虾虎鱼、蟳虎鱼——乌塘鳢、鲳鱼——银鲳、枫叶鱼——刺鲳、

带鱼、马鲛、钱串鱼——斑胡椒鲷、铜盆鱼——真鲷（？）、海鲫鱼——海鲫（？）、

鲈鱼——花鲈、海鳜鱼——鳃棘鲈（？）、海鲙鱼——石斑鱼、石首鱼——大黄鱼、

黄霉鱼——梅童鱼、青丝鱼——拟羊鱼］

半坡文化人面鱼纹盆

鲟形目

鲟形目鱼为具硬鳞、歪形尾的软骨硬鳞鱼，含鳇、鲟、白鲟等。

《海错图》鲟形目检索表

1. 仅尾鳍上叶具硬麟 ———————————————— 白鲟（淡水鱼，古称鲔）

   体侧具硬麟 ————————————————————————— 2

2. 口裂达头侧 ———————————————————————— 鳇

   口裂不达头侧 ——————————————————————— 3

3. 吻须长等于须基至口前缘距离的1/2 ——————— 达氏鲟

   吻须长小于须基至口前缘距离的1/2 ——————— 中华鲟

潜龙鲨——中华鲟

潜龙鲨赞　肉美称龙，甲黄比钱，网户得之，卜吉经年①。

潜龙鲨，青色而有黄黑细点。头如虎鲨而圆，口上缺裂不平。背皮上有黄甲，六角如龟纹而尖凸，长短共三行[一]。其肉甚美，切出有花纹，故比之龙云。闽海尚少，偶然网中得之，渔人兆多鱼之庆，一年卜吉。大者入网即毙，小而活者，渔人往往放之。此鱼浙海无闻，广东甚多。其味美冠诸鱼，渔人往往私享，不售之市。即有售者，亦脔分其肉。即闽人亦不获睹其状。

予访此鱼，凡七易其稿。续后，福宁陈奕仁知其详，始订正。然黄甲六角而尖起，平画失其本等。今特全露背甲，使边旁侧处斜，显其尖，即正面，亦于色之浅深描写形之高下。画虽不工，而用意殊费苦心，识者辨之。

张汉逸谓此鱼即鲟鳇之类。然鲟鱼鼻长，口在腹下，今此鱼不然。

屈翁山②《广东新语》载潜龙鲨甚详。

中华鲟

注释

① 卜吉经年　卜吉，指古代用占卜的方法择吉利的定婚期；经年，在不同语境含义不同，指经一年、若干年或不足一年。

② 屈翁山　屈大均（1630—1696年），字翁山，又字介子。明末清初的著名学者。其居所名"死庵"。其顽强抗清，受到清廷的迫害，死后亦未被放过，所著《广东新语》等均被列为禁书。聂璜多次录其名和书，不能不说冒有极大的风险。参见"海和尚"和"人鱼——儒艮"条。

校释

【一】背皮上有黄甲……长短共三行　黄甲乃骨鳞（骨板）。中华鲟具骨鳞5纵行，侧面观似3纵行。

考释

聂璜虽七易其稿，但未亲见中华鲟，所绘与实物有差别。

先秦记鳣（zhān）。《周颂·潜》："猗与漆沮，潜有多鱼。有鳣有鲔（wěi），鰷（tiáo）、鲿（cháng）、鰋（yǎn）、鲤。"按，潜通椮（sēn），为置于水中供鱼栖的柴堆；鰷，白条鱼；鲿，黄颡鱼；鰋，鲇鱼。三国吴·陆玑《毛诗草木鸟兽虫鱼疏》："鳣，身形似龙。锐头，口在颔下，背上腹下皆有甲，纵广四五尺……大者千余斤。"晋·郭璞为《尔雅·释鱼》作注："鳣，大鱼。似鲟而短，鼻口在颔下，体有邪行甲，无鳞，肉黄。大者长二三丈。今江东呼为黄鱼。"宋·邢昺《尔雅疏》："鳣，出江海，三月中从河下头来……今于盟津（即孟津）东石碛上钓取之，大者千余斤。可蒸为臛（huǒ，肉羹），又可为鲊，鱼子可为酱。"

中华鲟又名牛鱼、玉板等，且常与白鲟（鳣）相混。宋·李石《续博物志》卷二："鳣，黄鱼。口在腹下，无鳞，长鼻，软骨。俗谓玉板。长二三丈，江东呼为黄鱼。"宋·程大昌《演繁露·牛鱼》："《燕北录》云：'牛鱼，嘴长，鳞硬，头有脆骨。重百斤，即南方鳣鱼也。'鳣、鲟同。"

宋·陆佃《埤雅·释鱼》："鲔肉白，鳣肉黄。鳣，大鱼，似鲟，口在颔下，无鳞，长鼻，软骨，俗谓之玉板。"明·李时珍《本草纲目·鳞四·鳣鱼》："〔释名〕黄鱼（《食疗》），蜡鱼（《御览》），玉版鱼……曰黄曰蜡，言其脂色也。玉版，言其肉色也。"

元·忽思慧《饮膳正要》："辽人名阿八儿忽鱼（蒙语，音译）。"四川渔民有千斤腊子（中华鲟）万斤象（白鲟）之说，还俗称中华鲟为大癞子、黄鲟、着甲、黄腊子。

鳣，即中华鲟 *Acipenser sinensis* Gray，属于鲟形目鲟科。体长梭形，被 5 纵行骨板，腹部较平。头大而平扁，呈长三角形。吻长而尖，吻腹面具 4 条短的吻须。口腹位，无齿。歪形尾。体背青灰褐色，腹侧黄白色。其最重可达 600 kg。中华鲟为大型溯河洄游鱼类，幼鱼于海中索饵长大。性成熟时，中华鲟溯河洄游入长江、赣江、珠江、钱塘江等水流湍急、砾石底的江河上游产卵。怀卵量平均 65 万粒。次年春季，幼鱼渐次降河。在长江产卵的中华鲟 5~8 月可现于长江口崇明岛一带，9 月以后入海生长。寿命最长达 40 年，平均 15 年。一般体长约 40 cm，最长 5 m。中华鲟为白垩纪的孑遗种，具重要研究价值，为国家一级重点保护野生动物。

鳗鲡目

鳗鲡目鱼，体长圆柱形，后部多侧扁；无腹鳍，或具胸鳍，背鳍基与臀鳍基皆长；除蛇鳗外，背鳍和臀鳍与尾鳍相连。

东汉·许慎《说文·鱼部》："鳗，鱼名。从鱼，曼声。""鲡，鱼名。从鱼，丽声。"清·段玉裁注："此即今人谓鳗为鳗鲡之字也。"鳗，从"曼"，意为"长"。鲡，从"丽"，与"骊"同。汉·郑玄《毛诗传笺》称"纯黑曰骊"，故鳗鲡为长而黑的鱼。

我国记录海生鳗鲡14科近170种。

《海错图》鳗鲡目检索表

1. 体具小鳞片 2

   体无小鳞片（裸露） 3

2. 体腹面鳃裂合为1孔 .... 合鳃鳗科

   体侧各具一鳃裂 .... 鳗鲡科（鲈鳗——花鳗）

3. 无尾鳍 .... 蛇鳗科

   具尾鳍且尾鳍与背鳍、臀鳍相连 4

4. 上颌上弯、下颌下弯 .... 线鳗科

   颌非如上述 5

5. 肛门近鳃孔 .... 前肛鳗科（血鳗——前肛鳗）

   肛门远离鳃孔 6

6. 具胸鳍 7

   无胸鳍 8

7. 仅尾部具背鳍 .... 蚓鳗科

   非如上述 9

8. 吻鸭嘴状；体色单一 .... 鸭嘴鳗科

   吻非鸭嘴状；体色多样，具斑带、网纹等 .... 海鳝科（裸胸鳝）

9. 吻突出 .... 海鳗科（海鳗）

   吻非如上述 .... 锯犁鳗科

明·文俶《金石昆虫草木状》所绘雷州鳗鲡鱼（下左图），可能是我国古代较早的鳗鲡彩图。逝于光绪十九年（1893年）的吴友如所绘狗头鳗（下右图）颇具史料价值。海鳗有强壮的牙齿，落水的人会受其攻击。参见"海鳗"条。

（自明·文俶）

（自清·吴友如）

　　《海错图》记有5种（类）：鲈鳗——花鳗，血鳗——前肛鳗，海鳗、青鳗待考，而海鳝名不副实。参见"海鳝——鳞烟管鱼"条。

鲈鳗——花鳗

　　鲈鳗赞　鳗影漫鲈，种传鲈象，其味何如？河豚一样。

　　鲈鳗，状如海鳗而白，有鲈斑，皮上隐隐有鱼鳞纹，启之则无。其味甚美，海人宴客以为佳品。

　　按，鳗无子，大约影漫诸鱼，即肖诸鱼之象。鲈鳗确是鲈种[一]，其肉甚细，食者比之为河豚云。

花鳗（自《中国海洋鱼类》）

校释

【一】鲈鳗确是鲈种　　种间形似或味近的现象在大自然比比皆是。宋·陆佃《埤雅·释鱼》卷二就误曰："鳗，无鳞甲。白腹，似鳝而大，青色。焚其烟气辟蠹。有雄无雌，以影漫鳢而生子。"

考释

清·周学曾等《晋江县志》卷六十九："芦鳗，一名舐鳗，土人名曰糍鳗。大如升，长四五尺，能陆行，食芦笋。其有耳者，名溪巨。鱼之腴者，莫过于此。"

芦鳗，因能到芦苇丛中捕食而得名。其黏如糍粑，故又谓糍鳗。溪中黏滑之鳗在福建称溪滑。溪中之巨者曰溪巨。其性凶猛，捕食如舐，故呼舐鳗。其具云状斑，得名花鳗。英文名 marbled eel。

花鳗 *Anguilla marmorata* Quoy et Gaimard，属于鳗鲡目鳗鲡科鳗鲡属。体粗壮，长一般在 30~60 cm，最长可达 2 m，具小鳞片。体侧各具一鳃裂。其体前部呈圆筒状，后部稍侧扁，似硕大的鳝鱼，俗称鳝王。体背部黄褐色，具黑褐色斑，腹部色浅。花鳗 3~9 月白天多隐居于山涧溪流和水库乱石的洞穴中，夜出活动，可较长时间离水，能到湿地和雨后的竹林及灌木丛内觅食，有时还在芦苇丛中捕食蛙、鼠等较大的动物；到冬季降雪时常出现在岸边浅滩，因而又称为雪鳗；于 10~11 月降河洄游，见于黄海、东海、南海。

其肉鲜美。现今花鳗资源已严重衰退。参见"水沫鱼——海鳗叶状仔鱼"条。

海鳗

海鳗赞　似鳅嘴长，比鳝多翅，食者疗风，《本草》所识。

海鳗，浙、闽、广海中俱有。口内之牙中央又起一道[①]。身无鳞，而上下有翅。人畜死于海者，多穴于其腹。海中有巨鳅[②]，无巨鳗。鳗多在海岸，故渔人每得之。海鳅多穴大洋海底，日本外国善取，亦至大边海，渔人无从捕得者。

《字汇》云："鳗，无鳞甲，腹白而大，背青色。有雄无雌，以影漫鳢而生子[一]，故谓之鳗。海鳗亦然。"然海中杂鱼，似鳗非鳗者甚多，如鳗、腮红鳗、蟳虎等鱼，大约皆因鳗涎而生者也。《本草》："鳗鱼，去风。"《日华子》曰："海鳗，平，有毒，治皮肤恶疮痔痔等，又名慈鳗、鳝狗鱼。"

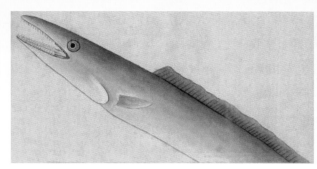

海鳗头部

海鳗

注释

① 口内之牙中央又起一道　见考释文。

② 巨鳅　鲸亦称为巨鳅或海鳅。参见有关鲸的内容。

校释

【一】有雄无雌，以影漫鳢而生子　为误述。参见"鲈鳗——花鳗"条。

考释

宋·梁克家《三山志》卷四十二："鳗鱼，似蛇而无鳞。口齿尤铦利，色青黄。海出者比江鳗差大，一名慈鳗，亦名猏（gōu）狗鱼。"按，猏狗是钩的一种，为土语，表示其牙大如钩（山东称狼牙，河北、辽宁称狼牙鳝、勾鱼等）；慈，表示其体黏如糍粑。明·李时珍《本草纲目·鳞四·海鳗鲡》："〔集解〕《日华》（《日华子诸家本草》）曰，生东海中。类鳗鲡而大，功同鳗鲡。"明·方以智《通雅·动物·鱼》："广州海鳗最大，曰狗鱼，其涎即能杀虫。"

海鳗 *Muraenesox cinereus*（Forsskål），属于鳗鲡目海鳗科，俗称狼牙鳝。其体近圆柱状，腹部灰白色，因而又名灰海鳗。吻突出，口大。齿强大而锐利，上颌齿 4~5 行，下颌、犁骨齿均 3 行，口前齿数不固定。体无鳞。海鳗栖于水深 50~80 m 的泥沙底海域，性凶猛，游泳迅速，以虾、蟹及其他鱼为食。我国沿海均产，东海为主产区。其肉含脂量高，细嫩鲜美，为上等食用鱼。海鳗为经济鱼类，也是我国古代使用较多的药用生物。《食疗本草》载："患诸疮瘘疬肠风，长食之，甚验。腰肾间湿风痹，常如水洗者，可取五味米煮，空腹食之，甚补益。湿脚气人，服之良。"其脑、卵及脊髓可用以防治脂肪肝，治疗面神经麻痹、疖肿、胃病、气管炎、关节肿痛等疾病。海鳗生殖期为每年 4～7 月。怀卵量 18 万～120 万粒。叶状仔鳗期 8～10 个月，且随海流漂回近岸变态发育。成体最大可达 2.2 m。参见"水沫鱼——海鳗叶状仔鱼"条。

水沫鱼——海鳗叶状仔鱼

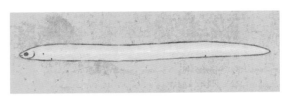

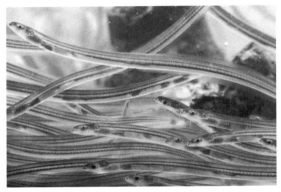

水沫鱼赞　柔如败絮，透若水晶，就日则枯，在水无痕。

闽海有一种水沫鱼，系水沫结成[一]。柔软而明澈，照见其中若有骨节状，其实无骨也。不但无骨，而且无肉。就阳曦一照，则竟干如薄纸而无矣。

《字汇·鱼部》有"鮇"字，注云："海中鱼，似鲍。"予谓即此鱼可当之。

海鳗叶状仔鱼

校释

【一】系水沫结成　此系臆想。

考释

体柔软、透明、柳叶状，背鳍、臀鳍与尾鳍相连，此为鳗鲡仔鱼独有的特征。

海鳗性成熟后，由江河的上、中游向下游移动，群集于河口，后远离海岸产卵繁殖。生殖后亲鱼死去，受精卵随海流而孵化。

初孵出的仔鱼，为叶状体，俗称柳叶鳗或叶状仔鱼。叶状仔鱼被海流慢慢带向近岸，在进入河口前变态，发育成白色透明、短线条状的鳗苗（幼鳗），俗称鳗线或玻璃鳗。而后，幼鳗逆河而上，返回其祖辈生活的江、湖、水库生长、肥育。参见"鲈鳗——花鳗"和"海鳗"条。

血鳗——前肛鳗

血鳗赞　龙战于野，其血玄黄，海鲡吞之，遍体红光。

血鳗，通体皆赤，亦名红鳗。产闽海大洋中。其状似鳗而细，背翅至尾末大而有彩色。口上长啄盘曲为奇[一]，或云在水能直能钩，所以牵物入口也。其肉皆油，不可食，然漳、泉人亦竟有食之者。

此物典籍虽缺载，但《字汇·鱼部》有"鲗"字，训赤鲡，明指血鳗也。

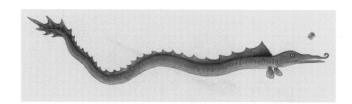 

前肛鳗（自《中国海洋鱼类》）

校释

【一】啄盘曲为奇　"啄"，当为"喙"，即"颌"。血鳗的颌不上翘。

考释

前肛鳗 *Dysomma anguillare* Barnard 亦称血鳗，聂璜记为红鳗、赤鲡。《澄海县志》："身小如黄鳝，多血。晒干，食之佳。"体长圆筒形，如小指粗细。背部浅黄色，透紫色；腹部白中透紫色。肉呈血红色。体裸露无鳞。体表一旦被划破便会不断流血。喙短而尖。肛门位于胸鳍后下方近鳃孔处。胸鳍短小，背鳍、臀鳍与尾鳍相连。其为暖水性小型鳗。体长 30～40 cm。前肛鳗栖于沿岸浅海泥沙中，有时进入河口。其见于南海和东海南部，为广东沿海习见种。前肛鳗营养丰富，是珍稀海味。

青鳗——鳗（？）

青鳗赞　海有鸢鱼，无从访画，青鳗鸟啄，疑为鸢化。

青鳗，如鳗而细。其啄（喙）甚长，红色。其身透明，能照见骨节。皆油也，不堪食。海滨儿童干而悬之以为戏。

按，《临海异物志》称："鸢鱼似鸢，燕鱼似燕，阴雨皆能高飞丈余。"今考鸢之为鸟，身小而黑绿，啄长而赤鹤。鹤①鱼啄长而身亦长狭，则青鳗当作鸢鱼矣。然必验此鱼能飞，则始可定评矣。

注释

① 鹤（hè）同"鹤"。

考释

聂璜所述之青鳗，与今通称青鳗的日本鳗鲡 *Anguilla japonica* Temminck et Schlegel 差别大。

"其喙甚长，红色。其身透明，能照见骨节。皆油也，不堪食"，此非鳗鲡特征。根据聂璜所述、所绘，此似蛇鳗，又像一种颌针鱼（颌针鱼科）。有鱼类学家指出："符合身体鳗形、体色青色、喙长的鱼类有鳞烟管鱼、线鳗、颌针鱼类。"待考。

鲱形目

鲱，体侧扁，无侧线，有的具几个侧线孔。上颌口缘由前颌骨和上颌骨组成。体被圆鳞，常具棱鳞。胸鳍1个，胸鳍、腹鳍基有腋鳞。正形尾。具鳔管。

鲱字从非，如"菲薄"之"菲"，意其鱼侧扁而薄。

鲚（jì）、鰳、鲦、鲱、沙丁鱼、鰶、鳀（tí）等，系鲱形目产量大之经济鱼类。据报道，全球有5科84属360余种，我国记录4科26属近70种。

《海错图》鲱形目检索表

1. 背鳍非后位且不与臀鳍相对（鲱亚目）   2
   背鳍后位且与臀鳍相对（宝刀鱼亚目）   刀鱼——宝刀鱼

2. 下颌关节在眼远后方（鳀科）   3
   下颌关节在眼稍后方或正后方   7

3. 尾鳍与臀鳍长且几近相连；胸鳍具游离丝状鳍条（鲚亚科）   鲚属（鲨鱼——刀鲚）
   尾鳍与臀鳍不长且相距远；胸鳍无游离丝状鳍条（鳀亚科）   4

4. 腹部无棱鳞和棱棘   鳀属［海焰鱼——鳀（？）、小鱼——丁香鱼——鳀（？）］
   腹部具棱鳞和棱棘   5

5. 胸鳍鳍条少于25枚   小公鱼属［黄鳒——江口小公鱼（？）］
   胸鳍鳍条多于25枚   6

6. 胸鳍前具长鳍条   黄鲫属（黄鲫）
   胸鳍前无长鳍条   棱鳀属

7. 臀鳍条少于30枚（鲱科）   8
   臀鳍条多于30枚（锯腹鰳科）；具腹鳍   鰳属（鰳鱼——鰳）

8. 腹部具棱鳞   9
   腹部无棱鳞（圆腹鲱亚科）   圆腹鲱

9. 上颌辅骨2块；胃非砂囊状   10
   上颌辅骨1块；胃砂囊状（鰶亚科）   鰶（鰶鱼——斑鰶）

10. 上颌无缺刻（鲱亚科）   鲱、沙丁鱼
    上颌具缺刻（鰶亚科）   鰶鱼——鰶

鲥鱼——鲥

鲥鱼赞　弃骨取腴，鱼中罕匹，四月江南，时哉勿失。

鲥鱼，《江宁志》中与鲟鱼并载，《杭州志》中与箬鱼①并载，广州谓之三鳘之鱼，福兴、漳、泉亦有鲥鱼。《闽志》亦载。产江浙者，取于江，味美。产闽者，取于海，味差劣。闽中亦不重。

鲥者，时也。江东四月有之，而闽海则夏秋冬亦有。

《汇苑》云："此鱼鳞白如银，多骨而速腐。"是以醉鲥鱼欲久藏，始腌浸时，投盐必重。亦谓之箭鱼，以其腹下刺如矢簇。

鲥（自《中国海洋鱼类》）

注释

① 箬（ruò）鱼　箬同"筹"，一种竹子，叶大而宽，可编竹笠，又可用来包粽子。《海错图》中的箬叶鱼参见"箬叶鱼——鳎——舌鳎"条。

考释

鲥，亦称鲦（jiù）、鳘（lí）、鲧、当魱（hū）、魱鱼、时鱼、鲥鱼、箭鱼、三鳘、三鲧、瘟鱼等，为溯河产卵的洄游性鱼类；因定时于初夏入江，他时不现，故得名。

《尔雅·释鱼》："鲦，当魱。"晋·郭璞注："海鱼也，似鳊而大鳞，肥美多鲠，今江东呼其最大长三尺者为当魱。"鲦如纠集，意大群来游。宋·戴侗《六书故·动物四》："魱鱼，似鳊而大。生江海中，四五月大上，肥美而多骨，江南珍之。以其出有时，又谓之时鱼。"明·李东修、何世学增纂《丹徒县志》中记载鲥"本海鱼。季春出扬子江中，游至汉阳生子，化鱼而复还海"。明·彭大翼《山堂肆考》："鲥鱼，一名箭鱼。腹下细骨如箭镞。"

"三鳘""三鲧"之称，亦由鲥鱼的洄游而得。明·张自烈《正字通》卷下："鳘……音黎，鲥别名。广州谓之三鳖之鱼。""鲦……音来，鲥鱼别名。"在珠江下游，每年从初夏起，鲥鱼分3波集成大群游来，故称三鯠。因粤语中"鳖"与"鯠"发音相似，"三鯠"也说成"三鳖"。明·黄省曾《鱼经》："有鲥鱼，盛于四月。鳞白如银，其味甘腴，多骨而速腐。广州谓之三鳖之鱼。"

鲥 *Tenualosa reevesii*（Richardson），属于鲱形目鲱科。英文名reeves shad。体长约24 cm，大者体长50 cm以上。体侧面观呈长椭圆形。头侧扁，前端钝尖。口大，端位，口裂倾斜。下颌稍长，上颌正中有一缺刻，后端达于眼后缘的下方。鳃耙细密。鳞片大而薄，上有细纹。具棱鳞。圆鳞大而薄，上无细孔。无侧线。背鳍非后位且不与臀鳍相对。臀鳍鳍条少于30枚。尾鳍叉形。体背暗绿色，侧面和腹面银白色。

鲥产卵前，丰腴肥硕，味道鲜美，带鳞清蒸为佳。宋·王安石《后元丰行》："鲥鱼出网蔽洲渚，荻笋肥甘胜牛乳。"宋·梅尧臣《时鱼》诗："四月时鱼逴浪花，渔舟出没浪为家。甘肥不入罢师口，一把铜钱趁桨牙。"明·彭大翼《山堂肆考》："其（鲥鱼）味美在皮鳞之交，故食不去鳞，而出富阳者尤美。此东坡有鲥鱼多骨之恨也。"宋·浦江吴氏《吴氏中馈录》："鲥鱼去肠不去鳞，用布拭去血水，放汤锣内，以花椒、砂仁、酱擂碎，水、酒、葱拌匀其味，和蒸之。去鳞供食。"清·黄钺《食鲥鱼》："风定扁舟两桨飞，雨余新水一江肥。银鳞网出心先醉，便为鲥鱼也合归。"

鲥美中不足，出水易腐且多刺。明·李时珍《本草纲目·鳞三·鲥鱼》："鲥，形秀而扁，微似鲂而长，白色如银，肉中多细刺如毛，其子甚细腻。"隋唐以前，称长江下游北岸淮水以南地区为江西。明·杨慎《异鱼图赞》："时鱼似鲂，厥味肥嫩，品高江东，价百鳣鲔。界江而西，谓之瘟鱼，弃而不饵。"《尔雅·释言》："厥，其也。"

明代快马水船飞速传递鲥贡达200多年。明·于慎行《赐鲜鲥鱼》："六月鲥鱼带雪寒，三千江路到长安。"明·何景明《鲥鱼》："五月鲥鱼已至燕，荔枝卢橘未应先。"清·谢墉《鲥鱼》："网得西施国色真，诗云南国有佳人。朝潮拍岸鳞浮玉，夜月寒光尾掉银。长恨黄梅催盛夏，难寻白雪继阳春。维时其矣文无赘，旨酒端宜式燕宾。"清·沈名荪《进鲜行》："江南四月桃花水，鲥鱼腥风满江起……钲（zhēng）声远来尘飞扬，行人惊避下道旁。县官骑马鞠躬立，打叠蛋酒供冰汤。"清·吴嘉纪《打鲥鱼》："打鲥鱼，供上用，船头密网犹未下，官长已鞴驿马送。"康熙二十二年，山东按察司参议张能麟写了《代请停供鲥鱼疏》，历数鲥贡劳民伤财、民怨载道。康熙见后，才下令"永免进贡"，结束了鲥贡。

鲥平时海栖，溯河入珠江、钱塘江、长江等产卵，为洄游性鱼类。其因每年初夏定时入江，其他时间不出现，故此得名。鲥鱼被誉为江南水中珍品，与河豚、刀鲚齐名，素称"长江三鲜"。继扬子鳄、中华鲟、白鱀豚、胭脂鱼之后，长江鲥鱼也遭种群危机，被列入《中国濒危动物红皮书》。

鳈鱼——斑鰶

鳈鱼赞　鱄①独鲹②三，鳒鲽比目③，惟白多聚，千百为族。

鳈鱼，白鱼也。白质银光。水中善鳈[一]。故《字书》训为白鱼[二]。闽海一种小白鱼，长不过二三寸，而光烂夺目，在水则鳈藏之。庖厨暗室生光，即涤鱼余沥入地，至夜亦萤萤如星。《异鱼图赞》云："含光之鱼，临海郡育。煠④已干，耀庭如烛。"即此类也。

斑鰶（自《中国海洋鱼类》）

注释

① 鱄（zhuān）　一种淡水鱼，喜独处。

② 鲹（qiè）　即鳈鲅鱼，3个为伍。

③ 鳒鲽比目　见"真比目鱼——比目——比目鱼""箬叶鱼——鳎——舌鳎"条。

④ 煠　同"炸"。

校释

【一】鳈　当为"聚"。

【二】《字书》训为白鱼　查《异鱼图赞补》"白鱼"条，则"江湖类生，太湖擅独"，故非海生之鱼。

考释

聂璜所述"白质银光""长不过二三寸""在水则鳈藏"的鱼泛指鰶。

三国吴·沈莹《临海水土异物志》："鳓鱼至肥，炙食甘美。谚曰：'宁去累世宅，不去鳓鱼额。'"南朝梁·顾野王《玉篇·鱼部》："鰶，鱼名。"南朝梁·阮孝绪撰、清·任大椿辑、清·王念孙校《文字集略》："鱭，亦作鰶字。音'祭'，又音'制'。"明·屠本畯《闽中海错疏》卷中："黄鱼，身扁薄而多鲠，色黄。"清·郭柏苍《海错百一录》卷一："黄鱼，身扁薄，多鲠多油，腌食可口。福州呼油鳓。"康熙版《招远县志·物产》："鳓鱼，麦黄时始肥，八月尤美。"

斑鰶 *Konosirus punctatus*（Temminck et Schlegel），曾用学名 *Clupanodon punctatus*，属于鲱形目鲱科，旧称窝斑鰶。体侧扁，侧面观呈长椭圆形。背鳍非后位且不与臀鳍相对，背鳍最后具一游离的丝状鳍条。臀鳍鳍条少于30枚。体侧、腹部银白色，鳃盖后上方有一大黑斑。体长通常约20 cm。斑鰶性活泼，喜群游，故聂璜称其为鳏鱼。其以硅藻为食，分布很广。斑鰶为经济鱼类，现已人工养殖。

斑鰶在广东称黄流鱼、黄鱼，在山东呼扁鰶、古眼鱼，在河北名气泡子，还有刺儿鱼、磁鱼、春鰶、鲮鰶鱼等异名。

鳓鱼——鲌

鳓鱼赞　腹下有刀，头顶有鹤，有鹤难夸，有刀难割。

鳓鱼，考《汇苑》云："腹下之骨如锯，可勒，故名。出与石首同时。海人以冰鲞之，谓之冰鲜。"《字汇》不解，但曰"鳓鲞"。闽、粤志俱载。

按，此鱼腹下有利骨如刃。头上有骨，为鹤身，若翅、若颈、若足，并有杂骨凑之，俨然一鹤，儿童多取此为戏。其嘴昂，其领厚，白甲如银，而背微青，肉内多细骨。

凡咸鱼糜烂则难食，独鳓鲞糟醉，以糜烂为妙。然闽地煖[1]，甚腥，不耐久藏，温、台次之，杭、绍又次之。姑苏有虾子，鳓鲞更美。至江北则香而不腥，味尤胜。越历南北而食此，定能辨之。

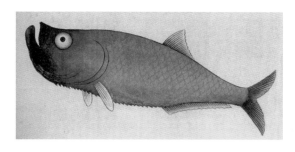

鲌

注释

①煖　音nuǎn，同"暖"；音xuān，同"煊"，温暖的意思。

考释

鳓亦作勒，亦称鲙、鳓鱼、勒鱼、肋鱼、青鳞、雪映、白鳞、白鳞鱼、白鳓鱼、曹白鱼、鲞鱼、快鱼等。其因腹部具棱棘而得名"鳓"。

唐·韦应物《送刘评事》诗："洞庭摘朱实，松江献白鳞。"明·黄省曾《鱼经》："有鰳鱼。腹下之骨如锯可勒，故名。"明·李时珍《本草纲目·鳞三·勒鱼》："鱼腹有硬刺勒人，故名……勒鱼出东南海中，以四月至。渔人设网候之，听水中有声，则鱼至矣……〔气味〕甘，平，无毒。〔主治〕开胃暖中，作鲞尤良。"清·李元《蠕范》："鰳，勒鱼也，肋鱼也。似鲥，小首细鳞，腹下有硬刺……亦有冬月出者，谓之雪映。"清·李调元《然犀志》卷上："勒鱼，一名青鳞。状如鲥鱼，小首细鳞。"清光绪《日照县志》卷三："鰳，俗呼白鳞鱼，古名鲐。"

在我国，鰳属 *Ilisha* 的鱼有 4 种，属于鲱形目锯腹鳓科。英文名 Chinese herring。体银白色，侧扁，无侧线，腹部具棱棘。口大，上斜。鰳具腹鳍，臀鳍始于背鳍基后下方。尾叉状。长鰳 *Ilisha elongata*（Bennett），为我国近海暖水中上层洄游性的重要经济鱼类。体甚侧扁，臀鳍鳍条多于 30 枚，大者长约 45 cm，重约 1 kg。长鰳繁殖期至近岸泥沙底产卵。其汛期在舟山为 4～7 月，在广东万山为 3～5 月，在渤海为 4～6 月。

山东胶州三里河遗址中有鰳头骨，还有成堆的鳞片。这说明人们在新石器时就已食鰳，有 4 000 年历史。聂璜所述"俨然一鹤"，指其头骨片可拼成展翅飞翔的鹤形图案。制作程序网上可查。

除鲜销外，鰳主要制成咸干品。广东曹白鱼鲞、浙江的酒糟鲞久负盛名。鰳在广东称曹白鱼，在福建称白力鱼，在江浙名鲞鱼，在山东呼白鳞鱼，在冀辽叫鲙鱼、快鱼。如今，鰳资源已严重衰退，亟待保护。

黄鱮——江口小公鱼（？）

黄鱮[一]赞　海鱼如鲎，金翅银鳞，土名黄鱮，方音未真。

黄鱮，似鲎鱼①而阔，多刺，与石首同时发，然不甚大。《字汇》鱮音"获"，闽人呼此鱼为黄隻（只）。

江口小公鱼（自《中国海洋鱼类》）

注释

① 鲚（cǐ）鱼　即为鲚，亦称鲚、刀鱼等。参见"鲚鱼——刀鲚"条。

校释

【一】鳠　本条中所有"鳠"字，聂璜原记为鳠。

考释

清·胡世安《异鱼图赞闰集》："江鱼，生于海，长二寸许，洁白如银。其来成群，渔人以为利，舟车俱满。其用甚广，或醢或脯，以行四方。海澄内港出者，价与银鱼等，但不多得耳。白丁香又小于江鱼。"白丁香，见"小鱼——丁香鱼——鳀（？）"条。

江口小公鱼 *Stolephorus commersonnii* Lacépède，属于鲱形目鲱亚目鳀科鳀亚科，俗称公鱼、弱棱鳀。体侧具 1 条银白色纵带。口大，上颌骨末端伸达鳃孔。背鳍位于臀鳍前上方。尾鳍与臀鳍分离。胸鳍无游离丝状鳍条，鳍条少于 25 枚。体最长 12.5 cm。小公鱼为近海温水性小型鱼类，是东海南部渔业的捕捞对象。我国记录 9 种小公鱼。

海焰鱼——鳀（？）

海焰鱼，产宁波海滨，亦名海沿。秋日繁生，长仅寸余而细，色黄味美。暮夜渔人架艇，以火照之，则逐队而来，以细网兜之。晒干，味胜银鱼。愈小愈美，稍大则味减矣。

鳀

考释

参见下条。

小鱼——丁香鱼——鳀（？）

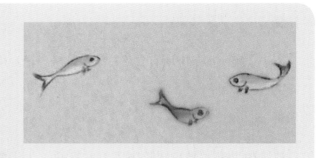

　　小鱼赞　有鱼不老，小时了了，蟪蛄春秋[1]，安知寿夭[2]？

　　凡江湖中每有一种小鱼，永不能大，所谓"武阳之鱼，一斤千头"者是也。海亦有之。闽之宁德，海产一种丁香鱼，长仅半寸。三、四月发，海人干之以售远近。此种鱼以小为体，自成一家。故《字汇·鱼部》特为小鱼存"魢"字，纪类也。然此"魢"字，非小而能大之"魢"也。鱼部又有"鲖"字，与"魢"同，则小而便了此一生也。

注释

　　① 蟪（huì）蛄春秋　蟪蛄，指夏生秋死的一种蝉。典出《庄子·逍遥游》："朝菌不知晦朔，蟪蛄不知春秋，此小年也。"后用以形容寿命短暂或孤陋寡闻、少见多怪。

　　② 寿夭　指长命与夭折或寿限。

考释

　　鳀音tí。清·李元《蠕范》："鲖，丁香鱼也，白沫鱼也。梅雨时海水凝沫而成。雪色，无骨。"鳀又名鳀抽条、海蜒、离水烂、老眼屎、鲅鱼食。

　　鳀 *Engraulis*，属于鲱形目鲱亚目鳀科。口裂甚大，下颌关节在眼远后方。尾鳍与臀鳍分离。胸鳍无游离丝状鳍条。尾鳍叉形。腹部无棱鳞和棱棘。体侧、腹部银白色。鳀为近海暖温性中上层小型鱼类，分布于我国的渤海、黄海和东海以及朝鲜和日本海域，喜群栖。其是灯光围网的捕捞对象，故聂璜称："以火照之，则逐队而来，以细网兜之。"其也是其他经济鱼类的饵食。鳀曾是我国最高产鱼种，因过度开发，资源已严重衰退。

鲞鱼——刀鲚

鲞鱼赞　两鬓蓬松，鱼中老翁，奈尔小弱，只筭①幼童。

鲞鱼，《字汇》注："齐上声，刀鱼。饮而不食。"今按："鲞鱼，腹中甚窄，止有一血膘，似无肠[一]。可食。其腹下如刀。"《尔雅翼》曰："刀鱼长头而狭薄②，腹背如刀，故以为名。与石首鱼皆以三月、八月出。故《江赋》云，鳠鲞顺时而往还。"

按，鲞鱼，江南浙、闽江海皆有，而闽中四季不绝。大者长尺余，两边划水之上更有长鬣如须者，各六茎拖下。闽中呼为凤尾鲞。常州江阴产子鲞，小短，仅三寸余即有子。苏人炙干，其味甚美。宦商常贻远人。

按，《江阴志》作"鲚"，疑"鲚"当与"鲞"同。及考《字汇》，则又注曰"齐上声，鱼名"，并不注明是何种鱼。《字汇》："鱽鲚，鲞鱼也。"鲞疑从"些"，渺小也；亦作"劙"，其鱼之来，成行列也。鱽鲚，象小刀之形。别有魛鱼③，则刀之大者矣。

刀鲚

注释

① 筭（suàn）　古文中同"算"。

② 长头而狭薄　句出晋·郭璞对《山海经·南山经》所作注解。有歧义，见考释文。

③ 别有魛鱼　参见"刀鱼——宝刀鱼"条。

校释

【一】无肠　并非如此。刀鲚洄游至江即停止进食，原本就细的消化道更难分辨，故似无肠。

考释

聂璜相对准确地从物名、形态、洄游习性几方面记述了鲞鱼，指出了"鳠（zōng，石首鱼）鲞顺时而往还"中的鲞是鲞鱼，即今所称刀鲚。

古籍多记鳠鱼。《山海经·南山经》："浮玉之山……苕水出于其阴，北流注于具区（今太湖），其中多鳠鱼。"晋·郭璞注："鳠鱼，狭薄而长头，大者尺余。太湖中今饶之，一名刀鱼。"《尔雅·释鱼》："鮤，鳠刀。"晋·郭璞注："今之鳠鱼也，亦呼为鮂鱼。"《说文·鱼部》："鳠，饮而不食，刀鱼也。"宋·廖文英《正字通·鱼部》："《魏武食制》谓之望鱼，一名鳠鱼，又名鲚鱼。春则上侧薄，类刀，大者曰母鳠。"明·李时珍《本草纲目·鳞三·鲚鱼》："鱼形如剂物裂篾之刀，故有诸名……鲚，生江湖中，常以三月始出。状狭而长，薄如削木片，亦如长薄尖刀形。细鳞白色。吻上有二硬须，腮下有长鬣如麦芒。"

刀鲚 *Coilia ectenes* Jordan et Seale，属于鲱形目鲱亚目（背鳍非后位且不与臀鳍相对）鲚亚科。体最长41 cm，侧扁，无侧线。胸鳍具6枚游离鳍条，长者后伸可超过肛门。臀鳍长，鳍条多于90枚。尾鳍细长、不分叉且与臀鳍相连。刀鲚为溯河洄游性鱼类，平时多栖于海。每年春季（在长江口为2~3月，在黄河口为4~5月），由海集群入河口产卵。

自古以来，刀鲚、鲥、河豚并称"长江三鲜"，刀鲚、竹笋、樱桃为"初夏三鲜"。刀鲚应市最早，故列"长江三鲜"之首。农谚曰："春潮迷雾出刀鱼。"宋·梅尧臣《雪中发江宁浦至采石》："鳠鱼何时来，杨花吹茫茫。"宋·韩维《答圣俞设脍示客》："梅侯三年江上居，盘羞惯饱鳠与鲈。客居京城厌粗粝，买鱼斫脍邀朋徒。"宋·苏轼《寒芦港》："还有江南风物否？桃花流水鳠鱼肥。"明·魏浣初《望江南》："江南忆，佳味忆江鲜。刀鲚霜鳞娄水断，河豚雪乳福山船，齐到试灯前。"

刀鲚肉嫩脂多。由口中掏出内脏，洗净晾干，用油一炸，连肉带刺一起嚼，酥脆可口。扬州谚语云："宁去累世宅，不弃鳠鱼额。"这是说人们宁愿丢掉祖宅，也不愿放弃鳠鱼头。而此类谚语亦见于斑鲦。参见"鲦鱼——斑鲦"条。

曾是经济物种的刀鲚如今已珍稀。人们以凤尾鱼代之。

凤尾鱼 *C. mystus*（Linnaeus），又称凤鳞、子鲚、鲚鱼。口裂斜展，唇口鲜红。尾修长如凤尾。臀鳍鳍条约80条。体背青石板色、金黄色或青黄交杂。体长20~32 cm。凤尾鱼也是一种洄游性小型鱼类，平时多栖于外海，每年春末夏初成群由海入江，在江河中下游处产卵。温州历代相传"雁荡美酒茶山梅，江心寺后凤尾鱼"之说。

刀鱼——宝刀鱼

刀鱼赞　有物如刀，不堪剖瓜，垂涎公仪①，见笑张华②。

刀鱼，产福宁海洋。身狭长而光白如银，首如鲻鱼而窄，腹下骨芒甚利。按类书曰，刀鱼，饮而不食，非指此鱼也，谓鳠鱼也。鳠鱼身小，腹内无肠，有饮而不食之理。

鲎鱼，字书作"鳞刀"。字书有"魛"字。"鳞刀"之"刀"当作"魛"。又别有"魛字"，以别"魛鱼"，则此鱼当称魛鱼。而从土俗则曰刀鱼。

古人制字，一字必有一物。若概称刀鱼，则"魛"字将何着落乎？

短颌宝刀鱼（自《中国海洋鱼类》）

注释

① 公仪　复姓。《韩非子·外诸说右下》里有鲁国相公仪休，喜嗜鱼而不受馈赠的故事。
② 张华　字茂先，西晋政治家、文学家。编纂有《博物志》。

考释

此刀鱼，即宝刀鱼 *Chirocentrus*，属于鲱形目宝刀鱼亚目宝刀鱼科。英文名 wolf herring。我国仅有1属2种。

其中，短颌宝刀鱼 *Chirocentrus dorab*（Forsskål），俗称狮刀。体长扁，铡刀形。口大，斜上位。眼小，具脂眼睑。两颌均具锐利犬齿。体背蓝绿色，体侧银白色。背鳍与腹鳍后位且相对。腹鳍很小。尾鳍叉形。一般体长 30 cm。其分布北起山东烟台，南至海南三亚。清·郭柏苍《海错百一录》："狮刀，形如刀……台海白水杂鱼。"

按，腹部具棱鳞的鲱称为刀鱼，而带鱼——鳞刀也称为刀鱼。聂璜所记有歧义，参见"带鱼——鳞刀"条。

胡瓜鱼目

　　胡瓜鱼目鱼鲜活时多具胡（黄）瓜的清香味，故名。此类鱼尾非歪形，体非鳗状，无韦氏器，具鳔管、侧线和脂鳍，最后3个脊椎骨不上弯，鳃盖条6～7根。

　　《海错图》记海银鱼。

《海错图》胡瓜鱼目检索表

1. 头平扁；体无鳞 ———————————————————— 银鱼科（大银鱼）

　头侧扁；体具鳞 ———————————————————————— 2

2. 鳞细密；口底黏膜形成1对大的褶膜 ———————— 香鱼科（香鱼）

　鳞不细密；口底黏膜不形成1对大的褶膜 ———————— 胡瓜鱼科

海银鱼——银鱼

　　海银鱼赞　鱼以银名，难比白锯[①]，贪夫羡之，望洋而想。

　　海银鱼，产连江海中，喜食虾。凡淡水所产者，白，小，味美。海中所产者，大而黄，味稍劣。

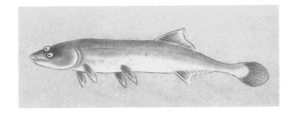 

银鱼

注释

　　① 白锯（qiǎng）　古代当作货币的银子。

考释

明·屠本畯《闽中海错疏》卷中："银鱼，口尖身锐，莹白如银条。""面条，似银鱼而极大，一名白饭鱼。""浆，似面条而嘴小。"

聂璜所绘，除尾鳍不为叉形外，余似胡瓜鱼目银鱼科之银鱼。

银鱼，因体半透明而得名。英文名 silver fish。体细长柔软，前部近圆柱形，后部侧扁。头小而平扁，口裂大，吻尖长或短钝。背鳍位于臀鳍前上方或重叠，尾鳍叉状，具小的脂鳍。体裸露，仅雄鱼臀鳍基部左侧具1行大而薄的臀鳞。银鱼为近海咸淡水区域或纯淡水分布的鱼类。分布于海洋的多达10种。

中国银鱼 *Salanx chinensis*（Osbeck），曾用名大银鱼 *Protosalanx chinensis*（Osbeck）、白肌银鱼 *Leucosoma chinensis*（Osbeck），为银鱼科中最大的一种，平均体长约15 cm。其舌具齿，上颌骨超过眼前缘下方。中国银鱼早春孵出，冬季产卵，在我国分布于黄海、渤海、东海沿岸海域和通江湖泊。清·郝懿行《记海错》："（银鱼）体白而狭长，可六七寸许，曝干炒啖及瀹（yuè）汤，味清而腴，不逮冰鱼远矣。海人为其纤而修长如切汤饼之状，谓之面条鱼。"

银鱼，又名余脍、吴王鲙余、脍残、王余鱼。这些俗名源于诸多传说。晋·干宝《搜神记》卷十三："江东名余腹者，昔吴王阖闾（hélǘ）江行，食脍有余，因弃中流，悉化为鱼。"按，脍指切细的鱼，阖闾乃春秋末年吴国国君。晋·张华《博物志》："吴王江行，食鲙，有余，弃于中流，化为鱼。今鱼中有名吴王鲙余者，长数寸，大如箸，犹有鲙形。"宋·高承《事物纪原·虫鱼禽兽部·脍残》："越王勾践之保会稽也，方斫鱼为脍，闻有吴兵，弃其余于江，化而为鱼，犹作脍形，故名脍残，亦曰王余鱼。"按，斫（zhuó），意为削。比目鱼亦名王余鱼，参见"真比目鱼——比目——比目鱼"条。

另外，鲈形目玉筋鱼科的玉筋鱼 *Ammodytes personatus* Girard 亦俗称面条鱼、银针鱼。

厦门江鱼——香鱼

厦门江鱼赞　江鱼味美，其背银装，干而腊之，可携遐方。

厦门海上产一种小鱼，名曰江鱼。至春则发，背上一条灿烂如银[一]。长不过二寸。土人宴客，以为珍品。干之，可以贻远人。炸此鱼，先以粗糠焙热，然后下鱼，不焦而自脆矣。

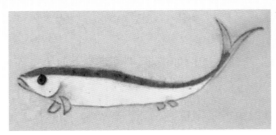

香鱼

【校释】

【一】背上一条灿烂如银　指位于体侧中部的一条银色纵带。此纵带不在体背部。

【考释】

按聂璜文，厦门产的江鱼，"长不过二寸"，"背上一条灿烂如银"，"至春则发"。当地人"炸此鱼"，"不焦而自脆"。聂璜所绘虽缺少背鳍、脂鳍、臀鳍等结构，但可见其上颌下弯成钩形，故释其为香鱼。

三国吴·沈莹《临海水土异物志》："鮀鱼，三月生溪中，裁长一寸。至十月中，东还死于海。香气闻于水上，到时月辄复更生。"鮀，制字从宛。意该鱼散发有黄瓜香味，故名香鱼。明·冯时可《雨航杂录》卷下："雁山五珍，谓龙湫茶、观音竹、金星草、山乐官、香鱼也……香鱼鳞细，不腥。春初生，月长一寸，至冬月长盈尺，则赴潮际生子，生已辄槁。惟雁山溪间有之，他无有也。一名记月鱼。"按，香鱼非雁山独有。明郑成功率兵入台，同时把香鱼带至台北市溪碧潭放养成功。连横《台湾通史·虞衡志》卷二十八："俗称国姓鱼，亦曰香鱼。产于台北溪中，而大嵙崁尤佳。"

香鱼 *Plecoglossus altivelis* Temminck et Schlegel，属于胡瓜鱼目香鱼科，在福建名溪䰵、时鱼，在乐青县曰鲇鱼、海胎鱼，在辽东称秋生鱼，还有油香鱼、留香鱼、八月香、山溪虹、溪鲤、瓜鱼、细鳞鱼、仙胎鱼、秋生子等称呼。英文名 sweetfish。香鱼体细长而侧扁；青黄色，背缘苍黑色，两侧及腹部银白色；被细小鳞片。头小，口大，吻端下弯成钩吻。各鳍皆浅黄色，无硬棘。尾分叉，具一小脂鳍。体长约 18 cm，重约 0.5 kg，为中小型鱼类。每年秋冬降河到海湾产卵。生殖以后亲鱼死亡。翌年春天，幼鱼经海口进入河川中生长发育；随着性腺的发育，又向河川下游洄游。生命周期仅 1 年，俗称年鱼。香鱼分布于东海、黄海、渤海及其通海河流，以底栖硅藻、蓝藻或刮食石上苔藓为生。

香鱼是名贵的经济鱼类，有"淡水鱼之王""溪流之王"的美誉。《乐清县志》："（香鱼）香而无腥，青色，以火焙之，色如黄金。"这是说，香鱼用火炭烤焙成金黄色的鱼干，鱼肉细嫩多脂，味鲜而有香味。

鲇形目

鲇，体裸露光滑或被小刺、甲片，眼小，具口须数对，背鳍、胸鳍常具带逆钩的硬毒棘；常具脂鳍；正形尾；具鳔管和韦氏器（为第1～3脊椎所特化且与鳔联系的听觉器官）。

鲇俗称鲇鱼、海鲇、光鱼、骨鱼、老头鱼、胡子鱼等，在古籍中记为鳠鱼、鳑鱼、海鳙、松鱼等。

我国记录鳗鲇科和海鲇科2科11种海鲇。《海错图》记2种海鲇和1种淡水须鲇。

松鱼——海鲇

松鱼赞　鱼头有觉，佛所托足[1]，濮上[2]来游，同归极乐。

是鱼，福宁称为松鱼。鱼类虽无此名，然考本州志，书内实有松鱼。其色深青，其形丰背平腹，翅有硬刺，上下有须，而身无鳞，如淡水中汪刺[3]状。其肉细，头顶骨内有佛像一躯，食者每剔出玩之。

考字书，有鱼曰"鲼"，注音"佛"，海鱼。今此鱼头中有佛，疑即鲼鱼[4]。鋸魵鰦魪，意取"锯肫时化"。《字汇》载此，不必全露，则弗之为佛宜矣。况又指海鱼，尤非江湖之鱼所得。混淆若是，则因松鱼，识得"鲼"字。

海鲇（自《中国海洋鱼类》）

注释

① 托足　落脚，借以扬名。

② 濮上　指濮水之滨。

③ 汪刺　指淡水的黄颡鱼 *Pelteobagrus fulvidraco*（Richardson）。

④ 鲼（fú）鱼　即鲂（fáng）鲼，亦称火鱼，属于鲔形目鲂鲼科。

聂璜误把松鱼脂鳍视为其第二背鳍。

《山海经·东山经》："旄山无草木，苍体之水出焉，而西流注于展水，其中多鲦（xiū）鱼。其状如鲤而大首，食者不疣。"明·李时珍《本草纲目·鳞三·鳙鱼》："〔集解〕藏器曰陶注鲍鱼云，今以鳙鱼长尺许者，完作淡干鱼，都无臭气……然刘元绍言，海上鳙鱼，其臭如尸，海人食之。"明·屠本畯《闽中海错疏》卷中："鳙，雌生卵，雄吞之成鱼。青色无鳞，一名松鱼。"清·屈大均《广东新语》："盖鲦鱼放卵，雄者为雌者含卵口中，卵不分散，故类繁。"清·孙尔准《重纂福建通志》："海鳙，俗呼松鱼。色青头大，目旁有骨，似池鳙而无鳞。《闽书》雌生卵，雄吞之成鱼而吐出，即《山海经》鲦鱼。"按，鳙从庸，意为平庸、庸常；鲦，意为体修长；松鱼，其味似松。

聂璜所记为硬头海鲇 *Plicofollis nella*（Valenciennes）。硬头海鲇属于鲇形目海鲇科。体裸无鳞，背部青黑色，腹部浅黄色。口须3对（1对上颌须、2对颏须）。第一胸鳍、背鳍前具一锐利的硬棘，尾鳍深叉形，具脂鳍。硬头海鲇分布于东海河口水域。雄鱼有护卵行为。

鼠鲇鱼——线纹鳗鲇

鼠鲇鱼赞　鱼而鼠状，无足能行，以尾为罔[①]，包藏祸心。

鼠鲇鱼，产浙闽海上。头尾全似鼠，身灰白，无鳞而有翅，嘴傍有毛，似鼠之有须，大者不过重二斤，可食。

考之《汇苑》云："海中有鱼曰鼠鲇，其尾如鼠而善食鼠。每绐[②]鼠则揭尾于沙涂，鼠见之，以为彼且失水矣。舐其尾，将衔之，鼠鲇即转首厉齿，撮鼠入水以去，狼藉其肉，群虾亦食之。"是即此鱼也。

滕际昌曰："鱼形状全类鼠，特少足耳。然在水游行如鼠，多及登泥涂，如蚯蚓曲躬而进，越趄[③]不前之状亦如鼠。诱鼠而食，虽不及见，想亦宜然。"漳郡陈潘舍曰："此鱼闽海亦有。日则水面浮行，夜尝栖托岩穴。故老相传，实鼠所化。"

线纹鳗鲇

┌─ 注释 ─┐

① 囮（é） 用以诱捕。

② 绐（dài） 欺诈、哄骗。

③ 趑趄（zījū） 行走困难。

┌─ 考释 ─┐

鱼诱捕鼠的故事很生动，但属无稽之谈。"头尾全似鼠，身灰白，无鳞而有翅，嘴傍有毛，似鼠之有须，大者不过重二斤"的描述多有渲染。

线纹鳗鲇 *Plotosus lineatus*（Thunberg），属于鲇形目鳗鲇科。英文名 catfish。体延长，略呈圆柱状，光滑无鳞，背部棕褐色，腹部白色，具2条白色细纵带。体长可达 30 cm。眼小，口须 4 对（似嘴傍有毛）。第一背鳍与胸鳍各具一硬棘，硬棘基部具毒腺。第二背鳍长且与臀鳍、尾鳍相连（似鼠尾）。无脂鳍。线纹鳗鲇为暖水性群栖鱼类，白天常躲于礁洞中，幼鱼受惊或遇危险则聚成"鲇球"。其以小型鱼虾为食。线纹鳗鲇见于东海、南海。

刺鲇——须鲇

刺鲇赞　曰鳠曰鳀，鲇之别名，今更号刺，种类变生。

鲇，本无刺。闽海变种之鲇则有刺，大约与有刺之鱼接则生刺矣[一]。闻海中无名之鱼，多非本鱼所育，尽属异类之鱼互相交接，此海鱼诡异状貌之所以难辨而难名也。

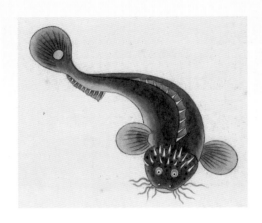

须鲇

校释

【一】与有刺之鱼接　接，交配。此系臆测。

考释

依聂璜所绘图，头部具刺、口须多达 5 对、尾鳍钝圆等，不符合鲇形目特征。聂璜所述语焉而不详，故待考。

鱼类学家刘静推测，此系鲇形目须鲇科鱼。

须鲇 *Silurus*，俗名土虱。体长，光滑无鳞，后部则稍侧扁。头部平扁。眼小。口大。吻短宽且圆钝，具4对长须。须鲇科和海鲇科有点像，主要不同在须鲇的背鳍基底很长。须鲇产于淡水。

仙鱼目

　　仙鱼目鱼，上颌口缘仅由前颌骨构成，上颌不能伸缩，无发光器，常具脂鳍，无韦氏器，具鳔管。我国记录13科27属70余种。

　　《海错图》记龙头鱼等。

龙头鱼

　　龙头鱼赞　尔本鱼形，曷以龙称？只因口大，遂得虚名。

　　龙头鱼，产闽海。巨口无鳞而白色，止一脊骨。肉柔嫩多水，亦名水淀，盖水沫所结而成形者也[一]。虽略似鲎①状，然鲎鱼有子，此鱼无子。食此者，投以沸汤，即熟可啖。

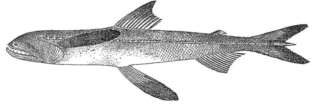

龙头鱼

注释

　　①鲎　参见"鲎鱼——刀鲚"条。

校释

　　【一】水沫所结而成形者也　聂璜持此化生说。化生说在《海错图》中多处可见。

考释

　　龙头鱼，因鱼头形似龙头，故称。其亦称鱪（zhàn）、鲮、鲚、鳟鱼、錠（dìng）、绵鱼、水晶鱼、錠鱼、水錠、油筒、九吐、狗吐、狗母鱼、虾潺、龙头鲓、豆腐鱼、细血、狗奶等。

宋·戴侗《六书故》："鳢，海鱼之小者。决吻芒齿，不鳞而弱。亦作鲢。"明·冯时可《雨航杂录》卷下："鳢鱼，身柔如膏。无骨，鳞细，口阔，齿多。一作鲢。海上人目人弱者曰鳢。"明·屠本畯《闽中海错疏》："鲣，无皮、鳞。岭南呼为绵鱼。"鲣，头大尾小似锭。明·方以智《通雅·动物·鱼》："福州之水晶鱼最妙，在甬东则呼为龙头。"清·郭柏苍《海错百一录》："鲣鱼，又名水鲣，即龙头鱼。福州呼油筒。形如火管，无鳞而多油，海鱼之下品，食者耻之。"广东称其为"九吐"，因粤语中"九"读"狗"，"九吐"即"狗吐"，意指其肉连狗都不吃。

《玉环志》："（带鱼）首尾相衔而行，钓得一尾即可兼得数尾。钓法：用大绳一根，套竹筒作浮子顺浮洋面，缀小绳一百二十根，每小绳头上拴铜丝一尺，铜丝头拴铁钩长三寸，即以带鱼为饵。未得带鱼之先，则以鼻涕鱼（即龙头鱼）代之。凡钓海鱼皆如此。约期自九月起至二月止，谓之鱼汛。"

龙头鱼 *Harpadon nehereus*（Hamilton），属于仙鱼目龙头鱼科。体长，侧扁。体侧具灰黑色小点，腹前部银白色。上颌口缘仅由前颌骨构成，上颌不能伸缩。无发光器。胸鳍高位且长于头长。腹鳍长于胸鳍。尾鳍后端三叉状。各鳍皆灰黑色。具脂鳍。体长可达 40 cm。龙头鱼为近海常见食用鱼。其肉松软，水分含量高。

海肛钉——蛇鲻（？）

宁波海上，有鱼曰海肛①钉。色青，身圆而肥，直如钉，故名。出冬月②，味鲜，其目珠虽置暗室有光。

蛇鲻

注释

① 舡　同"船"。
② 冬月　指农历十一月。

考释

鱼类学家刘静推测，此鱼为仙鱼目狗母鱼科的蛇鲻。但聂璜描述得太简单。

蛇鲻 *Saurida*，因头扁、有鳞、似蛇和形如鲻鱼而得名。连横《台湾通史·虞衡志》卷二十八："狗母鱼，长尺余，多刺，与酱瓜煮之，汤极甘美。"

长蛇鲻 *S. elongata*（Temminck et Schlegel），又名蛇鲻、神仙梭、香梭、长蜥鱼、狗母鱼、狗棍、细鳞丁、沙棱等。体长圆柱状，头及尾柄稍纵扁，口大。体背侧黄褐色，腹部白色。背鳍、腹鳍、尾鳍灰白色。尾鳍后缘具黑边。体长 30 cm，重 300 g。肉肥味鲜，但多刺。长蛇鲻见于我国四大海域。其曾为我国主要经济鱼类之一，现已稀少。

鲻形目

鲻形目鱼正形尾；鳃孔位于胸鳍前方；具鳔管；背鳍2个，仅第一背鳍具鳍棘；腰带（骨）不与匙（锁）骨相连；胃壁厚，肌肉发达，呈囊状；肠很长；喜食泥。

鲻（zī）同"缁"，意为黑色，示其体黑色。

全球记录有1科17属72种，我国记录有7属28种，尤以鲻、鲛知名。

《海错图》记鲻鱼及头鱼。

鲻鱼——鲻

鲻鱼赞　鲻鱼啖泥，目赤背丰，至冬穴土，性同蛰虫。

《汇苑》云："松江海民于潮泥中凿池。仲春于潮水中捕小鲻，盈寸者养之。秋而盈尺，腹背皆腴，为池鱼之最。其鱼至冬，能牵泥[一]自藏。"

《本草》云："此鱼食泥，与百药无忌，久食令人肥健。"《神女传》[二]载："介象①与吴王论鱼味，称鲻鱼为上。乃于殿前作方坎，汲水饵鲻，鲙[三]之。"

鲻（自明·文俶）

鲻（自《中国海洋鱼类》）

注释

① 介象　人名（生卒年不详），字符则，吴国会稽（今绍兴）人，三国时期吴国著名的方士。晋·葛洪《神仙传·介象》："吴主共论鲙鱼何者最美。象曰：'鲻鱼鲙为上。'吴主曰：'论近道鱼耳，此出海中，安可得邪？'象曰'可得。'乃令人于殿庭中作方坎，汲水满之，并求钩。象起饵之，垂纶于坎。须臾，果得鲻鱼。"聂璜误记为《神女传》。

校释

【一】牵泥　聂璜笔误，应为"潜泥"。

【二】《神女传》　晋·葛洪《神仙传》。参见注释文。

【三】鲙　疑聂璜笔误，当为"鲙"。

考释

参见下条。

头鱼——鲻苗

头鱼赞　头鱼银鳞，灿烂辉煌，如烹小鲜，于汤有光。

头鱼，产闽海。春初繁生，渔人以布网罗之。其色如银，夜中生光。腌鲜皆可食。或谓即鲻鱼苗也，又谓大则能变海中杂鱼。

予谓，鲻鱼土性，或食杂鱼之涎，有可变之道。

考释

殷墟中出土鲻骨，说明距今3 000多年前，我国先人已食鲻。

南朝梁·顾野王《玉篇·鱼部》："鲻，鱼名。"明·李时珍《本草纲目·鳞三·鲻鱼》："〔释名〕子鱼。时珍曰，鲻，色缁黑，故名。粤人讹为子鱼。""生东海，状如青鱼。长者尺余。其子满腹，有黄脂，味美。獭喜食之，吴越人以为佳品，腌为鲞腊。"

鲻（头鲻）*Mugil cephalus* Linnaeus，属于鲻形目鲻科。鲻，同"缁"，意为黑色。该鱼头背部色黑，故名头鲻。冬天到，鲻必至，故其又名信鱼。鲻俗称乌支、乌头、乌鲻、黑耳鲻、乌鱼、正乌、乌仔鱼、青头仔（幼鱼）、奇目仔（成鱼）、九棍、白眼、博头、尖头鱼。日本称鰡。英文名striped mullet。体长纺锤形，被弱栉鳞。具腋鳞。吻短钝。上颌中央具一缺刻，下颌中央具一突起。鳃耙细密。胸鳍短于吻后头长。背鳍2个，仅第一背鳍具鳍棘4枚。尾鳍叉形。体背灰青色，腹部银白色。其胃壁厚，肌肉发达，呈囊状。体长可达90 cm，重5～6 kg。鲻喜栖于近岸沙泥底海域，以底栖硅藻和底泥中的小动物为食。其肠道内总含泥沙，沿海渔民误认为其"性喜食泥"，以为鲻吃"油泥"。

养鲻在我国有悠久的历史。明·黄省曾《鱼经》："鲻鱼，松之人于潮泥地凿池。仲春，潮水中捕盈寸者养之。秋而盈尺，腹背皆腴，为池鱼之最。是食泥，与百药无忌。"

鲻味美。明·孙升《怀归》诗："思归夜夜梦乡居，何事南宫尚曳裾？家在越州东近海，鲻鱼味美胜鲈鱼。"南宫指明代北京的洪庆宫，裾（jū）为衣的大襟，越州即今浙江绍兴。明·姚可成《食物本草》称食鲻"助脾气，令人能食，益筋骨，益气力，温中下气"。清·王士禛诗句："蜀味初尝万里余，子姜作鲙忆鲻鱼。"子姜，是姜的嫩芽。

在鲻形目，鲻与鲅 *Planiliza haematocheila*（Temminck et Schlegel）形似。清·郝懿行《记海错》："鲻之言缁也，其色青黑而目赤青。又有梭鱼，其形与鲻鱼同，唯目作黄色为异，当是一类二种耳。其肉作鲙并美。""梭鱼，出文登海中者佳。以冰泮时来，彼人珍之，呼开凌梭。"民间称梭鱼为赤目鲻、红眼鲻、斋鱼、肉棍子。

民间记青眼的鱼为鲻，名青眼鲻；而眼充血或眼黄者为梭鱼。

颌针鱼目

颌针鱼骨骼绿色（含胆绿素），侧线低位近腹，胸鳍高位，背鳍胸后位，腹鳍腹位，鳔无鳔管。

据报道，我国记录海洋颌针鱼4科18属60余种。

针鱼——斑鱵

针鱼赞　既有刀鲨[①]，更有尺蛏[②]，龙宫补衮[③]，尤赖鱼针。

闽海有针鱼，嘴尖而口藏于其下。与竹鱼[④]不同，其色类银鱼。福郡及《福州志》皆有鱵[一]鱼，即此也。而《字汇》"鱵"字，但注曰鱼名。《汇苑》载针口鱼，云："首戴针芒，身五六寸，土人多取以为绣针，同针。"《字汇·鱼部》有"鱵"字。

斑鱵（自《中国海洋鱼类》）

注释

①刀鲚　参见"鲚鱼——刀鲚"条。

②尺蛏　参见"尺蛏——大竹蛏、长竹蛏"条。

③衮（gǔn）　古代君王等的礼服。

④竹鱼　参见"竹鱼——双针鱼"条。

校释

【一】鱵（jiān）　《福州志》所记为体细长且稍侧扁、口上位、上颌短、下颌细长之针状单针鱼。聂璜所绘针鱼上颌长、下颌短，有误。

考释

口上位、上颌短、下颌细长之针鱼，在古籍中记为箴（zhēn）鱼，即今鱵科鱼。

《山海经·东山经》："栒状之山……泚水出焉，而北流注于湖水，其中多箴鱼。其状如鯈，其喙如箴，食之无疫疾。"晋·郭璞注："出东海，今江东水中亦有之。"明·屠本畯《闽中海错疏》卷中："鱵，状如鯈，其喙如针。"明·张成绅《雅俗稽言》："针口鱼，鱼口似针，头有红点，两旁自头至尾有白路如银色，身细，尾岐，长三四寸，二月间出海中。"清·郝懿行《山海经笺疏》："今登莱海中有箴梁鱼，碧色而长，其骨亦碧，其喙如箴，以此得名。"针鱼还有针良鱼、钱串、针扎鱼、单针鱼、针嘴鱼、针工鱼、水针等异名。

我国记录鱵科鱼6属18种，含鱵属3种。其中斑鱵*Hemiramphus far*（Forsskål），体长，稍侧扁；背部青绿色，腹部银白色。上颌三角形，下颌延长成针状。背鳍、臀鳍后位，二者位置相对。喙黑色，前端红色。各鳍浅灰色。体长达50 cm。斑鱵为表水层鱼类，分布于我国南海、台湾海峡。

竹鱼——双针鱼（？）

竹鱼赞　灵山紫竹，浮出海角，年久生苔，变鱼成绿。

竹鱼，细长而绿色，嘴长，尾岐。种小不大，可食。产连江海中。《福州志》载有竹鱼。

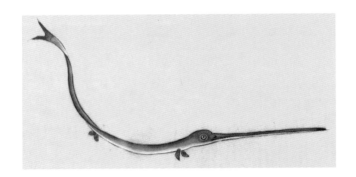

考释

聂璜所绘细长而绿色、尾鳍深分叉、两颌皆延长为喙的海洋竹鱼，似颌针鱼科的双针鱼。

明·屠本畯《闽中海错疏》卷中："钱串，身长而小，嘴长五六寸。青色，亦名青针。"但聂璜所绘竹鱼头部夸张似鳗，背鳍、臀鳍未绘出。故此待考。

另，长江、珠江上游等地淡水中，鲤形目鲤科的野鲮鱼 *Sinilabeo decorus*（Peters）亦别称竹鱼（足鱼）。

䲵鱼——鹤鱼——颌针鱼

䲵鱼①赞　白䲵入海，追踪鱼乐，误入禹门②，脱白挂绿③。

康熙丙子④夏月，福宁州鱼市有䲵鱼。张汉逸勒予往观而图存之。考之州志，海物中有䲵鱼，而诸类书无闻焉。是鱼啄长，确肖䲵形，而尾端绿岐。

按，"鹳"同"鹤"。今《字汇·鱼部》有"鳙"字，不止作大虾解也。亦当同"鹤"，则不让鳐鱼独专美矣。

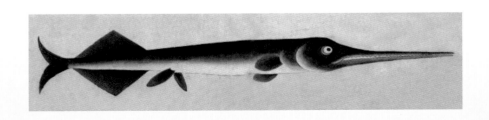

双尾圆颌针鱼（自《中国海洋鱼类》）

注释

① 崔鱼　又称鹤鱼。

② 禹门　《水经注》载："龙门为禹所凿，广八十步，岩际镌迹尚存。"后人怀念禹的功德，称龙门为禹门。

③ 脱白挂绿　鱼骨多为白色，唯独崔鱼所在的颌针鱼类的骨骼含胆绿素而呈绿色，故称"挂绿"。

④ 康熙丙子　1696年。

考释

上、下颌皆延长为喙，胸鳍高位，腹鳍腹位，背鳍、臀鳍后位且位置相对，尾鳍深叉形且下叶稍长，体和尾柄呈圆柱形，体侧无蓝色横带。拥有上述特征的崔鱼属于颌针鱼目，多栖于暖海表层水域。

我国记录有圆颌针鱼2种。叉尾圆颌针鱼 *Tylosurus acus melanotus*（Bleeker），曾用名叉尾鹤鱵，又称黑背圆颌针鱼，俗名水针、青锯。体长约1 m。此鱼夏季肥美，见于台湾等海域。

明·王佐撰《新增格古要论·珍宝·鹤顶红》："鹤顶，出南蕃大海中。有鱼顶中魷红如血，名曰鹤鱼。"其因脑骨红如鹤顶，故得"鹤鱼"一名。

鹅毛鱼——飞鱼

鹅毛鱼赞　一盏渔灯，海岸高撑，鱼从羽化，弃暗投明。

《汇苑》载："东海尝产鹅毛鱼，能飞。"渔人不施网，用独木小艇，长仅六七尺，艇外以蛎粉白之。黑夜则乘艇，张灯于竿，停泊海岸。鱼见灯，俱飞入艇。鱼多则急熄灯，否则恐溺艇也。即名其鱼为鹅毛艇。

予奇之，但以不见此鱼为恨。及客闽，访之渔人，曰："予辈于海港取水白鱼①，亦用此法，然非鹅毛鱼也。"后有漳南陈潘舍曰："此鱼，吾乡亦谓之飞鱼。其捕取正同前法。其形长狭，有细鳞。背青腹白，两划水上复有二翅，长可二寸许。其尾双岐，亦修长，以助飞势。三、四月始有，可食。腹内有白丝一团如蜘蛛，腹内物多剖弃之。其丝至夜如萤光，暗室透明。此鱼在水，腹下如有灯也。"因为予图述。

按，此鱼有翅而小，不与尾齐且不赤。文鳐另是一种。《字汇·鱼部》有"鲢"字及"鲢"字，皆指是鱼也。

小鳞燕鳐（自《中国海洋鱼类》）

注释

① **白鱼** 淡水的鲤科白鱼属*Anabarilius*的鱼俗称白鱼，有"白鱼"之称的海水者待查。

考释

我国古籍对"飞鱼"多有记载，此类鱼异名也多。《吕氏春秋·本味》："藋（guàn）水之鱼，名曰鳐，其状若鲤而有翼。"《山海经·西次三经》："泰器之山，观水出焉，西流注于流沙，是多文鳐鱼，状如鲤鱼，鱼身而鸟翼，苍文而白首，赤喙。常行西海，游于东海，以夜飞。"

《楚辞·九歌·河伯》："乘白鼋兮逐文鱼，与女游兮河之渚。"三国魏·曹植《洛神赋》："腾文鱼以警乘。"李善注："文鱼有翅，能飞。"三国魏·曹植《七启》："寒芳苓之巢龟，脍西海之飞鳞。"李善注："西海飞鳞，即文鳐也。"三国吴·沈莹《临海水土异物志》："鸢鱼，状如鸢，唯无尾足，阴雨日亦飞高数丈。"唐·刘恂《岭表录异》卷上："鸡子鱼，口有嘴如鸡，肉翅无鳞，尾尖而长，有风涛即乘风飞于海上船梢。"宋·罗愿《尔雅翼·释鱼三》："文鳐鱼，出南海。大者长尺余，有翅，与尾齐，一名飞鱼，群飞水上。"明·屠本畯《闽中海错疏》卷中："海燕，形如飞燕，有肉翅，能奋飞海上。"明·何乔远《闽书·绯鱼》："飞鱼，头大尾小，有翅善跳……福人名绯鱼，以其色红如绯。"清·胡世安《异鱼图赞补》卷上"风雨鱼"部分引《雨航杂录》："海鳐鱼，亦文鳐类也。形似鹞，有肉翅，能飞上石，头齿如石板。"

清代传教士南怀仁《坤舆图说》："海中有飞鱼，仅尺许，能掠水面而飞。狗鱼善窥其影，伺飞鱼所向先至其所，开口待唼，恒追数十里，飞鱼急辄上舟，为舟人得之。"飞鱼具趋光性。夜晚船甲板上挂灯，飞鱼会成群寻光飞来，自投罗网。

上述为骨骼绿色（含胆绿素）、颌不延长为喙、胸鳍长大似翼的颌针鱼目飞鱼科鱼。飞鱼科包括飞鱼 *Exocoetus*、燕鳐 *Cypselurus*、拟燕鳐 *Cheilopogon* 等，分布较广。我国记录有 7 属 35 种。

刺鱼目

　　刺鱼目鱼，体裸露或被骨板、骨甲、小栉鳞、小棘刺；口小且前位，吻常呈管状；腰带不与匙骨相连；体形多样，或侧扁，或平扁，或呈管状、飞蛾状；背鳍1或2个，第一背鳍前常具2枚以上游离的鳍棘。

　　我国记录海生刺鱼目鱼8科27属62种。

《海错图》刺鱼目检索表

1. 体平扁 .... 海蛾鱼科

　体侧扁或呈管状 2

2. 背鳍前无游离的鳍棘 3

　背鳍前具2枚以上游离的鳍棘 .... 刺鱼科

3. 鳃栉状 4

　鳃囊状 7

4. 体被骨板或骨甲 5

　体裸露或被小栉鳞或小棘刺 6

5. 体被骨板；尾不下弯 .... 长吻鱼科

　体被骨甲；尾下弯 .... 玻甲鱼科

6. 体侧扁；被小栉鳞；有须 .... 管口鱼科［草蜢鱼——管口鱼（？）］

　体管状；裸露或被小棘刺；无须 .... 烟管鱼科（海鳝——鳞烟管鱼）

7. 体被环状骨甲；无腹鳍；常具1背鳍 .... 海龙科（海马、七里香——海龙）

　体被星状骨片；具腹鳍；具2背鳍 .... 剃刀鱼科

海马

药物海马赞　四海一水，万物一马，因物立名，何真何假？

《异鱼图》①云："海马，收之暴干，以雌雄为对。主难产及血气。"《图经》②云："生南海，头如马形，虾类也。妇人难产，带之或烧末米饮服，手持亦可。"《异志》③云："生西海，如守宫形。亦云主妇人难产。"

愚按三说，《异志》所云"如守宫"大谬。闽广海滨水石多产此物。小者杂鱼虾往往生得之。畜于水中，辨有划水及翅而善跃，非虾非鱼[一]，盖海虫而以马名者④。或谓马之为物，必有鬃、有足，今此虫乌得称马？予曰："以马喻马之非马，不若以非马喻马之非马也。"

刺海马（左雌右雄）

注释

①《异鱼图》　为清·赵之谦所著。

②《图经》　宋·苏颂《本草图经》。

③《异志》　三国吴·沈莹《临海水土异物志》。

④盖海虫而以马名者　参见"海蚕——沙蚕"条。

校释

【一】非虾非鱼　实为鱼。

南朝梁·陶弘景《本草经集注》一书虽佚，但多散见于其他本草类书籍。明·李时珍《本草纲目·鳞四·海马》："〔释名〕水马。弘景曰，是鱼虾类也。状如马形，故名。""〔集解〕藏器曰，海马，出南海。形如马，长五六寸，虾类也……宗奭曰，其首如马，其身如虾，其背伛偻，有竹节纹，长二三寸……时珍曰，按《圣济总录》云，海马，雌者黄色，雄者青色。"可见，头形似马得名，水马与海马意同。鱼类，而非虾类。

海马，属于刺鱼目海龙科。体侧扁；头部弯曲与躯干部近呈直角，每侧有 2 个鼻孔；躯干部由环状骨甲包裹，胸、腹部凸起。吻管形，口不能张合。胸鳍宽短。背鳍无鳍棘，鳍条不分支。臀鳍短小。无腹鳍和尾鳍。尾部细长呈四棱形，尾端细尖且常呈卷曲状。雄性尾部腹面具育儿囊。海马栖于近海。中药名龙落子。我国已记录海马 10 余种，如三斑海马 *Hippocampus trimaculatus* Leach，体侧背鳍前方一、四、七体节各具一黑色大斑。

七里香——海龙

七里香赞　鱼不在大，有香则名，香不在多，有美则珍[1]。

七里香，闽海小鱼，言其轻而美也。其鱼狭长似鳝，身有方楞，白色。海人盘而以油炸之，以为宴[一]客佳品。或以为大则海鳝，然海鳝尾尖，似鞭鞘。此则尾如扇，而背有翅，其状非也。

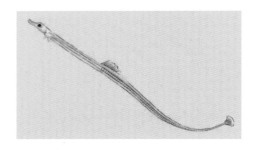

海龙

① 鱼不在大，有香则名。香不在多，有美则珍　仿自唐·刘禹锡《陋室铭》的名句："山不在高，有仙则名。水不在深，有龙则灵。"

【一】晏　疑聂璜笔误，应当为"宴"。

清·赵学敏《本草纲目拾遗》卷十引《赤嵌集》："海龙，产澎湖澳。冬日双跃海滩，渔人获之，号为珍物。首尾似龙，无牙爪。大者尺余，入药。译史：此物有雌雄，雌者黄，雄者青。"该书又引《百草镜》："海龙，乃海马中绝大者，长四五寸至尺许不等，皆长身而尾直，不作圈，入药功力尤倍……此物广州南海亦有之。体方，周身如玉色，起竹节纹，密密相比，光莹耀目，诚佳品也。"

海龙与海马虽同属于刺鱼目海龙科，但为不同种。海龙体细长，头部不弯曲而与躯干部几乎呈直线，全身被膜质骨片，吻管状，似神话中的龙，故名。

海龙种类较多，如尾截形如扇、雄性腹面具育儿囊的尖海龙 *Syngnathus acus* Linnaeus，俗称小海龙、杨枝鱼、钱串子、鞋底索；而无尾鳍、雄性腹面无育儿囊者，有拟海龙 *Syngnathoides biaculeatus* Bloch、哈氏刁海龙 *Solegnathus hardwickii*（Gray）等。

海鳝——鳞烟管鱼

海鳝赞　剑自龙化，舄作凫迁①，鳝跃道傍，变珊瑚鞭。

海鳝[一]，色大赤而无鳞。全体皆油，不堪食。干而盘之，悬以充玩而已。大者粗如臂，长数尺，亦赤。

张汉逸曰："大者名油龙。"亦有嗜食者云亦肥美。《字汇·鱼部》有"鲭"字，注称海鱼，形似鞭鞘，更有"鳁"字，宜合称之为鳁鲭，则海鳝之状确似也。

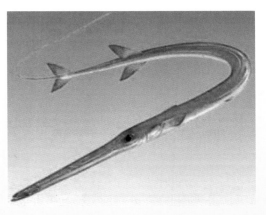

鳞烟管鱼

注释

① 舄（xì）作凫迁　舄，即履（鞋）。据传，汉邺令王乔有神仙之术，每月初一、十五乘双凫飞向都城朝见皇帝。后用"凫舄"指仙履，喻指仙术。

校释

【一】海鳝　此名多有歧义。参见"鳗鲡目"部分。

考释

南朝梁·顾野王《玉篇·鱼部》："鮹（shāo），鱼名。"明·李时珍《本草纲目·鳞四·鮹鱼》："〔集解〕藏器曰，出江湖，形似马鞭，尾有两歧，如鞭鞘，故名。"

鮹如鞭鞘，亦称马鞭鱼。其吻形如烟管，又称烟管鱼。

鳞烟管鱼 *Fistularia petimba* Lacépède，属于刺鱼目烟管鱼科。体裸露无鳞，稍平扁。吻甚长，呈管状，口开于吻管前端。尾鳍叉形，中间鳍条延长成长丝。背部鲜红色，腹部银白色。体长 1 m多。鳞烟管鱼为暖水性底层鱼类，栖于岩礁或珊瑚礁海域，见于黄海、东海、南海。

草蜢鱼——管口鱼（？）

草蜢鱼赞　蝗虫化虾，芸编旧据①，蚱蜢变鱼，草踪②新遇。

康熙二十八年③七月，福宁州海上渔人得草蜢鱼。其形头尖，腹红，背绿而有刺，绝似蚱蜢。海人云："即蜢所化。"李某图述，予存之。及康熙丁丑④，有人于竹江⑤海边捕得海蜢。长五六寸，足翅横撑，比雀犹大。予因悟草蜢鱼果有由来也。图之，以伸吾变化之说【一】。

《搜神》序曰："春分之日，鹰变为鸠；秋分之日，鸠变为鹰：时之化也。鹤之为獐也，蛇之为鳖也，蚕之为虾也，不失其血气而形性变也。"应变而动，是谓顺常；苟错其方，则为妖眚。顺常者，如雉⑥为蜃⑦、雀为蛤之类是也。妖眚者，如牝鸡鸣、马生角之类是也。今蚱蜢变鱼，如蚊虫化水虫、水虫化蚊虫，亦顺常之事，不为妖异。第人不及见，以为奇耳。海中变化之鱼不一。《字汇·鱼部》有"鮯"字，草蜢亦鮯中之一也。

管口鱼

注释

① 芸编旧据　指书籍。芸，香草，置书页内以避蠹虫。

② 苹踪新遇　行踪不定，像浮萍般四处漂浮。

③ 康熙二十八年　1689年。

④ 康熙丁丑　1697年。

⑤ 竹江　在霞浦。

⑥ 雉（zhì）　外形像鸡，羽毛美丽且有光泽，通称野鸡或山鸡。

⑦ 蜃（shèn）　我国神话传说的一种海怪，形似大牡蛎（一说是水龙）。

校释

【一】吾变化之说　聂璜深信化生说，又引申出"应变而动，是谓顺常；苟错其方，则为妖眚"。然而，"牝鸡鸣"等乃是有些鸟类或鱼类可发生性逆转的结果。

考释

头尖，吻长且上颌长于下颌，"长五六寸，足翅横撑，比雀犹大"，尾鳍后缘圆弧形，背鳍仅具鳍棘等，不知所类。鱼类学家刘静谓此为刺鱼目鱼。

管口鱼 *Aulostomus* sp.，吻突出呈管状；背鳍无鳍膜，鳍棘游离；栖于海藻丛间，具竖直倒置的拟态习性。《海错图》多有漏绘或误绘，暂置此以待识者。

鲉形目

鲉（yóu），体长侧扁；头大，多具棱、棘或骨板；口前位，第二眶下骨突后延而与前鳃盖骨相连；背鳍2个且靠近，常具较粗的硬鳍棘；胸鳍宽且具鳍棘；腹鳍胸位或亚胸位，有的可连合成吸盘；尾鳍圆截或凹形。鲉为栖于近海岩石间的中小型鱼类。

我国记录7亚目19科210余种。

宋·丁度等所撰《集韵·平尤》："鲉、鳅，小鱼，或从攸。"鲉，从由（自由）或音同"疣"，因其多棘突而名。

《海错图》鲉形目检索表

1. 头部具头板形成的头甲 —————————————————— 豹鲂鲱亚目（红鱼——绿鳍鱼）

   头部无头甲 —————————————————————————————— 2

2. 背鳍无硬鳍棘 ——————————————— 杜父鱼亚目（四腮鲈——松江鲈）

   背鳍具硬鳍棘 —————————————————————————————— 3

3. 体平扁 ——————————————————————————————— 鲬亚目

   体不平扁 —————————————————————————————— 4

4. 头部无棘突或骨板 ——————————————————————— 六线鱼亚目

   头部具棘突或骨板 ———————— 鲉亚目（鱼虎——虎鲉、飞鱼——无鳔鲉）

红鱼——绿鳍鱼

红鱼赞（一名新妇鱼）　翠袖红衫，朱颜不丑，龙王之媳，龙子之妇。

康熙乙亥[1]，福宁海人有得红鱼者，身全绯而翅尾翠色，其首顶微方，翅上有圈纹深绿，俊丽可爱。此鱼不恒见。土人竞玩，得图以识。

考《异物志》云："海上有一种红桃鱼，全赤，称为绯鱼，亦称新妇鱼。"必此也。

红娘鱼

绿鳍鱼

绿鳍鱼

注释

① 康熙乙亥　1695年。

考释

在鱼类学里，绿鳍鱼是更接近被聂璜喻为身着"翠袖红衫""首顶微方"的"红鱼"的鱼。

棘绿鳍鱼 *Chelidonichthys spinosus*（McClelland），属于鲉形目鲂鮄科，曾用中文译名为小眼绿鳍鱼，俗称绿翅鱼、绿姑、鲂鮄、国公鱼、绿莺莺、角鱼、红祥、大头鱼、蜻蜓角。英文名 red gurnard、bluefin searobin。其体延长，稍侧扁。头和体侧面红色，并有黄色网状斑纹。躯干前部亚圆筒形，后部渐细。头部四棱形，背面和侧面骨联合成骨板。口大，下端位。背鳍2个且靠近。胸鳍艳绿色，宽大且位低，下方具3枚指状游离鳍条。臀鳍与第二背鳍相对。腹鳍胸位。尾鳍浅凹。体长 14～30 cm，重 150～300 g。其在我国沿海均有分布，为近海中下层鱼类，以小鱼、虾、蟹、贝类为食。

与棘绿鳍鱼同属于鲂鮄科的红娘鱼 *Lepidotrigla*，似更接近《异物志》所记的红桃鱼、新妇鱼，只是缺少翠绿色。清代《钦定盛京通志》："红娘子鱼，近鳃有红黄杂采。"不过，所记欠详。

对"红鱼"的解读有歧见。明·屠本畯《闽中海错疏》卷上记"赤鬃，似棘鬣而大。鳞鬣者皆红色"。清·胡世安《异鱼赞闰集》有"赤鯮，一名交鬣"的记述。清·李调元《然犀志》卷下："赤鬃鱼，《琼府志》云，鳞鳍皆浅红色，俗谓之红鱼，可作脯，出儋州昌化者佳。"这里的

"红鱼"似指具经济价值的黄牙鲷 *Dentex tumifrons*（Temminck et Schlegel）、红鳍笛鲷 *Lutjanus erythropterus* Bloch 等。

四腮鲈——松江鲈

四腮鲈赞　松江之鲈，名著遐方，但知腮四，谁信食霜？

康熙六年①，予客松江，得食四腮鲈，甚美。其鱼长不过八寸，哆口②圆头而细齿。身无鳞，背列白点至尾。腮四叠[一]，赤色露外，此四腮之所得名也。其鱼止一脊骨。性精洁，以海塘石隙为穴。鸡鸣之后出穴，就石啖霜，故惟九月始有，不知何物所化。至正二月，则又变形而无其鱼矣。土人最珍，故谚云："四腮鲈，除却松江别处无[二]。"席间常与黄雀比美，亦谓之假河豚。云："捕此鱼者，非网非钓。以一直竹，其末横穿一孔，又插小竹尖，不用饵，但立于海塘石上，垂长竹，而以横竹穿透石隙，有鱼必衔其竹，乃抽而出，得之甚易。"

按，今人因《赤壁赋》所云"巨口细鳞，状似松江之鲈③"，遂指松江斑鲈为四腮鲈。不知松江四腮鲈不但与天下之鲈异，并与松江之鲈亦异。赋内若据张翰④所思者而引用，则坡公亦未尝真见四腮鲈也。

盖张翰吴人，因秋风思鲈鲙，此正九月，方有之四腮鲈也。如系斑鲈，四季皆有，何必秋风哉？鱼不露腮，露腮之鱼惟此种。《字汇》有"鳃"字，疑于此鱼立鳃名也。

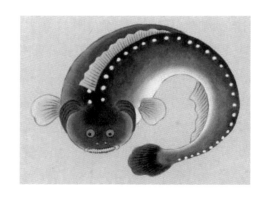 

松江鲈

注释

① 康熙六年　1667年。

② 哆口（chǐ kǒu）　张口。

③ 巨口细鳞，状似松江之鲈　句出宋·苏轼《后赤壁赋》。苏轼所食为花鲈，非四鳃鲈。

④ 张翰　见本条考释文。

校释

【一】鳃四叠　鳃盖上的两条橘红色色带被误认为鳃。

【二】除却松江别处无　松江鲈非松江独有。

考释

聂璜所绘四鳃鲈形质朴而天真，憨态可掬。

体前部平扁，后部侧扁，长约 15 cm。头部具棱、棘或骨板。前鳃盖骨具 4 枚棘，以上棘最大且上弯。2 个背鳍靠近，具背鳍棘。腹鳍具 1 枚鳍棘和 4 枚鳍条。尾鳍后缘截形。腰带不与匙骨相连，第二眼眶下骨与鳃盖相连。

松江鲈 *Trachidermus fasciatus* Heckel 幼鱼春夏栖于淡水，秋后性近成熟，降河入海越冬，翌年早春 2～3 月于近岸河口处繁殖。渤海、东海、黄海沿岸及其江河湖泊中均有分布。此鱼尤以上海吴江（古称松江）所产著称，故谓松江鲈。其因繁殖期，鳃盖有 2 条橘红色色带，加之外露之红色鳃片，好像有 4 片鳃，故俗称四鳃鲈。松江鲈属于鲉形目杜父鱼科，在苏北称花鼓鱼、花花娘子，在山东、辽宁称媳妇鱼、老婆鱼、新娘鱼。

松江鲈、黄河鲤、松花江鲑、兴凯湖白鱼，自古被誉为我国四大名鱼。明·杨慎《异鱼图赞》卷一："鲈鱼肉白如雪，不腥。东南佳味，四鳃独称。金齑（jī）玉脍，擅美宁馨。"金齑捣碎的姜、蒜、韭菜等，脍洁白的鲈鱼丝，色香味俱全。清康熙南巡誉其为"江南第一名鱼"。

莼菜羹和鲈鱼脍，是吴中美味。昔日张翰（字季鹰，晋代文学家，苏州吴江人）在洛阳为官，因不满时政，写了首《思吴江歌》："秋风起兮木叶飞，吴江水兮鲈正肥。三千里兮家未归，恨难禁兮仰天悲。"张翰借思乡鲈，挂印辞官而去（避祸），后人称"莼鲈之思"。唐·杜牧《许七侍御弃官东归，潇洒江南，颇闻自适，高秋企望，题诗寄赠十韵》："冻醪（láo）元亮秫（shú），寒鲙季鹰鱼。"按，冻醪即春酒，寒冬酿造，以备春天饮用；元亮，晋代陶潜，字符亮；秫，黏高粱，可制烧酒。鲈鱼因张翰而名声大震，故把四鳃鲈称作季鹰鱼。

早在 300 年前，聂璜就指出："今考松江四腮鲈，别是一种。"（参见"鲈鱼——花鲈"条）因《海错图》被深藏清宫，聂璜的观点不为人知。惜今人亦误认为松江鲈与花鲈为同一种鱼。

据文献记载，在太湖和大海之间的一条江，古名笠泽江，亦曰松陵江、松江，后称吴江。现今，吴江为苏州的一个区。

鱼虎——虎鲉

鱼虎赞　头角峥嵘，鱼中之虎，水犀风豚，怯与为伍。

《珠玑薮》载："鱼虎，头如虎。背皮似猬，能刺人。"《本草》曰："鱼虎背上刺，着人如蛇咬。生南海，亦能变虎[一]。"诸类书无所考。

康熙丁丑①，闽中得是鱼，图之。大不过六七寸，海人云大者罕觏②。头背棘刺，诸鱼畏之，不敢犯，故曰鱼虎。

虎鲉

注释

① 康熙丁丑　1697年。

② 觏　遇见。

校释

【一】变虎　此为臆想而来。

考释

聂璜所绘鱼虎，鼻成猪鼻，鱼头部及各鳍锐棘众多，多有夸大。

虎鲉 *Minous*，属于在鲉形目鲉亚目毒鲉科，俗名软虎、虎仔、虎鱼。体无鳞，体长一般在10 cm以内。眼间隔约等于眼径。眶前骨下缘具2枚棘且后棘大。前鳃盖骨后缘具数枚强棘且以第二枚棘最大。胸鳍下侧有一游离鳍条。背鳍鳍棘锐利，鳍条部前上方有一暗色斑。尾鳍有2~3条暗色横带。虎鲉为暖温性小型鲉类，栖于浅海海底，在印度、菲律宾、日本及我国等沿海有分布。

飞鱼——无鳔鲉

飞鱼赞　文鳐夜飞，霞红电赤，直上龙门，何愁点额。

康熙丁丑①，闽之长溪得见是鱼。己卯又见。两划水②长出于尾而赤，周身鳞甲皆红色，头有刺，土人称为飞鱼[一]。

考《尔雅翼》载："文鳐鱼，出南海。大者长尺许，有翅与尾齐，亦名飞鱼。群飞水上，海人候之。当有大风。"左思《吴都赋》"文鳐夜飞而触纶"，即此也。《本草》云："妇人临月，带之易产。临产烧为末，酒下一钱，亦神效。"《字汇·鱼部》有"鱐"字，注曰鱼似鲋。鲋，鲫也。今此鱼身不大，正似鲫。

无鳔鲉（自《中国海洋鱼类》）

注释

① 康熙丁丑　1697年。

② 两划水　指2个胸鳍。

校释

【一】头有刺，土人称为飞鱼　此处"飞鱼"一词有歧义。参见"鹅毛鱼——飞鱼"条。

考释

以"长出于尾"的两个胸鳍为依据鉴定其为飞鱼或文鳐欠妥。参见"鹅毛鱼——飞鱼"条。

按图，两个大胸鳍下位、背鳍具鳍棘、腹鳍前位、未见臀鳍等，均非飞鱼、文鳐所在颌针鱼目之特征。

而根据头有刺、具鳞、尾鳍近钝圆、体红色等特征，该鱼似鲉形目赫氏无鳔鲉 *Helicolenus hilgendorfii*（Döderlein）。赫氏无鳔鲉体长约30 cm，侧面观呈长椭圆形，侧扁。头粗大，前鳃盖骨有5枚棘，鳃盖骨有2枚棘。2个背鳍连续且具鳍棘和鳍条，鳍膜稍凹入。胸鳍胸位，宽圆，具鳍棘但鳍棘不游离。臀鳍具鳍棘和鳍条。尾鳍圆截形。体色多变化，多呈黄褐色。赫氏无鳔鲉分布于东海泥沙底质水域。

空头鱼——马鲅（？）

空头鱼赞　有鱼头空，来自何方？姑苏[①]出海，游入闽洋。

空头鱼，头硬而空，无鳞无肉，止坚皮包其骨，不堪食。小儿以木击其首，如梆声。腹亦虚，可注水一碗，背黄黑色而腹白。

渔人不识其名，强名之曰空头。腾云子[②]曰："此鱼产海洋深水中。"

注释

① 姑苏　指苏州。唐·张继《枫桥夜泊》："姑苏城外寒山寺，夜半钟声到客船。"
② 腾云子　康熙年间浙江名医。

考释

此鱼"无鳞无肉"，眼大，吻圆突，口下位，背鳍长，胸鳍腹位，臀鳍亚胸位，尾鳍叉形。所记欠详。

据推测此为鲈形目马鲅科的物种，但图中未见胸鳍具游离的鳍条。聂璜称："小儿以木击其首，如梆声。"如此坚硬的头骨，多为鲉形目鱼所有。故暂置此，有俟识者解惑。

鲈形目

鲈形目鱼尾非歪形，鳔无鳔管，无韦氏器，背鳍2个且靠近，具背鳍棘，腰带与匙骨相连，吻非管状，第三眶下骨不后延且不与鳃盖骨相连。

鲈形目是鱼类中种数最多的目。据初步统计，我国海域有16亚目1 600多种。

《海错图》鲈形目检索表

1. 第一背鳍特化为吸盘 ⋯⋯⋯⋯ 䲟亚目（印鱼——䲟、顶甲鱼——䲟）
   第一背鳍不特化为吸盘 ⋯⋯⋯⋯⋯⋯⋯⋯⋯⋯⋯⋯⋯⋯⋯⋯⋯⋯ 2
2. 左右腹鳍靠近或愈合为吸盘 ⋯⋯⋯⋯⋯⋯⋯⋯⋯⋯⋯⋯⋯⋯⋯⋯ 3
   左右腹鳍分离不愈合 ⋯⋯⋯⋯⋯⋯⋯⋯⋯⋯⋯⋯⋯⋯⋯⋯⋯⋯⋯ 4
3. 体前部圆柱状或侧扁 虾虎鱼亚目［跳鱼——弹涂鱼、鳗腮鱼——虾虎鱼、党甲鱼——刺虾虎鱼、赤鳞鱼——红狼虾虎鱼（？）］
   体前部平扁 ⋯⋯⋯⋯⋯⋯⋯⋯⋯⋯⋯⋯⋯⋯⋯⋯⋯⋯⋯⋯ 喉盘亚目
4. 食道具侧囊、囊内具齿 ⋯⋯⋯ 鲳亚目（鲳鱼——银鲳、枫叶鱼——刺鲳）
   食道不具侧囊 ⋯⋯⋯⋯⋯⋯⋯⋯⋯⋯⋯⋯⋯⋯⋯⋯⋯⋯⋯⋯⋯ 5
5. 上颌骨固于前颌骨 ⋯⋯⋯⋯⋯⋯⋯⋯⋯⋯⋯⋯⋯⋯⋯⋯⋯⋯⋯⋯ 6
   上颌骨不固于前颌骨 ⋯⋯⋯⋯⋯⋯⋯⋯⋯⋯⋯⋯⋯⋯⋯⋯⋯⋯⋯ 7
6. 体为带状（两颌具大齿） ⋯⋯⋯⋯⋯⋯⋯⋯⋯⋯⋯⋯ 带鱼亚目（带鱼）
   体不为带状 ⋯⋯⋯⋯⋯⋯⋯⋯⋯⋯⋯⋯⋯⋯⋯⋯⋯⋯⋯ 鲭亚目（马鲛）
7. 尾柄具骨板或棘 ⋯⋯⋯⋯⋯⋯⋯⋯⋯⋯⋯⋯⋯⋯⋯⋯⋯⋯⋯ 刺尾亚目
   尾柄不具骨板或棘 ⋯⋯⋯⋯⋯⋯⋯⋯⋯⋯⋯⋯⋯⋯⋯⋯⋯⋯⋯ 8
8. 腹鳍腹位或亚胸位 ⋯⋯⋯⋯⋯⋯⋯⋯⋯⋯⋯⋯⋯⋯⋯⋯⋯⋯⋯⋯ 9
   腹鳍胸位、喉位或无腹鳍 ⋯⋯⋯⋯⋯⋯⋯⋯⋯⋯⋯⋯⋯⋯⋯⋯⋯ 10
9. 腹鳍无丝状游离鳍条 ⋯⋯⋯⋯⋯⋯⋯⋯⋯⋯⋯⋯⋯⋯⋯⋯⋯⋯ 舒亚目
   腹下部具丝状游离鳍条 ⋯⋯⋯⋯⋯⋯⋯⋯⋯⋯⋯⋯⋯⋯⋯⋯⋯ 马鲅亚目
10. 腹鳍喉位或无腹鳍 ⋯⋯⋯⋯⋯⋯⋯⋯⋯⋯⋯⋯⋯⋯⋯⋯⋯⋯⋯ 11
    腹鳍胸位 ⋯⋯⋯⋯⋯⋯⋯⋯⋯⋯⋯⋯⋯⋯⋯⋯⋯⋯⋯⋯⋯⋯⋯ 12
11. 背鳍无鳍棘 ⋯⋯⋯⋯⋯⋯⋯⋯⋯⋯⋯⋯⋯⋯⋯⋯⋯⋯⋯ 玉筋鱼亚目
    背鳍全具或部分具鳍棘 ⋯⋯⋯⋯⋯⋯⋯⋯⋯⋯⋯⋯⋯ 绵鳚、鳚等亚目

印鱼——鲗

印鱼赞　龙宫印章，亦重方面，篆文奚为[①]？河清海宴[②]。

康熙三十五年[③]，台湾上番鬻印鱼于市甚多，兵民买而食之。云："此鱼来自红毛海[④]中。有时至，则列于肆者皆是；如不至，虽三五岁，一鱼不可得。大约年谷丰登则盛。"

福宁、台湾更戍，卢某还州，图其形并述大概，曰："此鱼，身绿色而无鳞，背黑绿色作斑点，如马鲛状。背上有方印一颗[一]，正赤色。口有齿四，下颌超于上背，有鲯划水，黄色。尾虽两岐，圆而不尖。产处其鱼虽千百，皆赤方印，无异状。"

有鳏生[⑤]见予图而笑之曰："老兵之言，其可信哉？海中之鱼，焉得有印？不虞[⑥]其伪乎？"曰："予目中无印鱼，胸中有印鱼久矣。今得其图，甚合吾意。"鳏生终不释，曰："何所据耶？请示其实。"予曰："凡鱼类，有名目者，大约多载之典籍。向考《海篇》《字汇》，实有鲗鱼，音印，鱼名，身上有印，则印鱼之名，从来久矣，但未注明。今得此鱼，可补字书、《篇海》之未备。"

鲗（自《中国海洋鱼类》）

注释

① 篆文奚为　"为何执笔写文"之意。篆文，执笔写文。奚为，系宾语前置，"为什么"之意。

② 河清海宴　黄河的水清了，大海也平静了。比喻天下太平。

③ 康熙三十五年　1696年。

④ 红毛海　似指台湾附近海域。待核。

⑤ 鲰生（zōu shēng）　浅薄愚陋的人，古代骂人之词。

⑥ 不虞（yú）　不忧虑；意料不到，出乎意料。

校释

【一】背上有方印一颗　古籍记载有误。

考释

参见下条考释文。

顶甲鱼——鲫

> 顶甲鱼赞　头生方顶，有骨隐隐，活能吸石，如有所愤。
>
> 福宁海上有顶甲鱼，一方骨深陷头上，中有楞列刺。活时翻抛石上，其顶紧吸，虽两三人不能拔起。土人亦称为印鱼。漳郡陈潘舍曰："此鱼潜于海底，攒泥中，吸石上，人不能捕。待潮起，浮出觅食，始可网之。"

考释

三国吴·沈莹《临海水土异物志》："印鱼，无鳞，形如鳎形。额上四方如印，有文章。诸大鱼应死者，印鱼先封之。"按，鳎形似鲨，本书记虎鳎，参见"虎鲨"条。《文选》所载左思《吴都赋》："鲫龟鳝鳎。"李善引刘逵注曰："鲫鱼，长三尺许，无鳞。身中正四方如印。扶南俗云，诸大鱼欲死，鲫鱼皆先封之。"扶南，今广西西南部。唐·段成式《酉阳杂俎·广动植之二》："印鱼，长一尺三寸，额上四方如印，有字。诸大鱼应死者，先以印封之。"此传言亦见清·李元《蠕范》："鲫，印子鱼也。无鳞，长三尺，身正四方如印，首象篆文。长一尺二三寸。或谓应子鱼，以地名也。"聂璜所绘印鱼吸盘方形，背鳍与臀鳍未对位且不同形，还多了1个背鳍。

鮣 *Echeneis naucrates* Linnaeus，属于鲈形目鮣科。各地俗称如下：印头鱼（温州），鞋底鱼（广东澳头），屎狗（闸坡），吸盘鱼（北海），船底鱼、黏船鱼（涠洲岛）。英文名 sucking fish。体长，头平扁。口大，上位。第一背鳍特化成长椭圆形的吸盘，吸盘由18～28对鳍条软骨板组成。其因吸盘形似印得名鮣（鮣鱼）。第二背鳍位于尾部，与臀鳍相对且同形。尾鳍后缘双凹形。体长约90 cm。鮣以其他鱼和无脊椎动物为食，常吸附在大鱼身上或船底。其向后滑动以增加吸力，向前蠕动可解除吸附。

跳鱼——弹涂鱼

跳鱼赞　尔智善遁，尔遁反踬①，入我壳中，怒目而视。

跳鱼，生闽浙海涂。性善跳，故曰跳鱼，亦曰弹涂。怒目如蛙，侈口②如鳢，背翅如旂，腹翅如棹，褐色而翠斑。潮退，则穴处海涂。捕者识其性，多截竹管，布插涂上，类如其穴。潮退，以长竿击逐，尽入筒中。苟③竹罄南山，则鱼嗟竭泽矣。浙中惟台州炙干者味佳。闽中四季广市味鲜，鬻而无炙干，炙干者味薄。

张汉逸曰："一种瘦小者名海狗，无肉，人不捕；一种肥大而色白者，名曰頰，味薄不美。"按《字汇》"鳎"字曰："鱼似鳝，疑即跳鱼。"

大弹涂鱼（自《中国海洋鱼类》）

注释

① 踬（zhì） 不顺利。
② 侈（chǐ）口 大口。
③ 苟 如果。

考释

聂璜所记弹涂鱼栖于"海涂"（泥滩），靠胸鳍基部的肌肉和尾部强力摆动而跳跃。

唐·刘恂《岭表录异》卷下："跳鲹，乃海味之小鱼鲹也……捕此者，仲春于高处卓望，鱼儿来如阵云，阔二三百步，厚亦相似者，既见报鱼师，遂桨船争前而迎之。船冲鱼阵，不施罟网，但鱼儿自惊跳入船，逡巡而满，以此为鲹，故名之'跳'。"南唐·陈致雍《海物异名记》："捷登若猴，又名泥猴。"

宋·高承《事物纪原·虫鱼禽兽》："弹涂，如望潮而大。其色黑，间有苍黄点子……口阔而味肥甜，稻花开后内有脂膏一片。"明·王圻《三才图会·鸟兽》："弹涂，一名阑胡。形似小鰍而短，大者长三五寸。潮退千百为群，扬鳍跳踯海涂中，作穴而居。以其弹跳于涂故云。"明·何乔远《闽书》："弹涂鱼，大如拇指，须鬣青斑色，生泥穴中，夜则骈首朝北，一名跳鱼。"按，"夜则骈首朝北"属臆断。明·冯时可《雨航杂录》卷下："阑胡，如小鰍而短……潮退数千百跳踯涂泥中，土人施小钩取之，一名弹涂。"清·郭柏苍《海错百一录》卷二："跳鱼，一名弹涂，泉州、漳州呼花跳，福州呼江犬，又呼跳跳鱼。产咸淡水，大如指。"

弹涂鱼，眼突出于头顶，口大而平裂。第一背鳍长扇状，具多枚鳍棘且鳍棘尖端外露。第二背鳍与臀鳍相对且同形。胸鳍、尾鳍后缘圆弧形。腹鳍愈合成心形吸盘。此鱼可供食用。弹涂鱼为暖温性底栖鱼类，栖于沿岸淤泥质底。我国记录鲈形目弹涂鱼科弹涂鱼3属6种。

唐·刘恂《岭表录异》卷上所记及聂璜所绘可能是栖于河口及低潮带滩涂、第一背鳍具5枚鳍棘、体长达18 cm的大弹涂鱼 *Boleophthalmus pectinirostris*（Linnaeus）；而宋·罗濬《四明志》所记可能为栖于高潮带滩涂、第一背鳍具12~15枚鳍棘、体长达13 cm的弹涂鱼 *Periophthalmus modestus* Canton。

鳗腮鱼——虾虎鱼

鳗腮鱼赞 罢①而且软，柔而更弱，本不刚强，却又狡猾。

鳗腮鱼，软滑涎粘，手中难握。划水之中，复有一鳞，在其腹下。尾圆而大。背腹之翅皆阔，或海鳗之种类也[一]。《福州志》有状鳗，疑即此。

（自《尔雅音图》）

注释

① 罢　古同"疲"。

校释

【一】或海鳗之种类也　并非如此，参见"鳗鲡目"相关条目。

考释

《尔雅·释鱼》："鲨，鮀。"晋·郭璞注："今吹沙小鱼，体圆而有点文。"三国吴·陆玑《毛诗草木鸟兽虫鱼疏》卷下："鲨，吹沙也，似鲫鱼狭而小，体圆而有黑点，一名重唇鮂鲨，常张口吹沙。"明·李时珍《本草纲目·鳞·鲨鱼》："此非海中沙鱼，乃南方溪涧中小鱼也。居沙沟中，吹沙而游，唼沙而食……俗呼为呵浪鱼。"明·张自烈《正字通·鱼部》："鲨，溪间小鱼，体圆而鳞细，俗呼沙沟鱼，又名呵浪鱼。"清·李元《蠕范·物食》："鲨，鮂鲨也，沙鰛也，鮀鱼也，沙沟鱼也，重唇鱼也，呵浪鱼也，吹沙鱼也。"按，龠为古代管乐器，状似笛，此示其嘴形；鮀字从它，它为古蛇字，也许指其匍匐沙底或吸附于石上，如蛇之匍匐而行。关于上文中的"鲨"，动物史学家郭郛先生注为吻虾虎鱼，鱼类学家成庆泰先生注为虾虎鱼科，海洋动物学家陈万青先生释为刺虾虎鱼。

今虾虎鱼为鲈形目虾虎鱼亚目鱼的统称。体多延长，前部亚圆形，体后部侧扁，头钝，腹鳍左右愈合成吸盘。虾虎鱼多栖于沿岸浅海岩石泥沙中。我国记录有80属280余种。

党甲鱼——刺虾虎鱼

党甲鱼赞　党甲名土①，殊难入谱，腹大口侈，定为虾虎。

党甲鱼，闽之土名也。活时黄背白腹，毙则色紫。俗名海猪蹄，又名厘戥盒②，象形也。《闽志》无其名。考《汇苑》："海中一种鱼类，土附③而腮红。若虎，善食虾，谓之虾虎鱼。"疑必此也。土人云："三月多，味亦美。"

黄鳍刺虾虎鱼

注释

① 党甲名土　党甲，派系与门第。党甲鱼，闽之土鱼名。

② 厘戥（děng）盒　厘戥为称金、银、药材等贵重物品的微型秤，结构与秤相同，秤杆一般为骨制，盘为铜质。厘戥盒即为置放厘戥之盒。

③ 土附　为塘鳢鱼科的塘鳢。参见"蟳虎鱼——乌塘鳢"条。

考释

聂璜认为党甲鱼为善食虾的虾虎鱼。然而图中未展示腹鳍愈合成吸盘、第二背鳍与臀鳍对位且同形等虾虎鱼之特征。

虾虎鱼中习见的黄鳍刺虾虎鱼 *Acanthogobius flavimanus*（Temminck et Schlegel），属于鲈形目虾虎鱼亚目虾虎鱼科。体长 10～15 cm，前部略呈圆柱形，背部黄褐色，腹部白色，体侧有一纵列大型暗色斑点。头大，吻长。背鳍2个，第一背鳍具7～10枚鳍棘。腹鳍小且愈合成吸盘。尾鳍后缘近圆弧形，具6～7行黑点。虾虎鱼栖于近岸河口、港湾泥沙底。

虾虎鱼在大连俗称胖头鱼，在河北叫扔巴鱼、油光鱼。

赤鳞鱼——红狼虾虎鱼（？）

赤鳞鱼赞　龙宫夜晏^[一]，万千红烛，烧残之余，流泛海角。

闽海有小红鳗。永不能大，土人名为赤鳞鱼。鱼品之最下，不堪食。

又一种可食，似赤鳞而色白。

红狼虾虎鱼

校释

【一】晏　疑为聂璜笔误，应为“宴”。

考释

在该条，聂璜所绘赤鳞鱼体呈鳗形，背鳍、臀鳍、尾鳍相连。

“永不能大，土人名为赤鳞鱼”者，似眼退化、体长 5 cm 左右的红狼虾虎鱼 *Odontamblyopus rubicundus*（Hamilton）。“可食，似赤鳞而色白”者为眼小、体长达 25 cm 的孔虾虎鱼 *Trypauchen vagina*（Block et Scheider）。

聂璜所绘图未显示小且愈合为一吸盘的腹鳍。

蟳虎鱼——乌塘鳢

蟳虎鱼赞　尔状不威，尔力未强，乃以虎名，以柔制刚。

蟳虎鱼，黑绿色，形如土附^①，细鳞而阔口。常游海岩石隙间。或有石蟳^②藏于其内，则以尾击拨之。蟳觉，伸一螯，钳其尾。此鱼竭力摇尾，脱其螯，弃之。复至其隙，又以尾探。蟳怒，尚有一螯，再伸而钳其尾，仍如前摇脱其螯，抽出，弃之。盖此鱼之尾甚薄，蟳螯虽利，所损无几，抖而落去，脱然无恙。然后游至石隙，不以尾而用首索之。蟳无所恃，但出涎沫，作郭索^③状。鱼乃以口吸螯折伤处，全身之肉尽为吮去，未几蟳毙，而鱼已饱矣。渔人每见，奇而述之，人亦未信^[一]。网中所得蟳虎鱼，其尾往往裂破不全，兹足验也。

　　尝闻蜗牛至弱也，而能制蜈蚣，必先以涎落其足。今蟳虎欲食蟳，必先损其螯，其智一也。凡人之技艺必从习学，而物类之智尽自天秉。《庄子》曰："以蜘蛛、蛣蜣④之陋，而布网转丸，不求之于工匠，则万物各有能也。"信然矣。

中华乌塘鳢

注释

　　① 土附　塘鳢科鱼的统称。

　　② 蟳　为鰕虎科蟳属鱼的统称。参见"石蟳——蟳"条。

　　③ 郭索　为螃蟹发出的声音，借指螃蟹。宋·杨万里《糟蟹赋》："郭其姓，索其字也。"

　　④ 蛣蜣（jié qiāng）　蜣螂之别名。

校释

　　【一】奇而述之，人亦未信：所述的确不可信。

考释

　　聂璜详记鰕虎鱼食蟳，不可信。形如土附之鰕虎鱼，今释为乌塘鳢。

　　习见之鰕虎鱼，如中华乌塘鳢 Bostrychus sinensis（Lacèpéde），体长通常为 10～15 cm。体粗壮，前部近圆筒形，后部侧扁，黑褐色，腹部色浅。头宽大，略平扁。吻短钝，口阔大、端位、略斜，下颌稍突出。眼小，上侧位，不突出于头背缘。鳃盖条 6 枚。背鳍 2 个且分离，第一背鳍具 6 枚鳍棘。胸鳍大，后缘圆弧形。腹鳍胸位，左右分离，不形成吸盘。尾鳍后缘圆弧形，基底上端有一带白边的黑斑（眼斑，聂图未画出）。中华乌塘鳢栖于浅海内湾、咸淡水水域或红树林湿地，见于我国黄海南部、东海和南海。此鱼营养丰富，肉味鲜美。中华乌塘鳢在离水阴湿条件下可维持一周不死，适宜活运远销，现已人工养殖。

麦鱼（？）

麦鱼，产宁波海涂。色青，长及寸许。四月麦熟即发，故名。潜身海涂泥穴中，最善跃难捕。儿童用足踏于两穴中处，以两手兜于左右，乃得。然亦逃去者。其味甚美，鲜干并佳。捕者竭终日之力得千头，不过一觔①，故贵重也。宁波黄卜先叔侄啧啧称味不置。

注释

① 觔　同"斤"。

考释

此鱼"潜身海涂泥穴中"，"千头不过一觔"。然而聂璜所绘麦鱼，似口前位，胸鳍下位，尾深叉状，未见背鳍、臀鳍等。

麦鱼似青岛民间所称的蚝艮，一种 4～5 cm 长的鱼，栖于胶州湾北岸浅水域，是河套、上马等地区比较受欢迎的特色小海鲜之一。农历四月到六月所产较多，秋天也有些，其余时间不产。鱼类学家刘静推测此为鲈形目虾虎鱼亚目虾虎鱼科鱼。

蠔（蚝）鱼（？）

蠔①鱼赞　鉏鱼垂刃，蠔鱼横刺，十数几何，二七十四。

蠔鱼，产下南海中，专食蚝肉。两边有刺各七，在水张之，出水则刺敛于身旁。凡蚝潮来开口，此鱼以气吹之，则不能合，以刺拨出其肉啖之。其形长仅四寸，背绿，无鳞。

蠔，《字》注曰"蚌属"，盖即蚝也。粤人呼蚝为蠔，《字汇》有"鮛"字，即是鱼。

① 蠔 同 "蚝"。

考释

"长仅四寸，背绿，无鳞"，背前侧 "两边有刺各七"，"凡蛎潮来开口，此鱼以气吹之，则不能合，以刺拨出其肉啖之"。甚奇。

聂璜所绘蚝鱼尾鳍深叉形，但未见背鳍。聂璜未记口有无齿，吻能否伸缩取食。有文称此为鲈形目之海猪鱼，

有鱼类学家指出："聂璜所画蚝鱼可能是一种虾虎鱼，但是潮间带常见的虾虎鱼中没有深叉尾的。这可能是古人画错了。之前一研究黄颡鱼的学者也在古画中发现了类似的错误。"

另有人指出："画整体配色非常像中华乌塘鳢。因这种鱼的尾部有一个非常大、画起来很难被遗漏的眼斑，而该画中没有，所以蚝鱼应该不是这鱼。蚝，是牡蛎的意思，南方现有把矛尾复虾虎鱼称作海蛎鱼的，蚝鱼有可能是这种。"

本书暂将蚝鱼释为一种虾虎鱼。

鲳鱼——银鲳

鲳鱼赞 态娇骨软，鱼比于娼，啖者不鲠，温柔之乡。

《汇苑》云："鲳，一名鲹。"《字汇》注："鲹，不作鲳解。"《福州志》："鲳鱼之外，更有鲹鱼。又似二物矣。"《汇苑》称："鲳鱼，身匾而头锐，状若锵刀。身有两斜角，尾如燕尾，鳞细如粟，骨软肉白。其味极美，春晚最肥。俗比之为娼，以其与群鱼游也，或谓鲳鱼与杂鱼交。"考《珠玑薮》云："鲳鱼游泳，群鱼随之，食其涎沫，有类于娼，故名似矣。"

然不解何以群鱼必随，询之渔叟，曰："此鱼鳞甲如银，在水白亮，最炫鱼目，故诸鱼喜随。且其性柔弱，尤易狎昵。而吮其涎沫，非与杂鱼交也。"

按，海之有鲳鱼，尤淡水之有鳊鱼也。其状略同，而阔过之，肥美正等。《字汇》注："鲳，曰鲳鲦。"但称鱼名，而不详解。

银鲳（自《中国海洋鱼类》）

考释

南朝梁·顾野王《玉篇·鱼部》："鲳，鱼名。"唐·刘恂《岭表录异》卷下："鲏鱼，形似鳊鱼。而脑上突起连背而圆身，肉甚厚，肉白如凝脂。止有一脊骨。治之以姜葱，焦之粳米。其骨自软，食者无所弃，鄙俚谓之狗瞌睡鱼，以其犬在盘下，难伺其骨，故云狗瞌睡鱼也。"宋·陈彭年、丘雍等《广韵·平阳》："鲳，鲳鲦。鱼名。"明·屠本畯《闽中海错疏》卷上："鲏，似鳊，脑上凸起，连背而圆身，肉白而甚厚。尾如燕子，只一脊骨而无他鲠。"又"斗底鲳，鲳之小者，脐形圆。"

明·彭大翼《山堂肆考》："鲳鱼，一名昌侯鱼。以其与诸鱼匹，如娼然。"明·李时珍《本草纲目·鳞三·鲳鱼》："昌，美也，以味名。或云，鱼游于水，群鱼随之，食其涎沫，有类于娼，故名。"清·厉荃《事物异名录·水族部》："《宁波府志》：'鲳鱼，一名鳉鱼。身扁而锐，状若锵刀，身有两斜角，尾如燕尾，细鳞如粟，骨软肉白，其味甘美，春晚最肥，俗又呼为娼鱼，以其与诸鱼群（交），故名。"清·郭柏苍《海错百一录》："凡鱼孕子者，鱼男感气追逐，争唼其子。鲳鱼带子时，一缯所得多牡鱼，是知其杂群牡。曰鲳者贱之也。"诸如"与诸鱼群交"、群鱼"食其涎沫"及"鲳鱼与杂鱼交"，这些纯系奇谈怪论。

鲳，属于鲈形目鲳科。体侧扁，侧面观呈近卵圆形。吻圆钝，食道具侧囊。侧线上侧位且在头部多分支。背鳍1个，具35～50枚鳍条。无腹鳍。体被细小圆鳞。我国记录6种。

银鲳 *Pampus argenteus*（Euphrasen），江浙名车片鱼，山东、河北称镜鱼、平鱼，在台湾别称白鲳鱼。体长约25 cm。体侧扁圆形。背部灰青色，腹部银白色。背鳍、臀鳍镰刀形，臀鳍前部鳍条长而不达尾鳍基。银鲳为名贵鱼类。清·潘朗《鲳鱼》诗："春盘滋味随时好，笑煞何曾费饼银。"

枫叶鱼——刺鲳

枫叶鱼赞　双文①送别，丹枫②写泪，飘沉欲海③，同偕鱼水。

闽海有鱼曰枫叶。两翅横张而尾岐，其色青紫斑驳。《闽志》："福、漳二郡并载此鱼。"《汇苑》亦载，云："海树霜叶，风飘波翻。腐若萤化，厥④质为鱼。"或疑枫叶败质化鱼，难信。不知世间变化之物，多有无知而化为有知[一]。

《搜神》序称："腐草之为萤，朽苇之为蚕，稻之为蛩，麦之为蝶。"皆自无知化为有知，而气易也。又，《列子》："朽瓜为鱼。"段成式遂证瓜子化衣鱼之说。《齐丘化书》⑤："老枫化为羽人。"吴梅村《绥寇纪》载："崇祯十年⑥，钱塘江木柹⑦化为鱼。渔人网得，首尾未全，半柹半鱼。"又闻，雨水多则草子皆能为鱼，而人发马尾亦能成形为蛇蟮。

由是推之，则大江楠木之为怪，深山老松之为龙，益不谬矣。今枫叶变鱼，予更访之。渔人云："秋深海上捕鱼，网中有时大半皆枫叶，而枫叶鱼杂其中，且惟秋后方有。"则变化之迹及候，两皆不爽。予是以神奇其物，信而图之，而并采无知化有知之诸物杂见于典籍者，以汇证云。

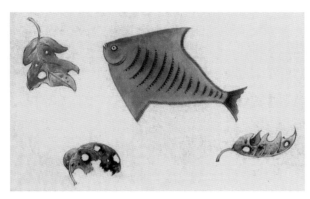

刺鲳

注释

① 双文　字面指两篇文章，还可能有一语双关的意思。

② 丹枫　经过秋霜泛红的枫叶，比喻历经磨难。

③ 飘沉欲海　情欲令人迷失本性，沉沦于生死大海。泛指贪欲。

④ 厥　用作代词，其、它的、他的。

⑤《齐丘化书》　五代谭峭所作，讲化生之理。他认为天地人物都在变化。有情的人和动物可变成无情的石头、花草，草木也会变为人和动物。至于蛇化为龟、雀化为蛤，更不待言。

⑥ 崇祯十年　1637年。

⑦ 木梯（fèi）　砍木头掉下来的碎片。

校释

【一】无知而化为有知　聂璜深信化生说，称植物为无知者，而动物为有知者。他"由是推之，则大江楠木之为怪，深山老松之为龙，益不谬矣"。

考释

聂璜描述的枫叶鱼，"其色青紫斑驳"，依图体部具有明显的肌肉纹理，背鳍和臀鳍横张，"惟秋后方有"（晚秋时居多）。这与浙江嵊泗一带枫叶样的刺鲳的特征相符合。

刺鲳 *Psenopsis anomala*（Temminck et Schlegel），属于鲈形目长鲳科，俗称蛇鲳、肉鱼、瓜核、肉鲫、南鲳、玉昌、海仓。体侧扁，侧面观呈长卵圆形，被圆鳞，背部青灰色，腹部色较浅，鳃盖上有一黑斑。头小，眼大，吻短。背鳍与臀鳍略对称，尾鳍叉形。刺鲳产于东海和南海，以东海最多，每年10月至翌年1月间为盛产期。

带鱼

带鱼赞　银带千围，满载而归，渔翁暴富，蓬壁（荜）生辉①。

带鱼，略似海鳗而薄匾，全体烂然如银鱼。市悬烈日下，望之如入武库，刀剑森严，精光闪烁。产闽海大洋。

凡海鱼多以春发，独带鱼以冬发，至十二月初仍（乃）散矣。渔人藉钓得之。钓用长绳约数十丈，各缀以钓约四五百，植一竹于崖石间，拽而张之。俟鱼吞饵，验其绳动则棹舡，随手举起，每一钓或两三头不止。

予昔闻带鱼游行，百十为群，皆衔其尾。询之渔人，曰："不然也。凡一带鱼吞饵，则钓入腮，不能脱，水中跌荡不止；乃有不饵者衔其尾，若救之，终不能脱，啣②者亦随前鱼之势，动摇后鱼；又有欲救而啣之者，然亦不过二三尾而止，无数十尾结贯之事。浪传之言，不足信也。"

台湾带鱼，亦发于冬，大者阔尺许，重三十余斤。康熙十九年③，王师平台湾，刘国显馈福宁王总镇大带鱼二，共六十余斤。

考诸类书，无带鱼。《闽志》："福兴、漳、泉、福宁州，并载是鱼。"盖闽中之海产也，故浙、粤皆罕有焉，然闽之内海亦无有也。捕此多系漳、泉渔户之善水而不畏风涛者，架船出数百里外大洋深水处捕之。是以禁海之候，偷界采捕者，无带鱼不能远出也。

带鱼，闽中腌浸，其味薄，其气腥。至江浙，则干燥而香美矣。字书鱼部有"鱮"，即指带鱼也。

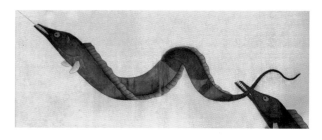 

高鳍带鱼（自《中国海洋鱼类》）

注释

① 蓬壁（荜）生辉　谦辞，表示他人来访或张挂他人题赠的字画而自感荣光。蓬指用蓬草编的

门；莘指荆条、竹木之类编成的篱笆；以蓬莘借指穷苦人家。聂璜误记为"壁"。

②啣　同"衔"。

③康熙十九年　1680年。

考释

带鱼，简称带，亦称银花鱼、鳞刀、鳞刀鱼、鞭鱼、柳鞭鱼、牙鱼、裙带鱼、牙带、青宗带、白带鱼、珠带、丝带、银刀、恶鱼等。

明·屠本畯《闽中海错疏》卷中："带，身薄而长，其形如带。锐口尖尾，只一脊骨，而无鲠无鳞。入夜烂然有光。大者长五六尺。""按，带，冬月最盛。一钓则群带衔尾而升，故市者独多。或言带无尾者，非也。盖为群带相衔而尾脱也。"

清·王培荀《乡园忆旧录》卷八："此鱼，初名银花鱼……俗呼鳞刀。银、鳞声相近，又形长而尾尖体薄，取名以形似也。"光绪本《文登县志·土产》卷十三："今海人以其状如带，故名带鱼。亦似刀，故名鳞刀鱼。"清·宋琬《安雅堂未刻稿·入蜀集》卷上："带鱼，鱼无鳞鬣。形如束带，长六尺余。色莹白如银，燖燖有光彩。若刀剑之初淬者然，故又谓之银刀。"民国·徐珂《清稗类钞·动物类》："裙带鱼，产海中，宁波甚多；可食；大者长五尺许；状如带，至尾而尖，无鳞，有强齿；背鳍连续，甚长；背淡青，腹白。"

带鱼在广东称牙带、青宗带，在闽浙曰白带鱼，在山东呼刀鱼。带鱼还有俗名鞭鱼、柳鞭鱼、牙鱼。明·何乔远《闽书》："北风严寒，其来尤盛，一钓则衔尾而升。泉人以大北风为恶，亦曰恶鱼。"

带鱼，属于鲈形目带鱼科。英文名 cutlassfish。体银白色，长侧扁如带。口大，上颌短，下颌长而突出，颌齿尖锐。背鳍长，延达尾端。尾末细鞭状或小叉状。腹鳍仅呈痕迹状或消失。臀鳍多由分离的短棘组成。体长可达 1.5 m。带鱼凶猛，甚至同类相残。捕捞时，网中常有带鱼首尾相咬的情况，有时网外的鱼咬住网内者一并被捕。

带鱼曾是我国四大海洋渔业对象之一，年产 20 多万吨，东海产量最高。此鱼肉嫩味美，食用方便，营养丰富。在渤海带鱼 6 月产卵，主要产卵场在莱州湾。其为中上层结群洄游性鱼。其中，高鳍带鱼 *Trichiurus lepturus* Linnaeus 曾用名白带鱼 *T. haumela*。

另，明·屠本畯《闽中海错疏》卷中记："带柳，带之小者也，味差不及带。"其中的"带柳"乃体长小于 40 cm 的小带鱼 *Eupleurogrammus muticus*（Gray）。

几种带鱼检索表

1. 上颌具钩状大型犬齿；侧线在胸鳍后方急下弯 2

　　上颌无钩状大型犬齿；侧线在胸鳍后方不急下弯；头背缘平直 .... 小带鱼

2. 胸鳍短于吻长 .... 沙带鱼

　　胸鳍长于吻长 3

3. 口腔底部非黑色 .... 高鳍带鱼

　　口腔底部黑色 .... 东带鱼（日本带鱼）

马鲛

马鲛赞　鱼交社生，夏入网罟，鲜食未佳，差可为脯。

《汇苑》云："马鲛，形似鳙，其肤似鲳而黑斑。最腥，鱼品之下。一曰社交鱼，以其交社而生。"按，此鱼尾如燕翅，身后小翅，上八下六，尾末肉上又起三翅。闽中谓先时产者曰马鲛，后时产者曰白腹，腹下多白也。

琉球国善制此鱼，先长剖而破其脊骨，稍加盐而晒干以炙之，其味至佳。番舶每贩至省城，以售台湾。有泥托鱼，形如马鲛，节骨三十六节，圆正可为象棋。

蔡日华曰："海中之鱼种类既多，而一种之中又分数种。即土著于海琅①，亦不能尽辨。"即如马鲛，其名有四五种，而味亦优劣焉。马鲛头水，身青而有斑；其后有一种曰油筒，身带青蓝而无斑，煮之皆油味，逊马鲛一等，即白腹也；又有一种鳂，斑点颇大，色与马鲛同，味又次于油筒；又一种曰青鲅，与鳂略同，但身长而瘦，味淡不美；马鲛之末又有一种曰马鲛梭鱼，身小，状如梭而头尖，味尤薄焉。然则马鲛初生者佳，其后则愈趋而愈下矣。

蓝点马鲛

注释

① 海琅（láng）　琅，即琅玕，传说中的一种玉树，生长于海滨山崖。海琅代指海滨。

考释

山东胶县三里河大汶口文化遗址有马鲛骨骼出土，说明4 000年前，我国先民就已食用马鲛。

唐·段成式《酉阳杂俎·闽产诸鱼》："马鲛鱼，青斑色，无鳞，有齿。又名章鲦，连江谓之章胡鱼。闽人名言，山食鹧鸪獐，海食马鲛鲳，盖兼美之。"宋·高承《事物纪原》："马鲛，色白如雪，俗名摆锡鲛。其小者名青箭。"明·冯时可《雨航杂录》卷下："马鲛鱼，形似鳙，味似鲳。一曰社交，以交社而生。"清·曹秉仁《宁波府志》："马鲛鱼，形似鳙，肤似鲳，黑斑，最腥。一曰社交鱼，以其交社而生。"清·李调元《然犀志》卷下："马膏鱼，即马鲛鱼也。皮上亦微有珠。"

清·嵇璜《续通志》:"马鲛生东海,一名马交鱼……"按,章指花纹;鲦,传说为比蛟大的鱼;胡,古指兽颈下的垂肉,意指鱼肥;摆锡画为用加锡和水银的颜料所绘之画,久不褪色,色白而闪闪发亮;马,意指此鱼游速快如马;古时祭祀土神,一般在立春、立秋后第5个戊日,一次是二月初二,一次是八月十五。蓝点马鲛4~6月在渤海湾产卵。马膏为马鲛之音讹。清·屈大均《广东新语》卷二二:"马膏鲫,以腊月初至三四月。有马伍者,以九十月出,似鲈而肉厚,为马膏鲫之次,故曰马伍。"

清·郝懿行《记海错》:"登莱海中有鱼,灰色无鳞,有甲,形似鲐而无黑文,体复长大,其子压干可以饷远,俗谓之鲅鱼。"鲅从友(bá),古同"拔""跋",示其身体挺拔。

我国记录有鲈形目鲭亚目鲭科马鲛属5种。马鲛体纺锤形,吻尖,口大。2个背鳍相连。背鳍、臀鳍后方各有5~11枚小鳍。侧线常弯曲。尾鳍叉状。体长可达1 m。马鲛性凶猛,以上层群游鱼为食。东海、黄海、渤海均产。其为经济鱼类之一,可鲜食,肝可制鱼肝油。其在浙江又称马交,在鲁冀称鲅鱼、燕鱼。联合国粮农组织记为Indo-Pacific king mackerel。其中蓝点马鲛 *Scomberomorus niphonius*(Cuvier)习见。聂璜所述"油筒"是鲐鲅鱼 *Scomber japonicus* Houttuyn;而鳀、青鲼、马鲛梭鱼尚需确认。

"鲅鱼跳,丈人笑。"青岛有女婿春季送鲜鲅鱼给岳父以表感恩之情的习俗。

钱串鱼——斑胡椒鲷

钱串鱼赞 摆摆摇摇,游出宝藏,捆一张皮,卖弄钱样。

闽中有钱串鱼,身淡青,脊上作深青色。圈纹金黄,内一点黑色。以其圈纹如钱而且黄,故曰钱串,亦名钱捆。

考诸类书鱼部,无此鱼,独《福州志》载及。

斑胡椒鲷

钱串鱼背鳍长且延续，似2个；尾鳍深叉形。未见各鳍有无硬鳍棘。

鱼类学家刘静认为，这是鲈形目石鲈科斑胡椒鲷 *Plectorhinchus chaetodonoides* Lacépède。

另有文称其为金钱鱼 *Scatophagus argus*（Linnaeus）。二者体虽均散布有大小不一的圆斑，但体形有别。金钱鱼口小、略尖，尾非叉状。另外，小鳞鱵虽名钱串鱼，但为颌针鱼，形制差别大。

金钱鱼

铜盆鱼——真鲷（？）

铜盆鱼赞　蛎称海镜，螺作手巾，鱼中器皿，更有铜盆。

铜盆鱼，土称也。其色红黄而体长圆，故名。大者如海鲫，但色红而鳞细，有不同耳。产闽海。

《闽志》载有铜盆鱼。然闻东北海上亦有此鱼。另有一名，不曰铜盆，大发时，海为之赤。

真鲷（自刘静）

聂璜所绘铜盆鱼体侧面观呈椭圆形、2个背鳍分离、尾鳍后缘圆弧形等特征与真鲷有异。

宋·庞元英《文昌杂录》卷二："登州有嘉𩷎鱼，皮厚于羊，味胜鲈鳜。至春乃盛，他处则无。"明·屠本畯《闽中海错疏》卷上："棘鬛，似鲫而大，其鬛如棘，色红紫。《岭表录异》名吉鬐，泉州谓之鳍鬐，又名奇鬐。""过腊，头类鲫，身类鲚，又类鲢鱼。肉微红，味美。尾端有肉，口中有牙如锯，好吃蚌蚶。以腊来春去，故名过腊。按，四明谓之铜盆。又名郭砖，四时有之。"按，此鱼分布广，并非只产于登州，"他处则无"。

清·郭柏苍《海错百一录》："过腊……按，福州呼棘鬐，以其鬐如棘也。兴化呼橘鬐，以其鬐红紫色。泉州呼髻鬐，又呼奇鬐。"鬐，原指马颈的长毛，此指背鳍之强棘。橘鬐是红紫色的鳍。髻鬐指鳍状如发髻。

《古今图书集成·禽虫典·杂鱼部》引《招远县志》："䲙䱌，俗作家鸡鱼。传记无考，以肉洁白似鸡。"按，与家鸡鱼音同或谐音以图吉利，又称加吉鱼、加级鱼、嘉䱌。其因体侧有粒斑，在两广称红䲙，在浙闽名铜盆鱼，在福建又谓赤板、加拉鱼。清·郝懿行《记海错》："登莱海中有鱼。厥体丰硕，鳞鳍赫紫，尾尽赤色。啖之肥美，其头骨及目多肪腴，有佳味。率以三四月间至，经宿味辄败。京师人将冰船货致都下，因其形象谓之大头鱼，亦曰海鲫鱼，土人谓之嘉䱌鱼。"

清·郭柏苍《海错百一录》："味丰在首，首丰在眼。十月蒸葱酒尤珍。"莱州湾是真鲷产卵场之一，生殖期5~7月。每年春季，加吉鱼未产卵时最为肥美。山东胶东有"立了夏，鲅鱼加吉抬到家""加吉头，鲅鱼（马鲅）尾，鳞刀（带鱼）肚子，鲭鲭（斜带刺鲈）嘴"等谚语。

真鲷 *Pagrus major*（Temminck et Schlegel），曾用名 *Pagrosomus major*（Temminck et Schlegel），属于鲈形目鲷科。体侧面观呈长椭圆形，侧扁而高。口小，前位，稍斜，上、下颌前端具犬齿，两侧具臼齿2列。背鳍2个，连续，鳍棘强大。尾鳍叉形。体红色，体侧散布有鲜蓝色小点。真鲷为近海暖温性底层鱼类，分布于黄海、东海、南海，栖于岩礁、沙砾或贝藻丛生的海域。体长可达1 m。真鲷为我国海洋经济种类和养殖对象。

海鲫鱼——海鲫（？）

海鲫鱼赞　河鲫渺瘦，苦束浅岸，游入大海，心广体胖。

海鲫鱼，身阔肉厚而骨硬。土人名为打铁炉。腌鲜皆可。

海鲫（自《中国海洋鱼类》）

考释

唐·段成式《酉阳杂俎》："东南海中，鲫鱼长八尺。食之宜暑而避风。或云稷米所化，故腹中上有米色。"清·郭柏苍《海错百一录》卷一："海鲫，骨鲠味逊于池鲫、溪鲫，而胜于江鲫、湖鲫。豫之淇鲫，为天下最。"按，"长八尺""稷米所化"的说法有误。

海鲫，俗称九九鱼、海鲋，为鲈形目鲈形目亚目海鲫科鱼的统称。

特氏海鲫 *Ditrema temminckii* Bleeker，习见，亦名海鲋。体长 16~24 cm，银灰色，侧扁，侧面观呈卵圆形。背鳍 2 个，连续无缺刻。腹鳍基底黑色或具黑点。臀鳍鳍条至少 25 枚。尾鳍叉形。卵胎生。特氏海鲫分布于北太平洋西部，见于我国黄海北部和渤海岩礁海域马尾藻场。

聂璜所绘有误，如尾鳍圆形、2 个背鳍间具缺刻、第二背鳍出现鳍棘。在东海未见有特氏海鲫分布。

另外，真鲷亦俗称海鲫鱼。

鲈鱼——花鲈

> 鲈鱼赞　洛鲤河鲂[1]，安庆鲟鳇，四方斑鲈，何异松江？
>
> 鲈鱼，巨口细鳞而身斑，背微青，即松江之鲈，亦与四方斑鲈同。《本草》曰："食宜人，作鲊尤良。然禁与乳酪共食，多食发癖及疮。"
>
> 《续韵府》曰："天下之鲈皆两腮，惟松之鲈四腮。"今考松江四腮鲈，别是一种，非巨口细鳞之斑鲈也。予客松江，得食四腮鲈，始知类书所引多误指也[2]。

花鲈

注释

① 洛鲤河鲂　洛河的鲤和伊河的鲂，比喻美味名鱼。

② 多误指也　鲈鱼与松江鲈有别，甚是。参见"四腮鲈——松江鲈"条。

考释

唐·李白《秋下荆门》："霜落荆门江树空，布帆无恙挂秋风。此行不为鲈鱼鲙，自爱名山入剡（shàn）中。"剡中，古地名，今浙江嵊州市。唐·杜牧《送刘秀才归江陵》："彩服鲜华觐渚宫，鲈鱼新熟别江东。刘郎浦夜侵船月，宋玉亭春弄袖风。落落精神终有立，飘飘才思杳无穷。谁人世上为金口，借取明时一荐雄。"宋·范仲淹《江上渔者》："江上往来人，但爱鲈鱼美。君看一叶舟，出没风波里。"范仲淹体恤民生疾苦，此诗耐人寻味。

民国·徐珂《清稗类钞·动物类》："鲈，可食。色白，有黑点，巨口细鳞，头大，鳍棘坚硬。居咸水淡水之间，春末溯流而上，至秋则入海，大者至二尺。"鲈从卢，黑色曰"卢"，虽其体灰白色，但斑点黑色。斑如玉花，故其又称玉花鲈。英文名 black spotted bass。

花鲈 *Lateolabrax japonicus*（Cuvier），曾用名中国花鲈 *L. maculatus*（McClelland），属于鲈形目鲈亚目花鲈科花鲈属，俗称七星鲈、寨花，联合国粮农组织记为 common seabass。体长，侧扁。口端位，斜裂，下颌较上颌突出。鳃盖后缘具 2 枚棘。2 个背鳍仅在基部相连，第一背鳍具 7～12 枚鳍棘，第二背鳍具 1 枚鳍棘和 11～13 枚软鳍条。腹鳍胸位。尾鳍浅叉状。体背部灰褐色，腹部银灰色，体上部及背鳍散布有黑色斑点且斑点随年龄增长而减少。体长可达 80 cm，一般重 1.5～2.5 kg，最大重达 15 kg。此鱼肉美味佳。其于秋末生殖。中国花鲈喜栖于咸淡水处，能生活于淡水，在我国沿海及通海河流皆有分布，今是主要养殖鱼种。

海鱖鱼——鳃棘鲈（？）

海鱖①鱼赞　口哆目眦②，身斑头刺，杰态雄姿，虎鱼之次。

凡江湖所产之鱼，海中并有，鱖鱼其一也，但首多刺而华美为异耳。

《尔雅翼》谓："凡牛羊之属，有肚故能嚼。鱼无肚不嚼，鱖鱼独有肚能嚼。"《本草》云："一名鳜豚。取胆悬北檐下，令干。鱼骨鲠③，取少许入温酒饮之，便随顽痰出。鲠在脏者，亦能治。鳢、鲫、青鱼胆皆可，并于腊月收之。"

豹纹鳃棘鲈

注释

① 鳜（guì） 我国特产的一种食用淡水鱼，属于鲈形目。

② 目眦（zì） 俗称眼角。上、下眼睑的接合处，靠近鼻子的称内眦，靠近两鬓的称外眦。

③ 鲠（gěng） 鱼骨卡在喉咙里。

考释

唐·张志和《渔歌子》"西塞山前白鹭飞，桃花流水鳜鱼肥"赞赏的是淡水鳜鱼。在岩礁海域，海鳜鱼指鳃棘鲈 *Plectropomus*，属于鲈亚目鮨科石斑鱼亚科。两颌前端各具1对大犬齿，下颌两侧有1~4枚犬齿。前鳃盖下缘有3~4枚大且向前的棘。背鳍2个，连续，其间具一浅缺刻。尾鳍新月形或截形。

石斑鱼是一类凶猛的鱼。聂璜所绘海鳜鱼具头刺，是否是鳃棘鲈尚存疑。

海鲦鱼——石斑鱼

海鲦鱼赞　海鱼类鲦，身斑背刺。《说文》《篇海》，未详其字。

海鲦鱼，身有黄点。淡水所产者，其斑黑，其状略异。

此鱼云与蛇交而孕[一]，故其刺甚毒。海鲦疑亦然也。

《字书》"鲦"但注鱼名，不详是何种类。

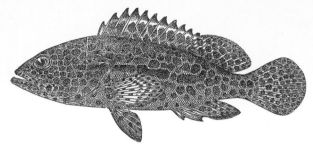

石斑鱼

校释

【一】与蛇交而孕　不属实。

考释

三国吴·沈莹《临海水土异物志》："石斑鱼，淫鱼，六虫为一。"明·杨慎《异鱼图赞》："石斑淫虫，虎文形蚓；蝘蜒为牡，水边呼引，石斑即走，上岸合牝。其性既恶，羹不可饮。"明·李时珍《本草纲目·鳞四·石斑鱼》："〔集解〕时珍曰，石斑，生南方溪涧水石处。长数寸，白鳞黑斑。"清·李元《蠕范》卷一："高鱼，石鳘（fán）也，石斑也。似鲩（草鱼）白鳞，有斑文如虎，长数寸，大者尺余。"

石斑鱼 Epinephelus，属于鲈形目鲈亚目鮨科石斑鱼亚科，别称石斑、鲙鱼、过鱼。英文名grouper。体侧面观呈长椭圆形，稍侧扁。口大，唇厚，下颌较上颌突出。前鳃盖骨具细齿，主鳃盖骨具3枚扁棘（聂璜图未画出）。背鳍2个，连续，无缺刻。尾鳍后缘圆弧形、截形或稍凹入。体常呈褐色或红色，具条纹或斑点。其性成熟时全雌，次年逆转成雄性，故非有雌无雄。我国已记录49种。

石斑鱼喜栖于沿岸岩礁、沙砾、珊瑚礁底质的海域。其肉细嫩洁白，称海鸡肉。在港澳地区石斑鱼被推为我国"四大名鱼"之一，为高档筵席必备。

石首鱼——大黄鱼

石首鱼赞　海鱼石首，流传不朽，驰名中原，到处皆有。

石首鱼，一名春来，以其来自春也。又名鳁①鱼，《尔雅翼》曰，鳁即石首，合春来之意。则《江赋》所谓鳁鱼顺时而往还〔一〕是也。予尝询渔人以往来之故，曰：此鱼多聚南海深水中，水深二三十丈。石首将放子，无所依托，是以春时必游入内海，傍岩岸浅处育之。渔人俟其候捕取。大约放子喜海滨有山泉处，故闽之官井洋，浙之楚门、松门等处多聚焉。每岁交春，发自海南，而粤、而闽，至浙之温、台、宁、绍、苏、松则渐少矣。交夏水热则仍引退深洋，故浙海渔户有"夏至鱼头散"之说，然闽、粤则四季皆有也。

石首鱼，以其首有石也。吾杭俗谓之江鱼，以其取于江也；越人称为黄鱼；闽人呼为黄瓜鱼。《尔雅翼》曰："南人以为鲞[②]。"凡海鱼皆可为鲞，而石首得专鲞名者，他鱼之鲞，久则不美，且或宜于此而不宜于彼，惟石首之鲞，到处珍重，愈久愈妙，故得专鲞名。《字汇》"鲞"字注曰："音想，干鱼腊。"失解，南人以为鲞之说，至于世俗，别有鲞字。《字汇》宜注曰"俗同鲞"，但注曰"同鳖"。及查"鳖"，则又曰"同鰝"。再查"鰝"字，则音鸠，解曰"'海虫'似虾"。义理虽深，而世俗通用之"鲞"字反讳矣。予，故备举而辨之。

《本草》谓石首干鲞，主消宿食、开胃；头中石，主下石淋，磨服、烧灰两可。又谓野兔头中有石，指为石首鱼所化。愚按，食品多重腊月之物，以其性敛，便于收藏，独石首春仲而来，其性发散，而干鲞反有取于消食开胃妙用，正在乎此。知此则知陈久之益贵也。但所产之方未必重，而所重常在不产之处，凡物类然。头中石至坚也，反能下石淋者，何哉？不知石质虽坚，而石性仍主消散，或谓曷不竟用其鲞，岂不可下而必用头中之石乎？曰此以石攻石之妙，如茯苓之木可治筋，荔枝之核可消疝肿，类皆仿佛近之。至所论野兔头中有石，即谓石首所化，不知箬鱼[③]、鲚鱼[④]头中皆有小石，恐不能尽化野兔也。

石首鱼，《字汇》一名鯼，考注不解，何以为鯼。及啖是鱼，玩其头骨，如冰裂纹，作樱纹交差状。因悟古人取字之意非泛然[⑤]也。

大黄鱼

注释

① 鯼（zōng）　古同"鯮"，即石首鱼，黄鱼。

② 鲞　剖开晾干的鱼。

③ 箬鱼　箬（箬）即竹。参见"箬鱼——比目鱼"条。

④ 鲚鱼　参见"鲚鱼——刀鲚"条。

⑤ 泛然　空泛，肤浅。

校释

【一】鳗鱼顺时而往还　晋·郭璞《江赋》原句为"鳗鲨顺时而往还"。

考释

三国魏·张揖《广雅·释鱼》："今石首供食者，有二种。小者名黄花鱼，长尺许。大者名同罗鱼，长二三尺。皆生海中，弱骨细鳞，首函二石，鳞黄如金，石白如玉也。"三国吴·沈莹《临海水土异物志》："石首，小者名踏水，其次名春来，石首异种也。又有石头，长七八寸，与石首同。"晋·郭璞《江赋》："介鲸乘涛以出入，鳗鲨顺时而往还。"

明·屠本畯《闽中海错疏》卷上："石首，鳗也。头大尾小，无大小。脑中俱有两小石如玉。鳔可为胶。鳞黄。璀璨可爱，一名金鳞。朱口厚肉，极清爽不作腥。闽中呼为黄瓜鱼。蠵鼋不及四明。"

大黄鱼 *Larimichthys crocea*（Richardson），属于鲈形目石首鱼科，在广东俗称大鲜、金龙、黄纹、黄花、红口、红口线、大仲，在福建名黄瓜鱼，在浙江曰桂花黄等。英文名 large yellow croaker。体长达 75 cm，侧面观呈长椭圆形，侧扁。口大，前位。吻钝。背鳍 2 个，背鳍与侧线间具鳞片 8～9 行。臀鳍具鳍条 7～10 枚。尾鳍近似截形。体背部灰黄色，腹部金黄色。此鱼为暖温性鱼类，栖息水深小于 60 m。其喜群游，分布于黄海、东海、南海，以小型鱼和甲壳动物为食。其在南海秋季产卵，在东海（闽浙沿海）春季产卵，能用鳔发出声音。大黄鱼曾为我国重要经济鱼类，今已人工养殖。

大黄鱼的耳石，又名鱼脑石、鱼首石、石首骨、鱼枕石等，长 1.5～2 cm。《日华子本草》："取脑中枕烧为末，饮下治石淋。"按，现今不少人仍信而不疑的以石攻石之"治石淋"法，需科学论证。耳石又可代骰（tóu）子用，仅以三面记数。

如今，石首鱼为石首鱼科鱼类之俗称。我国已记录石首鱼 14 属 30 余种，含大黄鱼、小黄鱼、白姑鱼、黄姑鱼、梅童鱼、鮸（miǎn，米鱼、鳌鱼）等。

黄霉鱼——梅童鱼

黄霉鱼赞　黄霉种类，四季相续，头大身细，二寸即育。

海中有一种黄霉鱼，形虽似石首而不大，四季皆有。一二寸长即有子，盖小种也，大约亦石首①晚生之鱼所传种类。

闽人云："黄霉不是黄鱼种，带柳不是带鱼儿。"似是而非，不知鱼有晚生之种【一】，自成一家。黄霉、带柳，皆其俦②也。

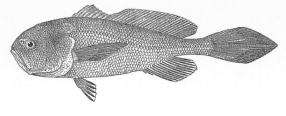

梅童鱼（自成庆泰等）

注释

① 石首　为石首鱼科鱼类之俗称。

② 俦（chóu）　同辈，伴侣。

校释

【一】晚生之种　此系聂璜推测，黄霉、带柳实为不同物种，而非伴侣。

考释

聂璜所记黄霉鱼并非小黄鱼。小黄鱼虽小，但体长可达40 cm，不符合"一二寸长"或"二寸即育"的特点。明·屠本畯《闽中海错疏》卷上："黄梅，石首之短小者也。头大尾小，朱口细鳞，长五六寸。一名大头鱼，亦名小黄瓜鱼。""四明（今宁波），海上以四月小满为头水，五月端午为二水，六月初为三水，其时生者名洋生鱼。其罧鲞也，头水者佳，二水胜于三水。八月出者名桂花石首。腊月出者为雪亮。"按，黄梅与黄霉音似，且黄梅可长五六寸。

明·屠本畯《闽中海错疏》："鮸，形如石首而差大。鳞细口红。"清·沈翼机等编纂《浙江通志》："梅鱼，《海味索隐》鳇鱼、黄鱼，各有一种，肉与味亦自不同。即如吾郡梅鱼，比黄鱼极小，肉与味正相似。闽中呼为小黄鱼，其鳞色灿烂金星，如大黄鱼也，然又各自一种。今合鳇鱼为一种，误矣。"

清·陈元龙《格致镜原·水族三》引《异物志》："石首小者，名踏水，即梅鱼也。似石首而小，黄金色，味颇佳，头大于身，人呼为梅大头。出四明梅山洋，故名梅鱼；或云梅熟鱼来，故名。"明·冯时可《雨航杂录》卷下："鳆鱼，即石首鱼也。小者曰鰜鱼，又名踏鱼，最小者名梅首，又名梅童。"清·李元《蠕范·物名》："鮰，梅童也，梅首也，梅大头也，黄花鱼也，黄灵鱼也，似鳆而小，朱口细鳞，长五六寸，小首，首有石，以梅熟时来，故名。"

梅童鱼 *Collichthys*，体长6～16 cm，侧扁，侧面观呈长椭圆形。头大，额部隆起。吻短钝，口斜。背鳍2个，连续。臀鳍具11或12枚鳍条。尾柄细长，尾鳍矛形。体浅黄褐色，侧线以下各鳞下有发达的金黄色皮质发光腺体。

几种石首鱼检索表

青丝鱼——拟羊鱼

青丝鱼赞　一鸣惊人，鹦鹉柳枝，青鱼碧海，不跃谁知？

青丝鱼，即海鲤也。其色青，网中偶有得之者。台湾海洋甚多，性必喜深水。鱼背半身翠碧可爱，故称青丝，以其色名也。其肉腴，其味美，土人以此为馈贻珍品。

斑带拟羊鱼

考释

清·江藩等纂《肇庆府志》："海鲤，出阳江。状如池鲤，花色五彩，成龙文。海人鬻于市，人不敢食，曝干玩之。"

青丝鱼，属于鲈形亚目羊鱼科拟羊鱼属。其中斑带拟羊鱼 *Mulloidichthys flavolineatus*（Lacepède），俗名海鲤。体长侧扁，吻端钝，颌部具1对肉质长须。体背部浅灰褐色，腹部银白色。体长约25 cm。斑带拟羊鱼分布于我国南海、台湾海域珊瑚礁浅水域。

聂璜所绘尤似鲤鱼，他未绘出体侧4～5条黄色纵带等细部特征。

鲽形目

鲽形目鱼，成鱼体极侧扁，左右不对称，两眼位于同一体侧。无眼侧常呈灰白色。具鳞片。背鳍、臀鳍基底长且鳍条多。

《海错图》鲽形目检索表

1. 背鳍不伸过眼；背鳍、臀鳍前具鳍棘 .... 鳒亚目（鳒）

   背鳍伸过眼；背鳍、臀鳍前无鳍棘 2

2. 体长舌形、背腹近对称 .... 鳎亚目（舌鳎）

   体非长舌形、背腹不对称 ....（鲽亚目）.................... 3

3. 两眼位于左侧 .... 鲆科（鲆）

   两眼位于右侧 .... 鲽科（鲽）

真比目鱼——比目——比目鱼

真比目鱼赞　鲽鲽两身，真成比目[一]，取证箬鱼①，毋庸再惑。

比目鱼而必曰真，所以为假者辨也。世多指箬鱼为比目，皆缘《尔雅翼》所误。且箬鱼多而比目少，人益罕见，即渔人亦昧之。

予图已告竣，正苦欲得一真比目而不可得。及还钱塘，留宿江上青梵庵，董吉甫以箬鱼啖，予因即以比目询。董曰："箬鱼与比目，两种也。箬鱼长扁而二目，网中所得不成双。比目两鱼各一目[二]，身阔尾圆，色味鳞翅并与箬同。"因为予图述。嗟乎，比目既为世所希见，真假之不辨也久矣。

今存其图与说。世有张华、杜预，其人定当为之击节而起②。

（自《三才图会》和《尔雅音图》）

注释

① 箬鱼　参见"箬叶鱼——鳎——舌鳎"条。

② 击节而起　击节赞叹，拍案而起。此意指因赞赏而起立鼓掌。

校释

【一】鲽（jiān）鲽两身，真成比目　鲽背鳍不伸过眼，仅一侧具两目，并非"两身"。

【二】比目两鱼，各一目　此并不符实。

考释

鲽形目之鲽、鲆、鲽、鳎，体极侧扁，左右不对称，两眼均位同一体侧，统称比目鱼。"比目两鱼各一目"，传说古老，寓意美好。

《尔雅·释地》："东方有比目鱼焉，不比不行。其名谓之鲽。"晋·郭璞注："江东又呼为王余鱼。"三国吴·沈莹《临海水土异物志》："比目鱼，似左右分鱼，南越谓之板鱼。"南朝梁·顾野王《玉篇·鱼部》："鲆，假迈切两鲆，即比目鱼也。"唐·刘恂《岭表录异》卷上："比目鱼，南人谓之鞋底鱼，江淮谓之拖沙鱼。"明·张自烈《正字通·鱼部》："比目鱼，名版鱼，俗改作鲅（bǎn）。"

所谓王余鱼，源于传说。唐·徐坚《初学记》："昔越王为脍，剖而未切，堕落于水，化为鱼。"相传越王勾践或吴王阖闾切鱼失手，其残半落于水中变成鱼，遂名王余鱼。

比目鱼有着美好的寓意。《管子》："东海致比目之鱼，西海致比翼之鸟。"唐·卢照邻《长安古意》："得成比目何辞死，愿作鸳鸯不羡仙。"民谚云："凤双飞，鱼比目。"古人认为雌雄比目鱼相伴相随，并以此寓指爱情忠贞。

比目鱼仔鱼，两眼分别长在头的左、右两侧。经约 20 天，一侧的眼开始向另一侧转移。民国·徐珂《清稗类钞·动物类》："其幼鱼两侧各有一眼，游泳如常鱼。渐长，伏于泥沙，眼之位置亦渐移易，故其生育中，必几经变态。种类甚多。两眼比连于左侧者，如鲽及鞋底鱼是；比连于右侧者，如王余鱼是。"成鱼眼睛位置因种而异，即所谓"左鲆右鲽，左舌鳎右鳒"；而鲽中，既有眼睛在左侧者，又有在右侧者。

比目鱼属经济鱼类，肉鲜味美，产量高，已进行人工养殖。

聂璜所述、所绘沿袭旧说，具体种类无法判定，故把本条真比目鱼按俗称释为比目鱼。

箬叶鱼——鳎——舌鳎

箬叶鱼赞　鱼状既异，鱼名亦多，俗称比目，谁辨其讹？

《博物志》云："比目鱼，两鱼并合乃能进。"《汇苑》云："比目不比不行，南越人称为梭鱼。"《字汇·鱼部》曰鲆、曰鲽、曰鮋，并注为比目鱼。《尔雅翼》曰："比目，形如牛脾，身薄鳞细，紫黑色，半面无鳞，一鱼一目，而无划水。"《江东志》曰脸残鱼，《钱塘志》曰箬叶鱼，《南粤志》曰板鱼，《福州志》曰鲽鲅鱼。名虽异而形则同[一]，而世俗则因《尔雅翼》之说而曰比目鱼。

今睹鱼形，与载籍所识不谬。但郭景纯所称"半面无鳞"及"一鱼一目"之说则讹。今此鱼两面皆有鳞，一面皆两目[二]。郭注《尔雅》似未见真鱼，而拟议得之。

张汉逸曰："此鱼不比不行，必有两身。"然市此者从不见有两鱼并鬻，类皆大小不等，且两目皆一面左生，而无两目右生者。比翼之鸟，虽有其名，罕有见者。比目之鱼，岂寻常可见者？时世俗妄指箬鱼而误认之耳，岂其然哉？

予谓是鱼体薄一片，又似不能独游，而且竖游则目偏，扁游则口偏，苟无相遇，造物者曷如是付畀之不全乎？质之渔人，曰："是无吾闽中官名，原曰鲽鲅，土名则又曰搭沙。在深水，想非两身不能并游。及入海岸浅处，多系一片贴沙而行，故曰搭沙。似乎或分或合，故可一可二。"予谓此鱼凡网中所得，其目皆系一面左生，何以合游？渔人曰："目在一面，诚然。其合体而游，或一口向上，一口向下，则鱼目虽在一面，而仍分于两旁，未可知也。"渔人悬拟亦近理，然终无确凭。今考《闽志》鳞介条下，鲽鲅之外又有比目。

夫使鲽鲅既即比目矣，又安得更有比目之名？张汉逸曰："然，则鲽鲅非比目也。"明矣，故各省志书虽有异名，亦不曰比目。

予昔于福州实见有一种鱼，似鳖鱼①状而甚区，吾闽中呼此为比目鱼，乃真比也。但未获图其形。姑存其说，以俟辨者。

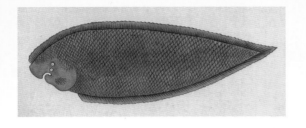

舌鳎（自《中国海洋鱼类》）

注释

①鱀（jì）鱼　又名白鱀豚。

校释

【一】名虽异而形则同　同属于比目鱼的鲽、鲆、鲽、鳎，名各异，形亦有别。

【二】一面皆两目　仅一面有两目。

考释

箬叶即竹叶。聂璜所绘箬叶鱼呈梭形或舌形，乃鳎科鱼。

鳎俗称箬叶鱼、舌头、牛舌、狗舌、左口、鲐鳎、鳎沙、鳎板、鳎米、鳎目、目鱼、牛目、龙力、海秃、粗鳞、塔西鱼、鞋底鱼、牙杈鱼等。

鳎的两眼小，均位于头的一侧。鳎亚目以鳎和舌鳎两类著称。鳎两眼在右，而舌鳎两眼在左。按聂璜所绘箬叶鱼的形态特征，如背臀鳍完全与尾鳍相连、眼在头部左侧等，此系舌鳎 *Cynoglossus*。

民间流传有"鳎食"之说。"鳎食"谐音"踏实"。亲人离家前，人们常选鳎清炖，寄托"踏实远行"的祝福。

高眼鲽（左）和褐牙鲆（右）（自《中华海洋本草精选本》）

鲀形目

　　鲀形目鱼，体粗短，裸露或被鳞、骨板、特化的小刺。背鳍 1 或 2 个，腹鳍胸位或连同腰带骨消失。正形尾。鳔无鳔管（翻车鱼无鳔）。食道向前腹侧及后腹侧扩大成气囊，可吞水或空气，使胸、腹部膨大成球状。我国记录鲀形目鱼 10 科 63 属近 140 种。

　　豚，《字汇》作"鲀"。鲀，从屯，圆也，意其体胖如猪（豚）且味美。鲀亚目鲀总科中的鲀科和刺鲀科，以及鳞鲀亚目箱鲀总科的种类常混称为河豚（河鲀）。豚肥（胖如猪而味美）、大毒（肝、生殖腺、血液甚至肉有毒）、膨胀（嗔怒），常为河豚的三大特征。

　　《海错图》记录有鲀形目鱼 5 种（类）：河豚——东方鲀、刺鱼——刺鲀、鲹鱼——三刺鲀、划鳃鱼——圆鲀、夹甲鱼——箱鲀。

《海错图》鲀形目检索表	
1. 体被鳞或骨板（箱鲀亚目）	2
体裸露或被棘刺（鲀亚目）	7
2. 具 2 个背鳍；具鳍棘	3
具 1 个背鳍；无鳍棘	6
3. 左右腹鳍各具 1 枚大棘	4
左右腹鳍愈合为 1 枚短棘	5
4. 尾鳍后缘叉形	三刺鲀科（鲹鱼——三刺鲀）
尾鳍后缘圆弧形或截形	拟三刺鲀科
5. 体被细鳞或绒毛	单角鲀科
体被骨板	鳞鲀科
6. 体甲具 3～5 条棱且在臀鳍后方闭合	箱鲀科（夹甲鱼——箱鲀）
体甲具 6 条棱且在臀鳍后方不闭合	六棱箱鲀科
7. 无尾鳍	翻车鲀科
具尾鳍	8
8. 上颌齿板具中央缝；下颌齿板无中央缝	齿鲀科
上、下颌齿板皆具中央缝或皆无中央缝	9
9. 体被粗棘	刺鲀科（刺鱼——刺鲀）
体裸露或被小刺	鲀科（河豚——东方鲀、划鳃鱼——圆鲀）

河豚——东方鲀

河豚赞　鱼以豚名，甘而且旨①，一脔可尝，请君染指。

《本草》："河豚鱼，江海并有，海中尤毒。肝及子入口烂舌，入腹烂肠。炙之不可近铛②，以物悬之。"昔人云："不食河豚，不知鱼味。"其味为鱼中绝品，然有大毒，能杀人③。烹此者，不但去肝目之精，脊之血并宜去之，洗宜极洁，煮宜极熟，尤忌见尘。治不如法，人中其毒，以槐花末、或龙脑水、或橄榄汤，皆可解也，粪清尤妙。张汉逸曰："与荆芥等风药④相反，服风药而食之不治。"按，食此者，止知其毒害人，而不知尤与风药相反，故并识之。河豚，"豚"字《字汇》作"鲀"字，言鱼之如豚也。

腾云子⑤曰："河豚鱼，色有数种⑥，有灰色而斑者，有黄色而斑者，有绿色而斑者。独五色成章而圆晕者为最丽，其色内一块圆绿，外绕红边，红外则白，白外则一大晕蓝，深翠可爱，蓝外则又绕以红，而后及本色焉。"海人取其大者，剔肉取皮，用绷弦鼓，色甚华藻，而音亦清亮。不识者疑以为绘，而不知实出本色也。予因考其色，亦载。《本草》云："河豚腹白，背有赤道如印。"疑即此也。而《字汇·鱼部》中亦有"鲫鱼"，注云："身上似印。"予别有解，非河豚之晕纹也。其名与鲦鲐有别。

考《字汇》："鲍鱼、鰗鱼并河豚别名，大名鲦鲐鱼。"河豚之背有纹，如老人肌肤，故老人曰鲐背。《汇苑》云："河豚无腮、无鳞，口与目能阖辟作声。尝取小河豚，以口吹之，能令肚大，气不通之明验也。水中以物拨之即嗔，入网即怒而死。故亦名嗔鱼。"闻医家云："人之怒气多从肝起，而肝又与目通，故肝虚者流泪，而怒状亦现于目。得此意而通之，可知此鱼之嗔似人，全起于肝而及于目，故食者必弃肝与目，而并去附肝之血。总从此怒根上打发得洁净，则毒自去矣。"

或问河豚怒气何以成毒[一]，曰太和之气，充塞两间，故万物各遂其生。河豚独负一种戾气，蕴结于中而不散，宁非毒乎？

豹纹东方鲀（自《中国海洋鱼类》）

注释

① 旨　美味。

② 铛　平底浅锅。

③ 其味为鱼中绝品，然有大毒，能杀人　此为聂璜对世人的警示。

④ 风药　指味辛、质轻薄、药性升浮、具有祛风解表功能、多用于治疗外感风邪的一类药物，如羌活、独活、荆芥、防风之类。

⑤ 腾云子　康熙年间浙江的名医腾云。

⑥ 河豚鱼，色有数种　所记虽简，确是。聂璜图亦见2种。

校释

【一】河豚怒气何以成毒　河豚毒素，是河豚及其他动物体内含有的一种生物碱。其源于河豚本身还是外来生物的，尚有争议。

考释

河豚，广义说指鲀形目鱼，但翻车鱼、马面鲀等难被人们接受为河豚。聂璜称划腮鱼（圆鲀）"略似河豚状"，即其认为"河豚"仅限于东方鲀之类，这对河豚范围的界定似乎过窄。

河豚在我国典籍中多指有毒之鲀。《山海经·北山经》："又北二百里，曰少咸之山……敦水出焉，东流注于雁门之水，其中多𩷋（bèi）𩷋之鱼，食之杀人。"𩷋从市，犹如怖。《说文·心部》："怖，恨怒也。"《广雅·释鱼》："鰗鮧，𩵋（hé）也。"王念孙疏证："鹕夷即鰗鮧之转声，今人谓之河豚者是也。河豚善怒，故谓之𩵋，又谓之𩵋。""𩵋之言诃，《释诂》云'恚诃，怒也。'"三国吴·沈莹《临海水土异物志》："鲢鱼（zhuīzhū），指河豚之大者。"宋·李昉等《太平御览》卷九百三十九引晋·郭义恭《广志》："鰗鱼，一名河豚。"《尔雅翼·释鱼二》："鳛，今之河豚。状如科斗，腹下白，背上青黑有黄文，眼能开闭。触物辄嗔，腹张如鞠，浮于水上，一名嗔鱼。"元·戴侗《六书故》卷二十："《博雅》曰鰗鮧，鲀也……亦谓之鳛，又谓乌狼。"明·李时珍《本草纲目·鳞四·河豚》："〔释名〕鰗鮧（一作鰗鲐）、鹕鮧（《日华》）、鳛鱼（一作𩵋）、嗔鱼（《拾遗》）、吹肚鱼（俗）、气包鱼。时珍曰，豚，言其味美也。侯夷，状其形丑也。鳛，谓其体圆也。吹肚、气包，象其嗔胀也。"

聂璜认为，河豚依体色有数种。其所绘河豚体侧面观呈长椭圆形，头胸部粗圆，吻钝圆，上、下颌似有齿，无鳞，无腹鳍，背鳍、腹鳍具鳍条。右下图，其背部镶有橙黄边者似东方鲀 Takifugu。然而，聂璜"画鲀添须"。

河豚肉嫩味美，"不吃河豚焉知鱼，吃了河豚百无味"，"食得一口河豚肉，从此不闻天下鱼"，"遍尝世间鱼万种，唯有河豚味最鲜"。被人戏呼为"梅河豚"的北宋诗人梅尧臣（字圣俞）写道："春洲生荻芽，春岸飞杨花。河豚当是时，贵不数鱼虾。"宋·苏轼题画诗《惠崇春江晚景》："竹外桃花三两枝，春江水暖鸭先知。蒌蒿（lóuhāo）满地芦芽短，正是河豚欲上时。”宋·严有翼《题戏河豚》：“甘美远胜西子乳，吴王当年未曾知。”宋·范成大《晚春田园杂兴》：“荻芽抽笋河豚上，楝（liàn）子开花石首来。”元·王逢《江边竹枝词八首·其三》：“如刀江鲚白盈尺，不独河豚天下稀。”明·徐渭《河豚》诗：“万事随评品，诸鳞属并兼。惟应西子乳，臣妾百无盐。”按，《河豚》诗中西子乳指河豚。明·陶宗仪《南村辍耕录》说“腹中脺（肠间脂肪）曰西施乳”，《天津县志》称河豚“脊血及子有毒，其白（精巢）名西施乳，三月间出，味为海错之冠”，而《格物论》则特指河豚肥胖的腹腴为西施乳，均写出了文人墨客对河豚的垂涎。

河豚有毒，尤以肝脏、生殖腺毒剧，不可冒然而食。产卵前，河豚最肥美，也最毒。南朝·宋雷敩《雷公炮炙论》：“鲑鱼插树，立使枯干……日华子谓之鰗鱼。”汉·王充《论衡·言毒》：“毒螫渥者，在虫则为蝮蛇、蜂虿，在草则为巴豆、冶葛，在鱼则为鲑与鯸鮧。故人食鲑肝而死。”宋·孔平仲《谈苑》云：“河豚暝目切齿，其状可恶，不中度多死，弃其肠与子，飞鸟不食，误食必死。”明·冯时可《雨航杂录》：“谚曰：‘芦青长一尺，不与河豚作主客。’”明·李时珍《本草纲目》：“入口烂舌，入腹烂肠，无药可解……吴人言其血有毒，脂令舌麻，子令腹胀，眼令目花。”河豚毒素可抗心律失常、降压、补虚、镇痛、去湿、杀虫、戒毒等。

弓斑东方鲀（左）和暗纹东方鲀（右）（自《中国海洋鱼类》）

划腮鱼——圆鲀

划腮鱼赞　肚大口阔，何求不获？杀止嗜虾，眼小量窄。

划腮鱼，亦名阔嘴鱼。口闭似小口，张则大，下颌隐于上唇故耳。背腹有黑斑点。体青色，腹白无鳞。有齿，尾圆，身促。眼小能阖辟[①]，略似河豚状。腹中止有一短肠及胃囊而已。肉可食。若生剔肉，取其整皮，可为鱼灯。善食虾，虾苗发处则聚焉，网中往往验之。

《字汇·鱼部》有“鰕”字，疑即食虾之鱼也。食蟳者，虽曰“蟳虎”，然鱼部亦有“鱘”字，疑亦指蟳虎。故燕魟食蚶，亦有“鲋”字；蠔鱼食蛎，亦有“鲡”字。不如此推解，则虾蟹蚶蛎皆已从虫，何必又从鱼哉？

密沟圆鲀（自《中国海洋鱼类》）

注释

① 阖辟　闭合与开启。

考释

聂璜所绘划腮鱼，体侧面观呈卵圆形，光滑，裸露，无棘刺，具大小不等的黑色色斑。然而图中缺失背鳍，多出腹鳍，胸鳍位置过低且亦非宽长，尾鳍后缘钝圆（应为截形或稍双凹），未交代体色。

划腮鱼似鲀科之圆鲀 *Sphoeroides*。圆鲀为无毒之鲀，体长达 22 cm，栖于大陆架边缘 200～500 m 处，见于东海。

刺鱼——刺鲀

刺鱼赞　虎豹在山，不采蕨藜，海鱼有刺，可制鲸鲵。

刺鱼，产闽海。身圆无鳞[一]，略如河豚状而有斑点。周身皆刺，棘手难捉，亦不堪食。时干之，为儿童戏耳。大者去其肉，可为鱼灯。

《字汇·鱼部》有"鯻"字，疑即此鱼也。

密斑刺鲀（自《中国海洋鱼类》）

校释

【一】无鳞　体表棘刺为特化的鳞，故称"无鳞"不当。

考释

三国吴·沈莹《临海水土异物志》："土奴鱼，头如虎。有刺螫人。"螫，指节肢动物的第1对附肢。按，"螫"恐为"螫"。后人常将刺鲀、鱼虎、刺鱼通称刺鱼，但应析分。

《海错图》所述"略如河豚状而有斑点。周身皆刺"的鱼为一种刺鲀。

明·李时珍《本草纲目·鳞四·鱼虎》："〔释名〕土奴鱼。〔集解〕藏器曰，生南海。头如虎，背皮如猬有刺，着人如蛇咬……""时珍曰，按《倦游录》云，海中泡鱼大如斗，身有刺如猬，能化为豪猪。此即鱼虎也。"清·郭柏苍《海错百一录》卷一："刺鱼，产澎湖。首连于腹，左右两鳍，尾短，浑身皆刺，其劲如锥，形圆如球，土人嘘其皮为灯。""气鱼，产台湾。如龟如猬，驼背鱼也。大者尺许，小者寸许。游泳如常鱼，有触则鼓气磔（zhé，斜捺，意其刺能斜伸）刺。又名刺龟，土人空其腹为灯。苍按，气鱼，河鲀之类。""空其腹为灯"，即把刺鲀皮充气后晾干，中间置灯，作艺术品，在台湾有售。

聂璜所绘刺鱼，体被粗刺且密布黑点，尾鳍后缘圆弧形，上、下颌未见齿缝，似密斑刺鲀 *Diodon hystrix* Linnaeus。不过，背鳍、臀鳍后缘该为圆弧形，聂璜多绘了腹鳍，背鳍应位于体后部且与臀鳍同形。

几种刺鲀检索表

1. 棘能活动；棘根具2枚小刺　……2
   棘恒直立不能活动；棘根具3～4枚小刺　……5
2. 体表和鳍皆具等大的圆形色斑　……3
   体表具大块色斑；各鳍无色斑　……4
3. 背鳍、臀鳍尖镰刀形　……艾氏刺鲀
   背鳍、臀鳍后缘圆弧形　……密斑刺鲀
4. 体表大块色斑具黄色边　……大斑刺鲀
   体表大块色斑无黄色边　……六斑刺鲀
5. 鳍无斑点；尾柄无棘　……眶棘圆短刺鲀
   鳍具斑点；尾柄具棘　……瘤短刺鲀

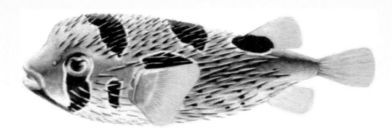

大斑刺鲀（自《中国海洋鱼类》）

夹甲鱼——箱鲀

夹甲鱼赞　鱼裹龟甲，鳞而又介，巧绘难描，水族之怪。

夹甲鱼，其形甚异。两板上小下大，如龟壳状。其纹亦如龟纹，中间又凹而藏身于内，而壳仍连之。两目生于前，左右有翅，后有一尾，背末亦有小翅，皆从壳中透出。口在腹板之前而有细齿。小者长不及寸，杂于鱼虾之中。大者仅如拳而止，不堪食。亦化生之异物耳。

其状甚难图，今分作四面，看法合而意会之，可以得此鱼之全形矣。以其如龟，故亦名龟虫。海中怪状之鱼甚有，故《字汇·鱼部》有"鲑"字。此鱼亦鲑之一也。

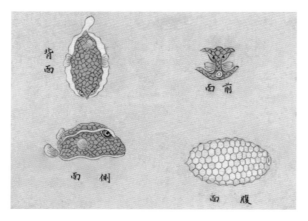

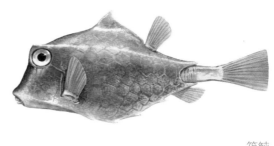

箱鲀

考释

夹甲鱼，即箱鲀 boxfish。体粗短，被多角的板状鳞甲，鳞甲在臀鳍后方闭合，仅尾部外伸以动。吻稍突。口小，前位。牙为门牙状，不愈合成牙板。无侧线。背鳍1个，短小，无鳍棘。臀鳍与背鳍同形。无腹鳍。尾鳍后缘圆弧形或截形。箱鲀包括体甲6棱的六棱箱鲀和体甲3～5棱的箱鲀。

依聂璜所绘前面图，夹甲鱼无背中棱，背侧2棱，腹侧2棱，吻无向前伸出的尖突，释为箱鲀 *Ostracion*。

鲌鱼——三刺鲀

鲌鱼赞　鱼头参政①，甲胄在身，出入将相，吞吐丝纶。

鲌鱼，亦鲨类也〔一〕。背腹有刺，而皮上有硬沙。肉甚美，长不过六七寸。木师、矢人②多取其皮，以为磨𨱎③之用。连江陈龙淮《海鱼赞》所谓“鲌鱼𨱎皮，荷戈藏匕”是也。此鱼皮沙细不堪饰刀，止堪代砻错④之资。产闽海，而《闽志》无其名，《尔雅》、类书亦缺载。《字汇》“鲌”音卓，但注曰鱼名，亦不详载何鱼。《字汇》又载“䱜”字，云亦鲛也。《汇苑》称其子朝出暮入，疑鲌本䱜字。或陈龙淮误称为鲌，亦未可知。

盖凡鱼之得名，大半多因字立义。如鲳，锯也，即鲳鲨也；鲼，愤也，即魟鱼别名，其刺怒则螫物；鲨，沙也，皮上有沙；鲥，时也，鲥以四月至；鯼，椶⑤也，石首鱼本名鯼，头骨有纹如椶纹交差（叉）〔二〕；鲄，即河豚也，背上有纹如印〔三〕；鲇，黏也，鲇鱼多涎善黏；鲸，京也，大也，鲸为海中大鱼〔四〕；魛，刀也，即鮆鱼，其形如刀〔五〕。皆因字取义。然则䱜，错也，其皮可代磨错之用，庶几于义不悖。

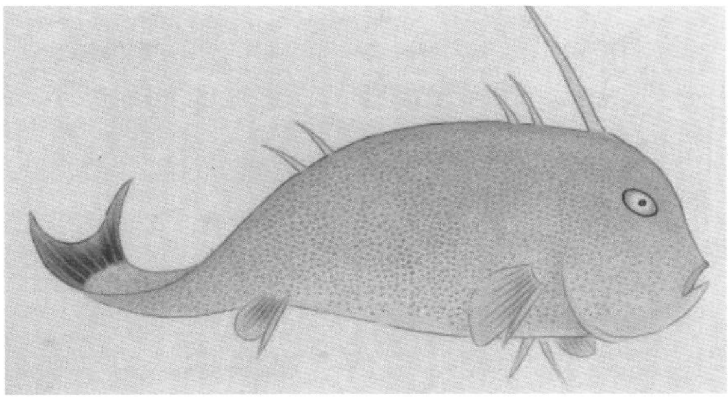

三刺鲀

注释

① 鱼头参政　宋鲁宗道任参知政事，刚正嫉恶，遇事敢言，因其姓鲁而“鲁”为鱼字头，故被称为“鱼头参政”。

② 木师、矢人　造箭的木工工匠。

③ 磨𨱎（mó lǜ）　磨光锉平。

④ 砻错（lóng cuò）　释义为磨治。

⑤ 椶　同“棕”。

校释

【一】鲥鱼，亦鲨类也　有误。

【二】鳆，椶（棕）也，石首鱼本名鳆，头骨有纹如椶（棕）纹交差（叉）　参见"石首鱼——大黄鱼"条。

【三】鲴，即河豚也，背上有纹如印　此有歧义。参见"鲴""河豚"相关条。

【四】鲸，京也，大也，鲸为海中大鱼　误认鲸为鱼。参见"鲸"相关条。

【五】鮉，刀也，即鲨鱼，其形如刀　并非如此。参见"鲨鱼——刀鲚""刀鱼——宝刀鱼"条。

瓜子肉

瓜子肉赞　鱼未成鱼，小称瓜子，头大尾尖，取其所似。

鲥鱼，初生曰瓜子肉。以盐腌之，称海物上品，闽人云其味甚美。正取其小而不成鱼，故以瓜子肉比之。

《字汇·鱼部》有"鲢"字，鱼之未成者也。此鱼可以配"鲢"字。

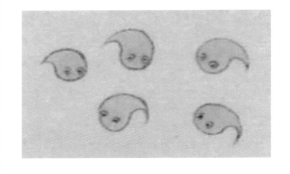

考释

参见下条。

掏枪

掏枪赞　掏枪戍海，日夜荷戈。比之赪①尾，我劳如何？

鲥鱼半大，长二三寸者，背虽有刺，而皮尚无沙，名掏枪，如负枪也，亦可食。

《泉州志》载有"枪鱼"，或即是欤？

注释

① 赪（chēng）红色。

考释

瓜子肉、掏枪、鲼鱼，为三刺鲀的3个发育成长阶段，即仔鱼、幼鱼、成鱼。

三国吴·沈莹《临海水土异物志》："鲮鱼，背腹皆有刺，如三角菱。"清·郭柏苍《海错百一录》卷一："连刺鱼，俗呼莲刺。产于二三月，似鲨仔，但髻上有一刺，两鳃有两刺耳。"

三刺鲀，因第一背鳍与左、右腹鳍各有一大硬棘，故得名三刺鲀，又名炮台架。在各地其俗名有六角鱼、绒皮鱼（广西北海）、三角迪（江苏海门）、三角姑（广东汕尾）、角婆鱼（广东澳头）、木马（广东硇洲）、三旗鱼（贵州金沙）、三足蹬（海南清澜港）、剥皮鱼（海南莺歌海），统称刺尾鱼。

拟三刺鲀 *Triacanthus biaculeatus*（Bloch，1786），体长而侧扁，具少许细小而粗糙的鳞，鳞上多少有小刺。口小，上、下颌齿各2行（前行齿楔状且较坚硬，后行齿稍圆）。背鳍鳍棘部具3枚鳍棘，仅第一鳍棘粗大。尾鳍叉形。另外，我国习见有假三刺鲀 *Pseudotriacanthus*，体长可达30 cm。拟三刺鲀和假三刺鲀均见于南海和台湾海域。

依形制，聂璜所绘似三刺鲀。虽鱼皮粗糙如砂纸，但非尾鳍截形的"扒皮鱼"（马面鲀），亦非属于软骨鱼的鲨。

毬（球）鱼（？）

毬①鱼赞　蹴鞠②离尘，海上浮沉，齐云之客，问诸水滨。

毬鱼，产广东海上。其形如鞠毬，而无鳞翅。粤人钱一如为予图述云："其肉甚美，而纹如丝。"

志书不载，类书亦缺，惟《避斋闲览》③悉其状。

注释

① 毬　同"球"。
② 蹴鞠（cùjū）古代的踢球。

③《遯（遁）斋闲览》 宋·陈正敏撰，原书久佚。明代陶宗仪《说郛》（涵芬楼本）卷三十二有节编。书中所记多为作者平昔见闻，分名贤、野逸、诗谈、证误、杂评、人事、谐噱、汛志、风土、动植10门。

考释

宋·陈正敏《遁斋闲览》记球鱼："海中异物，不知名者甚多，世人大抵以状名之。朱崖之傍有物，正如鞠，大小质状无异……味极肥美。土人但呼为球鱼。"按，朱崖即珠崖，今海南省海口市。"鞠"本指古代游戏用球。

球鱼，栖于海口海域，如鞠大小，有斑纹，味极肥美。清·胡世安《异鱼赞闰集》亦载。故非一家之言。然而，尚不知球鱼为何鱼，待有识之士辨认。

5

海洋软骨鱼

《海错图》海洋软骨鱼检索表

1. 鳃裂4对，不外露；具膜质鳃盖 ⋯⋯⋯⋯⋯⋯⋯⋯⋯⋯⋯⋯⋯⋯⋯⋯⋯ 全头类（银鲛）

   鳃裂5~7对，外露；无鳃盖 ⋯⋯⋯⋯⋯⋯⋯⋯⋯⋯⋯⋯⋯ 板鳃软骨鱼（鲨、鳐、魟、鲼）

《海错图》海洋板鳃软骨鱼检索表

1. 鳃裂侧位或背位；胸鳍前缘不与头侧相连 ⋯⋯⋯⋯⋯⋯⋯⋯⋯⋯⋯⋯ 侧孔软骨鱼（鲨类）

   鳃裂腹（下）位；胸鳍前缘与头侧相连 ⋯⋯⋯⋯ 下孔软骨鱼（锯鳐、鳐、魟、鲼、犁头鳐）

侧孔软骨鱼　鲨

鲨（shā），为胸鳍前缘游离且不与头侧愈合，鳃裂 5～7 对、侧位或背位的软骨鱼类；亦称鲨鱼、沙鱼等，常与鲛、鳕等相混。

据报道，广东潮安贝丘遗址出土有鲨的骨骼，据此推断人们食鲨有 4 000 余年的历史。

我国已记鲨 110 余种。鲨的大小悬殊，有体长不足 1 m 者，有体长可达 20 m、体重 55 t 的鲸鲨。鲨英文名 shark。

《海错图》鲨检索表

1. 背鳍1个 ⋯⋯⋯⋯⋯⋯⋯⋯⋯⋯⋯⋯⋯⋯⋯⋯⋯⋯⋯⋯⋯⋯⋯⋯⋯ 六鳃鲨目（青头鲨——六鳃鲨）

　　背鳍2个 ⋯⋯⋯⋯⋯⋯⋯⋯⋯⋯⋯⋯⋯⋯⋯⋯⋯⋯⋯⋯⋯⋯⋯⋯⋯⋯⋯⋯⋯⋯⋯⋯⋯ 2

2. 具臀鳍 ⋯⋯⋯⋯⋯⋯⋯⋯⋯⋯⋯⋯⋯⋯⋯⋯⋯⋯⋯⋯⋯⋯⋯⋯⋯⋯⋯⋯⋯⋯⋯⋯⋯⋯ 3

　　无臀鳍 ⋯⋯⋯⋯⋯⋯⋯⋯⋯⋯⋯⋯⋯⋯⋯⋯⋯⋯⋯⋯⋯⋯⋯⋯⋯⋯⋯⋯⋯⋯⋯⋯⋯⋯ 6

3. 背鳍前具1枚硬棘 ⋯⋯⋯⋯⋯⋯⋯⋯⋯⋯⋯⋯⋯⋯⋯⋯⋯⋯⋯⋯⋯⋯⋯⋯⋯ 虎鲨目（虎鲨）

　　背鳍前无硬棘 ⋯⋯⋯⋯⋯⋯⋯⋯⋯⋯⋯⋯⋯⋯⋯⋯⋯⋯⋯⋯⋯⋯⋯⋯⋯⋯⋯⋯⋯⋯ 4

4. 眼具瞬膜褶或瞬膜　真鲨目（双髻鲨、猫鲨、梅花鲨、花鲨——白斑星鲨、龙门撞——皱唇鲨）

　　眼不具瞬膜褶或瞬膜 ⋯⋯⋯⋯⋯⋯⋯⋯⋯⋯⋯⋯⋯⋯⋯⋯⋯⋯⋯⋯⋯⋯⋯⋯⋯⋯⋯ 5

5. 无口鼻沟；鼻孔不开口于口内 ⋯⋯⋯⋯⋯ 鼠鲨目［姥鲨、噬人鲨、鼠鲨——尖吻鲭鲨（？）］

　　具口鼻沟；鼻孔开口于口内；具鼻须或皮须 ⋯⋯⋯⋯⋯⋯⋯⋯⋯⋯⋯⋯⋯⋯⋯⋯ 须鲨目

6. 吻前具剑突且具侧锯齿 ⋯⋯⋯⋯⋯⋯⋯⋯⋯⋯⋯⋯⋯⋯⋯⋯⋯⋯⋯ 锯鲨目（剑鲨——锯鲨）

　　吻前无剑突 ⋯⋯⋯⋯⋯⋯⋯⋯⋯⋯⋯⋯⋯⋯⋯⋯⋯⋯⋯⋯⋯⋯⋯⋯⋯⋯⋯⋯⋯⋯⋯ 7

7. 体纺锤形 ⋯⋯⋯⋯⋯⋯⋯⋯⋯⋯⋯⋯⋯⋯⋯⋯⋯⋯⋯⋯⋯⋯⋯⋯⋯⋯⋯⋯⋯⋯⋯⋯⋯ 8

　　体平扁 ⋯⋯⋯⋯⋯⋯⋯⋯⋯⋯⋯⋯⋯⋯⋯⋯⋯⋯⋯⋯⋯⋯⋯⋯⋯⋯⋯⋯⋯⋯⋯⋯ 扁鲨目

8. 第一背鳍起点位于腹鳍前上方 ⋯⋯⋯⋯⋯⋯⋯⋯⋯⋯⋯⋯⋯⋯⋯⋯⋯⋯⋯⋯⋯⋯ 角鲨目

　　第一背鳍起点位于腹鳍后上方 ⋯⋯⋯⋯⋯⋯⋯⋯⋯⋯⋯⋯⋯⋯⋯⋯⋯⋯⋯⋯⋯⋯ 棘鲨目

注：

瞬膜褶或瞬膜：又称第三眼睑，用以遮住角膜，借以湿润眼球。

瞬膜褶：猫鲨科、皱唇鲨科鲨眼眶下方横行的皮褶。

瞬膜：真鲨科、双髻鲨科鲨眼眶前下方斜行的皮褶。

《海错图》中有关"鲨"的条目共20条，对鲨、鳐、魟、鲸等有混称。

青头鲨——六鳃鲨

青头鲨赞　青鲨状恶，无所不啖，泅水弄潮，亦受其害。

青头鲨，头大而齿利，亦名圆头。其肉粗，少油，与硬鼻鲨①皆可为鲞。汀、建、延、邵各郡山乡多珍之。云头、双髻、犁头②、面条等鲨③，不堪为鲞，止堪鲜食。盖肉嫩不易干，且有油难燥。诸鲨腌鲜之别，讨海者具述如此。

青头鲨食诸水族，即海人濯足于水，常为啮去。

六鳃鲨

注释

① **硬鼻鲨**　《海错图》中未再对其详述。

② 云头、双髻、犁头　见双髻鲨相关条目。

③ 面条鲨　《海错图》中未再对其详述。

考释

聂璜所绘青头鲨具 6 对鳃裂，吻稍短钝，背鳍位置靠近尾，体暗褐色，当属六鳃鲨目灰六鳃鲨 *Hexanchus griseus*（Bonnaterre）。

灰六鳃鲨属深水性鲨类，能短时间改变体色，并在夜晚到表水层猎食，故"海人濯足于水，常为啮去"。灰六鳃鲨最大体长达 8 m，可怀 22～100 仔，在我国分布于东海、南海。

虎鲨

虎鲨赞　鱼以虎始，还以虎终，出乎其类，更化毛虫。

《汇苑》云："海鲨，虎头，体黑纹，鳖足，巨者重二百觔。尝以春晦① 陟于海山之麓，旬日而化为虎，惟四足难化，经月乃成。或谓虎纹直而踈（疏）且长者，海鲨所化也；纹短而炳炳成章者，此本色虎也。"

按，海鲨多潜东南深水海洋，身同鲨鱼而粗肥，头绝类虎，而口尤肖。凡虎口之宽，雌者直至其耳，今虎鲨大口正像之。口内有长牙四，类虎门牙，其余小齿满口上下凡四五重。闻海中巨鳅之牙亦然。

海人云，虎鲨在海无所不食，诸鱼咸畏。其牙至利，舟人或就海水濯足，每受虎鲨之害。然牙虽利，又最惜牙。网罟罗其身，彼常肆力冲突，漏网而去。若网绳偶牵其牙，则不敢动，听渔人一举而起矣。其肉亦可食，验止有翅而无鳖足状。

《汇苑》不知何所据也。变虎之说，果真多有人见之？盖其身大力猛，有可变之象。《本草》缺载虎鲨，遂以鱼虎亦能变虎。不知鱼虎最大不过六七寸，其能变虎乎？谬甚矣！

康熙二十七年② 七月，嘉兴乍浦海滩上有虎鲨趺成黑虎，形成之后遂走，入胜塘关，桥人聚众逐之。无所避③ 逃，避入东厕遂死。乍浦多有虎鲨变虎之事，其事不一[一]。

广东《雷州志》载："鲨鱼有三种，虎、锯而外，更有鹿鲨。"未识其状，不及图。

山东《文登志》载："海牛岛，在县东海中。海牛无角，长丈余，紫色，足似鳖，尾若鲇鱼。性最疾，见人则飞赴水。皮堪弓鞬，脂可燃灯。又有海驴岛，与海牛岛相近，海驴常以八、九月上岛产乳，其皮可以御雨。又有海狸，亦上牛岛产乳，逢人则化为鱼入于水。登州又有海狗。"

《四译考》载："朝鲜海中产海豹，北塞海洋亦产海豹、海狗、海驴、海牛，而海獭、海猪、海象更莫不有焉。"台湾大洋中有海马，形如马，作马鸣，其骨与牙可治血。

此予序中之所谓"山之所产（生），海常兼之"，历历可举以验者如此。然虽不及见，亦必访图并采其说以附于此[二]。

狭纹虎鲨（自《中国海洋鱼类》）

注释

① 春晦（huì） 春天的晚上。

② 康熙二十七年 1688年。

③ 遯 同"遁"。

校释

【一】其事不一 "虎鲨变虎"源自化生说，甚荒谬。

【二】然虽不及见，亦必访图并采其说以附于此 聂璜所绘虎鲨图过于夸张，缺失的外貌特征较多。

考释

虎鲨，亦称虎鳍，亦作虎沙。英文名 bullhead shark，直译为公牛头鲨。

三国吴·沈莹《临海水土异物志》："虎鳍，长五丈。黄黑斑，耳目齿牙有似虎形。唯无毛，或变乃成虎。"此"虎鲨变虎"一说多为后人袭用。

明·屠本畯《闽中海错疏》卷上："虎鲨，头目凹而身有虎文。"清·郭柏苍《海错百一录》卷一："虎鲨，头凹而身有虎文。苍按，能噬人手足。"民国·徐珂《清稗类钞·动物类》："背茶色微红，体侧有红斑，长三尺许者，曰虎沙。"

虎鲨为虎鲨目虎鲨科鱼的统称。体粗大而短。头高，近方形。吻短钝。无瞬膜。具口鼻沟。鳃裂5对，最后3～4对位于胸鳍基底上方。背鳍2个，皆具一硬棘。具臀鳍。尾鳍宽短，尾基无凹洼。体黄褐色，具深褐色横纹。其因体色、斑纹似虎而得名。虎鲨是不次于大白鲨的伤人肇事者。

我国报道2种虎鲨，体长皆1 m多。宽纹虎鲨 *Heterodontus japonicus* Miklouho-Maclay et Macleay，具深褐色横纹10多条，在我国产于东海和黄海。狭纹虎鲨 *H. zebra*（Gray），具横纹20余条，在我国主要见于台湾海峡和南海。

双髻鲨

《海错图》记述、描绘了3种双髻鲨，难以辨析区分，故合载考释并附检索表以别。

云头鲨（？）

云头鲨赞　鲨首云冲，腾起虚空，问欲何为，曰予从龙。

云头鲨，头薄阔一片如云状。虽似双髻，而色稍黑，较双髻为略大，大亦止三觔内外。又名黄昏[①]。其味不甚美。

按，鲨中云头、双髻，其状可为奇矣。而《尔雅翼》不载，止云鲨有二种。而诸类书亦因略之。盖著书先贤多在中原，实未尝亲历边海，不得亲睹海物也[②]。

张汉逸曰："鲨名甚多，匪但中原人士不及知，即吾闽中亦不能尽识。予老于海乡，略知一二。请于双髻、云头而外，更为举而辨之。如《尔雅翼》所云，大者为胡鲨，谓长喙如锯，则指鋸鲨矣。不知胡鲨自有胡鲨，非鋸鲨也。胡鲨最大者可合抱，其色背青而肚纯白，其肉亦白。无赤肉夹杂者名白胡，最美，头鼻骨皆软、肥脆，其翅极美，肚胜猪胃。闽省人多切以为脍，为下酒佳品。又有水鳀鲨，状如胡鲨，但肉不坚，烹之半化为水，名破布鲨，价廉于胡。又有油鲨，肉多膏，烹食胜他鲨。而总以潜龙鲨为第一[③]。"

注释

①昏　同"昏"。

②未尝亲历边海，不得亲睹海物也　所言甚是。

③如《尔雅翼》……而总以潜龙鲨为第一　书中对胡鲨、水鳀鲨、油鲨所述欠详，存而不论。

双髻鲨（？）

双髻鲨赞　龙宫稺①婢，头挽双髻。龙母妒遂，不敢归第。

双髻鲨，亦如云头而小。身微灰色而白，不易大。肉细骨脆而味美。

注释

①稺（zhì）　同"稚"。

黄昏鲨（？）

黄昏鲨赞　夕阳真好，惜近黄昏①，唐人诗意，鱼窃其名。

黄昏鲨，头亦如云头，但色白灰，而背有白点。其鱼大者长四五尺，其肉不美，渔人不乐有也。

注释

① **夕阳真好，惜近黄昏**　句出唐·李商隐《乐游原》："向晚意不适，驱车登古原。夕阳无限好，只是近黄昏。"

考释

《海错图》依体色、体形、味道等，记双髻鲨3种，的确不易。然而，文中所述过于简单，三者头形大同小异，眼本应位于头侧而被绘到前侧，缺部分鳍且又画有鳍条。云头鲨、黄昏鲨名，前人未记，后亦无续文，尚难与今名打通，故通释并附检索表以参考。

双髻鲨，亦作双髻鲹、双髻沙，亦称槌额鱼、槌额、鱕（fǎn）鱼、鱕䱜、帽鲹、挺额鱼、双髻魟、丫髻鲨、帽纱鲨、撞木鲛等。

三国吴·沈莹《临海水土异物志》："槌额，似䱜鱼，长四尺。"南朝宋·沈怀远《南越志》："鱕鱼，鼻有横骨如镭。"《文选》载左思《吴都赋》："王鲔鯸鲐，鲫龟鱕䱜。"李善注引刘逵曰："鱕䱜，有横骨在鼻前，如斤斧形，（江）东人谓斧斤之斤为镭，故为之鱕䱜也。"鱕，板斧或铲。

鳍，粗糙如锉。

明·李时珍《本草纲目》："又曰挺额鱼，亦曰鳍鳍，谓鼻骨如镭（斧）也。"明·屠本畯《闽中海错疏》卷上："帽鲨，鳃两边有皮，如戴帽然，又名双髻鲨。头如木拐，又名双髻虹。"清·陈元龙《格致镜原》："有丫髻鲨，头如丫髻。"清·郭柏苍《海错百一录》："帽纱鲨，两边有皮如带帽。"双髻鲨又名小生鲨，在清·李琬《温州府志》中名丫髻鲨，其首似戏中小生之冠。

民国·徐珂《清稗类钞·动物类》："头有横骨作丁字形，眼在其两端，长二丈许者，曰双髻沙。"日本借用汉字称其为撞木鲛。英文名 hammerhead shark。

双髻鲨属于真鲨目。体长 1 m 左右，大者可达 4 m。头平扁，具侧突。两眼及两鼻孔分位于头侧突的两端。瞬膜发达。背鳍 2 个，均无鳍条。其生存现状岌岌可危。

几种双髻鲨检索表

1. 头侧突狭长且平直，与身体呈"丁"字形 ⋯⋯⋯⋯⋯⋯⋯⋯⋯⋯⋯⋯⋯⋯⋯⋯⋯⋯⋯⋯⋯ 丁字双髻鲨

　头侧突非如上述 ⋯⋯⋯⋯⋯⋯⋯⋯⋯⋯⋯⋯⋯⋯⋯⋯⋯⋯⋯⋯⋯⋯⋯⋯⋯⋯⋯⋯⋯⋯⋯⋯⋯⋯⋯ 2

2. 吻端中央圆突 ⋯⋯⋯⋯⋯⋯⋯⋯⋯⋯⋯⋯⋯⋯⋯⋯⋯⋯⋯⋯⋯⋯⋯⋯⋯⋯⋯⋯⋯⋯⋯⋯⋯ 锤头双髻鲨

　吻端中央凹入（臀鳍基底长于第二背鳍基底）⋯⋯⋯⋯⋯⋯⋯⋯⋯⋯⋯⋯⋯⋯⋯⋯⋯ 路氏双髻鲨

锤头双髻鲨（左）和丁字双髻鲨（右）（自《中国海洋鱼类》）

梅花鲨

梅花鲨赞　鱼游春水，沾浪里梅，龙门探花，衣锦荣归。

康熙戊寅，考访鲨鱼，渔人以梅花鲨为予述其状。缘鱼市既不及见，而书传内从无其名，未敢遽信，存而不论者久矣。

己卯之夏，图将告成，有客自南路海岸来，述所见有梅花鲨。鲨形与诸鲨同，独背上一带五瓣梅花，白色[一]，排列井井[二]，背翅更有一花，岐尾上有二花，其鱼大五六尺。予闻而喜，与前说相符。更以其图询诸渔叟，皆曰然。其肉可食，因即为之附图，而叹造化之工巧乃至于此。《字汇·鱼部》有"鲺"字，或指此。

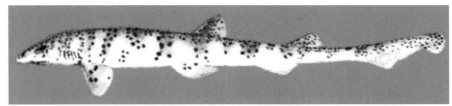

梅花鲨

校释

【一】白色　实为黑色。

【二】排列井井　此描述过于夸张。

考释

　　梅花鲨 *Halaelurus buergeri*（Müller et Hentle），属于真鲨目猫鲨科。体修长，头短而宽扁，尾部细长、侧扁。下眼睑上部分化成瞬膜，瞬膜能上翻。背鳍2个，第一背鳍位于腹鳍后上方。臀鳍比第二背鳍小。腹鳍大于背鳍。胸鳍宽而圆。尾鳍略小，下叶前部微突，中部与后部间有一缺刻，后部与上叶相连成圆形。体多呈黄褐色，体侧具暗色横带及黑色斑点；斑点三五成群，似梅花状排列；各鳍亦具黑色斑点。梅花鲨为暖水性近海底栖鱼类，在我国分布于南海和东海南部。

猫鲨

　　猫鲨，头圆，身有黑白点，如豹纹[一]。此鲨至难死，离水数日肉难腐，挞之尚能作声。鼠鲨嘴尖，略如鼠。

猫鲨

【一】猫鲨，头圆，身有黑白点，如豹纹 依聂璜所绘很难鉴定，仅从此句尚可推测聂璜所述为猫鲨。

考释

猫鲨，因其眼形似猫眼而得名。其捕食时的耐心亦似猫。据传闻，猫鲨浮于海面装死不动，飞鸟误认其为礁石而于其上停歇。猫鲨使身体缓缓下沉，待鸟无意中移步至其头时，便猛张大口，把鸟吸进口中。

虎纹猫鲨*Scyliorhinus torazame*（Tanaka），属于真鲨目猫鲨科。体长可达 50 cm。体前部较粗，呈亚圆筒形；后部侧扁，狭长。尾细长，后缘圆弧形。体黄褐色，具 11～12 条不整齐横纹，并散布着不规则的浅色斑，腹面浅褐色。眼狭长，两端尖，具瞬褶，能上闭。背鳍 2 个，第一背鳍起点比腹鳍起点靠后，第二背鳍起点对着臀鳍基底后端。尾鳍长约为体长的 1/4。臀鳍比第二背鳍稍大。腹鳍低长。胸鳍较大，蒲扇形，边缘圆凸。虎纹猫鲨为温水性鱼类，栖于近海底层，在我国分布于黄海、东海沿岸。

花鲨——白斑星鲨

花鲨赞 如鸡伏雏，似燕翼子，花鲨胎生[一]，诸鲨类此。

海人云："凡鲨鱼生子，虽有卵如鸡蛋黄，然仍自胎生。"予未之信。近剖花鲨，果有小鲨鱼五头在其腹内，有二绿袋囊之，傍尚有小卵若干，或俟五鱼育则又生也。海人又谓："凡鲨生小鱼，小鱼随其母鱼游泳，夜则入其母腹[二]。故鲨尾间之窍①，亦可容指。"

考之类书，云："鲛鲨，其子惊则入母腹。"又《汇苑》称："鲒鱼，生子后，朝出索食，暮皆入母腹中。"鲒鱼疑亦鲨也。《字汇》未注明。

予奇此事，每欲与博识者畅论而无由。盖鱼在海中，入腹出胎，谁则见之？徒据渔叟之语与载籍所论，终难凭信。今剖花鲨之腹而得五儿鱼，其理确然[三]，不烦犀焰②，予故图而述之。并可验虎、锯、青、犁等鲨之无不皆然。

予序所谓鳓胸穴子比燕翼而尤深，盖指此也。《字汇·鱼部》有"鲖"字，指江豚能育子也。然又有鲄、鲄③二字，音义并同。观此鲨，儿鱼尝出入其腹中，则二字实藏鱼于腹。制字不虚，必有着落如此。

注释

① 鲨尾闾（lú）之窍　闾，里巷之门。此指鲨尾处的泄殖孔。

② 犀焰　犀角燃烧的火焰，比喻洞察奸邪。在此意为洞察真伪。

③ 鲄、鲄　待查。

白斑星鲨

校释

【一】胎生　当为卵胎生或谓之假胎生。

【二】夜则入其母腹　此说谬误。

【三】今剖花鲨之腹而得五儿鱼，其理确然　只能说，白斑星鲨为卵胎生，其一次可产卵数枚，受精卵在母体内发育成幼鲨。

考释

《海错图》未记该鲨之特征，仅依图似此物名。

白斑星鲨 *Mustelus manazo* Bleeker，真鲨目皱唇鲨科星鲨属的一种鲨，俗称条鲨、花点鲨。体背部和侧面灰褐色，侧线及其上方分布有诸多白色斑点；腹部白色。各鳍褐色，边缘色较浅。眼椭圆形。胸鳍大，前缘与里缘圆凸，后缘斜直或稍凹。背鳍2个，第一背鳍起点约与胸鳍里角相对；第二背鳍稍小于第一背鳍，与臀鳍基底后1/3处相对。尾鳍狭长，其长度约为体长的1/5。尾端圆钝，后缘斜直。体长可达2 m。白斑星鲨性凶猛，为暖温性近海中型鲨。其为卵胎生，一胎可产2～6尾幼鲨。白斑星鲨在我国分布于东海北部、黄海和渤海。其肉可食用，皮可制革，肝可提取鱼肝油，也是生物学教学的代表鱼种。

龙门撞——皱唇鲨

龙门撞赞　沧溟大海，任从鱼跃，不撞龙门，焉能腾达？

龙门撞，亦鲨鱼之名，其背黑白相间。其肉嫩，甚美。

张汉逸曰："此鱼即鲔也[一]。"《诗》"鳣[①]鲔发发"指河中之鱼也。今此鱼不止在海，必能入河，入河则可达龙门矣，故曰龙门撞。

皱唇鲨（自《中国海洋鱼类》）

注释

① 鳣（zhān）　鲟、鳇的古称。

校释

【一】此鱼即鲔（wěi）也　鲔，古指鲟，而非鲨。参见"潜龙鲨——中华鲟"条。

考释

聂璜所绘似皱唇鲨。

皱唇鲨 *Triakis scyllium* Müller et Henle，属于真鲨目皱唇鲨科，俗称九道箍、竹鲨。体前部粗，后部渐细。口大，眼椭圆形，眼后具喷水孔。体背部及上侧具 9 ~ 13 条褐色横纹，并布有不规则的黑色斑点；下侧及腹部白色。背鳍 2 个，无硬棘；第一背鳍位于胸鳍与腹鳍间的上方。尾鳍宽长且稍上翘。体长达 1 m。皱唇鲨喜在河口、内湾浅水海藻繁茂区逗留，在我国分布于黄海、东海、南海北部、台湾海域。

聂璜臆想："今此鱼不止在海，必能入河，入河则可达龙门矣，故曰龙门撞。"

鼠鲨——尖吻鲭鲨（？）

猫鲨鼠鲨共赞[一]　猫鲨如猫，鼠鲨[二]如鼠，海底同眠，何难共乳？

尖吻鲭鲨

校释

【一】猫鲨鼠鲨共赞　猫鲨属于真鲨目，而鼠鲨属于鼠鲨目。其区别参见"《海错图》鲨检索表"。

【二】鼠鲨　聂璜对鼠鲨的绘画欠详，只见其吻尖如鼠，而背鳍不应具鳍条。

聂璜对鼠鲨的记述和描绘过简。

尖吻鲭鲨 *Isurus oxyrinchus* Rafinesque，曾用名灰鲭鲨 *I. glaucus*（Müller et Henle），属于鲭鲨科鲭鲨属。其体呈纺锤形，躯干粗，尾渐细。尾柄具一侧突，尾基上、下方各具一凹洼。体最长 4 m，最重达 570 kg。尖吻鲭鲨在我国分布于南海、东海。

剑鲨——锯鲨

剑鲨赞　虾兵蟹将，掼甲拖枪，鱼头参政，剑赐尚方。

剑鲨[一]略如锯鲨。鼻甚长，两旁有齿各三十二[二]。剑鲨鼻稍短，两旁不列齿[三]，其形如剑而甚利，渔人莫敢撄①其锋。但锯鲨，类书及《粤志》有其名，剑鲨无其名。惟《汇苑》载："剑鱼，一名琵琶鱼。"《闽志》有琵琶鱼，疑即此也。询之鱼户张朝禄②云："剑鲨，肉易腐，肉不堪食，网中亦罕得。"滕际昌③曰："此鱼乐清海上甚多，网中得生者，其剑犹能左右挥划，人多怖之。"谢若愚④曰："予年九十三，闽中见此鱼不过一二次，比之锯鲨为少，故其名不著。"今得传其状，青萍结绿将长价于薛卞之门⑤矣。

日本锯鲨（自《中国海洋鱼类》）

① 撄（yīng）　接触。

② 滕际昌、③ 张朝禄、④ 谢若愚　均为人名，所记不详。

⑤ 青萍结绿将长价于薛卞之门　句出唐·李白《与韩荆州书》。"青萍"指一种古代的名剑，"结绿"是一种古代的美玉。"薛"系古代善于鉴定刀剑的薛烛，"卞"则为发现宝玉的楚人卞和，代指善于鉴赏人才的人。

【一】剑鲨　本书释为锯鲨。参见检索表及本条考释。

【二】鼻甚长，两旁有齿各三十二　原句不完整，漏"锯鲨"二字。

【三】剑鲨鼻稍短，两旁不列齿　剑鲨鼻虽稍短于锯鲨，但两旁亦列有齿，只不过在皮内。

考释

日本锯鲨 *Pristiophorus japonicus* Günther，属于锯鲨目锯鲨科。英文名 Japanese saw shark。体前部稍平扁，后部稍侧扁。吻（剑突）长，具 2 条皮须。吻侧踞齿各 30 多个。鳃孔（裂）腹位，5～6 对。胸鳍前缘不与头侧愈合。背鳍 2 个，无硬棘。第一背鳍位于腹鳍背前方。无臀鳍。体长可达 2 m。其性凶猛，以长吻猎食鱼、虾、软体动物等。我国沿海有分布。

方头鲨（？）

方头鲨赞　鲨现方头，生民何幸！海不扬波，四方平定。

方头鲨，如凿形而头方。产温州平阳海中，亦广有而大，有重二三百斤者。闽中罕有，同一海也，而鱼类不同若此。

考释

待考。

白鲨（?）

白鲨赞　诸鲨皆黑，尔色独白，郭璞见知，其名在昔。

白鲨身白，背有黑点，而翅微红。产闽海，其味美。一名武夷鲨。志书无其名，不知何所取义也。《尔雅翼》止称鲨有二种，曰胡鲨，曰白鲨。鲨名甚多，而此独见知于古人，何其幸也！

考释

《海错图》示该鲨鳃裂6对，位于宽大的胸鳍前；吻较短，鼻孔在外；眼圆，似具瞬膜；喷水孔在眼后，背鳍1个；具臀鳍；尾鳍非叉状；身白，背有黑点。

这似真鲨目的斑鲨 *Atelomycterus marmoratus*（Bennett）。斑鲨体长70 cm，布满黑色和白色的斑点；头平扁，吻短而钝圆；背鳍2个，后缘凹入；尾细长且侧扁。待考。

下孔软骨鱼　鲼　魟　鳐

下孔软骨鱼为胸鳍与头侧相愈合、鳃裂腹位（下位）的软骨鱼，如锯鳐、鳐、魟、鲼等，俗称老般鱼、老盘鱼、劳板鱼、老板鱼。

清光绪本《文登县志·土产》卷十三："老般鱼，即老盘鱼。状如荷叶，故亦名荷鱼。又形近隶书命字𠇊，俗亦谓之命字鱼。口在腹下，正圆如盘。般古音同盘，故老般即老盘也。"

《海错图》下孔软骨鱼检索表

1. 头侧与胸鳍间无发电器	2
头侧与胸鳍间具发电器	电鳐目（麻鱼——电鳐）
2. 具吻剑与吻齿	锯鳐目（剑鲨——锯鳐）
无吻剑与吻齿（鳐形目、鲼形目）	3
3. 胸鳍分化为吻鳍或头鳍、后缘凹	鲼亚目（燕魟?——斑点鹞鲼）
胸鳍不分化为吻鳍或头鳍、后缘不凹	4
4. 无尾刺	魟亚目（鳞魟——光魟、黄魟、海鳐——燕魟）
具尾刺	鳐亚目［犁头鲨——犁头鳐、鸡母魟（?）——团扇鳐］

鲼

鲼，鲼亚目鱼的统称。英文名 eagle ray。体盘扁平、宽大，呈圆形、斜方形、菱形。口在腹面。鳃孔 5 对，亦在腹面。胸鳍前缘分化为吻鳍或头鳍，后缘凹。尾细长如鞭，多具尾刺。我国已记录 30 种，如鸢鲼 *Myliobatis tobijei* Bleeker、无斑鹞鲼 *Aetobatus flagellum*（Bloch et Schneider）等，分布于温带和热带海域。

鲼，字从贲。《易·序卦》："贲者，饰也。"《广雅》："贲，美也。"这示其鳍大如翼，胸鳍前突如头饰，游弋似鸟而美。

三国吴·沈莹《临海水土异物志》："鲼鱼，如圆盘。口在腹下，尾端有毒。"明·张自烈

《正字通》："鲼……韵书作鮄鱼，或曰鯆魮鱼，随其方俗名之。"鯆同"蒲"，圆形物。魮如"秕"，形扁。

《通雅·动物·鱼》："蕃蹹鱼，今铜盆鱼也。蕃蹹鱼一名邵阳鱼……曰鲼，形如大荷叶。长尾，口在腹下，无足无鳞，福州呼为铜盆鱼。"宋·李昉等《太平御览》卷九百三十九引《魏武四时食制》："蕃踰鱼，如鳖，大如箕，甲上边有髯，无头，口在腹下，尾长数尺，有节，有毒，螫人。"明·李时珍《本草纲目·鳞四·海鹞鱼》："〔释名〕邵阳鱼（《食鉴》作少阳）、荷鱼（《广韵》作鮄）、鲼鱼（音忿）、鯆魮鱼（音铺毗）、蕃踏鱼（番沓）、石蛎。时珍曰，海鹞，象形。少阳、荷，并言形色也。"又"〔集解〕藏器曰，生东海。形似鹞，有肉翅，能飞上石头。齿如石版。尾有大毒，逢物以尾拨而食之。其尾刺人，甚者至死。"此言海鳐鱼，既包括鲼，也含鳐和虹。

清·李元《蠕范》："鲼，鮄也，鮄也，鯆魮也……海鹞也。"

《海错图》鲼亚目检索表

1. 胸鳍分化为头两侧的头鳍	蝠鲼科
胸鳍分化为头前中央的吻鳍	2
2. 吻鳍前部分为两叶（瓣）	牛鼻鲼科
吻鳍前部不分为两叶（瓣）	3
3. 吻鳍与胸鳍分离；上下颚各具1行齿	鹞鲼科〔燕虹——斑点鹞鲼（？）〕
吻鳍与胸鳍不分离；上下颚各具7行齿	鲼科

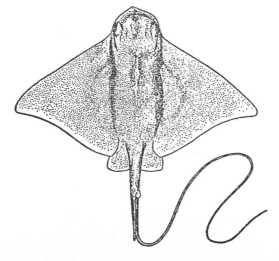

鸢鲼（自孟庆闻等）

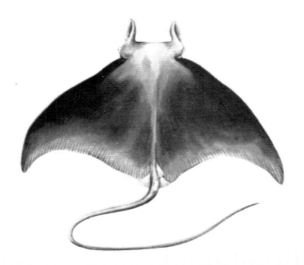

日本蝠鲼

燕虹——斑点鹞鲼（？）

燕虹赞　鳊须为帘，玳瑁为梁，燕燕于飞，海底翱翔。

《临海异物志》曰："鸢鱼似鸢，鳐鱼似燕。阴雨皆能高飞[一]丈余。"鳐鱼即燕虹[二]也，鸢鱼无考。

燕虹，《福州·鳞介部》亦称海燕，《泉州志》作海鳐，《字汇》无"鳐"字。《兴化志》云："此鱼如燕，其尾亦能螫人。福州人食味重此。"

此鱼黑灰色，有白点者，亦有纯灰者。腹厚而目独生两旁，喙尖出而口隐其下。目上两孔是腮，甚大[三]。能食蚶。《字汇·鱼部》有"鉗"字，疑指燕虹也。

斑点鹞鲼（自《中国海洋鱼类》）

校释

【一】能高飞　传说而已。

【二】鳐鱼即燕虹　二者有别。参见虹、鲼相关内容。

【三】目上两孔是腮，甚大　聂璜误将吻鳍认作喙尖，误将两鼻孔当作鳃。

考释

鲼，胸鳍后缘凹入，尾多细长如鞭且能螫人。但聂璜未把握住这些特征，使所绘前部像鲼，后部似鳐或虹，且将其误记为燕虹。参见"海鳐——燕虹"条。

清·赵之谦《异鱼图》所称之海怪恐指鲼："燕虹。虹凡五六十种，此为最奇。咸丰辛酉，扨叔客东瓯，见海物有奇形怪状者，杂图此纸，间为考证名义，传神阿堵，意在斯乎！"（见下图）

依聂璜所绘，头前具明显而单一的吻鳍，吻鳍与胸鳍在头侧分离，眼位于头侧，此皆为鹞鲼的结构特征。另外，体盘宽为长的 2 倍，具白色斑点，故本书释为斑点鹞鲼 *Aetobatus narinari* （Euphrasen）。其曾用中文译名纳氏鹞鲼。斑点鹞鲼为热带和暖温带底栖鲼类，在我国东海、南海有分布。其体盘最宽可达 2 m，重 200 kg。

（自清·赵之谦）

虎头魟（？）

虎头魟赞　魟有燕颌，又有虎头，鱼王而下，尔公尔侯①。

虎头魟，形如虎头而不尖。背有沙子一条，直至于尾。海中偶有，味不堪食。

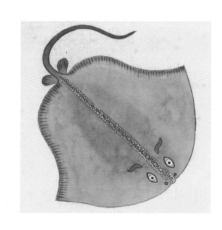

注释

① 尔公尔侯　句出《小雅·白驹》："尔公尔侯，逸豫无期。"此句意为："为公为侯多高贵，安逸享乐莫还家。"

考释

依聂璜所述，虎头魟头（吻）"形如虎头而不尖"，"背有沙子一条"。"沙子"为结刺，50～60枚，纵排直至尾。从这些特征看，虎头魟近似黑魟 *Pteroplatytrygon violacea*（Bonaparte）。

按聂璜所绘，体非黑色，尾宽大而并非如鞭，尾长亦不及体盘长的 2.5 倍，与黑魟的相应特征不符。另外，其胸鳍后缘凹入，当属鲼，但鲼中又无此头形者。

归类有疑，故俟识者辨之。

魟

说魟[1]

　　按，魟鱼，其种类不一，曰青、曰黄、曰锦、曰燕、曰鳒[2]。繁生浙闽海中，小者如掌，大者如盘、如匜[3]，至大者如蒲团[4]、如米箕[5]，重六七十斤、八九十斤不等。有水盖、斑车、牛皮[6]之名，皆大魟也。诸魟鱼并有刺，而鱼市见者则无。询之鱼贾，曰："魟鱼之刺在尾后，距尾根二寸许。渔人捕得，先以铁钩钩其背，摘去毒刺，投于海，然后分肉入市。其刺有二，一长一短。长者有倒须小钩，甚奇。其毒刺螫人，身发寒热连日，夜号呼不止。以其刺钉树，虽合抱松柏，朝钉而夕萎[一]，亦一异也。"

　　珠皮魟[7]，大者径丈，其皮可饰刀鞘，今人多误称鲨鱼皮，不知鲨皮虽有沙不坚，无足取也。

　　魟鱼，《尔雅》及诸类书不载，韵书亦缺。盖其字不典，不在古人口角也。匪但经史中无此，即诗赋内亦罕及。独《汇苑》因《闽志》采入。《字汇》注魟鱼曰："鱼，似鳖。"义尚未尽。《尔雅翼》解鲛鱼曰："似鳖，无足有尾。"此正魟状也。而又曰"今谓之鲨鱼"，则展转相讹矣。不知古人典籍虽鲜"魟"字，然《江赋》鯦鱼注曰"口在腹下，而尾有毒"，尤为魟鱼传神写照。

　　昔人既不解"魟"，又失详"鯦"义，尝执鲛鲨二字以混魟鱼，致使诸书训诂一概不清，每令读者探索无由，多置之不议不论而已。

　　渔人称："燕魟固善飞，而黄魟、青魟、锦魟亦能飞[二]，尝试而得之网户。"凡捕魟者，必察海中魟集之处下网。相去数十武[8]，候其随潮而来，则可入我网中。有昨日布网，今日潮候绝无一魟者。因更搜缉之，则魟已遁去矣。或相去数十里不等，盖魟鱼聚水有前驱者，遇网则惊而退，乃与群魟越网飞过，高仅一二尺，远不过数十丈，仍入海游泳而去，又聚一处。渔家踪迹得之，乃移船，改网更张，遂受罗取，往往如此，是以知其能飞也。大约燕魟善飞，鼓舞青、黄、锦、鳒相继于后。取渔人之言，而合之《珠玑薮》之说，似不诬矣。

注释

①　此为"鳒魟"后的一段，本书移至此。

②　曰青、曰黄、曰锦、曰燕、曰鳒　所记欠详，暂将其置于魟类。

③　匜（yí）　古代一种盛洗手水的用具。

④蒲团　以蒲草编织而成的扁平圆形坐垫，又称圆座。

⑤米箕　用竹编织、直径1m多的圆形平底簸箕，用以晒米等。

⑥水盖、斑车、牛皮　这些名字皆指大虹。具体何种，欠详。

⑦珠皮虹　参见"珠皮虹"条。

⑧武　六尺为步，半步为武。

校释

【一】"其刺钉树，虽合抱松柏，朝钉而夕萎"　此说夸大其词。

【二】燕虹固善飞，而黄虹、青虹、锦虹亦能飞　经考释燕虹系斑点鳐鲼。虹因其水中泳姿，被误认为能飞。

考释

虹（hóng），体扁平；鳃孔腹位，5～6对；尾长，常具1～3根尾刺；胸鳍伸达吻端，不分化为吻鳍或头鳍。英文名sting ray。

汉·许慎《说文》："魶鱼。似鳖无甲，有尾无足，口在腹下。"宋·陈彭年《广韵·去合》："魶。"宋·罗愿《尔雅翼》："鲛，出南海。状如鳖而无足，圆广尺余，尾长尺许。皮有珠文而坚劲，可以饰物。"按，今鲛多误指大型鲨（见"鲨"条）。

宋·戴侗《六书故》卷二十记"虹"。明·冯时可《雨航杂录》卷下记"虹鱼"。明·王圻、王思义《三才图会·鸟兽五》："虹鱼，一名鲼鱼，俗名锅盖鱼。"明·张自烈《正字通》："又与鲼同。"

虹又俗称麻鱼、魔鬼鱼等。其尾细长如鞭上具毒刺。人一旦被刺，伤口赤肿，伴有恶心、呕吐、腹痛、头晕、痉挛、呼吸困难等症状，严重的会死亡。

聂璜虽记虹多种，但所述、所绘皆过简，分类性状多缺失。《海错图》中鳐、虹、鲼又常混淆，有的名称和图不一致（见"海鳐——燕虹"等条）。故编制一检索表以供参考。

《海错图》虹检索表

1. 鳃裂6对（六鳃虹科）	六鳃虹
鳃裂5对	2
2. 具尾鳍（扁虹科）	扁虹
无尾鳍	3
3. 体盘宽不小于2倍体盘长（燕虹科）	4
体盘宽小于2倍体盘长（虹科）	6

4. 背鳍1个（条尾鸢魟属） ………………………………………… 条尾鸢魟

    无背鳍（燕魟属） …………………………………………………………… 6

5. 眼后外侧具2个白斑 ………………………………………………… 双斑燕魟

    眼后外侧无白斑 ……………………………………………………… 日本燕魟

6. 无尾刺；体背部密布结节（沙粒魟属） ………………………… 非洲沙粒魟

    具尾刺；体背部光滑或部分具结节 ……………………………………… 7

7. 体盘圆形；尾后部侧扁；尾具3片下叶（条尾魟属） ………… 黑斑条尾魟

    体盘亚圆形或斜方形；尾细长如鞭；尾鳍退化（魟属） ……………… 8

8. 吻前缘中央广圆，不尖突；体背部黑褐色 ………………………………… 黑魟

    吻前缘中央尖突；体背部非黑褐色 ……………………………………… 9

9. 尾背、腹面皆无皮膜 …………………………………………………………… 10

    尾背、腹面皆具皮膜或仅尾腹面具皮膜 ……………………………… 11

10. 体密具黑色圆形或多边形斑块；尾长大于3倍体盘长 …………………… 花点魟

    体具黄色圆斑（浸制标本为白斑）；尾长不大于3倍体盘长 ………… 齐氏魟

11. 尾背面无皮膜 ………………………………………………………………… 12

    尾背面具皮膜 ………………………………………………………………… 13

12. 尾长不小于3倍体盘长；体背部黄褐色 …………………………………… 黄魟

    尾长小于3倍体盘长；体背部非黄褐色 ……………………………… 14

13. 无口底乳突；吻延长而尖突 ……………………………………………… 尖嘴魟

    口底乳突2～5个；吻不延长 ………………………………………… 15

14. 尾长大于2倍体盘长；口底乳突7个 ……………………………………… 牛魟

    尾长约等于1.7倍体盘长；无口底乳突 ……………………………… 小眼魟

15. 口底乳突2个 ………………………………………………………………… 古氏魟

    口底乳突3～5个 …………………………………………………………… 16

16. 口底乳突3个；体光滑 ……………………………………………………… 光魟

    口底乳突5个；体具小刺或结刺 ……………………………………… 17

17. 尾刺前方具宽大盾形结刺1～3个；尾长约为体盘长1.5倍 …………… 奈氏魟

    尾刺前方无宽大盾形结刺 ……………………………………………… 18

18. 背中央具一纵行结刺；尾长为体盘长2～2.7倍 …………………………… 赤魟

    背中央具细小结刺；尾长为体盘长1.2～1.5倍 …………………… 中国魟

魟腹

魟腹赞　背目腹口，上下各异。一身之中，遥隔天地。

凡黄魟、青魟、锦魟，腹形皆同。其口并在腹下，口之上复有二腮孔如钩[一]，尾间之孔亦大。其鱼虽匾阔，而肚甚狭促。周身细脆骨绕之，如鲨翅而无筋，亦鲜肉也。

凡魟，亦系胎生[二]，青者生青，黄者生黄，一育不过三五枚，以其腹窄，故不多，亦不能如鲨鱼朝出而暮入也[三]。生出即能随母鱼游跃，以栖托于腹背之间。

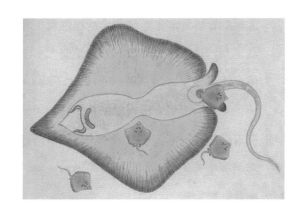

校释

【一】二腮孔如钩　此非鳃孔，实为鼻孔。

【二】胎生　实系卵胎生。

【三】亦不能如鲨鱼朝出而暮入也　误认为幼鱼可由泄殖孔朝出暮入母腹。见"花鲨——白斑星鲨"条。

考释

聂璜绘魟的腹面，示口、鳃、鼻孔等，但有误，见校释。

珠皮鲨——魟皮

珠皮鲨赞　魟背珠皮，实饰刀剑，误指为鲨，前人未辨。

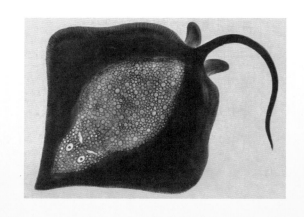

聂璜绘珠皮鲨图，示体盘具纵行结刺。此乃魟经打磨后的干制品。

聂璜所记"珠皮魟，大者径丈，其皮可饰刀鞭，今人多误称鲨鱼皮，不知鲨皮虽有沙不坚，无足取也"指出了前人之误。

依检索表，此似非洲沙粒魟。

海鳐——燕魟

海鳐赞 海马乘猎，海狗随行，海鳐一飞，海鸡群惊。

海鳐，其形如鹞，两翅长展而尾有白斑，亦名胡鳐。《尔雅翼》及《字汇》作"文鳐"，并指飞鱼，不知魟鱼中乃别有鳐鱼。鳐鱼不曰鹞而必曰鳐者，为鱼存鳐名也。

此鱼红灰色，目上有白点二大块，亦有斑白点。

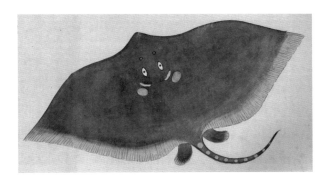

双斑燕魟

《山海经·西山经》："又西百八十里，曰泰器之山。观水出焉，西流注于流沙。是多文鳐鱼，状如鲤鱼，鱼身而鸟翼，苍文而白首，赤喙，常行西海，游于东海，以夜飞。"

三国吴·沈莹《临海水土异物志》："戴星鱼，状如鸢鱼。背上有两白珰如指大，因名之云。"这是较为准确的记载。晋·左思《吴都赋》："精卫衔石而遇缴，文鳐夜飞而触纶。"清·吴任臣《山海经广注》引《神异经》："东南海中有温湖，其中有鳐鱼，长八尺。"

《海错图》所绘海鳐体盘宽为长的2倍，胸鳍前伸达吻端但不分化为头鳍或吻鳍，后缘宽圆不凹。眼后外侧具1对圆形白色大斑块。尾细而短。此似双斑燕魟 *Gymnura bimaculata*（Norman）之特征。双斑燕魟体长达50 cm，在我国东海、南海有分布。

锦𫚙——花点𫚙、齐氏𫚙

锦𫚙赞　金吾不禁①，刁斗无声，𫚙飞月下，衣锦夜行。

锦𫚙，背有黄点，斑驳如织锦[一]。《福宁州志》有锦𫚙。

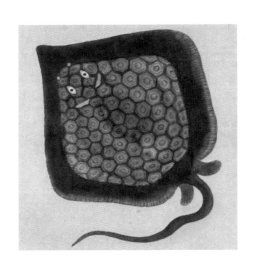 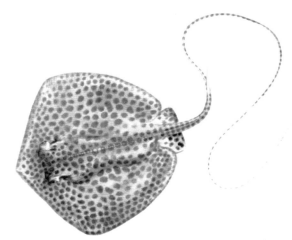

齐氏𫚙

注释

① 金吾不禁　典出唐·韦述《西都杂记》："西都京城街衢，有金吾晓暝传呼，以禁夜行；惟正月十五日夜敕许金吾弛禁，前后各一日。"金吾，秦汉时执掌京城卫戍的地方官。金吾不禁，指古时元宵及前后各一日，终夜观灯，地方官取消夜禁；后泛指没有夜禁，通宵出入无阻。

校释

【一】背有黄斑点，斑驳如织锦　与图有异。可能依干制品所绘。

考释

清·赵之谦《异鱼图》："锦𫚙，背有斑。"

齐氏𫚙 *Maculabatis gerrardi*（Gray），英文名 white-spotted whipray。体盘亚圆形，背部褐色，散布有黄色圆斑（浸制标本为白斑），正中具一纵行心状扁平结刺。大个体背前部及肩区有多行结刺。吻前缘微凹。腹鳍狭长，边缘黄色。尾细长如鞭，其长等于或大于 3 倍体盘长。背、腹皆无皮膜。尾具黑黄交叠环纹，具尾刺。体盘宽可达 1 m。齐氏𫚙在我国分布于南海、东海。

花点窄尾𫚉 *Himantura uarnak*（Gmelin），曾用名黄线窄尾𫚉，又称鞭尾𫚉。体盘亚圆形，吻稍尖长。体背部赤黑色或沙黄色，密具黑色圆形或多边形斑块。尾具70余个褐色环纹，尾长大于3倍体盘长。体盘宽可达1.5 m。花点𫚉在我国见于台湾海域和南海。

鱝𫚉——光𫚉

鱝𫚉赞　鱼如铁铫，鲞作金丝，不可大受，而可小知。

鱝，小𫚉也。

张汉逸曰："大则为水盖。"然考《闽志》，水盖与鱝两载。《字汇·鱼部》无"鱝"字。此𫚉专取其小如马蹄鳖①之意。其形如鳖，疑为鳖字之讹。

干之为金丝鲞，海品之最美者。或云腹下有肉一片最佳，真金丝也。渔人识而先取之，骊珠已为窃去。今世卖之金丝鲞，特骊龙之鳞爪耳。

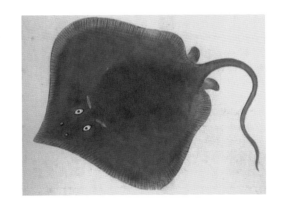

光𫚉

注释

① 马蹄鳖　有体形较大者，见考释文。

考释

明·屠本畯《闽中海错疏》卷上："鱝，背有肉二斤。干之名金丝鲞，形俱类鲨鱼翅。"

依聂璜所绘，体盘灰褐色，光滑而无纵行结节，这些特征在𫚉属中唯光𫚉莫属。

光𫚉 *Hemitrygon laevigata*（Chu），体盘亚斜方形，长通常20～30 cm（大者达1 m），背部黄褐色，光滑、无结刺，具不规则的暗色斑纹。吻前缘尖突。胸鳍宽大，前缘斜直，伸达吻端。腹鳍近长方形。尾长为体盘长的1.4～1.8倍，上、下缘具皮膜，具尾刺。光𫚉主要以甲壳类、底栖贝类为食。其系暖温性近海沙底层鱼类，在我国见于东海、黄海和渤海。

黄魟

黄魟赞　普陀南岸，莲花有洋，经霜荷叶，到处飘黄。

黄魟，色黄。其味甚美，青魟之所不及也。尾亦有刺，螫人最毒，海人所谓黄魟尾上针，正指此也。外方人以为黄蜂尾上针，误矣。

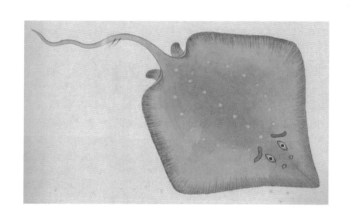

黄魟

考释

唐·段成式《酉阳杂俎·支动》："黄魟（魟音烘）鱼，色黄无鳞。头尖，身似大槲（hú）叶，口在颔下，眼后有耳。窍通于脑。尾长一尺，末三刺甚毒。"清·胡世安《异鱼图赞补》卷上："鱼曰黄魟（音烘），身似槲叶，头尖无鳞，末刺堪憎。"清·郝懿行《记海错》："《临海水土异物志》曰：'鲼鱼，如圆盘。口在腹下，尾端有毒。'余案，此物即今之土鱼，形与老般无异，唯微厚，腹色黄，俗呼为黄裹，大者为黄金牛。头与身连，非无头也。尾如彘（zhì，猪）尾而无毛，有刺如针，螫人立毙。"道光二十五年《胶州志·物产》卷十四："黄鲼，状如盘。无足无鳞，背青腹黄，口在腹下，目在额上，尾长有针，螫人甚毒。"所记"螫人立毙"言过其实，但"螫人甚毒"确实属实。

明·屠本畯《闽中海错疏》卷中："黄貂，似燕而嘴尖。土人薧以为鲞，伪作燕。按，魟，其种不一，而骨肉同。诸魟以黄貂为第一。"此记和聂璜的说法一致，"其味甚美"。

黄魟 *Hemitrygon bennettii*（Müller et Henle），体盘亚圆形，宽为长的1.1倍。体背面黄褐色或灰褐色，有的具云状斑。黄魟具平扁鳞和结鳞，仅具低狭的腹皮膜。尾长为体长的2.7～3.0倍。体长可达1 m。黄魟为温带沿岸中型魟，在我国分布于南海、东海。据记载，尾刺可药用，具清热消炎、化结等功能。

青魟——魟（？）

青魟赞　诸魟服色，惟锦最新，黄绿而外，嗟尔降青。

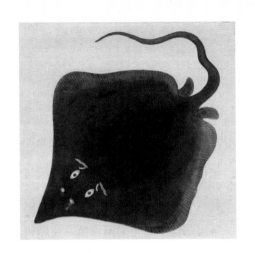

考释

青魟体表光滑，此特征与"鳞魟——光魟"一致。另外，青魟体青色，其余欠详。暂释青魟为一种魟 *Dasyatis* sp.。

绿魟——魟（？）

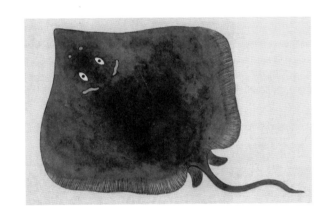

绿魟赞　银海碧盘，浮沉徜徉，似鳖敛足，只嫌尾长。

绿魟，一名𱅟[1]片魟。其肉厚而粗，味亚诸魟。

注释

① 𱅟（gāng）　古同"缸"。

考释

绿魟体表光滑，此特征亦与"鳞魟——光魟"一致。其体绿色，其余欠详。将其暂记为一种魟 *Dasyatis*。

鳐

典型的鳐，腹鳍前具趾突，2个背鳍位于尾背，尾端具尾鳍，尾并非细小如鞭。因聂璜未注意到鳐的这些特征，恐将鳐多混为缸。

犁头鲨——犁头鳐

犁头鲨赞　鲨名犁头，确肖农器，海变桑田，鲛人①是利。

犁头鲨[一]，嘴尖头阔如犁头状。其身翅②与诸鲨同，肉亦细。

按，犁头及云头、双髻，其口皆在腹下，腮左右各五窍③，鼻窍上下相通，尾间之窍④并大，故皆胎生[二]。

犁头鳐

注释

① 鲛人　神话传说中的人鱼或指捕鱼者。

② 翅　指鳍。

③ 口皆在腹下，腮左右各五窍　口、鳃皆腹位；"五窍"指腹位的5对鳃裂。

④ 尾闾之窍　尾部的泄殖孔。

校释

【一】犁头鲨　聂璜误将犁头鳐认作鲨。

【二】胎生　实为卵胎生。

考释

犁头鲨 "口皆在腹下，腮左右各五窍"，且据图其胸鳍与头侧相愈合，故当为犁头鳐。

明·彭大翼《山堂肆考·鳞虫》："鲨鱼中有犁头鲨，头似犁镵（chán）而长，尖锐刺人。"镵，古代之犁。

犁头鳐，体扁平，吻长而钝，5对鳃裂位于体腹面，胸鳍宽大且与头侧愈合，背鳍2个，尾鳍明显。英文名 guitar ray，直译为吉他鳐。其亦称提琴鳐（fiddler ray）或班卓琴鲨（banjo shark）。我国记录有犁头鳐5种。颗粒犁头鳐 *Glaucostegus granulatus*（Cuvier），体长约 1 m，体重 5～10 kg，背中部具1纵行粗大的结刺，又名六件鲨，分布于温带和热带海域。

鸡母魟——团扇鳐（？）

鸡母魟赞　形如翼卵，势若抱雏，难作牝鸣，亦乏爪孚①。

鸡母魟，其形如母鸡张翼状，土名冬鸡母。体作云头式，尾三楞，皆有短刺，不螫人。其肉煮之能冻。

林氏团扇鳐（自《中国海洋鱼类》）

注释

① 孚　同孵。《说文》："孚，卵孚也。"

考释

把鸡母虹释为团扇鳐，理由如下：一，体盘颇似团扇，胸鳍前伸而达吻端两侧。二，林氏团扇鳐尾平扁粗壮，背面具2～3纵行结刺，即"尾三楞，皆有短刺"。

不过，聂璜所绘图有以下不足：吻端过于尖突，腹鳍过大，未画出2个背鳍，尾应具上、下叶。

林氏团扇鳐 *Platyrhina sinensis*（Bloch et Schneider），俗称团扇、鲂鱼、沙母狗。体背面棕褐色或灰褐色，鳍脚扁狭、细长、尖突。林氏团扇鳐为卵胎生，在7～8月产仔，每胎产10余仔。体长40～50 cm。其肉味较差，少数鲜销，多制成盐干品。林氏团扇鳐为暖水性底层鱼类，在我国东海和南海有分布。

锯鳐

锯鲨——锯鳐

> 锯鲨赞　海滨虾蟹，生活泥水，鲨为木作，铁锯在嘴。
>
> 《说文》云："鲛鲨，海鱼，皮可饰刀。"《尔雅翼》云："鲨有二种，大而长喙如锯者名胡沙，小而粗者名白鲨。"今锯鲨鼻如锯，即胡鲨也。《字汇》"鳐"但曰鱼名，疑即锯鲨也。
>
> 此鲨首与身全似犁头鲨状，惟此锯为独异。其锯较身尾约长三分之一，渔人网得必先断其锯，悬于神堂，以为厌胜之物。及鬻城市，仅与诸鲨等，人多不及见其锯也。《汇苑》载"鳐鱼"，注云左右如铁锯，而不言鼻之长。总未亲见，故训注不能畅论。至《字汇》，则但曰鱼名，尤失考较也。
>
> 渔人云："此鲨状虽恶而性善，肉亦可食。"又有一种剑鲨，鼻之长与锯等，但无齿耳。以其状异，故又另图。其剑背丰而傍薄，最能触舟，甚恶。《汇苑》云："海鱼千岁为剑鱼，一名琵琶鱼。形似琵琶而喜鸣，因以为名。"考《福州志》，锯鲨之外有琵琶鱼，即剑鲨也。

尖齿锯鳐（自《中国海洋鱼类》）

考释

锯鲨，非鲨而为锯鳐。锯鲨，亦作锯沙，还称胡沙、胡鲨、挺额鱼，简称鳐。

《尔雅翼·释鱼三》："大而长，喙如锯者，名胡沙。"明·屠本畯《闽中海错疏》卷上："锯鲨，上唇长三四尺，两傍有齿如锯。""胡鲨，青色，背上有沙，大者长丈余，小者长三五尺，鼻如锯。皮可缕为胵，鱶以为修，可充物，亦名锯鲨。"鱶意为干；修或为馐，即干鱼。清·郭柏苍《海错百一录》引《岭南续闻》："又有一种剑鲨，俗呼为锯鲨。云其大者鼻冲长丈余，阔尺许，黄黑色，其直似剑，其旁排列戟刺，捷业如锯齿然。力能破舟、裂网，横行海中，群鱼远避，稍不及，即磔（zhé）而食之，莫敢撄其冲也。"按，磔，意为肢解；"长丈余"等说有夸大成分。明·李时珍《本草纲目·鳞四·鲛鱼》："〔集解〕时珍曰，鼻前有骨如斧斤，能击物坏舟者，曰锯沙，又曰挺额鱼，亦曰鳍鳐，谓鼻骨如锯（斧）也。"

聂璜所记锯鲨5对鳃裂位于体侧，吻平扁、狭长且具锯齿，释为锯鳐。锯鳐 *Pristis*，背鳍2个，胸鳍前缘伸达头侧后部，尾粗大，尾鳍发达。最大体长可达9 m。其为热带、亚热带暖水性近海底栖鳐类，有时可进入河口。锯鳐在我国东海、南海有分布，系濒危物种。参见"剑鲨——锯鲨"条。

电鳐

头、躯干部、胸鳍连成一体，形成光滑的体盘；头区两侧具发电器官。我国已记录电鳐10种。

麻鱼——电鳐

麻鱼赞　河豚虽毒，尚可摸索，麻鱼难近，见者咤愕。

闽海有一种麻鱼，其状：口如鲇，腹白，背有斑如虎纹，尾拖如虹而有四刺。网中偶得，人以手拿之，即麻木难受，亦名痹鱼。人不敢食，多弃之，盖毒鱼也。其鱼体亦不大，仅如图状。

按，麻鱼，《博物》等书不载，即海人亦罕知其名，鲜识其状。闽人吴日知[①]居三沙[②]，日与渔人处，见而异之，特为予图述之。因询予曰："以予所见如此，先生亦有所闻乎？"曰："有。尝阅《西洋怪鱼图》，亦有麻鱼。云其状丑笨，饥则潜于鱼之聚处，凡鱼近其身，则麻木不动，因而啖之，今汝所述与彼吻合。"日知曰："得所闻以实吾之所见不为虚诞矣。"

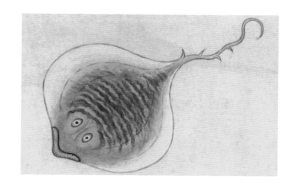

丁氏双鳍电鳐（自 《中国海洋鱼类》）

注释

① 吴日知　人名。所记欠详。

② 三沙　今福建霞浦县三沙镇，是闽东渔场所在地，非今之海南三沙市。

考释

清·方旭《虫荟·麻鱼》："《坤舆外记》海中有麻鱼，状极粗笨。饿时，潜入海底鱼聚处。鱼身遂麻木不能动，乃食之。"

按聂璜所述，"人以手拿之，即麻木难受"。据聂璜所绘，麻鱼体呈盘状，背有斑如虎纹，尾几乎与体盘等长。这些特征似电鳐目的丁氏双鳍电鳐 Narcine timlei（Block et Schneider）。丁氏双鳍电鳐体长约40 cm。其三角形的腹鳍和2个背鳍则被聂璜绘成了刺状，系聂璜未亲见所致。

6

海 鞘

　　海鞘，是适于固着的尾索动物，体外被有类似植物纤维素的被囊。体形似无柄（把）的茶壶，顶端较大的开口为入水管孔，侧面较小的开口为出水管孔。海鞘受到触动后，即刻可将体内水分射出，故英文名为sea squirt，直译为海水枪。

　　海鞘具成对的鳃裂，多滤食生活。发育过程经短暂的游泳的蝌蚪状幼虫阶段，出现过脊索、背神经，变态后脊索、背神经退化或消失。海鞘属于危害较大的污损生物。

泥蛋——海鞘

泥蛋赞　形似卵黄，味等龙肠，锡①以美名，龙蛋可尝。

泥蛋，形长圆而色浅红。亦名海红②，又名海橘。生海水石畔，冬春始有。剖之腹有小肠，产连江等处。为羹，性冷，味同龙肠③，宴客为上品。

考《字汇》、韵书，有"卵"字，无"蛋"字，盖俗称也。

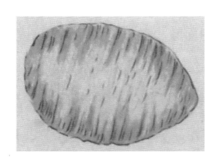 

罗氏真海鞘

注释

① 锡　书面用语，赐给。

② 亦名海红　有歧义。贻贝亦称海红。

③ 龙肠　参见"龙肠"条。

考释

对泥蛋的鉴定，多有争议。有人认为，泥蛋可能是被海泥裹成近球形的泥螺、触手收缩后的海葵或海参。

但聂璜所绘泥蛋是适于食用的海鞘。

罗氏真海鞘 *Halocynthia roretzi*（Drasche），俗称海红心、海菠萝、红海鞘、海奶子、海苹果、海参花等。体赤红色，呈长 10 cm 左右的长卵形，上端具入水管孔，侧面具出水管孔，下端具根状附属物。其主要栖于寒带或温带，在热带较少且个头较小。食用时，需用利刃剥去外层的被囊。其味道甘甜，有的有一定的苦涩味，具有较高的营养价值。近年，大连、荣成、长岛等地开始养殖真海鞘。

7

海星 蛇尾 海胆 海参

　　海星、蛇尾、海胆、海参，是动物界棘皮动物门的主要类群。其幼虫两侧对称，成体多为五辐射对称，体壁具中胚层形成的内骨骼且常向外突出成棘刺，具独特的水管系统和围血系统，是后口动物的主要成员。现生棘皮动物约7 000种。

　　《海错图》绘棘皮动物6种。聂璜把海盘车比作开裂的茴香，称海胆似球形多刺的荔枝，视海蛇尾为狮舞中的狮球且将其误列入蟹。他还记载了海参，感叹道："今又有假海参，世事之伪极矣！"

《海错图》棘皮动物检索表

海茴香——海盘车

海茴香赞　醋螺性酸，辣螺似姜，龙厨烹饪，更有茴香。

海茴香，其壳五花，内有肉。生石上，不能移动而活[一]。其形如茴香状，故名。但不可食[二]，为海错，具名耳。

多棘海盘车（自肖宁）

校释

【一】不能移动而活　此说法有误。

【二】不可食 其生殖腺可食。

考释

清·郝懿行《记海错》："海盘缠，大者如扇，中央圆平，旁作五齿歧出。每齿腹下皆作深沟，齿旁有髯，水虫幺麽误入其沟，便乃五齿反张合并，其髯夹取吞之。然都不见口目处，钓竿所得饵悬腹下。盖骨作四片，开即取食，阖仍无缝也。即乏肠胃，纯骨无肉。背深蓝色，杂以赭点；腹下纯红。其小者背腹皆红。状即诡异，莫知所用。乃至命名，亦复匪夷所思。将古海贝之属，其类非一。及其用之，皆为货贿，故雅擅斯名欤。"所记海盘缠乃海盘车。

多棘海盘车 *Asterias amurensis* Lütken，习见于我国北部潮间带至水深 100 m、双壳类多的沙或砾石海底。体呈五角星形。口面平坦，中央具口。反口面隆起，中央具肛门。消化道短而直，具胃盲囊等的分化。郝文之"歧出"的"五齿"乃海盘车的 5 个腕。在口面，5 腕交汇处具口。肠胃虽短，但具贲（bēn）门胃、幽门胃、直肠、肛门等的分化。"髯"则是其管足，管足司运动、呼吸、捕食。

"海盘缠"何时演化为"海盘车"，尚不明，可能因音近或形似车轮之故。

海星，为海星纲物种的统称。海星多呈背腹扁平的五角星形，体盘（中央盘）与腕之间无明显的分界，腕的步带沟开放、内具管足，肛门和口位于不同面。英文名 sea star，又称 starfish（星鱼）。日借用汉字称其为海盘车、红叶贝等。海星现有 2 100 余种，如砂海星、槭海星、面包海星、海燕、太阳海星、海盘车等。海星有强的再生力。砂海星只要有 1 cm 的腕就可再生，而海盘车必须有体盘的存在才可再生。常见的拖着大尾巴的"彗星海星"正是海星靠一或数个腕和部分体盘再生的结果。

海燕

海燕，五花，如鲨鱼皮，吸石上，能飞[一]。产广东海。可治癣。

海燕腹　　　　海燕背

海燕（自肖宁）

【一】能飞　此说法有误。

考释

明·李时珍《本草纲目·介二·海燕》："〔集解〕时珍曰，海燕出东海。大二寸，状扁面圆，背上青黑，腹下白脆，似海螵蛸。有纹如蕈菌。口在腹下，食细沙，口旁有五路正勾，即其足也。"此记为今海燕之特征。三国吴·沈莹《临海水土异物志》记有鼊鱼，但描述欠详。此鼊鱼恐非今之海燕。

海燕 *Patiria pectinifera*（Müller et Troschel），反口面具新月形的骨板，其凹面弯向体盘中央。腕通常为5个，也有4个或6~8个者。腕辐径约为7.5 cm，间辐径约为5 cm。口面橘红色，反口面深蓝色和丹红色相间。其于6~7月繁殖。海燕习见于我国北部沿岸沙、碎贝壳或岩礁海底。其多为肉食性，以贝类、蠕虫等为生，但有些海燕以岩石上附生的藻类为食。

海星纲瓣棘目海燕科物种统称海燕。现今，我国已记录海燕科物种3属8种。

狮球蟹——海蛇尾（？）

狮毬①蟹赞　梅花为体，蒲根为足，蟹以球名，随其乡俗。

狮毬蟹[一]，身小如豆而薄。无腹藏，无螯目[二]，五足如带，能行于水。体淡灰色，而足微有毛。类书、志书并不载。

予客福宁，有鬻海鲜于市者，筐中捡得，怪而问之。曰："此物不穴沙土，惟随潮与鱼虾逐队而已。"海人以其如狮毬也，遂以狮毬名之。

愚按，此物宜入螺虫[三]。

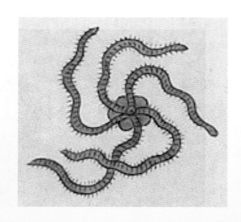 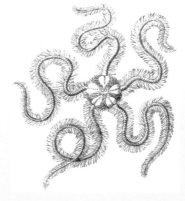

海蛇尾（自《自然界的艺术形态》）

注释

① 毬 同"球"。

校释

【一】狮毬（球）蟹 聂璜误将海蛇尾归为蟹。

【二】无腹藏，无螯目 系误记。

【三】此物宜入蟏虫 今当析出。

考释

被聂璜误称为狮毬（球）蟹且置于"蟏虫"者，乃海蛇尾。

三国吴·沈莹《临海水土异物志》："阳遂足，此物形状，背黑青，腹下正白，有五足，长短大小皆等，不知头尾所在。生时体软，死即干脆。"按，阳遂即"阳燧"，系古代取火之凹面铜镜，故该动物因似阳燧而得名。

阳遂足为棘皮动物门蛇尾纲颚蛇尾目阳遂足科物种的统称，在台湾名阳燧足。我国已记录有阳遂足科动物30余种，其中滩栖阳遂足 *Amphiura (Fellaria) vadicola* Matsumoto 习见于我国沿岸泥沙滩。

海蛇尾又俗称蛇海星（serpent star）、脆海星（brittle star），另有筐海星（basket star）、海筐（sea basket）等。海蛇尾与海星之区别，在于中央盘与腕间有明显界线，腕可攀缘似蛇且易断，无管足和开放之步带沟，体盘上无肛门，筛板位于口面。海蛇尾现有约2 000种，含蔓蛇尾、筐蛇尾、阳遂足、辐蛇尾、刺蛇尾、真蛇尾等。据记，萨氏真蛇尾 *Ophiura sarsii vadicola* Djakonov 是黄海北部和中部40～60 cm深低温高盐水域的优势种，其盘径15～20 cm，腕长为盘径的4倍。一网常可拖得数万只。

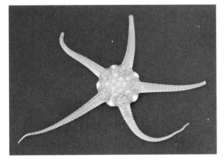 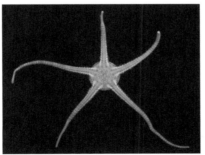 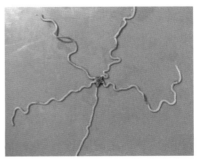

司氏盖蛇尾（自肖宁）　　　　浅水萨氏真蛇尾（自肖宁）　　　　滩栖阳遂足（自刘文亮）

海荔枝——海胆

海荔枝赞 此种荔枝，何以生毛？杨妃见笑，贡使无劳。

海荔枝①，其形如橘。紫黑色，壳上小瘤②如粟。活时满壳皆绿刺，如松针而短。潜于石隙间，不遇人，其刺皆垂，见人则竖。其物虽微，似有觉者，其刺以汤揉之则落，内有一肉可食③。其壳如钵盂式，甚坚，大者漆为香盒亦雅。

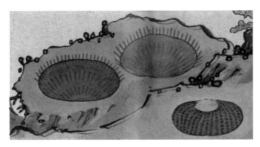  

海胆　　　　　　　　　　　　　示海胆生殖腺

注释

①**海荔枝**　此名亦见于"荔枝蚌——毛蚶贝"条。"海荔枝"一名用于海胆较为合适。

②**瘰**　当为瘰（luǒ），指疣。见考释文。

③**内有一肉可食**　此"肉"为五瓣的生殖腺。

考释

宋·梁克家《三山志·土俗》卷四十二："石橪，形圆，色紫，有刺，见人则刺动摇。"后人称石橪即海胆。明·屠本畯《闽中海错疏》卷下："海胆，壳圆如盂，外结密刺，内有膏黄色，土人以为酱。按，海胆，四明谓之海绩筐。""石橪，形圆色黄，肉紫有刺，人触之，则刺动摇。"明·彭大翼《山堂肆考·鳞虫》："海缬筐，石决明之类也。但决明坚，而此物壳甚脆易碎，背多疣瘰如蟾皮，苍黑色，中有肉，两头软，出其肉，两头穿，小儿取其壳以为戏。其形圆而稍扁，如蟢筐，故名海缬筐。"

清·屠英等《肇庆府志》叙述了对海胆之利用："海胆，出阳江海岛石上。壳圆有珠，珠上有硬刺甚长，累累相连，取一带十。肉色黄有四瓣，鲜煮食甚甜。壳用漆灰厚衬，可镶酒杯。"所记色黄之"肉"，指海胆之生殖腺。海胆生殖腺实为五瓣，经深加工，可腌制成云丹，是优良的营养滋补品。

民国·徐珂《清稗类钞·动物类》："海胆，为棘皮动物。体为半球形，色紫黑，壳面密生硬棘，口在腹部，与背部之肛门位置相对。食道周围有一水管，分枝伸出体外，而成管足，以为运动。栖息于暖地海岸，性迟钝。卵巢黄色，可入盐佐酒，鄞有之。以其壳圆如盂，外结密刺，内有黄色之膏，鄞人谓之海绩筐。"

现今，海胆为棘皮动物门海胆纲物种的统称。石灰质骨板愈合成球形、半球形、心形或扁盘状的壳，壳上多具棘刺，口面朝下，中央具 5 个齿。反口面中央称顶系。依肛门是否在顶系内，海胆可分为正形海胆与歪形海胆。后者如心形海胆（heart urchin），扁平如饼干的海钱——沙钱（sea dollar、sand dollar），海饼干（或称饼干海胆，sea biscuit、cake urchin）。

沿海居民俗称海胆为刺锅子、海刺猬。马粪海胆 *Hemicentrotus pulcherrimus*（A. Agassiz）、光棘球海胆（大连湾紫海胆、黑刺锅子）*Mesocentrotus nudus*（A. Agassiz）习见于我国北方沿海，而紫海胆 *Heliocidaris crassispina*（A. Agassiz）则习见于浙江以南。明·屠本畯《闽中海错疏》卷下所记恐系紫海胆。

我国已记录海胆百余种。

刺冠海胆（自曾晓起）

哈氏刻肋海胆（自肖宁）

饼干海胆（自肖宁）

石笔海胆（自肖宁）

海参

海参总赞　龙宫有方，久传海上，食补胜药，参分两样。

考《汇苑》，异味、海味及珍馔内，无海参、燕窝、鲨翅、鲍鱼①四种。则今人所食海物，古人所未及尝者多矣。若是，则郇公之香厨②、段氏之《食经》，岂不尚有遗味耶？

张汉逸曰："古人所称八珍③，亦无此四物。鲍鱼，《本草》内开载。海参，不知兴于何代，其味清而腴，甚益人，有人参之功，故曰参。然有二种：白海参，产广东海泥中，大者长五六寸，背青腹白而无刺。采者剖其背，以蛎灰腌之，用竹片撑而晒干，大如人掌。食者浸泡去泥沙，煮以肉汁，滑泽如牛皮而不酥。产辽东、日本者，亦长五六寸不等，纯黑如牛角色，背穹腹平，周绕肉刺，而腹下两旁列小肉刺如蚕足。采者去腹中物，不剖而圆干之。烹洗亦如白参法，柔软可口，胜于白参，故价亦分高下也。迩来酒筵所需，到处皆是，食者既多，所产亦广。然煮参非肉汁则不美。日本人专嗜鲜海参、柔鱼、鳆鱼、海鳅肠以宴客，而不用猪肉，以其饲秽，故同回俗，所烹海参必当无味。"

予谓，鲜参与干参要必有异，外国之味姑且无论，第就辽、广二参以辨高下，盖有说焉。广东地煖，制法不得不用灰，否则糜烂矣。既受灰性，所以煮之多不能烂。辽东地气寒，参不必用灰而自干，本性具在，故煮亦易烂而可口，所以有美恶之分。且北地之物，性敛于内，诸味皆厚；广南之物，性散于外，诸味皆薄。粤谚有之曰："花无香，食无味。"海参其一端也。汉逸曰："然哉。"

方若望曰："近年白海参之多，皆系番人以大鱼皮伪造。"嗟乎④！迩来酒筵之中，鹿筋以牛筋假，鳆鱼以巨头螺肉充，今又有假海参，世事之伪极矣！

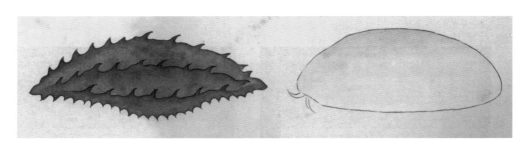

仿刺参

注释

①鳆（fù）鱼　鲍。

②郇公之香厨　《新唐书·韦陟传》记载，韦陟袭封郇（xún）国公，性侈纵，穷治馔羞，厨中多美味佳肴。后人以郇公厨称膳食精美的人家。

③八珍　指8种珍贵的食物（材），具体所指常随时代和地域而异。在民间，称鲍、干贝、鱼翅、燕窝、海参、鱼肚、鱼唇、鱼子为"海八珍"。

④嗟乎　感叹词，相当于"唉"。

考释

海参，似横置的圆筒或黄瓜，一端具口，另一端具肛门。口周围具触手。腹部常平扁且通常有许多管足，背部凸起或生有疣足（肉刺）。体壁骨骼不发达，仅具显微骨片。我国已记录海参百余种。三国时期记载有"土肉"，明代人们称之为"海参"，且认为南方的不如北方的质优。

三国吴·沈莹《临海水土异物志》："土肉，正黑。如小儿臂大，长五寸。中有腹，无口目，有三十足。炙食。"按，"有三十足"，指海参的管足及其特化而成的肉刺。

明·谢肇淛《五杂俎·物部一》："海参，辽东海滨有之，一名海男子。其状如男子势然，淡菜之对也。其性温补，足敌人参，故名海参。"清·胡世安《异鱼图赞补》卷下："爰有海参，产于辽海。以配海蛏，牝牡形在。功敌人微，名因不改……人参一名人微。"清·李元《蠕范》卷三："海参，戚车也。黑色，浮游海中，生东海者有刺，生南海者无刺，长可尺余，得而斫之才数寸，像男子势。""蚘（zhǒu），土肉也，龟鱼也。色黑，长五寸，大者尺余，状如小儿臂，无口目，有腹肠，三十足如钗股，出海中。"《海错图》中的海参及上述"产于辽海"者为仿刺参 *Apostichopus japonicus*（Selenka）。仿刺参体长可达 20 cm，触手楯状，体背部具 4～6 行锥形且大小不一的肉刺状疣足。

民国·徐珂《清稗类钞·动物类》："海参为棘皮动物，旧名沙噀（xùn），而称干者为海参，今通称海参。体长五六寸，圆而软滑，色黑，口缘有触手二十余。其足在背面者成魂磊形，在腹面者三行纵列，足有吸盘。肠管纤长，近肛门处有分歧之管，状如树枝，以营呼吸作用，谓之水肺，亦称呼吸树。雌雄异体。栖息近海，曝而干之，可为食品。以产奉天者为最，色黑多刺，名辽参，俗称红旗参。产广东者次之，色黄，名广参。产宁波者为下，色白，名瓜皮参，皆无刺。别有一种，色白无刺，谓之光参，出福建。然每年自印度、日本输入者亦不少。"

广东称的白参是糙海参 *Holothuria (Metriatyla) scabra* Jaeger，这是我国南海习见的一种重要的食用海参。糙海参体长最大可达 70 cm，通常为 30～40 cm；体宽为体长的 1/4。体暗绿褐色，疣足基部常为白色，背中部色较深，两边色较浅，到腹部渐变为白色。我国海产品店称其为明玉参。

玉足海参 *Holothuria (Mertensiothuria) leucospilota*（Brandt），别称光参、乌虫参、乌参、红参，又名白斑海参。去内脏加工后制成的中药名荡皮参。其体圆筒状，后部常较粗大，一般体长 20～30 cm，背部散生少数疣足和管足。其品质均次于仿刺参。玉足海参分布于福建南部、广东、海南海域。

海参功敌人参，闻名遐迩，但直至清初仍不属"八珍"，故原非舌尖之物。

确如聂璜所指，古时海参就有假冒伪劣者。金·李杲编辑、明·李时珍参订、明·姚可成补辑《食物本草》卷二八一："今北人，又有以驴皮及驴马之阴茎膺为海参。虽略相同，形带微扁者是也。固是恶物，神识者不可不知。"清·周亮工《闽小记》下卷："闽中海参，色独白，类撑以竹签，大如掌，与胶州辽海所出异，味亦澹劣。海上人，复有以牛革伪为之以愚人者，不足尚也。"当今，更有砸不碎的水泥海参、加盐海参等伪劣品。

海男子，为海参之谑称。海黄瓜即海参纲动物，此名译自英文 sea cucumber。古人常称食泥噀沙者为沙噀。噀同"潠"，潠意为含水喷，示海参危急时刻喷水排脏，故海参等又被称为沙噀。

8

海 蟹

附 淡水蟹 蟹化石

蟹，为节肢动物门甲壳亚门软甲纲十足目腹胚亚目短尾次目动物的俗称。头胸部短而扁，外被圆形、梭形、梯形、扇形、方形等的头胸甲。头胸甲前部与口板在两侧和中部愈合，侧缘折向腹面并与体壁之间形成鳃腔。具 2 对触角，复眼在第二触角的外侧。胸肢 5 对：第 1 对钳状，曰螯（肢），其余 4 对非钳状，为步足。腹部小而对称，多屈折于头胸部下方，俗称脐。脐窄长者为雄蟹，宽圆者为雌蟹。蟹为抱卵生殖。

《易·说卦》："离……为鳖、为蟹、为蠃、为蚌、为龟。"先秦记蟹。蟹在古代被归为介类或甲类，从虫或从鱼。《大戴礼记》："有甲之虫三百六十，而神龟为之长。"《说文·虫部》："蟹，有二敖八足。旁行……从虫。""蛫，蟹也。从虫。""鱖、蟹，或从鱼。"宋·傅肱《蟹谱》："蟹亦虫之一也。"《广雅·释鱼》曰："蒲、蟹，蛫也。"

在古代，汉字"蟹"应特指今之毛蟹。其他大小诸蟹，各有其名。彭越、长卿等小蟹之名缘于传说。蟳蝑（青蟳、蟳、蠘）则为大蟹。

清·聂璜的《蟹谱图说》序和自序，史料丰富，言简意赅，可谓经典，值得专论。

《海错图》蟹检索表

1. 鳃丝状 ……………………………………………………… 绵蟹、人面蟹、蛙蟹等

　　鳃非丝状 …………………………………………………………………………… 2

2. 雌、雄个体的生殖孔不都位于腹甲（异孔亚派）………………………………… 3

　　雌、雄个体的生殖孔均位于腹甲（胸孔亚派）………………………………… 10

3. 口框（腔）三角形 ………………………………………………………………… 4

　　口框（腔）四边形 ………………………………………………………………… 8

4. 末对步足位于体背面 …………………………… 关公蟹科（鬼面蟹——关公蟹）

　　末对步足不位于体背面 …………………………………………………………… 5

5. 鳃少于9对 ……………… 玉蟹科［虾蟇（蟆）蟹——橄榄拳蟹、和尚蟹——玉蟹（?）］

　　鳃9对 ……………………………………………………………………………… 6

6. 头胸甲长小于宽；第三颚足外肢具鞭 …………………………………………… 7

　　头胸甲宽小于长；第三颚足外肢无鞭 ………………… 虎头蟹科（虎蟳——虎头蟹）

7. 第4对步足桨状 ………… 黎明蟹科（金蟳——红线黎明蟹、合浦斑蟹——胜利黎明蟹）

　　第4对步足非桨状 …………………… 馒头蟹科（无名蟹——逍遥馒头蟹）

8. 额突出；头胸甲三角形、菱形或梨形 …………………………… 蜘蛛蟹、菱蟹等科

　　额不突出；头胸甲非如上述 ……………………………………………………… 9

9. 末对步足多扁平且适于游泳；第一颚足内肢无小叶　梭子蟹科（蝤蛑——青蟹、石蟳——蟳、

　　　　　　　　　　　　　　　　　　　　　　　　　虾公蟹——异齿蟳、福州膏蟹——梭子蟹、拨棹——梭子蟹）

　　末对步足不扁平（头胸甲横卵圆形）　扇蟹科［崎蟹——凶猛酋蟹、蟛蟹——中华深毛刺蟹（?）］

10. 共栖生活 ……… 豆蟹科［蛴蛄腹蟹——豆蟹、蛎虱——豆蟹（?）、飞蟹——三强蟹］

　　非共栖生活 ……………………………………………………………………… 11

11. 第三颚足封闭，口框无间隙（沙蟹总科）………………………………………… 12

　　第三颚足不全封闭，口框具间隙（额很宽）（方蟹总科）………………………… 17

12. 眼窝长而斜 …………………………………………………………………… 13

　　无眼窝 ……………………………… 和尚蟹科（镜蟹——长腕和尚蟹）

13. 雄性左、右螯足不等大 …………………………………………………………… 14

　　雄性左、右螯足等大 …………………………………………………………… 15

14. 眼角膜肿胀且占据眼柄腹面 　　沙蟹科（沙虮——沙蟹、拜天蟹——角眼切腹蟹、篆背蟹——角眼沙蟹）

　　眼角膜不肿胀，仅位于眼柄末端 　　　　　　　　招潮蟹科（拥剑蟹——招潮蟹）

15. 螯足和步足长节具股膜 　　　　　　　　毛带蟹科（交蟹——泥蟹）

　　螯足和步足长节不具股膜 　　　　　　　　　　　　　　　　　　16

16. 第三颚足长节小于座节 　　　　　　　　大眼蟹科（沙蟹——大眼蟹）

　　第三颚足长节不小于座节 　　　　　　　　猴面蟹科（蟛蜞——猴面蟹）

17. 颚宽大于或等于头胸甲前缘长1/2且弯；第三颚足间具菱形空隙 　　　　　　18

　　颚宽小于头胸甲前缘长1/2且不弯；第三颚足间无菱形空隙 　　　　弓蟹科〔毛蟹——中华绒螯蟹、

　　金钱蟹——字纹弓蟹、瓯郡溪蟹——字纹弓蟹（？）、长脚蟹——长方蟹、蒙蟹——隆背张口蟹〕

18. 雄性腹部完全盖住末对步足间的腹甲 　　　　　　　　　　　　　　方蟹科

　　雄性腹部不完全盖住末对步足间的腹甲 　　　　相手蟹科〔芦禽——红螯螳臂相手蟹、

　　红蟹——中型中相手蟹、蟛蜞——无齿螳臂相手蟹、铁蟹——拟相手蟹（？）〕

食蟹、饮酒、赏菊、赋诗、作画，常为文人墨客金秋时节特有的趣事。唐·李白《月下独酌》："蟹螯即金液，糟丘是蓬莱。且须饮美酒，乘月醉高台。"宋·陆游《悲歌行》："有口但可读离骚，有手但可持蟹螯。人生坠地各有命，穷达祸福随所遭。"宋·徐似道《游庐山得蟹》："不到庐山辜负目，不食螃蟹辜负腹……持螯把酒与山对，世无此乐三百年。"

食蟹工具有锤、镦、钳、铲、匙、叉、刮、针，分别具敲、垫、夹、劈、盛、叉、剪、剔等功用，称"蟹八件"，一般为铜铸，讲究者为银制。

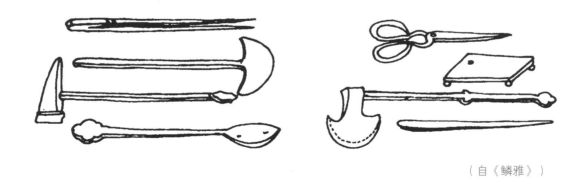

（自《鳞雅》）

我国已记淡水蟹百余种、海蟹730多种。歪尾类的瓷蟹、寄居蟹、椰子蟹、蝉蟹，乃至鲎（马蹄蟹），虽具蟹名，均已析出。参见虾、瓷蟹、寄居蟹、鲎等内容。

聂璜《海错图》绘蟹40种（含化石蟹2种）。

《蟹谱图说》^①序

予《蟹谱》中序甚多，皆冗长不便附誊。今止录妇翁^②丁叔范序及自序二篇于后。

妇翁丁叔范序曰：

昔张司空茂先^③在乡间^④时著《鹪鹩赋》，既嗣宗^⑤见之，叹为公辅^⑥才。夫鹪鹩，微物也，其咏之者亦渺小矣，而识者愿以公辅期之，何哉？盖其所赋者小，而其所寄托甚远也。

聂子存庵^⑦，余门下倩玉也。好古博学，每遇一书一物，必探索其根底，覃思^⑧其精义而后止。一日，自宁台过瓯城，见蟹之形状，可喜可愕者甚众，土人悉能举其名，因取青镂^⑨图之，并发抒其心之所得与所欲言者，著之于册。

使当世有嗣宗，其以青眼^⑩读之耶？其以白眼^⑪视之耶？抑亦以公辅期之而与张司空埒^⑫耶？余皆不得而知之也。马况曰："良工不示人以朴^⑬，且从所好。"予于聂子蟹谱当亦云然。

注释

①《蟹谱图说》 已是《海错图》的一部分。

② 妇翁 妻子的父亲。

③ 张司空茂先 张华，字茂先，晋惠帝时为司空（官名）。《鹪鹩赋》为其作的一篇赋。

④ 乡间 老家。

⑤ 嗣宗 三国魏阮籍的字，"竹林七贤"之一。他对喜欢的人平视露出眼珠，对不喜欢的人则以白眼相向。此即下文之青眼、白眼之意。故"青睐"不可写为"亲睐"。

⑥ 公辅 宰相一类的大臣。

⑦ 存庵 聂璜的号。

⑧ 覃思 深思。

⑨ 青镂 毛笔。

⑩ 青眼 指正视的眼光。

⑪ 白眼 指斜视的眼光。

⑫ 埒（liè） 等同。

⑬ 良工不示人以朴 句出东汉军事家马援之兄马况，见《后汉书·马援传》。朴同"璞"，未经琢磨的玉石。好的工匠不会把尚未雕琢好的璞玉随便示人。此句亦指责任心强的人做事精益求精，不把粗制滥造的东西轻易展示。

考释

聂璜岳父丁叔范，系明末清初文言小说家。丁叔范借此序寄聂璜以厚望。

《蟹谱图说》自序

蟹之为物，《禹贡》方物不载，《毛诗》咏歌不及，《春秋》灾异不纪。然而蟹筐蚕绩引附《檀弓》[①]为蟹为鳖，系存《周易》三代。而下载籍既广，称述不一。

《太元》[②]著郭索之名，《搜神》传长卿之梦。拨棹[③]录收《岭表》，拥剑赋入《吴都》。化漆为水，《博物》志也，悬门断虐，《笔谈》及之。蟹醢疏于《说文》，蟹螯称于《世说》。《淮南》知其心躁，《抱朴》命以无肠。《酉阳》识潮来而脱壳，《本草》论霜后以输芒。蟹经吾夫子定礼赞易，而后其说不亦广哉，而未已也。介士为吴俗之别名，铃公为青楼之隐语。吕亢[④]叙一十二种之形，仁宗惜二十八千之费。忠懿叠进，惟其多矣，钱昆补外，又何加焉？此半壳含红[一]之句，既欣慕于长公。而寒蒲[⑤]束缚之吟，宁不垂涎于山谷也耶？

若夫[⑥]旁搜杂类，穷极遐荒，则寄生于蚌者有之，化生于螺者有之，力能斗虎者有之，智可捕鱼者有之。而且螯若两山述于《广异》，身长九尺详及《洞冥》，姑射之区大称（乘）千里，善化之国繁生百足，《建宁志》载直行独异，鼍鼊岛产飞举犹奇。[二]

虽然，尽信书之不如无书也，闻知不若见知之为实也，独玩之不若共赏之之为快也。

戊午过瓯，把玩诸蟹，得摩其形，谩成斯谱，聊为博物君子一噱云尔。

注释

①《檀弓》 是《礼记》中的一篇。

②《太元》 汉·扬雄撰《太玄经》，也称《太玄》《玄经》。此书被《四库全书》收录时，为避康熙玄烨之名讳，改为《太元经》，简称《太元》。

③拨棹（zhào） 棹，划船用，形似桨。拨棹泛指梭子蟹。拨（拔）棹与拨（拔）掉常相混用，"掉"系笔误。

④吕亢 生卒年不详，文登人，北宋年间进士，官至浙江台州府临海县县令，著有《蟹谱十二种》。该书文存图佚。

⑤寒蒲 指蒲草。黄庭坚有诗句："寒蒲束缚十六辈，已觉酒兴生江山。""东归却为鲈鱼鲙，未敢知言许季鹰。"诗句说晋张季鹰借思念家乡的鲈鱼（参见"四腮鲈——松江鲈"条考释）而弃官，但螃蟹比鲈鱼更美味呢。

⑥若夫 至于。用于句首或段落的开始，表示另提一事。

校释

【一】半壳含红 原为"半壳含黄"。句出宋·苏轼《丁公默送蝤蛑》诗："溪边石蟹小如钱，喜见轮囷赤玉盘。半壳含黄宜点酒，两螯斫雪劝加餐。蛮珍海错闻名久，怪雨腥风入座寒。堪笑吴兴馋太守，一诗换得两尖团。"

【二】该段旁搜杂类，诸如寄生于蚌者、化生于螺者、力能斗虎者等，均系聂璜录古籍中与蟹有关的种种传说。

关公蟹科

鬼面蟹——关公蟹

鬼面蟹赞　蟹具面厖，莫衷关王，绝类蚩尤，浪比孟良。

鬼面蟹，产浙闽海涂。小而不大，有而不多。其形确肖鬼面，合睫而竖眉，丰颐①而隆准②，口若超颌③，额如际④发，前四足长而大，后四足短而细。他蟹之脐全隐腹下，故八跪尽伏。此蟹之脐小半环背，故四足掀露。其行也，挺背壁立，而腹不着地，独与他蟹异。疑为螺中化生，故无卵而盛于夏秋间也[一]。

或称关王蟹，或称孟良蟹，或称蚩尤蟹，皆以面貌相像之。

此蟹，吕亢所不及详，陶穀⑤所未尝食，古人罕议及此。岂以蟹形鬼面，绝无妙义存于其间，故置勿道乎？然甲胄之梦纪自《宋书》⑥，彭越之名推于汉代⑦，又何鬼面一蟹之无关至理乎？苟不研穷其故，则睹兹异蟹，终不能无疑，为著鬼面蟹辨：

嘻，异哉！蟹曷为乎有鬼面耶？曰无异也。自三才⑧分，而物数号万，肖像者多矣。一果核⑨也，而太极含形；一鸟卵⑩也，而天地混象。阳实也，而乾道成男；阴虚也，而坤道成女。本乎天者，亲上而鸟羽如木叶；本乎地者，亲下而兽毛如野草。宇内人物，无不就太极阴阳五行分类以肖。

而蟹⑪体尤全，身其太极也，螯其两仪也，八足其八卦也，八月输芒⑫以应气候，背十二星以应地支，直以龙马之负图，神龟之出书，比美又匪独。象感摇光⑬，虎符太白，鲤合六六⑭，龙合九九⑮，始为物理之精微，上通元造哉。若夫鬼面特幻，奇容孚感，宁无奥义，未必非蚌中罗汉、螺内仙姝，意有所属，形随物寓，可类观也。

更以雷州⑯之雷推之。夫雷，天地阴阳搏激之气也，而江赫仲、谢仙⑰爰⑱有雷神之名，亦遂有雷神之形。雷神之形，其首如麑而有翼，但鼓动两间。神自为神，与物初无与也。乃雷州之地，古号产雷之乡。雷当发生于土，考雷郡英灵冈有物名雷，多生地中，如麑状。秋后伏气，土人掘得，不顾忌讳，常烹而食之。苟非神雷钟气结形胚胎，乌能若斯⑲？

然则鬼面之蟹，要必有正大刚气斠⑳塞两间。灵识偶尔依凭，物类于焉照象，异代迁流，漫沿广斥。即雷以推，要当如此㉑。

而况传记百家言，实有蚌中罗汉、螺内仙姝，历历并传，神异者乎。则鬼面之为鬼面，肖像如此，其真不可为无所托也。舜殛鲧㉒，而鲧化黄熊。黄戮蚩尤，而蚩尤为蟹也亦可。

关公蟹

注释

① 颐　腮。

② 隆准　高鼻梁。

③ 颔　下巴。

④ 际　接近。

⑤ 陶穀　宋代人（903—970年），著《清异录》二卷。

⑥ 甲胄之梦纪自《宋书》　待核。

⑦ 彭越之名推于汉代　唐·刘恂《岭表录异》："彭蜎，吴呼为彭越。"宋·高似孙《蟹略》："刘冯《事始》曰：'世传汉醢彭越赐诸侯，英布不忍视之，覆江中化此，故曰彭越'。"传说，刘邦建汉，剪除异姓王彭越并将其剁成肉酱，赐诸侯以警示。英布（另一异姓王，后亦被除）不忍心看，将其倒入江中而化为蟹。后人记为蟛蜞、蟛蚏、蟛蚎。

⑧ 三才　宇宙的诞生。古有一元（太极）、两仪（阴阳）、三才（天、人、地）、四象、五行之说。并认为物质世界皆由三而来。老子说："道生一，一生二，二生三，三生万物。"

⑨ 果核　古人用以形容宇宙混沌之貌。《抱朴子·内篇》："芒蜗宛转果核之内，则谓八极之界尽于兹也。"《晋书·天文志》："天地之体，状如鸟卵，天包地外犹壳之裹黄也。"

⑩ 鸟卵　参见上条。

⑪ 蟹　这里指毛蟹，非指鬼面蟹。参见"毛蟹——中华绒螯蟹"条。

⑫ 输芒　此为传说。唐·段成式《酉阳杂俎》卷十七广动植之二："蟹，八月腹中有芒。芒真稻芒也，长寸许，向东输与海神，未输不可食。"

⑬ 摇光　星名，北斗七星的第七星，也称瑶光。《汉书·司马相如传下》："悉征灵圉而选之兮，部署众神于摇光。"颜师古注引张揖曰："摇光，北斗杓头第一星。"《文子·下德》："摇光者，资粮万物者也。"

⑭ 鲤合六六　指鲤侧线具36枚鳞。宋·陆游《九月晦日作》："锦城谁与寄音尘，望断秋江六六鳞。"

⑮ 龙合九九　李时珍《本草纲目·鳞部·龙》："其背有八十一鳞，具九九阳数。"在阴阳术数，奇数为阳，偶数为阴，九是最大的阳数，九九相乘，是至刚至阳之象。"龙合九九"，指龙的地

位尊崇。

⑯ 雷州　即今湛江雷州市。关于雷州英灵冈，明·张岱《夜航船》："雷州英灵冈，相传雷出于此。"

⑰ 江赫仲、谢仙　为雷神之名。《正统道藏·清微元降大法》："雷公上相江赫仲。"宋·欧阳修《跋尾·谢仙火》："谢仙者，雷部中鬼也。夫妇皆长三尺，其色如玉，掌行火于世间。"

⑱ 爰　于是。

⑲ 乌能若斯　乌能，怎么会；若斯，如此。此句意为"何以如此"。

⑳ 齽（yù）　同"郁"，茂盛。

㉑ 然则鬼面之蟹……要当如此　鬼面蟹，必是阳刚之气郁（齽）塞其间所致。灵魂（灵识）偶尔付托，从此（于焉）该物皆以此为形（照象），广布于滩涂（广斥）。

㉒ 殛（jí）鲧（gǔn）　殛，杀死；鲧，上古神话传说人物，大禹之父。鲧禹治水。

校释

【一】疑为螺中化生，故无卵而盛于夏秋间也　此"化生"及"无卵"之说属臆断。

考释

在我国，关公蟹俗称鬼面蟹。

唐·段成式《酉阳杂俎》："得背壳如鬼怪状，眉目口鼻，分布明白。"唐·孙愐《唐韵》（佚）："蚆，虫似蟹，四足。音北。"

聂璜《海错图》中所述鬼面蟹，又称关王蟹、孟良蟹、蚩尤蟹。这些名称皆因此蟹壳面貌似人脸而得。清·赵之谦《异鱼图》："《蟹谱》载沈氏子食蟹，得背壳若鬼状者，眉目口鼻分布明白，盖即此也。土人呼关王蟹，或以褒也，易名霸王蟹。皆未安，因定为鬼蟹云。"

关公蟹为异孔亚派关公蟹科关公蟹属物种的统称。日本借用汉字称其为鬼蟹、鬼面蟹、平家蟹。英文名 musk crab。

关公蟹，头胸甲长 3 cm 左右，长大于宽，近梯形。额前具 2 枚中央齿，口框长三角形。腹部末2 对足步位于背部。关公蟹栖于具贝壳的泥沙中，常以后 2 对步足钩住比自己大的蛤壳、石块或树叶等，负于背上，以此伪装自己，进行防御。其幼蟹是鱼类的饵料，成蟹可食，亦可作为家禽饲料。

我国已报道关公蟹 10 余种，以日本关公蟹 *Heikeopsis japonica* Von Siebold、颗粒关公蟹 *Paradorippe granulata* De Haan 较为习见。

～ 馒头蟹科 ～

无名蟹——逍遥馒头蟹

> **无名蟹赞** 此蟹殊形，遍访无名，视两螯张，若斗鸡鸣。
>
> 此蟹，生福宁州海涂。渔人得之，赠余入图。形状甚异，遍示土人，莫有识其名者。
>
> 其背前狭后宽，周回有刺，而尾后更锐。背上凹凸如老僧头颅，有大小紫点，目上有双钩紫纹。两螯尤异常蟹，角刺排列如雄鸡之帻。或曰，此沙钻也，穴于沙。未实。

 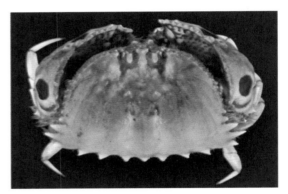

逍遥馒头蟹（自蒋维）

考释

三国吴·沈莹《临海水土异物志》："石蜫，大于蟹。八足，壳通赤，状如鸭卵。"清·李调元《然犀志》卷上："花蟹，八跪二螯，与诸蟹同。但跪小而螯大，几与筐等。筐与螯有斑文如湘竹、如贝锦。其敛螯足之时，又与龟之藏六，无罅隙可窥。"

聂璜图似馒头蟹，为异孔亚派馒头蟹科馒头蟹属物种的统称。头胸甲宽，背部甚隆、状如馒头。口框三角形。鳃9对。末对步足非桨状，适于步行。其在广东俗称雷公蟹、拱手蟹，又称元宝蟹、面包蟹。英文名box crab。我国记录馒头蟹12种。

逍遥馒头蟹 *Calappa philargius*（Linnaeus），头胸甲背部甚隆，具5纵列不明显的疣状突起，前侧缘具细锯齿，后侧缘具2枚小钝齿和5枚三角形锐齿，后缘具6枚锐齿。额窄，具2枚齿，眼窝小。螯足粗壮，收缩时紧贴前额，右侧的螯足稍大于左侧的。步足第1对最长，末对最短，细长光滑，指呈爪状。甲宽8 cm。逍遥馒头蟹栖于东海、南海水深24～100 m的泥沙底或碎壳沙底。

∽ 黎明蟹科 ∽

金蟳——红线黎明蟹

金蟳赞　纹紫质黄，剖破槟榔，思邈[1]医龙，遗漏药囊。

余戊午[2]客瓯，见虎蟹而外又有黄色而赤斑者，背足之斑点绝似槟榔之剖破状，两螯如胭脂之衬白玉，莹润可爱。八足软而无爪，前后如拨棹形。其性必宜于水，而非陆处者。

土人莫能辨，混称为花蟹。及客闽，始知此名金蟳。凡后二足扁者，皆谓之蟳。其色黄，故以金名，《闽志》亦载。

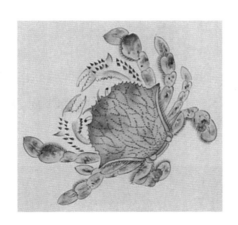 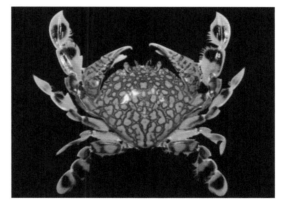

红线黎明蟹（自蒋维）

注释

① 思邈　孙思邈（581—682年），京兆华原（今陕西省铜川市耀州区）人，唐代医药学家、道士，被后人尊称为"药王"。

② 戊午　康熙十七年，1678年。

考释

按聂璜所绘，金蟳为黎明蟹。红线黎明蟹 *Matuta planipes* Fabricius，属于异孔亚派馒头蟹科黎明蟹属。头胸甲为宽大于长的馒头状，具小红点组成的网纹。步足扁平如桨，适于游泳。口框三角形，鳃9对。头胸甲长4 cm，宽5 cm。红线黎明蟹在我国分布于南海、东海、黄海、渤海的沙岸潮间带和潮下带。

明·屠本畯《闽中海错疏》："金蟳，色黄。"民国·徐珂《清稗类钞·动物类》："金钱蟹，小蟹也，以其形如钱，故名。产咸、淡水间，有黑膏，可腌食。"金钱蟹似头胸甲为宽大于长的卵圆形馒头状，表面具均匀散布的红色小点，步足扁平如桨的红点月神蟹 *Ashtoret lunaris*（Forsskål）。

合浦斑蟹——胜利黎明蟹

合浦斑蟹赞　合浦产珠，乃亦繁蟹，老蚌有知，同看斑彩。

斑蟹，亦产合浦。本色绿，而斑点作红黑色，参差不一。皆粤人谢友所图述，并有文以附于后。

谢三玉曰："余魏鄙庸[1]，性好飘蓬，落落孤踪，燕游三冬，咄咄书空[2]。转遨浙东，丁卯孟春[3]，幸炙高风，丰度雍雍，珠玑满腔，未开茅衷[4]。《蟹谱》先蒙，两螯芃芃[5]，八足介虫，青赤紫黄，其类甚众。赋咏歌讽，悉经巨公。予乃陋佣，奚须志颂，间尝阅历。每见奇容，有若佩铠，遍身刺锋，有如衣锦，满甲斑红。更有一种，实异名仝，在冰之中，活活能动，起于涯陇，寂寂硈硈[6]。欲投釜鼎，不堪莹烹。询我崖侬，捕伊何用，扁鹊药笼，藏以治肿。千般肿痛，一遇消松。《本草》载铭，出崖海滨，此石蟹也。谨绘斯形，复先生命。"

胜利黎明蟹（自蒋维）

注释

① **魏鄙庸**　指魏晋鄙俗平庸的司马伦，为写文者自谦之词。

② **咄咄书空**　形容失志、懊恨者的心态。

③ **丁卯孟春**　康熙二十六年（1687年）春季的首月。

④ 茅衷　茅塞顿开的初衷。

⑤ 两螯芃（péng）芃　芃，示蟹螯足毛蓬松的样子。

⑥ 硁（kēng）硁　敲打石头的声音。

考释

该图为聂璜友人谢三玉所绘。

看图，合浦斑蟹似馒头蟹科的胜利黎明蟹 *Matuta victor*（Fabricius）。其体表密布紫红色小点（聂璜所绘斑点过于夸张）。眼柄短。头胸甲近圆形，长近 4.5 cm，宽达 7 cm。额具 4 枚齿，侧缘具 1 枚齿（图中为 4 枚齿）。螯足强壮，掌节的外侧面具锐刺 3 枚，且以居中的 1 枚最大。步足扁平如桨。胜利黎明蟹栖于潮间带至浅海沙质底，在我国分布于东海和南海。

虎头蟹科

虎蟳——虎头蟹

虎蟳赞　悬门断疟[一]，必尔入秦，鬼虽见畏，不哇①人亨②。

余于康熙戊午③，客永嘉之宁村，偶得虎蟹。睹其全体，色正黄，背肖虎面，目鼻俨然，而八跪斑斑。描尽虎状，虽善绘者莫逾于此。悬诸国门，即吴越人士无不惊疑，又岂特秦俗能辟疟哉？聊为虎蟳吟四章，以夸其文炳④。云：

其一，山君传是兽之王，敛迹潜身入蟹筐。从此渡河浮海去，知无苛政到遐荒⑤。

其二，类狗丹青画未真，如何介体肖全神。虎威莫怪狐狸假，公子无肠也效颦。

其三，有目眈眈视四方，雄心收拾壳中藏。把来掌上随人玩，不假蓑衣护色黄。

其四，虎变非徒拟大人，也教郭索振凡尘。随潮涌入龙宫里，会际风云⑥出隐沦⑦。

吴志伊曰："大海之滨有怪物。昌黎公⑧或亦有所见，而云然耶非耶？"

世之读《山海经》者，于图见陆吾⑨，虎身、虎爪、人面而九首，曰怪也；于图见驺虞，尾长于身，五采而虎形，曰怪也；于图见马腹，人面而虎身，曰怪也；于图见英招，马身、人面、虎尾而鸟翼，曰怪也；于图见泰逢，两目有光，人身而虎尾，曰怪也；于图见天吴，虎身、人面、八足、八尾而八首，曰怪也；于图见疆良，人身、虎首、长肘而啣蛇，曰怪也；于图见鹿蜀，马面而虎文，曰怪也；于图见駮，虎爪、虎牙、一角而马身，曰怪也；于图见兽围，羊角、人面而虎爪，曰怪也；于图见蛮蛭⑩，九尾、九首、狐身而虎爪，曰怪也。

此皆见其图形，而未见其真形者也。

若存庵之于虎蟹，既得见其真形，而并即其真形图之，怪哉，虎蟹又何疑焉？夫天下之物，苟非亲见，则不可信。然天下之物，又岂必尽亲见而后可信哉？昔禹铸九鼎以象百物，使民知神奸⑪，禹非惑世诬民者也。殆九鼎沦亡，载籍幸存，后人即经义以图形。虽不亲见，无不可信。其或有不能尽信耆，吾将以虎蟹图，辨《山海经》之不诬。

吴志伊先生，讳任臣，与予同里，向辑有《山海经图》行世。学古以鸿词科，荣名天府。康熙己未，以游记诗稿寄京，并附虎蟹图。志伊先生见而异之，即以《山海经图》论虎蟹，取经中凡物有一体肖虎者，皆得与此蟹作宾⑫。文成遥掷读之，在彼意虽为《山海经》辨疑，在我殊为虎蟹图生色。久存其稿，得录于谱。

中华虎头蟹（自蒋维）

注释

① 咥（dié） 咬。

② 亨（pēng） 古同"烹"，煮。

③ 康熙戊午 康熙十七年（1678年）。

④ 文炳 谓虎皮的花纹斑斓多彩，比喻因时制宜，革新创制，斐然可观。《周易·革》："九五，大人虎变，未占有孚。象曰大人虎变，其文炳也。"孔颖达疏："损益前王，创制立法，有文章之美，焕然可观，有似虎变，其文彪炳。"

⑤ 遐荒 边远荒僻之地。

⑥ 会际风云 同"风云际会"，比喻有才华、有作为的人恰遇难得之机。

⑦ 隐沦（yǐn lún） 泛指神仙。晋·郭璞《江赋》："纳隐沦之列真，挺异人乎精魄。"李善注引汉·桓谭《新论》："天下神人五，一曰神仙，二曰隐沦，三曰使鬼物，四曰先知，五曰铸凝。""隐沦"还指隐者、隐居、沉沦、埋没。

⑧ 昌黎公 唐代杰出的文学家、思想家、哲学家、政治家韩愈，世称韩昌黎，尊称昌黎公。

⑨ 陆吾 即肩吾，神话传说中昆仑山神名，"人面、虎身而九尾"（聂璜误记为"九首"）。下文"驺虞"等皆为《山海经》中与虎有关的怪诞不经之物。

⑩ 姪 同"侄"。

⑪ 神奸 能害人的鬼神怪异之物或奸诈狡猾的人。

⑫ 宾 服从，归顺。在此转意为标准。

校释

【一】悬门断疟 古人绘虎蝎于门，误以为可预防疟疾。宋·沈括《梦溪笔谈》："关中无螃蟹……土人怖其形状以为怪物……不但人不识，鬼也不识也。"

考释

聂璜所记古人"悬门断疟"的做法不可取，但其诗暗指清初之苛政。

唐·段公路《北户录》卷一："虎蟹，赤黄色，文如虎首斑。"宋·罗愿《尔雅翼·释鱼四·蟹》："其大而有虎斑文，随波埋沦者，名虎蟳。"明·屠本畯《闽中海错疏》卷下："虎狮，形似虎头。有红赤斑点，螯扁，与爪皆有毛。"徐𤊹补疏："金钱蟹，形如大钱，中最饱，酒之味佳。"清·胡世安《异鱼图赞补》卷下："蟹有虎蟳，蹒跚而行，狰狞斑斓，遂冒虎名。《雨航杂录》，'大者有虎斑文，阔足亦如蟳。'"清·郭柏苍《海错百一录》："虎蟳，兴化、泉州呼虎狮。味丰，似蟳而小，壳脚皆斑斓，然以壳似虎头，故名。"

虎蟳，其后足阔如蟳，为异孔亚派虎头蟹科物种的统称。日本借用汉字称其为虎斑馒头。其中，中华虎头蟹 *Orithyia sinica* (Linnaeus)，头胸甲近圆形，长大于宽，分区明显。鳃区各有1个深紫色圆斑，如虎眼状。头胸甲长度稍大于宽度，疣状突起对称地分布于头胸甲各区中心。额具3枚锐齿，居中者较大，前侧缘具2个疣状突起及一壮刺，后侧缘具两壮刺，后缘圆钝。螯足不对称，左螯足较小。第4对步足呈桨状，指节扁平而呈卵圆形。雄性腹部短小，呈三角形；雌性的呈卵圆形。中华虎头蟹栖于浅海泥沙底上，在我国渤海、黄海及东南沿海均有分布。

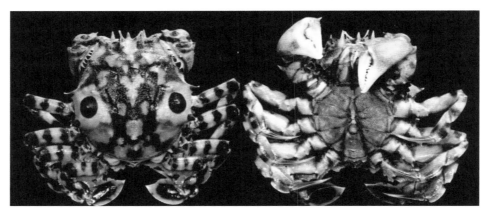

中华虎头蟹背面观（左）和腹面观（自《黄渤海常见底栖动物图谱》）

玉蟹科

虾蟆（蟆）蟹——橄榄拳蟹

虾蟆①蟹赞　但走不跳，亦坐不叫，混入池塘，公私难较。

虾蟆蟹，不繁生[一]。八足常敛而促，二螯常竖而耸。其背昂然，俨若一虾蟆也。且其行越趄②，亦若蛙步，故名。产闽中海滨。

橄榄拳蟹（自蒋维）

注释

① 虾蟆　同"虾蟆""蛤蟆"。

② 越趄（zījū）　脚步不稳，行走困难。

校释

【一】不繁生　聂璜多次提及"不繁生"，在此指种群数量不多。

考释

按聂璜所绘，虾蟇蟹头胸甲半球形，长约 1 cm，长明显大于宽，背隆起，上具等大的颗粒（图中的白点），前侧缘具细锯齿，螯足长小于头胸甲长的 2 倍，两指间具锯齿，符合橄榄拳蟹 Ovilyra fuliginosa（Targioni Tozzetti）之特征。橄榄拳蟹见于海南、广东、福建、浙江沿海浅水处。

唐·段成式《酉阳杂俎·广动植二》："千人捏，形似蟹。大如钱，壳甚固，壮夫极力捏之不死。俗言千人捏不死，因名焉。"明·屠本畯《闽中海错疏》卷下："千人擘，状如虾姑，壳坚硬，人尽力擘之不开。《海物异名记》云，千人擘聚刺犷壳，擘不能开。《酉阳杂俎》谓之千人捏。"屠本畯认为千人擘和千人捏为同一物，段成式所述"大如钱"的千人捏和屠本畯所述"状如虾姑"的千人擘从外形看并非同一物。本文释虾蟇蟹为拳蟹，其又有鬼见愁之名。

应指出，中日文献对千人捏的解读有歧见。《中国海洋蟹类》（1986 年）认为是拳蟹，而日本《千虫谱》（1811 年）则记为蛙蟹科中俗称唐人蟹的琵琶蟹 Lyreidus。

拳蟹，口框三角形且为第三颚足全覆盖。头胸甲厚而坚实，呈球形或长卵形，前缘横截或钝。我国已记录拳蟹 16 种。英文名 nut crab。拳蟹与一般横行的蟹不同，能直行。

橄榄拳蟹 O. fuliginosa（Targioni Tozzetti），头胸甲为长大于宽的橄榄球状，背部具密集粗糙的颗粒，分布于东海、南海沿岸浅水。

和尚蟹——玉蟹（？）

和尚蟹　苦海无边[1]，何难获渡，若经捧喝，顷教觉悟。

和尚蟹，俗名也。剖之无肉，不可食。背突而高，若老僧头颅状，故以和尚名。

予即和尚作颂曰："有物类僧秃首，问尔此中何有。一日潮来脱壳，解脱此身无垢。"

玉蟹（自陈惠莲）

注释

① **苦海无边**　指生死轮回如同苦海，无边无际。元·无名氏《度翠柳》第一折："世俗人没来由，争长竞短，你死我活。有呵吃些个，有呵穿些个。苦海无边，回头是岸。"

考释

聂璜所绘形似玉蟹 *Leucosia*，但玉蟹眼小且位于头胸甲前缘。按分类表述，拳蟹第三颚足长节长等于或稍大于坐节内缘长的1/2；而玉蟹第三颚足长节长小于坐节内缘长的1/2。

梭子蟹科

蝤蛑——青蟹

蝤蛑赞　蝤蛑巨体，蟹中之豪，八月斗虎[一]，气壮秋涛。

昔吕亢谱蟹[二]十二种，以蝤蛑居第一，谓其形独伟乎。惜其图与说失传，但存其名而已。

蝤蛑，一名蝤蝖，闽人呼之为蟳。然考《字汇》《韵书》，无蟳字。

闽中四季俱食，云宜人，即病夫、产妇亦需之，非毛蟹比也。宴客亦以之佐肴。浙东冬春始盛，杭俗鲜有，偶得珍之，号曰黄甲[三]。广东亦产，贾人①干之。其色大赤，以携入云贵四川，莫不惊异，传玩不已。此蟹较他蟹独大，壳广而无斑，螯圆而无毛，前四须如戟，后匾足若棹，背有二十四尖，与鲤之三十六鳞并付殊形。是以有斗虎之异，然闻小鱼反能食之，亦可怪也。

《本草》注："蝤蛑大者，背长尺余。八月能与虎斗，虎不如也。"尝奇其说，以询海乡老人，老人笑而告予曰："蝤蛑大者尤强，虎欲啖，方张口，而蝤蛑之螯且夹其舌，甚坚。虎摇首，蝤蛑摧折其螯脱去，虎舌受困数日不解，竟咆哮而毙。有斗虎，而虎不如之事。"

《本草》谓："蝤蛑即拨棹。"非也，别有辨。

拟穴青蟹

①贾人　商人。

校释

【一】八月斗虎　此处及该文后段皆杜撰。

【二】吕亢谱蟹　后文记为吕亢《蟹谱》，与傅肱《蟹谱》有别。

【三】号曰黄甲　此处有歧义，石蟳亦称黄甲蟹。参见"石蟳——蟳"条。

考释

按聂璜所记，该蟹"巨体"，为"蟹中之豪"，"其形独伟"，"前四须如戟，后匾足若棹，背有二十四尖"，符合被古人称为"大蟹"、头胸甲光滑（分区不明显）、前侧齿多于7枚的青蟹*Scylla*之征。

宋·陈耆卿《赤城志》卷三六："蝤蛑，八足二螯。随潮退壳，一退一长。最大者曰青蟳。"明·屠本畯《闽中海错疏》卷下："海蟳，蝤蛑也。长尺余，壳黄，色青。两螯至强，能与虎斗。"但是，宋·戴侗《六书故·虫部》"（蟳）青蟳也。螯似蟹，壳青，海滨谓之蝤蛑"把蟳和青蟳混称，本书将其拆分。参见"石蟳——蟳"条。

我国报道青蟹属4种，属于异孔亚派梭子蟹科。

锯缘青蟹 *S. serrata*（Forsskål），联合国粮农组织称其为 Indo-Pacific swamp crab。两螯不等大且不具隆脊。头胸甲宽可达13 cm，表面光滑且呈青绿色，额具4枚等大的齿，左、右前侧缘各具9枚齿，左、右内眼窝各具1枚齿。第一、二触角鞭状。大螯长节前缘具3枚齿。其喜栖于泥质的河口、红树林。夜间行动。市场上所称之红蟹，专指交配后抱卵的雌蟹。未交配过的雌蟹和雄蟹称为菜蟹。

而大螯足长节前缘具1枚刺、掌部背面具2枚刺的拟穴青蟹（拟曼赛因青蟹）*S. paramamosain* Estampador，味鲜美，营养价值高，已人工养殖。拟穴青蟹习见于我国东南沿海，英文名 mangrove crab，有红树蟹之称。

石蟳——蟳

石蟳赞　宗派本蟳，居处各地，托乎石间，便觉有异。

此石蟳也，状与青蟳同，而螯端上黑下蓝。不穴于沙土，而穴于海岩石隙间，故曰石蟳，如一姓而分其居者也[一]。亦可食，但不似青蟳之广，渔人偶得之耳。

光掌蟳（相模蟳）（自《中国海洋生物图集》）

校释

【一】如一姓而分其居者也　聂璜误把穴于岩石隙间的石蟳与穴于沙土中的青蟳，视为同一类或同一物种。

考释

聂璜"如一姓而分其居者也"的认识，即把青蟳、石蟳混称为蟳。

宋·戴侗《六书故·虫部》："（蟳）青蟳也。螯似蟹，壳青，海滨谓之蟳螯。"明·胡世安《异鱼图赞补》卷下引《渔书》："蟳，一名黄甲蟹。生海岸中，壳圆而滑，后脚有两叶如棹而阔，其螯无毛。穴处石缝中，惯捕者遍寻其穴而得，故名蟳。足善走，渔人得之，即以草紧系而藏之篓。当潮至时，雄在篓中，亦引声沸沫。岭南人谓之拨棹子，一名蟳蚌。余乡蟳有一二尺大，壳可作花盆。汲冢专车之壳必此类。然蟹胜蟳，蟳胜蟛，故陶縠云，一蟹不如一蟹。"按，明·胡世安所记"蟹胜蟳，蟳胜蟛"中，"蟹"是毛蟹，"蟳"含青蟳和石蟳，而"蟛"指梭子蟹。

在东南沿海，市场所称之石蟹，是指蟳属 *Charybdis* 的物种，经济价值仅次于青蟹。蟳属属于异孔亚派梭子蟹科，包括善泳蟳 *C. natator*（Herbst）和颗粒蟳 *C. granulata* De Haan，等。其头胸甲宽大于长，额具齿6枚，前侧缘齿6枚（其间未见小齿），后缘弧形。螯足粗大，长于所有步足，腕节外侧具3枚刺，掌节具4枚齿且腹面光滑。第二触角鞭伸出眼窝。末对步足指节桨状。其栖于浅海石砾或岩礁区，白日活动。此即聂璜文"不穴于沙土，而穴于海岩石隙间"的蟳。

我国已记录蟳20种。除上述的种外，还有日本蟳 *C. japonica*（A. Milne-Edwards），亦名赤甲红。而相模蟳 *C. sagamiensis* Parisi，亦称光掌蟳，曾用名红黄双斑蟳 *C. riversandersoni* Alcock，不栖于石块下，见于东海沙质或具碎贝壳的泥沙质浅海。锈斑蟳 *C. (Charybdis) feriata*（Linnaeus）栖于近岸浅海底或珊瑚礁盘的浅水中，其最醒目的特征是全身有红褐色及暗褐色的斑纹。

日本蟳（左）和锈斑蟳（右）（自蒋维）

虾公蟹——异齿蟳

虾公蟹赞　蟹本是蟹，虾本是虾，蟹冒虾形，混成一家。

蟹尽则续以虾，虾尽则继以蟹，难乎其为继续矣。乃有蟹以虾公名者，介召乎其间。是虾背绿而螯黄，后足扁如蟳，颈上有竖刺一条，如锯，一如虾首之所有无异，故以虾公名。周壳一圈皆尖刺，与他蟹不同。

瓯之瑞安铜盘山麓海滨产此。渔人偶得之，亦不多觏。访之福宁，云亦有虾公蟹。

异齿蟳（自蒋维）

考释

关于聂璜所述的"后足扁如蟳，颈上有坚刺一条，如锯"的虾公蟹，台湾蟹类学家施习德先生见图后指出："这是异齿蟳 *Charybdis anisodon*（De Haan），当然中央那个长额是非天然的。"

异齿蟳，第二触角鞭位于眼窝外。头胸甲背面黄绿色，腹面白色；表面光滑，仅前半部具横行隆脊。额缘有6枚圆钝齿，前侧缘含眼窝齿在内有6枚齿且以末齿最大。异齿蟳栖于5～30 m深的礁岩或有岩石的沙泥海底，广泛分布于印度-西太平洋，我国广东、福建、浙江沿海及黄海和渤海有分布。其为经济蟹类。

膏蟹——梭子蟹

福州膏蟹赞　春潮含膏，巨腹膨脖[1]，味三山蟹，胜五侯鲭[2]。

膏蟹者，闽中有膏之蟹也。三四月将孕卵之候，其膏甚满。较吾浙宁台温之蟹为巨，其卵甚繁。大约皆发于南海而后及东海[一]，蟹至此伟极矣。生子后多死，故无更大于此者。《闽志》有"蟹"，即此。《字汇》曰"虫名"，《尔雅》、类书之内无可考。

《本草》注云："阔壳而多黄者名蟹，生海中。其螯最锐，断物如芟刈[3]焉。扁而阔大、后足阔者为蝤蛑，岭南谓之拨棹子，以后脚如棹也。"若此，则蝤蛑即拨棹。吕亢《蟹谱》又何为别蝤蛑自为蝤蛑，拨棹自为拨棹哉？予深维其故。

吕亢《蟹谱》存名十二种，内无蟹名。拨棹非蟹，孰敢当之？故两图拨棹于蝤蛑之后，以明拨棹。之所以为拨棹，非无据矣。

考《闽志》物产卷，福、兴、漳、泉、福宁州，四府一州，并有蟹。《本草》注，所谓生南海中似矣。独以蝤蛑为拨棹，则误。

吕公《蟹谱》，别类分门，必有确见。《本草》注，未经深考，遂使蟹失拨棹之名，而并失拨棹之实。

予故图膏蟹矣，而复图拨棹，而两申其义。

三疣梭子蟹（自蒋维）

注释

① 膨脝（pénghēng） 肚子胀的样子，不灵便。

② 五侯鲭 五侯，汉成帝封母舅五人为侯；鲭，鲭鱼和肉的杂烩。后世称美味佳肴为五侯鲭。

③ 芟刈（shānyì） 割，引申为除去、杀戮。

校释

【一】发于南海而后及东海 未见有关该蟹洄游的报道。

考释

宋·傅肱《蟹谱》："匡长而锐者谓之蟹。"明·屠本畯《闽中海错疏》卷下："蟹，似蟹而大，壳两旁尖出而多黄。螯有棱锯，利截物如剪，故曰蟹。折其螯随复更生，故曰龙易骨，蛇易皮，麋鹿易角，蟹易螯。二三月应候而至，膏满壳，子满脐，过是则味不及矣。"按，文中"蟹""蟹"或下文的"蟹"，指的就是梭子蟹。在东海，梭子蟹成熟期在三四月，故此记二三月指农历。

明·谢肇淛《五杂俎》："壳两端锐而螯长不螯，俗名曰蟹……在云间名曰黄甲。"明·胡世安《异鱼图赞补》卷下："行气扐毒，莫佳于蟹，肉壳多黄，螯最利铦。"《异鱼图赞补》引《渔书》："海蟹，蟹属。甲广，两角尖利，螯长数寸，无毛，端有牙如剪刀，遇物截之即断，故名。螯有花文，生时色绿，熟则变红……有冬蟹、花蟹、黄蟹、青脚蟹、三目蟹、四目蟹。"清·桂馥《札朴·乡里旧闻》："沂州海中有蟹，大者径尺，壳横有两锥，俗称铜蟹。"按，上述诸名为梭子蟹属不同物种的异名，如远洋梭子蟹称花蟹，拥剑梭子蟹叫黄蟹、红脚蟹，三疣梭子蟹在北方被称为蓝蟹。沂州地处山东省东南部。

梭子蟹为异孔亚派梭子蟹科（曾称蝤蛑科）梭子蟹属 *Portunus* 物种的统称，因头胸甲呈梭形而得名，在浙江沿海称枪蟹。头胸甲宽，前侧缘齿9枚且以最后一齿最大。目前，我国已记录19种梭子蟹，尤以三疣梭子蟹 *P. trituberculatus*（Miers）最知名。其头胸甲茶绿色，因背部具3个疣状隆起得名。现已人工养殖。

有文称，秋风起，蟹开始上市。这个时节，蟹肉多味美。一般来说，喜欢吃肉的要选雄蟹，即尖脐蟹；喜欢吃膏的要选圆脐蟹，即"膏蟹"。蟹膏即螃蟹的卵，味甘腴。雌蟹在产卵的时候，营养都供给了卵，此时肉瘦而不结实。

参见"蝤蛑——青蟳——青蟹""石蟳——蟳"等条。

拨棹——梭子蟹（紫色个体）

拨棹赞　墨鱼善矴[①]，鲎鱼善帆[一]，拨棹逐队，随其往还。

天地生物，既赋以物性矣，又必授以物形。若使其形稍有不足，以违其本性而拙于展施，则物不任受过，而造化之心有遗憾矣。是以虎豹至威，无爪牙则困；骏马善行，而无坚蹄则困；牛羊无犄角，则不能自强而困；象徒臃肿，其躯无鼻以为一身之用则困；鸟无啄，则毛羽虽丰能飞而不利于食则困；鱼无漏脱则水为之臓，无鳞尾则不能自主而困；龟鳖鼋鼍[②]好静，不假以壳若为之筒而穴之，则为物扰而困；螺蚌蛤蜯之属，质柔脆，无坚房以闭藏其身则困；蜂无针，则无以自卫而困；蝶入花丛，以须为鼻，无须则芬芳不别而困；蝉蜩蟋蟀蝇蚊之属，躯微不能鼓气，不假以翼而助之鸣则困；鹅鸭雁鹜善入水，使济水之具偶缺而不生方足则困，乃天则皆有以各足其形。夫是以物，物能顺其性，各用其所长，而无所乖忤[③]也。

蟹中之有拨棹，亦若是矣。拨棹身阔而横，背前有二十尖刺，目以下又有三尖刺。四须二短，爪如足。色有青者、有紫者，皆有大弯文及斑点。两螯甚利，螯颈有刺，难犯。前二足向前，后二足匾润如拨棹，六节连续若活机。在闽则呼为蟳而巨，瓯人呼为紫蟹，其色紫也。

游于江中淡水者，其色鲜丽，亦呼为江蟹，以其多潜江水也。渔人必施网罟，始得。盖他蟹多穴于沙土或伏于石垒，惟此蟹游泳于江海波涛之中，乘水则强，失水则毙。天特畁以阔足圆机，俾[④]嗜水之性与形相侔。一如鹅鸭雁鹜之方足，与不利水之旱禽，原异也。

顾名思义，惟此蟹能专拨棹之称。《本草》注混以蝤蛑为拨棹，岂其可哉！盖蝤蛑后二足虽阔，但能水亦能陆，非全以水为性者也。若此蟹专利浮没，故不但后足如拨棹，而前二足亦若双橹。在水得势，其行如飞。

吕谱[⑤]分别蝤蛑居前，拨棹居次。二之也虽不得见其图形，而名号伦次，炳[⑥]如吾用，是信之。因形拟性，因性辨名，乃得类推万物之形性，以明造化之意蕴[⑦]，而为之说。

梭子蟹（紫色个体）

注释

① 矴　同"碇"。

② 鼋（yuán）鼍（tuó）　鼋，大鳖；鼍，扬子鳄。

③ 乖忤（wǔ）　抵触、违逆。

④ 俾（bǐ）　使。

⑤ 吕谱　指宋·吕亢《蟹谱》。

⑥ 炳　明显。

⑦ 意蕴　事物的内容或含义。

校释

【一】墨鱼善矴（碇），鲨鱼善帆　系臆断。参见"墨鱼——乌贼""鲨"条。

考释

聂璜指出，生物之"物性"和生物之"物形"，即生物的生理功能与其形态结构，有着密切的联系。甚是。

"身阔而横，背前有二十尖刺，目以下又有三尖刺"的拨棹为梭子蟹，单称蟳、蠘、螯，亦称枪蟹等。

梭子蟹属 *Portunus* 中的紫蟹，乃梭子蟹的紫色个体。其出现，是环境或是遗传使然，尚无定论。

在梭子蟹属，红星梭子蟹 *P. sanguinolentus*（Herbst）头胸甲不光滑（分区明显），具横脊，后部具 3 个卵圆形的深红色斑块（聂璜图中未绘出），在我国各地又名红星蟹、三眼蟹、三目蠘、三点蟹、三点仔、三目公仔等。此蟹分布于福建及其以南海域。

在本条目聂璜强调，此蟹（梭子蟹）专称拨棹，蟳蛑则指青蟹。宋·傅肱《蟹谱》在总论中也依大小来界定蟹："小者谓之蟛蚏，中者谓之蟹，匡长而锐者谓之蟳，甚大者谓之蟳蛑。"参见"蟳蛑——青蟳——青蟹"等条目。

红星梭子蟹

～ 扇蟹科 ～

崎蟹——凶猛酋蟹

崎蟹赞　他蟹生擒，尔以死拒，比之田横①，其志可取。

崎蟹，产福宁州海岩，于石隙间作穴，甚窄隘。

欲捕者，手不能入，取之甚难，而避之亦深，海人置铁钻戳死钩出。壳绿色，甚坚，而煮之亦脆，内有红膏，称珍品焉，冬多夏少。

凶猛酋蟹（自蒋维）

注释

① 田横　汉高祖刘邦一统天下后，田横不臣服，逃往海岛。刘邦派人招抚，田横被迫赴洛，在距洛阳三十里的偃师首阳山自杀。海岛五百部属闻讯，亦全部自殉。

考释

聂璜描述的崎蟹是凶猛酋蟹 Eriphia ferox Koh et Ng。凶猛酋蟹属于扇蟹科酋妇蟹亚科酋蟹属。头胸甲呈圆扇形，与螯足表面皆不具绒毛。额具深缺刻，分为2叶，具6~7个小齿。头胸甲前侧缘含外眼窝齿在内具6~7枚齿，后缘平滑（聂图绘为有齿）。两螯不等大（聂图绘为等大），螯足腕节和掌节外侧面具颗粒。头胸甲宽达 47 mm。凶猛酋蟹在我国见于海南、福建低潮带岩石缝隙、洞里或珊瑚礁中。

鲥蟹——中华深毛刺蟹（？）

鲥蟹赞　披坚执锐，原是蟹类，更有鲥躯，还如刺猬。

鲥蟹，产广东合浦。

粤人谢汝奭为予图于赤城①，其背足多刺。

中华深毛刺蟹

注释

① 赤城　据载，一处是河北西北部的赤城县，另一处是四川的蓬溪县。二者均不临海。

考释

该图，为粤人谢汝奭代聂璜所绘。有两种蟹合成而绘之嫌。

台湾蟹类学家施习德先生认为，据聂璜所绘（最后一对步足桨状这一特征除外），鲥蟹似分布于香港的中华深毛刺蟹 *Bathypilumnus sinensis*（Gordon）（=*Pilumnus sinensis* Gordon）。此蟹属于毛刺蟹科，额缘中央具缺刻，螯足掌节具 6～7 列粗长刺。中华深毛刺蟹栖于近岸浅海，在我国分布于广西、广东、福建沿海。

沙蟹科

沙虮——沙蟹

沙虮赞（一名沙马）　虮号位驹，蟹名沙马。乘之者谁，黍民为雅。

沙虮，小蟹也。产福宁之三沙海涂上，以沙为穴。其色灰，其体薄，不堪食。捉置掌中，每为海风一吹而去。

吴日和曰："此蟹善走，亦曰沙马。"

沙上数穴相通，急行如飞。人不能捕，即得，亦不可食。有欲取以为鱼饵者，常于黑夜以火炤①之，用木圈围之捕住，钩于鱼钩作饵，入水尚能动，以饵海滨鲙鱼②。盖鲙性不入大海，不入泥涂，惟于海岩石旁，食石乳③等物。渔人每于此处垂纶，有此蟹无不获者。

注释

① 炤　同"照"。

① 鲙（kuài）鱼　在此指石斑鱼。

② 石乳　指海葵或藤壶。见该条。

考释

聂璜绘蟹，尤其注意大小比例。所绘最小的蟹，即沙虮和拜天蟹。

依文字，"以沙为穴"，"捉置掌中，每为海风一吹而去"。沙滩中这样的小蟹可能是股窗蟹。然而，聂璜又记"此蟹善走，亦曰沙马"，并用以"饵海滨鲙鱼"。看此描述，这又非股窗蟹，可能指沙马——沙蟹。

先说沙马。三国吴·沈莹《临海水土异物志》："沙狗，似彭蜞。壤沙为穴，见人则走，屈折易道，不可得也。"明·冯时可《雨航杂录》："沙狗，穴沙中，见人则走。或曰沙钩，从沙中钩取之也。味甚美。"明·王世贞《弇州四部稿》卷一五六："吴中沿海，有沙里狗，一云沙里勾，状类彭越而黄。以纯甘酒渍之，其味远出诸海品之上。《临海异物志》称沙狗。"清·黄叔璥《台海使槎录》卷三："沙马蟹，色赤，走甚疾。"清·沈翼机等《浙江通志》："沙虎……不甚大，与蟛蜞等糟食，甚美。又呼为沙狗。"所记今释为沙蟹。

沙蟹为沙蟹科沙蟹属 *Ocypode* 之统称，在民间俗称沙马、沙马仔。英文名 ghost crab，中译名幽灵蟹。头胸甲长小于宽，近四边形。额窄而下弯。眼柄较长，眼窝大而深，角膜肿胀。沙蟹多为沿岸水陆两栖性，穴居而喜集群，感觉敏锐，善疾走，以沉渣为食。我国已记录沙蟹 5 种。如习见之痕掌沙蟹 *O. stimpsoni* Ortmann，体长 3 ~ 6 cm，头胸甲横长形，眼柄粗，螯不等大，体色似沙。痕掌沙蟹喜在沿海开敞性沙滩高潮带筑洞，多在夜间活动，遇敌常以每秒 1 m 多的速度遁逃。

再说股窗蟹。股窗蟹体长一般在 1 cm 左右，有可能会为风一吹而去。唐·段成式《酉阳杂俎·广动植二·鳞介篇》："数丸，形似蟛蜞。竞取土各作丸，丸数满三百而潮至。一曰沙丸。"清·李元《蠕范》："曰涉丸，丸蟹也。似蜞，常搏土作丸，满三百丸则潮至。"股窗蟹，为沙蟹科股窗蟹属 *Scopimera* 物种的统称。头胸甲近球形，前部窄。因每对步足长节具卵圆形之膜状结构，故名。

依聂璜所绘，第 1 对步足短于第 2 对步足，似圆球股窗蟹 *S. globosa*（De Haan）。该蟹穴居于潮间带泥沙滩高潮区下部，涨潮时潜入穴内，干潮时则快速摄食穴孔周围之有机沉积物。其食渣经第 3 对颚足积成沙球。据统计，3 小时内，可形成 400 ~ 1 000 粒。对此，古籍记数丸。民间常俗称其为捣米蟹。我国已记录股窗蟹近 10 种。然而，若用以"饵海滨鲑鱼（石斑鱼）"，股窗蟹个体不够大。

拜天蟹——角眼切腹蟹

拜天蟹赞 孱弱小兵，从不出征，拜天私祝，惟愿大平。

宁台温海涂有小蟹，日以为螯作拱揖状，土人名之为拜天蟹。然日出则拜向东，日午则拜向中，日晡则拜向西。微物若此，可为奇矣。其蟹颇小，永不能大，繁生沙涂。土人杂他蟹，亦醢而食之，惜哉。

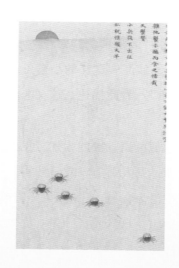

角眼切腹蟹

此亦为聂璜绘的一种小蟹。角眼切腹蟹 *Tmethypocoelis ceratophora*（Koelbel），属于沙蟹科股窗蟹亚科。头胸甲方形且平扁，眼柄末端具1个细柄，螯足对称，第一、二步足长节具股窗。

切腹蟹所谓的"拜天"现象指其挥动双螯的行为。

篆背蟹——角眼沙蟹

> 篆背蟹赞　黑背白纹，有篆如写，小现图书，追踪龙马。
>
> 篆背蟹，产福宁州海涂。背淡黑色，而白纹如篆书。不在食品，不入志书。予于蛎肉内偶见而识之。

角眼沙蟹（自《中国海洋生物图集》）

考释

依图，篆背蟹额窄；头胸甲方形，宽稍大于长，侧缘无齿。按聂璜所述，其"背淡黑色，而白纹如篆书"。这似沙蟹科的角眼沙蟹 *Ocypode ceratophthalmus*（Pallas），但该蟹两螯不等大。

～ 毛带蟹科 ～

交蟹——泥蟹

交蟹赞　蟹之交结，何为如此，登之几筵，同生同死。

交蟹，产宁波海涂。甚小，且不繁生[一]。四明宴上客，必需此为翻席①。生置盆中，乘活投盐豉啖之，以为珍品。

昔忠懿王②宴陶穀③，自蠄蚎至蟹蚼几十余种。穀尝之，以为一蟹不如一蟹。疑即昔日之蟹蚼④乎。蚼字，别作蛄，未知孰是。

四明范天石曰："此蟹名交，彼此衔结也。"予故以同生同死赞之。或又曰："山西宴客，觅出生小鼠，乘活蘸蜜啖之，口内尚作声，名曰蜜唧唧。"

越中嚼活蟹，同一异事。遐方⑤人士投足⑥偶见，能不作惊态。投筯⑦而起者，未之有也⑧。

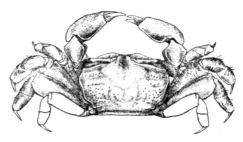

宁波泥蟹

注释

① 翻席　一席未终，别设一席。

② 忠懿王　王审知（862—925年），字信通，又字详卿，光州固始（今河南固始）人，五代十国时期闽国建立者。梁太祖朱温升其为中书令，封闽王。

③ 陶穀（gǔ）　字秀实（903—970年），邠州新平（今陕西彬州）人，五代后周的一位大臣，著《清异录》。

④ 蚼（jué）　鼠。

⑤ 遐（xiá）方　指远方，即遥远的地方。

⑥投足　举步或投宿。

⑦筯（zhù）　同"箸"，筷子。

⑧未之有也　之在此用作代词，是"这""这样"的意思。"未之有也"是宾语前置句，正常说应是"未有之也"，即没有此类的事。

校释

【一】不繁生　指种群数量不多。

考释

按图，此蟹头胸甲方形，额宽不及头胸甲前缘宽的1/2，眼窝长而斜，眼端不具细柄，左、右螯足近对称，为泥蟹属 *Ilyoplax* 物种，属于沙蟹总科毛带蟹科。我国已记录泥蟹9种。

交蟹，在宁波亦称泥涂蟹，即宁波泥蟹 *Ilyoplax ningpoensis* Shen，栖于潮间带沙滩上，分布于浙江和福建。春夏之交，此蟹在杭州湾海域壮而肥，常用于做家常菜——醉蟹。清·姚光发等《松江府续志》卷五："望潮郎，形似虱蟹。穴沙中，潮将至，出穴翘足而望，故名。"

股窗蟹个体太小，"四明宴上客"，无法以此翻席，所以聂璜所述交蟹并非股窗蟹。

聂璜所记"四明宴上客，必需此为翻席""越中嚼活蟹"，也许是明末清初人食活蟹的故事。如今宁波城似乎已难觅舌尖乐于此道者。

大眼蟹科

沙蟹——大眼蟹

沙蟹赞　也土也水，曷独称沙？种类必繁，运恒河车①。

沙蟹，浙东之称也。闽中谓之匾蟹，其形匾也。四季繁生之，人腌藏而食。其形横脊，其色青黄不等，其目长而细，其螯白而曲，其行趑趄②而不疾。

蟹中有名倚望者，东西顾盼，行不四五步，以足起望，入穴乃止。今玩其足目，得无是欤③？吾欲革沙蟹之名，而以倚望当之，何如？

日本大眼蟹（自蒋维）

注释

① 运恒河车　可能指沙蟹数量众多，代代繁生，似不断运转的河车。

② 趑趄（zījū）　行走困难，犹豫不前。

③ 得无是欤　能不是吗？

考释

按聂璜所绘、所述，此"沙蟹"为大眼蟹，俗称倚望。拙著《海错鳞雅》曾视倚望、望潮与招潮为一物，今当析分以更正。倚望、望潮为大眼蟹。

三国吴·沈莹《临海水土异物志》："倚望，常起顾睨西东，其状如彭蝈大。行涂上四五，进辄举两螯八足起望，行常如此，入穴乃止。"宋·洪迈《容斋随笔》卷六："望潮，壳白色。居则背坎外向，潮欲来，皆出坎举螯如望，不失常期。"清·李元《蠕范》："鳟，倚望也，望潮也，似蜞而青或白，常举两螯，东西顾睨。行四五，进亦如之，入穴乃止。潮将来，则出坎顾望，不失常期。其迎来，谓之招潮，潮退行泥中。"清·郭柏苍《海错百一录》："倚，又称步倚。一步一倚，小于卤海，蟹之逸品。"

我国记大眼蟹科蟹 19 种。习见的日本大眼蟹 *Macrophthalmus (Mareotis) japonicus*（De Haan），眼柄长而斜，头胸甲长方形，宽约为长的 1.5 倍，胃区略呈心形，鳃区有 2 条平行的横行浅沟。额窄且稍向下弯。螯足壮大，左右近乎对称，长节无发音隆脊，可动指内缘基部具 1 枚大齿，不动指内缘具大小不等的突齿。第 1~3 对步足腕节背面具 1~2 条颗粒隆脊。体长 2 cm，宽 3 cm。日本大眼蟹穴居于潮间带中区、上区和河口泥沙滩，在我国沿海均有分布。

短身大眼蟹（自张小蜂）

招潮蟹科

拥剑蟹——招潮蟹

拥剑蟹赞　经营四方，勇力方刚，抚剑疾视，彼恶敢当。

拥剑，其螯一巨一细，巨者如横刀之在身，故曰拥剑。俗名遮羞，以大螯尝蔽睫前也。雌者两螯皆小，惟雄者一巨一细耳。吕亢之谱，次拨棹而先蟛蚏，重武备欤？四言之赞，不足以尽，更为之作传。

郭汾阳[①]后，有佳公子。博带翩翩，豪放不羁，能为青白眼，口善雌黄人物，而身无长技。向蛙学书，性苦躁，未能黾勉从事[②]，学书竟不成。其父兄族党，尽介士[③]也，曰："螳执斧而蛣弄丸，萤悬灯而蛛布网，皆能执一技以成名，大丈夫安事毛锥[④]哉！"乃劝弃书学剑。公子欣然。披重铠、佩干将，时就公孙大娘[⑤]舞，而技日益近。将门子，学书虽未成，无虑拥剑又不成也。得卒业[⑥]，遂终其身，以拥剑名。

网纹招潮蟹

注释

① 郭汾阳　郭子仪（697～781年），华州郑县（今陕西渭南）人，唐代名将、政治家、军事家。

② 黾（mǐn）勉从事　努力去做工作。语自《诗经·小雅·十月之交》："黾勉从事，不敢告劳。"

③ 介士　此指武士。引自《韩非子·显学》："国平则养儒侠，难至则用介士。"蟹常被称为"横行介士"。

④ 毛锥　古人以束毛为笔，状如锥子，故称毛笔为毛锥。此借指文官。

⑤ 公孙大娘　指开元盛世时，技艺高超、善舞剑器的女师。

⑥ 卒业　完成学业或毕业。

考释

三国吴·沈莹《临海水土异物志》："招潮，小如彭蜞，壳白。依潮长，背坎外向举螯，不失常期，俗言招潮水也。"唐·刘恂《岭表录异》卷下："招潮子，亦蟛蜞之属。壳带白色。海畔多潮，潮欲来，皆出坎举螯如望，故俗呼招潮也。"民国·徐珂《清稗类钞·动物类》记："招潮，蟹类。小如蟛蜞，壳白，随潮而上，背坎外向，举螯，不失常期，故俗称招潮。"按，此似体白色之清白招潮蟹 *Austruca lactea*（De Haan）。

按聂璜所绘，此蟹螯赤色，似弧边招潮蟹 *Tubuca arcuata*（De Haan）。清·郭柏苍《海错百一录》卷三："赤脚，拥剑之属，又名桀步。泉州、福州称赤脚，莆田谓之港蟹。《三山志》，揭捕子，一螯大、一螯小，穴于海滨，潮退而出，见人即匿……《八闽通志》，拥剑螯大小不侔，以大者斗，小者食，一名执火，以其螯赤故也。"雄性弧边招潮蟹大螯红色，外侧疣突密集。弧边招潮蟹习见于南海北部、东海港湾内沼泽泥滩。此蟹潮退后出穴，以底表沉积的有机碎屑为食。其可随潮汐节律周期变换颜色，在动物学中用于研究生物钟。

招潮蟹，头胸甲近四边形，前宽后窄。眼柄细长，角膜小，似火柴棒般突出。雄蟹两螯大小悬殊，大螯失去后可再生，但对侧的小螯则长成大螯。大螯用以威吓敌人或是求偶。我国已记录招潮蟹 10 余种。招潮蟹习见于潮间带泥滩或河口泥岸、红树林泥涂。台湾称招潮蟹为大拱仙。英文名 fiddle crab，直译为提琴蟹。

聂璜借此文，说"天生我材必有用"，但要"黾勉从事"。

弧边招潮蟹（自《中国海洋生物图集》）

猴面蟹科

蟛蜞——猴面蟹

蟛蜞赞　彭越幻蟹，雄心未罢，意托横行，千变万化。

类书云，蟛蜞一名蟛蝏[一]，又名蟛螖，浙东呼为青蟛。凡近海之乡皆有，吾乡钱塘海涂冬春尤繁，贩夫腌浸，呼鬻于市。

《汉书》称，汉王醢彭越，赐九江王布食，俄觉而哇于江，变为小蟹，遂名蟛蜞[二]。

诚然乎？但谢豹化虫，杜宇化鸟①，牛哀化虎②，鲧化黄熊③，又安知彭越之不化为蟹也！

猴面蟹

注释

① 谢豹化虫，杜宇化鸟　陆游《老学庵笔记·卷三》记，吴人谓杜宇为谢豹。《尧山堂外纪》："昔谢豹化为虫，行地中，以足覆面作忍耻状。"另传说，杜宇为古蜀国的帝王，后退隐西山，化为杜鹃鸟。

② 牛哀化虎　典出《淮南子·俶真训》："昔公牛哀转病也，七日化为虎。其兄掩户而入觇之，则虎搏而杀之。"

③ 鲧化黄熊　语出《左传·昭公七年》："昔尧殛鲧于羽山，其神化为黄熊，以入于羽渊，实为夏郊，三代祀之。"神话传说，禹父鲧因治洪水不成功，被尧处死于羽山。其精魄化为黄熊，潜入羽渊，受夏的祭祀。

校释

【一】蟛蝏　古人常视其为小蟹，后世析分。参见寄居蟹相关条目。

【二】《汉书》称，汉王醢彭越……遂名蟛蜞　汉·班固《汉书》卷三十四："十一年……夏，汉诛梁王彭越，盛其醢以遍赐诸侯。"然而，《汉书》中未记彭越变为小蟹。东晋·干宝《搜神记》记"蟛蜞，蟹也"，始见彭越为小蟹之说，且"彭越"写为"蟛蜞"。

考释

依图，此蟹被鉴定为猴面蟹科之猴面蟹 *Camptandrium*，但聂璜所绘右图头胸甲呈六角形，而中图则为横宽的长方形。此等沙滩上的小蟹，需更多的附图或文字说明以区别。

聂璜试图借"谢豹化虫，杜宇化鸟，牛哀化虎，鲧化黄熊"等传说证明化生说。

至魏晋三国，中古汉语物名已用双音节字。这与人口增多、生产恢复、从陆到海需识别的生物数量增多有关。如蟛蜞、蟛蜡等等物名，均在此时出现，泛指小蟹。

～ 和尚蟹科 ～

镜蟹——长腕和尚蟹

镜蟹赞　月落万川，尽幻成蟹，至今圆白，如镜满海。

镜蟹，形圆色白，其背亦平，故以镜名。伸其钳足，则一蟹也。若缩钳足于腹下，如一石子无异，产福宁南路湖尾海边。其形虽异，肉不堪啖，不在食品，故志书不载。

长腕和尚蟹

考释

依聂璜所述，此蟹"形圆色白""如镜满海"。形成如此大的种群者，为豆蟹的可能性不大，而似长腕和尚蟹 *Mictyris longicarpus* Latreille。

长腕和尚蟹，俗称和尚蟹、兵蟹、海珍珠、北海沙蟹。体近圆球形，头胸甲长稍大于宽。背部隆起且光滑。额宽不及头胸甲宽的 1/2，无眼窝，第三颚足几乎完全封闭口框。体长一般在 1 cm。在我国，长腕和尚蟹分布于海南、广西、广东、台湾、福建等地的河口泥滩。在退潮后出来活动。该蟹可前行，挖沙方式像拧螺丝一样。雌雄从外表难以区别。广西流行的沙蟹汁就是用该蟹做成的。

弓蟹科

毛蟹——中华绒螯蟹

毛蟹赞　雄曰蜋螘，雌曰博带，钱昆①嗜尔，官求补外。

毛蟹，食品也，多生于海傍田河中。江北谓之螃蟹。浙东谓之毛蟹，以其螯有毛也。

北自天津以达淮扬吴楚，南至瓯闽交广〔一〕，无不产焉。但江北者肥而大，闽粤产者小而不多，蟛蜞反繁生焉。淮扬之间五六月即盛，不必橘绿橙黄也。闽粤冬月孕卵膨脖，早于江浙河北，地暖使然，不独李梅先实已也。

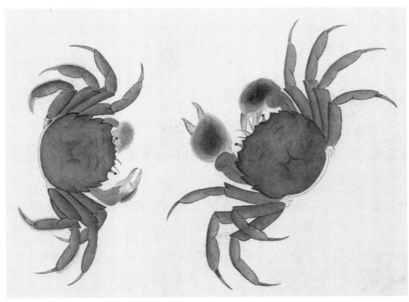

中华绒螯蟹（自蒋维）

注释

① **钱昆** 生卒年不详，字裕之，钱塘人；五代吴越王钱俶之子。钱昆举宋太宗淳化二年（991年）进士，为政宽简，官至右谏议大夫。其性嗜蟹，曰："但得有蟹，无通判处，足慰素愿也。"因宋代各州均设通判，带有监视知州的性质，故有此语。

校释

【一】至瓯闽交广 今知，毛蟹为我国福建云霄（北纬24°）以北沿海之特有种，故分布不达广东。

考释

聂璜注意到，我国南北各地的毛蟹皆同一物种，唯个体大小、生殖期、数量有异，这是"地暖使然"。

在古籍里所记之"蟹"即指毛蟹。其大小亦为中等蟹的标准。

此蟹依其形曰毛蟹。英文名 hairy-claw crab 或 woolly-handed crab，意为螯有毛之蟹。其还有一英文名 Chinese mitten crab，直译为中华露指毛手套蟹。此蟹螯似带了露指毛手套，且为我国沿海之特有种，故得此名。

依其生活环境或出水水域，毛蟹名江蟹、河蟹、湖蟹、溪蟹、潭蟹、渚（zhǔ）蟹、沴（mǎo）蟹、稻蟹、田蟹、竹蟹等。

依其产地或集散地，毛蟹记为阳澄湖大蟹、阳澄湖大闸蟹、阳澄湖清水蟹、澄蟹、胜方蟹、苏蟹、浙蟹、徽蟹、吴蟹、越蟹、淮蟹、沪蟹、太湖蟹、镜湖蟹、涟水蟹、洛蟹、津门蟹、青州蟹等。

毛蟹依其体色为橙蟹，依其捕捞法称大闸蟹。另外，其还有乐蟹、螃蟹、芦根蟹、秋蟹、霜蟹、桂菊蟹等名。

文人墨客常呼其为内黄侯、含黄白、夹舌虫、介秋衡、金爪、玉爪、爬几。

唐·段成式《酉阳杂俎》卷十七："蟹，八月腹中有芒。芒，真稻芒也，长寸许，向东输与海神，未输不可食。"唐·陆龟蒙《蟹志》："蟹，始窟穴于沮洳中，秋冬交必大出。江东人曰稻之登也，率执一穗以朝其魁，然后从其所之也，早夜觱（bì）沸指江而奔。渔者纬萧，承其流而障之，曰籪……既入于江则形质寖大于旧，自江复趋于海。"按，除"以朝其魁"外，其余所记甚是。人们知其有洄游习性，旧时以竹为栅，截住获之，故其又名大闸蟹。

宋·傅肱《蟹谱》："其生于盛夏者，无遗穗以自充，俗呼为芦根蟹（谓其止食荻芦根）。瘠小而味腥，至八月则蜕形，已蜕而形浸大。秋冬之交，稻粱已足，各腹芒走江，俗呼为乐蟹，最号肥美。由江而纳其芒于海中之魁，遇冰雪则自伏淤淀，不可得矣。"宋·卢祖皋《沁园春·双溪狎鸥》："笠泽波头，垂虹桥上，橙蟹肥时霜满天。"

明·屠本畯《闽中海错疏》卷下："毛蟹，青黑色，螯足皆有毛。"民俗称"九月团脐十月尖"，系指九月（寒露以后）吃雌蟹，十月（立冬前后）食雄蟹。清·李元《蠕范》："螃蟹，长四五寸，足螯有毛，生河海中。"

现代报人、小说家包天笑 1937 年刊于《新晚报》的《大闸蟹史考》："大闸蟹三个字来源于苏州卖蟹人之口……闸字不错，凡捕蟹者，他们在港湾间，必设一闸，以竹编成。夜来隔闸，置一灯火，蟹见火光，即爬上竹闸，即在闸上一一捕之，甚为便捷，这便是闸蟹之名所由来了。"

日本人木村重《鳞雅》除记大硕蟹、大闸蟹外，还录章太炎夫人汤国梨诗句："不是阳澄湖蟹好，此生何必住苏州。"按，各版本有"住""在"苏州之别。苏州昆山阳澄湖便是在民国期间因章太炎夫人此诗而出名的。而在北京地区市场所售者，采运自河北霸州的胜芳，故得名胜芳蟹。

绒螯蟹为方蟹总科弓蟹科弓蟹亚科绒螯蟹属物种的统称。中华绒螯蟹 *Eriocheir sinensis* H. Milne Edwards，体呈墨绿色，腹面灰白色，额缘 4 枚齿尖锐，前侧缘具 4 枚锐齿。雄性螯足比雌性粗大，掌节内、外面均密具绒毛。头胸甲方形，宽可达 7 cm。额缘较宽，眼柄较短。中华绒螯蟹为我国北纬 24° 以北沿海之特有种，在海里出生，在河里成长，平时穴居于江河湖荡泥岸洞穴中，生殖时洄游入海。中华绒螯蟹之人工养殖已遍及沿海诸省。

拖脐蟹——大眼幼虫和幼蟹

拖脐蟹赞　蟹脐敛腹，种类相袭，拖尾变形，噬脐何及。

予著《蟹谱》，原谓虾之与蟹合体而异名者也，所以蟹之背即虾之头，虾之身即蟹之脐也。故蟹黄在背，而虾膏亦在脑，其目突眥①亦正相等。公子号无肠，羁将军又岂有肝胆耶？其蚶（钳）爪羁足亦仿佛相似，特长之与短有异。蟹体短也，故以横为直，虾身长也，故以退为进，其行止并与水族相反[一]。

造物主经营万象，而至于介虫之虾蟹，伸之使长则为虾，揉之使短则为蟹。遂令千万年永为定格，不令世有短虾长蟹，两失真也。

客闽以来，得见缩头之虾，尚未足以抗蟹。及睹拖尾之蟹，适正可以论虾。其蟹产福宁海滨，小仅如豆；处陆与蟹无异；在水则伸脐敛足，直行而游，如蝌蚪状。其色背青而蚶（钳），足黄。牧儿捕得试于盘中，甚怪。《建宁志》载有直行蟹，殆其类欤。

予谓，可以助吾虾蟹共体之说[二]。故录虾蟹交接之间，自兹以还虾与蟹，慎毋曰异体而不亲。

① 眥　同"眦"。

校释

【一】予著《蟹谱》……其行止并与水族相反　聂璜注意到虾蟹之间的许多相似之处。但虾蟹共体之说，也只是推测。

【二】予谓，可以助吾虾蟹共体之说　见校释【一】。

（自沈嘉瑞等）

考释

全变态发育的毛蟹——中华绒螯蟹，其个体发育经蚤状幼虫、大眼幼虫、幼蟹等发育期。

聂璜所绘右下图似腹部长的蚤状幼虫；右中上图似大眼幼虫，长的腹部已出现附肢，但尚未折于头胸部下；左图则为变态后腹部已折于头胸部下的幼蟹。

金钱蟹——字纹弓蟹

金钱蟹赞　金钱八足，运出海屋，不向贫家，专投有福。

金钱蟹，似螃蟹而小，如蟛越而大。壳扁，略似钱状。背黑绿，八跪微红有毛，两螯亦微红。他蟹目额参差多刺，惟此蟹额平。

生海滨斥卤田中，繁于夏秋。醉酱堪入酒肴。吾浙惟瓯中多，福建沿海皆有。《闽志》亦载。

字纹弓蟹（自蒋维）

明·屠本畯《闽中海错疏》卷下徐㷆补疏："金钱蟹，形如大钱，中最饱，酒之味佳。"

按聂璜所述，此蟹"背黑绿，八跪微红有毛""额平""生海滨斥卤田中"，似方蟹中适于游泳的弓蟹科的物种。但聂璜所绘图未示出步足指节是否扁平等特征。

字纹弓蟹 *Varuna litterata*（Fabricius），头胸甲扁平，近圆形，宽约 4 cm，墨绿色或黑色，前缘平直且稍突出。额宽略大于头胸甲宽的 1/3。螯足前端呈白色，两螯同大。步足指节扁平且具长的刚毛，善于游泳。字纹弓蟹多栖于河口半咸水域，亦可离开河口，侵入水田，或爬在海边漂浮的木材上，无筑穴现象。此蟹在我国分布于海南、广东、福建、台湾、浙江。

瓯郡溪蟹——字纹弓蟹（？）

瓯郡溪蟹赞　野蟹离潮，甘心泉石，鱼虾视尔，疑为山客。

凡蟹，多生近海及潮信所及处为多。独溪蟹之为物也，不邻海潮而产岩畔、溪涧及山巅水泽。性益寒。

图中瓯郡溪蟹，产不繁。每伏石阡桥础水际，不可食，食之伤人。其力宁佝，螯伤人甚毒。性嗜水，故八足多长毛，如石在水之有苔者。

依聂璜所绘判断，此蟹不属于生活在纯淡水环境的蟹，尽管古籍中称为"溪蟹"。判断的形态学依据是，该蟹的 4 对步足两侧生长有细密的"刚毛"，而淡水蟹除个别属种外，都没有此形态特征。

蟹类学家黄超认为，此"瓯郡溪蟹"最有可能是字纹弓蟹。参见"金钱蟹——字纹弓蟹"条。但聂璜所绘蟹与字纹弓蟹的形态还是有区别的，尤其是第 4 对步足。字纹弓蟹第 4 对步足末节和倒数第二节形态特化成宽扁形式，其直径宽于上二节数倍，类似锯缘青蟹的第 4 对步足。

长脚蟹——长方蟹

长脚蟹赞　介士长脚，其状善走，临阵脱逃，不落人后。

长脚蟹，杂于蟛蜞间，浙闽海涂皆产。牧人摘之，掌上玩视，能伪作死状。弃之于地，则疾行而去。

长方蟹

考释

古籍，包括《海错图》，均把小于毛蟹的蟹称为小蟹，或混称为蟛蜞。浙闽海涂皆产的长脚蟹，释为长方蟹，属于胸孔亚派弓蟹科长方蟹属。

长方蟹 *Metaplax* 第三颚足间具斜方形空隙，头胸甲长方形，步足细长。在我国，长方蟹分布于东海、南海潮间带泥沙滩。

蒙蟹——隆背张口蟹

蒙蟹赞　八月输芒，敬慎为心，龙神重尔，特赐腰金。

蒙蟹，产福宁南路海涂。背黑绿，周围有金线一条，蚶（钳）足并有金线相间。六月上田间食稻花，至八月则尽入海无存矣。

《本草》谓，蟹至八月则输芒于海神[一]。此蟹至期无踪，亦奇。

隆背张口蟹

【一】蟹至八月则输芒于海神　此指中华绒螯蟹八月要洄游至海生殖。古人视此为"输芒于海神"。

聂璜记此蟹"六月上田间食稻花"，示其为能进入淡水并上陆之陆蟹。

"产福宁南路海涂"之蒙蟹，"背黑绿，周围有金线一条"。台湾蟹类学家施习德先生指出，此为隆背张口蟹 *Chasmagnathus convexus*（De Haan），属于弓蟹科。隆背张口蟹紫色的背甲镶着橙红色的边，前侧缘有 3 枚齿；大螯白里透紫，步足橙红色。体长 2.5 cm，体宽达 3.5 cm。隆背张口蟹在我国见于海南、福建、台湾、浙江的河口附近沼泽地，沿河可上溯 2 km。其主要以植物碎屑和腐物为食。

相手蟹科

芦禽——红螯螳臂相手蟹

芦禽赞　有蟹似鸟，不藏深林，有时缘荻①，指为芦禽。

芦禽，灰色背有水纹，并有黑方块如印[一]，两蚶（钳）赤色，产福宁南路海涂。

红螯螳臂相手蟹

注释

①荻（dí）　生于水边、叶子长形、似芦苇的多年生草本植物。

校释

【一】黑方块如印　为胃、心区的H形沟。

考释

明·屠本畯《闽中海错疏》卷下徐㶇补疏："芦禽，形似蟛蜞。生海畔。"清·郭柏苍《海错百一录》卷三："芦禽，即芦蟹，又名芦根蟹，形似蟛蜞，生海岸芦草间，食荽芦根。以薄盐、番椒捣之，味胜蟛蜞。"

依聂璜所绘，此蟹两钳赤色，头胸甲近方形、宽稍大于长，无前侧齿，螯之动指背面光滑、两指内缘具锯齿，似红螯螳臂相手蟹 *Chiromantes haematocheir*（De Haan），曾用名红螯相手蟹 *Sesarma*（*Holometopus*）*haematocheir*（De Haan）。红螯螳臂相手蟹额缘应平直，但聂璜绘为具齿。

红螯螳臂相手蟹一般长3 cm，常穴居于近海淡水河流泥岸或近岸沼泽中，有时可爬上树干。参见"蟛蜞——无齿螳臂相手蟹"条。

红蟹——中型中相手蟹

红蟹赞　有蟹触目，不黄不绿，含膏外泛，未煮先熟。

广南琼崖海中，有蟹殷红色，巨者可为酒觞，颇不易得，此一种红蟹也；越中[1]有蟹名石蝈，足壳皆赤状如鹅卵，此又一种红蟹也。两者皆非吾谱中所谓红蟹。

谱中所图，其形似蟛蜞，四五月繁生山涧及江湖边或大泽蒲苇中。常爱玩而为兹蟹作咏："爝火星星泽畔烧，夜行无烛亦通宵。山溪误认桃花落，御苑惊看红叶飘。岂是鲛人挥血泪，还疑龙女剪朱绡[2]。石崇击碎珊瑚树[3]，遍撒江湖泛海潮。"

曾以此诗寄友人，友人答书云："昔孟浩然咏：'春眠不觉晓，处处闻啼鸟。夜来风雨声，花落知多少'，诮[4]之者曰：'此瞽目诗[5]也。'今见红蟹之作八句，皆徒想像（象），不又成眇目[6]之诗乎。"予苦近视，老伧[7]故讥之。

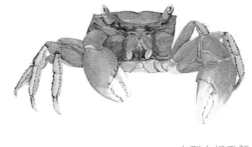

中型中相手蟹

注释

① 越中　今绍兴市及杭州市萧山区等地，范围包括原绍兴府所辖八县（山阴、会稽、上虞、余姚、诸暨、萧山、嵊县、新昌）。古代一般称绍兴人为越人或越中人士。

② 朱绡（xiāo）　红色的薄绢。

③ 石崇击碎珊瑚树　石崇与王恺斗富，后者完败。晋武帝给王恺一株高二尺多的珊瑚树，没想到石崇直接把珊瑚树给敲碎了。王恺大怒，向石崇索赔。石崇从家里取几株珊瑚树赔偿，其中最矮的也有三四尺高。王恺看到后吃惊得说不出话来。原来，石崇当荆州刺史时，常派手下扮作强盗，抢劫商人和一些国外进贡的使者。之后"八王之乱"发生，石崇因财大气粗且财物又来路不正而被杀。

④ 诮（qiào）　责备。

⑤ 瞽（gǔ）目诗　瞽，盲人。此指无水平的诗。

⑥眇（miǎo）目　一只眼小，或指单眼失明。

⑦老伧　谓粗野之人。

考释

俗称之红蟹，多有歧义。石蜩，"足壳皆赤状如鹅卵"，称红蟹；相模蟳（光掌蟳）亦俗称红蟹；扇蟹科的柔毛新花瓣蟹 *Neoliomera pubescens*（H. Milne Edwards），头胸甲宽卵圆形，有迷人的红色，深受水族爱好者的喜爱，称红蟹；另外，扇蟹科的红斑瓢蟹 *Carpilius maculatus*（Linnaeus），头胸甲宽卵圆形，排列有 11 个红斑，亦俗称红蟹。

中型中相手蟹 *Orisarma intermedium*（De Haan），台湾记为中型仿相守蟹。头胸甲正方形，宽达 3.5 cm，前侧缘除眼后齿外另有 1 枚齿。额宽，中央凹陷。螯左右略有不同，掌部外侧具扁的结节，中央具有一较大的颗粒，内侧面上半部有 1 排颗粒，其余部分有细小的颗粒。雄蟹螯较雌蟹的大。步足侧扁，粗长，长节前缘近先端处有 1 枚棘，前节和腕节的前、后缘有长刚毛列生。成体红褐色至红棕色，雄性个体尤为鲜艳。中型中相手蟹为夜行性的陆蟹，穴居于含泥量较高、保有水分而利于呼吸的河床或沟渠附近。文中广南琼崖，即今海南。在台湾恒春半岛陆蟹里，中型中相手蟹是种数最多的一个类群。

聂璜为红蟹"作咏"，未得他人赞赏。

蟛蜞——无齿螳臂相手蟹

> 蟛蜞赞　不读《尔雅》，误食蟛蜞①，闽广不然，物理之奇。
>
> 蟛蜞，江浙皆产，秽黑丛毛，其状丑恶。不充庖厨，食之令人作呕。所以《尔雅》不熟，误啖遗羞蔡谟，前车已鉴②，往哲③此。
>
> 吕亢谱诸蟹，独位置蟛蜞于末，贱之也，恶之也，非有所取也！然闽广蟛蜞又可食，往往腌没以市。山乡南荒边海，物性变易又自如此，可为疏《尔雅》者作圈④外注。

无齿螳臂相手蟹

注释

① 不读《尔雅》，误食蟛蜞　典出及训释见考释文。

② 前车已鉴　前车已覆，当为前鉴。直译为，前面的车已翻，后面的车要注意了。

③ 往哲　先哲，前贤。

④ 圜　读 huán，意为围绕；读 yuán，同"圆"，或指天体。

考释

按聂璜所绘，该蟹头胸甲近方形，额宽占头胸甲宽的 1/2 以上，前缘凹入且具 4 枚齿，侧缘平直无齿。两螯几乎等大，步足密具（刚）毛，眼不大。此蟹似属于方蟹总科相手蟹科的无齿螳臂相手蟹 *Orisarma dehaani*（H. Milne Edwards），曾用名无齿相手蟹。此类"小蟹"，亦俗称蟛蜞、螃蜞、蟛蚑、磨蜞、嘟噜子。

相手蟹科蟹，头胸甲方形，左、右侧缘平行，额宽，雄性腹部不完全覆盖末对步足之腹甲。此类蟹穴居于近海河流的泥岸中，常破坏河岸或田埂的农田水利，还是肺吸虫的第二中间宿主而危及人类。其可充作家禽饲料或发酵后用作肥料。

"《尔雅》不熟"，典出东晋·谢尚《晋书·列传》："卿读《尔雅》不熟，几为《劝学》死！"《尔雅》乃我国古代解释词义的百科全书，《劝学》则为是东汉大学者蔡邕据《大戴礼记·劝学篇》而写。百多年后，蔡邕的堂曾孙蔡谟任东晋的司徒，对《劝学》自然熟读。一次，蔡谟渡江，见蟛蜞，抓来享用，过后竟上吐下泻，几乎送命。蔡谟将此事说给镇西大将军谢尚听，谢尚说了上面的话。

后人多借此讥讽死读书者。事实上，谢尚对蔡谟食蟹的事小题大做了。清·孙星衍、莫晋《松江府志》："《世说》载司徒蔡谟食蟛蜞吐下委顿事。今海滨小民食之，未闻有吐者。蔡是偶然，后人逐为口实。"

铁蟹——拟相手蟹（？）

　　铁蟹赞　谁谓无肠，我且面铁，行部海上，驻扎石壁。

　　铁蟹，紫黑色如铁，其形不小。产闽之连江县海岩石隙间，食之无肉，把玩而已。

考释

　　依图，此蟹头胸甲为前宽后窄的倒梯形，前缘无齿，前侧缘近平直，后侧缘凹，前、后侧缘皆无齿；额稍突，不分叶。

　　台湾蟹类学家施习德先生认为，此是某种拟相手蟹 *Parasesarma*。

地蟹科

台乡蟛蜞——圆轴蟹

蟛蜞赞 红裙绿袄，海乡丘嫂①，洒扫随人，中馈弗好。

台乡蟛蜞，红足绿背，色虽可观，亦不堪食。

凶狠圆轴蟹（自蒋维）

注释

① 丘嫂　意思是大嫂。

考释

　　按聂璜所绘，此蟹头胸甲横椭圆形，额下弯，额—眼窝宽大于头胸甲宽的 1/2，侧缘拱曲。余欠详。

　　此蟹暂释为属于地蟹科的圆轴蟹 *Cardisoma*。地蟹为陆生蟹类，栖于沼泽地带的洞穴中，仅靠少量的水即可生存。其在我国海南、台湾海域有分布。

　　清·屠继善《恒春县志·物产》："又有山蟹，状类海螯。穴于古冢，食死蛇等物。其毒与山寄生螺无异。"清·薛绍元总纂《台湾省通志·物产》："蟹郎，似蟹而小。穴诸荒烟蔓草中，非朔望不出。"

豆蟹科

蛣蝣腹蟹——豆蟹

蛣蝣腹蟹赞　西山有鸟，与鼠同穴，南海有蟹，腹于蛣蝣。

蛣蝣，非海月[①]也，产东海滨白沙中。性最洁，不染泥淖。其形如蚌，青黑色，长不过二三寸，有两肉须如蛏[②]。

小蟹常在其腹，每出取食，蟹饱则蛣蝣亦肥[一]。郭璞谓："蛣蝣腹蟹。"葛洪谓："小蟹不归而蛣蝣败，是也。"《广东新语》名月蛣，又名共命螺。遇腊则肥美，盖海错之至珍也。

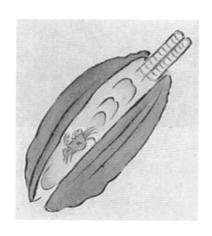

青岛豆蟹与宿主中日立蛤（自蒋维）

注释

①海月　指海蛤。见考释文。

②有两肉须如蛏　此为蛤的出、入水管。

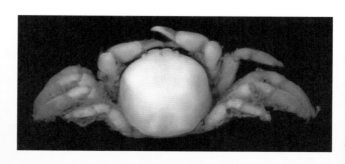

青岛豆蟹（自蒋维）

校释

【一】小蟹常在其腹，每出取食，蟹饱则璅蛣亦肥　此句颇具想象。

考释

在生物界，种间或种内个体之间的关系，有时也异常复杂。简言之，寄生者单方获利；共生者，双方彼此依存，若分开则皆不能存活，如虫黄藻与珊瑚；共栖，个体小者可生活在大者体内或体外，有时可能双方受益，若分开，双方仍能存活，如海葵与寄居蟹、贻贝与豆蟹等。此等现象，古有所记，但界定不一。

晋·郭璞《江赋》："尔其水物怪错，则有潜鹄……璅蛣腹蟹，水母目虾。"李善注引魏·沈怀远《南越志》："璅蛣（suǒjié），长寸余，大者长二三寸。腹中有蟹子如榆荚，合体共生，俱为蛣取食。"璅蛣，又作"璅珪"。南朝梁·任昉《述异记》："璅珪，似小蚌。有一小蟹在腹中，为出求食，故淮海之人呼为蟹奴。"

璅蛣与蟹系共栖关系。璅蛣指海生双壳类，如附着生活的贻贝、江瑶、扇贝等非埋栖者，或牡蛎、海镜等固着者。有时此种共栖现象也见于埋栖生活的青蛤、文蛤、杂色蛤仔、凹线蛤蜊等。

但古籍里，所记多有混淆。如唐·刘恂《岭表录异》卷下："海镜，广人呼为膏叶盘。两片合以成形，壳圆，中甚莹滑，日照如云母光。内有少肉，如蚌胎。腹中有小蟹子，其小如黄豆而螯足具备。海镜饥，则蟹出拾食。蟹饱归腹，海镜亦饱。"这里，腹中蟹外出并非为蛤取食，此腹中蟹亦非他文谓蟹之奴（蟹奴）。下文："余曾市得数个，验之，或迫之以火，即蟹子走出，离肠腹立毙。或生剖之，有蟹之活在腹中，逡巡亦毙"中所述"蟹"则指的是空螺壳里的寄居蟹，和上文海镜腹中蟹是两回事。

任昉把璅蛣误同于蟹奴。只有被役者称奴，何况蟹奴非蛎奴。宋·罗愿《尔雅翼·释鱼四》："附蛣者名蛎奴，附蟹者名蟹奴。皆附物而为之役，故以奴名之。"然而，"蛎奴"和"蟹奴"有别。现今《辞源》对璅蛣的解释为"亦名海镜，今称寄居蟹"，把海镜与寄居蟹混为一谈。

郭璞所称腹蟹，《南越志》所曰蟹子，任昉所谓蟹奴，本书释为豆蟹。

豆蟹 Pinnotheres，为豆蟹科豆蟹属物种的统称。体多无色，头胸甲圆形或横椭圆形，额狭，眼小，口框方形。其雌性个体多栖于贻贝、江珧、珠母贝、扇贝、牡蛎、砗磲、蛤蜊等双壳类的外套腔里，水母、海葵、海绵等动物的腔隙中，海参、海胆、多毛等动物的体内、壳内或栖管中。英文名 pea crab，直译为豌豆蟹。体长多在 1~2 cm，是螃蟹中的侏儒，又形似小豆，故名。

我国记豆蟹 30 余种。豆蟹分享着贻贝、牡蛎等海贝滤得的食物，常使这些海贝消瘦而减重，是贝类养殖中的敌害。在煮食贻贝或牡蛎时，那贝壳里的红色小蟹即豆蟹。

蛎虱——豆蟹（？）

蛎虱赞　有蟹寄居，不寒不饥，宁神静卧，常掩双扉。

海岛间常有浮石飘流水面，盖水泡与沙土结成。小者如盘盂，大者如几①如舟，凡撮嘴及蛎房与小蟹并附焉。小蟹常寄居[一]于蛎房之中，其形微红而小弱，闽人称为蛎虱。冬春之候，蟹卵出育，随潮飘散，到处皆是，蛎张壳吸水，每投其中，逾时成形，气体日亲，久而不去，而蛎亦遂相安若己子，然所谓蝛蛄腹蟹，亦是类也。海人好事者每于蛎肉内寻小蟹，以为宴客佳品。

凡蟹，背大乎脐，独蛎虱则脐包乎背[二]，在柔肉之中，长壳为难，而长脐则易也。

附浮石赞　是石没根，无端而生。幻泡成住，浪得浮名。

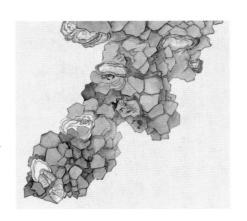

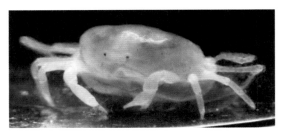

中华蚶豆蟹（自蒋维）

注释

① 几　小桌子。

校释

【一】寄居　参见寄居蟹相关条目。

【二】凡蟹背大乎脐，独蛎虱则脐包乎背　此指寄生于蟹的鱼虱或水虱（等足类），非豆蟹。等足类和豆蟹在古籍中常混称。

考释

依聂璜的表述，"小蟹常寄居于蛎房之中，其形微红而小弱，闽人称为蛎虱"。多数学者认为，此似指豆蟹。参见"琐蛄腹蟹——海蛤和豆蟹"条。

另外，弓蟹科的漂浮蟹 *Planes*，也生活于海草、水母及浮石上，营漂浮生活。浮石，别名水花、白浮石、海浮石、海石，为火山喷出的岩浆凝固形成的多孔状石块。

飞蟹——三强蟹

飞蟹赞　有足不行，无翼而飞，粤东奇产，他处罕希。

飞蟹，状如金钱蟹[1]。产广东。常以足束并如翼，从海面群飞。渔人以网获之，其味甚美。类书及《广东新语》皆载。

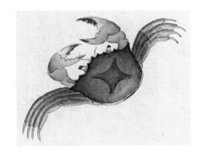

三强蟹

注释

① 状如金钱蟹　见考释文。参见"金钱蟹——字纹弓蟹"条。

考释

聂璜绘飞蟹，足皆平扁，"足束并如翼"，释为三强蟹 *Tritodynamia*。台湾蟹类学家施习德先生也认为这应该是三强蟹。三强蟹属于豆蟹科，头胸甲宽大于长，眼柄长，第三颚足指节扁平。

相关报告曾提及，三强蟹在繁殖季节会大量出现在海岸，在浪潮拍打船只或沿岸礁石时，部分个体有可能会蹿离出水，甚至冲到船上或岸上，故称此蟹会"飞"。

附 淡水蟹 蟹化石

竹节蟹（？）

竹节蟹赞 蟹生绿壳，确肖管竹，剖壳食蟹，竹不如肉。

造化钧陶①万物，不使无知之草木与有知之鸟兽虫鱼异体而不亲。于是乎，竹有鹤膝，茶有雀舌，苋有马齿，菊有鹅毛，瓜有虎掌，豆有羊眼，柿有牛心，菜有鹿角，草有凤尾、龙须、鱼肠、鼠耳，花有鸡冠、鸭脚、蝴蝶、杜鹃。既以有知寄无情，还以无情属有知。

于是乎，又以粟房及蜎②，艾叶及豹，桐花及凤，菜花及蛇，荔枝及蚌，蒻叶及鱼，竹节及蟹，而造化之陶钧③极矣。

竹节蟹，产东瓯溪涧，色别青黄两种，背足全肖竹形。吴俗不经见，惟西陵徐上扶为知音。

注释

① 钧陶 用钧制造陶器，引申为"造就"。

② 蜎 同"猬"。

③ 陶钧 陶冶、造就。

考释

蟹类学家黄超先生认为此蟹头胸甲形状像栖于潮间带的溪蟹，但聂璜描述说此蟹产于溪涧，故暂无结论。

蟹类学家周宪民先生认为，聂璜述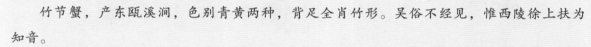竹节蟹"产东瓯溪涧"，但所绘其头胸甲形似栖于潮间带的溪蟹的头胸甲，尤其是头胸甲前端宽于其横径且两侧突出而近似"三角形"。这种形态在淡水蟹类中是没有的，故而考虑此蟹栖于近海咸淡水交汇的河口，仍属于海洋蟹类。

待考。

台州溪蟹——浙江龙溪蟹

台州溪蟹赞 不党蟛蜞，不附青蟳，平平物奇，老死岩穴。

台郡溪蟹，不居土，专穴溪岸石隙，故亦号石蟹[1]。其背平，色微赭，黑斑，而足鲜冗（绒）毛。四季繁生，牧竖[2]多捕而食之。一说溪蟹浸以童便，饮其汁，能治嗽[3]。

注释

① 石蟹　多有异物同名的情况，如石蟹科蟹和蟳的几种亦名"石蟹"。

② 牧竖　牧童。

③ 嗽　同"嗽"。

考释

溪蟹又称篯蟹、石蟹，包括伪束腹蟹总科、束腹蟹总科和溪蟹总科的物种，有100余种，常见的有中华束腹蟹、毛足溪蟹、锯齿华溪蟹等。头胸甲略呈方圆形，长 1~4 cm，宽 1.5~5 cm，背面稍隆起，额部后方具 1 对隆块，隆块前面有皱纹或颗粒，眼窝后方下凹，隆线清晰，前侧缘有小锯齿。

溪蟹终生栖于淡水，多数在山溪石块下或溪岸两旁的水草丛和泥沙间，有些也居于河、湖、沟渠岸边的洞穴里，在水边或潮湿处营半陆栖生活。溪蟹为杂食性，主要以鱼、虾、昆虫、螺类以及动物尸体为食。其繁殖季节在 4~9 月。在我国，除新疆、青海、内蒙古和东北地区外，几乎各省都有分布。

溪蟹可制成醉蟹、卤蟹或经油炸、火烤后食用，也有鲜食的。溪蟹是肺吸虫的主要第二中间宿主，不宜生食，否则会导致急性肺吸虫病。

蟹类学家黄超先生认为聂璜描述的是浙江龙溪蟹 *Longpotamon chekiangense*（Tai et Sung）。

云南紫蟹——淡水蟹

云南紫蟹赞　图存滇蟹，万里如在，苟非笔收，有钱难买。

《蟹谱》向携维扬，张去瑕先生见而叹赏不已。及康熙庚午①游滇，去瑕先生又绾②昆华之绶。公余论及云南紫蟹，图得其形甚肖。

其蟹，产昆池及抚仙湖等水涯。黑紫细斑，而质淡青。螯足纹同，左右各七尖，而平其背。土人称为紫蟹，以其有紫斑也。不堪烹以作馔，止可糟醉。滇俗土制含椒，加芦味稍恶。

又有白蟹，形同色异，难食。

注释

① 康熙庚午　康熙二十九年（1690年）。

② 绾（wǎn）　盘绕、系结，亦释为系念、挂念。

考释

蟹类学家周宪民先生认为，此为淡水溪蟹无疑。

云南抚仙湖的确有"紫蟹"，但该地所产紫蟹背部有白色小斑块，而聂璜所绘图片未显示该明显特征，这不应是聂璜"笔误"或疏忽所致。图中其头胸甲两侧的 4 枚前侧缘齿清晰可数，此是束缚蟹科束腰蟹属物种的典型特征（溪蟹科及属没有此特征）；但其两个螯肢却不符合束缚蟹科束腰蟹属的形态特点（两螯极不对称等），而是符合溪蟹科溪蟹属的大致形态特征。如果考虑绘图时有太多美化成分在内的话，则或许可以把它归到束腰蟹属。分析云南抚仙湖一带如玉溪等地的蟹类，溪蟹属 *Potamon* 物种多见。总之，确认其是淡水蟹。

广东石蟹——蟹化石

广东石蟹赞　面壁几年，一朝坐脱，躯壳不朽，千年如活。

石蟹之为物也，其形则蟹，其质则石。螯足不全，但存形体。大概剖之，仍具壳内脉络，始信非石也，蟹也。今药室中，多有其形，大小、横斜、色泽不一。谱中所图，亦就予所偶见者写之。

按，《本草》注："石蟹，生南海，云是寻常蟹耳。年月深久，水沫相着，因而化成。"又曰："近海州郡多有，质体石也，而都与蟹相似，但有泥与粗石相杂耳。"

顾①时珍："《海槎录》云：崖州榆林港内半里许，土极细，赋性最寒，但蟹入则不能运动，片时成石〔一〕。人获之，置几案间，能明目。"石蟹性寒，细研入药，原能疗目。

然粤东谢友又云："磨治肿毒。"何欤？盖毒多发于火寒，药可除热结，况蟹性又能散乎，则医肿与医目同功而异用。

书传所记，多传石中生蟹，每有人于深土石璞中剖石得蟹者，此又不知何从而孕。又有人云，有得活玉蟹者，称为世宝，旷世难觏。

图中所载石蟹，非石之能为蟹，乃蟹之化为石也。若此，则《本草》所载石蛇、石燕、石鳖、石蚕，其亦为蛇、燕、蚕、鳖之所化乎？更推而广之，星堕为石，老松化石，雏鸡化石，武当山妇人望夫化石，则化石之物又不止一蟹。然则丈人峰、老僧岩，今而后定当以袍笏②加礼，尚敢以顽石目之耶？

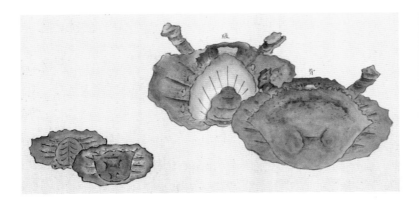

南恩州石蟹（自明·文俶）

注释

① 顾　但是，反而；在文言文中用作连词。

② 袍笏（hù）　古代天子至大夫、士人朝会时皆穿朝服、执笏，后世唯有地位的官员朝见君王时用。今泛指官服。

校释

【一】片时成石　生物化石化的条件和过程异常复杂，并非如此简单。

考释

化石是指在地层中保存的古生物遗体、遗物或遗迹。

唐·段公路《北户录》卷一："今恩州又出石蟹。"按，恩州即今广东阳江、恩平一带。宋·寇宗奭《本草衍义》："石蟹，直是今之生蟹，更无异处，但有泥与粗石相着。凡用，须去其泥并粗石，止用蟹磨合他药，点目中，须水飞。"明·李时珍《本草纲目》："顾玠《海槎录》云，崖州榆林港内半里许，土极细腻，最寒，但蟹入则不能运动，片时成石矣。人获之名石蟹，置之几案，云能明目也。"

聂璜记产于广东的"石蟹"，说明"非石之能为蟹，乃蟹之化为石也"，同时也指出生物各类群都有可能存有化石。

由于概念上的混淆，石蟹、石蛇、石燕、石鳖、石蚕常与各类生物化石混为一谈。聂璜文再"推而广之"，就显得离谱了。

聂璜所绘图展示了两类（种）蟹化石：图中大者为今梭子蟹总科之蟳的雌性个体，小者为属于方蟹总科之方蟹。

9

寄居蟹　瓷蟹

寄居蟹、瓷蟹，是节肢动物门甲壳亚门软甲纲十足目腹胚亚目异尾次目中的重要类群。

寄居蟹，腹部多弯曲，多居住于空螺壳中，也有居于木材、海绵等的洞穴或腔隙里的。我国已记录寄居蟹科物种130余种。

瓷蟹，其腹部卷折于头胸甲下，其形态更接近于蟹。我国已记录近60种。

古人乃至今人，对寄居蟹的认识多有错误。聂璜袭前人之说，误信寄居蟹由螺化生。

长眉蟹——瓷蟹

长眉蟹赞　蟹不永年，长眉难觏，介虫得此，以介眉寿。

长眉蟹，浙东海乡土名，无可考。但他蟹皆有目，此蟹独无目。细视其形，长者非眉而寔①须，或以须为目【一】，未可知也。物理之奥，虽难意拟。然龙无耳，尝以角听，又安知蟹之无目，不可以须为视乎？二螯亦较巨，须下又有二毛爪，似取食入口之具。

其蟹，凡虾中多得之。大约水中化生之物【二】，故尝与虾为侣。

日本岩瓷蟹

注释

① 寔　同"实"。

校释

【一】此蟹独无目……或以须为目　此蟹不可能无目。所谓"须"乃第二触角，尤其长。

【二】化生之物　此判断有误。

考释

此为瓷蟹，属于异尾类。外形似螃蟹，但腹部尾节又保留虾样的尾肢。

日本岩瓷蟹 *Petrolisthes japonicus*（De Haan）头胸甲长与宽均约 1 cm，黑褐色表面平滑无毛。额三角形。螯宽且厚，左右近等大，腕节基部前缘具 1 枚齿。步足 6 只，具浅色斑纹。日本岩瓷蟹在砾石滩的石缝中匍匐而行；因两只大螯比背甲厚重，举起不易，故倒退爬行。

台湾蟹类学家施习德先生指出，浙江海滨石下有瓷蟹分布，但具体种类无法判断。步足应该是 3 对，聂璜多画了 1 对。

寄居蟹

化生蟹——寄居蟹

化生蟹总赞　蝗可变虾，螺亦化蟹，换面改头，沉沦欲海。

夫蠢动无定情，万物无定形，化生之物岂独一蟹哉？

鲤化龙，雉化蛟，马为蚕，蛙化鹑，鼠变蝠，蛇化鳖，桔虫化蝶，桑虫化蠮螉①，屈指无算。若夫朽木化蝉，腐草化萤，枫叶化鱼，芦苇化虾，草子化蚊，瓜子化衣鱼，是尤以无情化有情。

蛳螺化蟹，互为介虫，有情而还以化有情也[一]，又何疑！

为存其说，用补齐丘《化书》②之所未备。

寄居蟹

注释

①蠮螉（yēwēng）　细腰蜂，是寄生蜂的一种。

②《化书》　唐末五代谭峭撰。谭峭继承老子"有生于无"，最后"有"又归于"无"的思想，认为"道"是万物变化的根本。

校释

【一】鲤化龙，雉化蛟……有情而还以化有情　聂璜持化生说，视植物为无情者，动物为有情者。故植物化动物为"无情化有情"，而动物化动物则为"有情化有情"。此皆臆断。

螺化蟹——寄居蟹

予客台瓯，目击海狮（蛳）实能化蟹。及客闽，又得见诸螺之无不能化蟹，故汇而图之。

一白蛳，二青蛳，三铁蛳，四黄螺，五簎[①]螺，六苏螺，七辣螺，八角螺，俱系目击。其中，蟹自螺肉所化[一]。二螯直舒，前四足长，后四足隐而短，而有一尾。行则负其壳于水，卧则缩而潜于其身于房。[二]

而土人多以予言为谬，云："此寄生蟹，盖蟹寄食于其中者也。"

夫蟹之寄居，别有寄居之说，而非诸螺之蟹也。即偶有之，如《异苑》所载，海中螺出壳而游，朝去则有虫类蜘蛛者入其壳中，螺夕返则此虫让之而去。古人所谓"鹦鹉外游，寄居负壳"者偶然有之，然无人所见。

今诸螺畜于盆盖，终始于此，无以彼易此之状。且俱于五六月一阳生之后而变，气候使然。

世之执寄生之说者，多为陶隐居[②]之说所误。陶隐居盖未亲历边海也，其说著之《本草》，以讹传讹，竟以化生之螺为寄居，谁则辨之？

 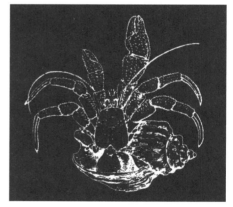

大腕寄居蟹

注释

① 簎　同"簎"。

② 陶隐居　南朝梁·陶弘景，字通明，自号华阳隐居，著有《本草经集注》。此书已佚。后人从东汉《神农本草经》（又称《本草经》或《本经》）中集结整理。参见考释文。

校释

【一】蟹自螺肉所化　此系误断。

【二】一白蛳，二青蛳……卧则缩而潜于其身于房　该段即指寄居蟹。古人误为螺，也曾视为蟹。参见考释文。

考释

寄居蟹，其独特之处，不仅在于似蟹而歪尾，而且还以螺壳为居室。后人又误认其为豆蟹且与海蛤共栖。

寄居蟹单称蜎、蟼、蛨、蝐、赗、蛶，有与蟹有关的名——蟹螺、蟹蜷、蟹守，与螺有关的称呼——蟹响螺、巢螺，还有与其生活习性有关的叫法——寄居、借宿、借屋、白住房、干住房、寄虫、寄生、琐虫、寄生虫、寄居虫、海寄生。寄居蟹也被混称为蜂蜎、蜂越、彭越、竭朴，甚至被呼为龙种。

《尔雅·释鱼》记"蜪、蚭"，又记"蜎、蟼，小者蛨"，未见记蟹。汉·许慎《说文》记"蟹""鲎"。只能说，先人对蟹的界定，或特指毛蟹；或宽泛，含寄居蟹，甚至含鲎。

晋·郭璞对《尔雅·释鱼》进行注解："螺属，见《埤苍》。或曰即彭蜎也，似蟹而小者，音滑。"后世均视寄居蟹为螺属，如宋·傅肱《蟹谱》："海中有小螺，以其味辛，谓之辣螺，可食。至二三月间多化为蜂蜎。"聂璜亦持此说。实际上，螺死后遗留的空壳被寄居蟹占为居所。

另，唐·段成式《酉阳杂俎·支动》："寄居之虫，如螺而有脚，形似蜘蛛，本无壳，入空螺壳中戴以行，触之缩足，如螺闭户也。火炙之，乃出走，始知其寄居也。""寄居，壳似蜗，一头小蟹，一头螺蛤也。"按，前一处所述正确，后一处错误地把寄居蟹与栖于蛤中之豆蟹相混。

明·王世懋《闽部疏》："莆人于海味最重鲟鱼及寄生……寄生最奇，海上枯蠃壳存者，寄生其中，载之而行。形味似虾，细视之有四足两螯，又似蟹类。得之者，不烦剔取，曳之即出，以肉不附也。炒食之，味亦脆美。天地间无所不有。"所记得当。

明·李时珍《本草纲目·介二·寄居虫》："〔集解〕藏器曰……又南海一种，似蜘蛛。入螺壳中，负壳而走，触之即缩如螺，火炙乃出，一名赗，别无功用。"清·蒋廷锡等《古今图书集成·禽虫典·寄居虫》亦认识到寄居蟹与螺"恐非一类，故不合载"。清·周学曾等《晋江县志》："寄生，俗呼龙种。海中螺壳虾蟹之属，寄生其中，形亦似螺。火热其尖则走出。"民国·徐珂《清稗类钞·动物类》："寄居虾，虾属，以其形略似蟹，故又名寄居蟹。体之前半有甲，后半为柔软肉体，常求空虚之介壳而入居之，腹部变为螺旋状，与介壳合，故俗又称蟹螺。第一对脚则为大螯，以捕取食物，并为闭塞壳口之用。种类甚多，有居木孔及海绵中者。"甚是。

寄居蟹英文名 hermit crab。体长，头胸甲一般不覆盖最后胸节，第 3 对步足多退化，腹部软、多左右不对称、螺旋盘曲，腹部附肢退化，尾扇常呈钩状。其形态结构介于长尾类虾和短尾类蟹之间。寄居蟹常栖居于空螺壳或虫管中。我国已报道寄居蟹 130 余种。其中以居于香螺中之大腕寄居蟹 *Pagurus ochotensis* Brandt（曾译名方额寄居蟹）最具食用价值。《全国中草药汇编》记其为海寄生，《动物学大辞典》记其为巢螺。

10

虾蛄

　　虾蛄，属于节肢动物门甲壳亚门软甲纲掠虾亚纲口足目。身体分节且分部。附肢具关节且为双肢型。周期性蜕皮。头部具2对触角。头胸甲短，仅覆盖前4节。胸肢5对；第2对强大，为捕捉足（掠肢）。腹部具附肢及鳃。

　　《海错图》记载有1种琴虾，一名虾蛄。

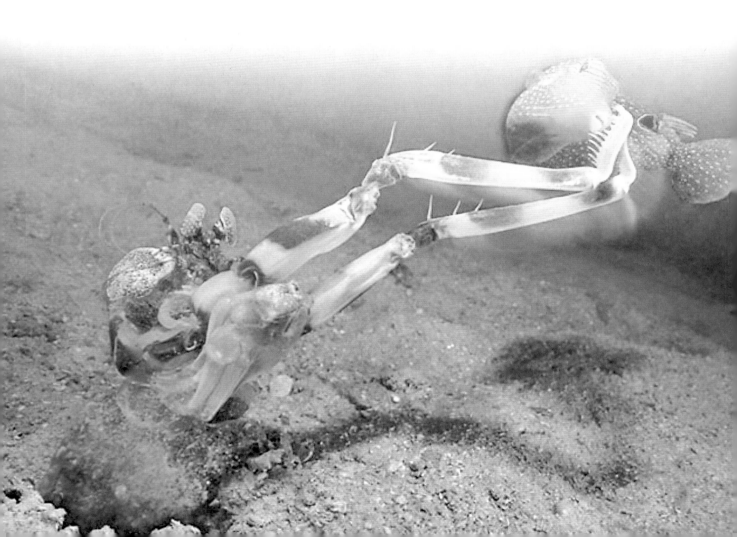

琴虾——虾蛄

琴虾赞　海虾名琴，三弄水滨，游鱼出听，人不知音。

琴虾，一名虾蛄。首尾方匾，壳背多刺，能棘人手。大者长七八寸。活时弓其身，善弹人首。有二须，前足如螳臂。闽人于冬月多以椒醋生啖。至三月，则全身赤膏，名赤梁。虾蛄煮食，肥美尤佳。《闽志》载有虾蛄，即此也。

《篇海》云："海虾有虾蛄者，状如蜈蚣。"今观其状，信然。

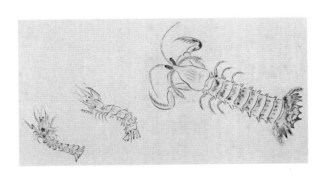 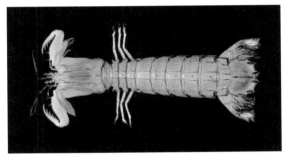

虾蛄

考释

唐代记虾姑，又称管虾，曾归虾类，且多异名。

唐·段成式《酉阳杂俎·支动》："虾姑，状若蜈蚣。管虾。"清·李元《蠕范》卷三："鰕姑也，管鰕也，似蜈蚣而拥楯。"清·施鸿保《闽杂记》："虾姑，虾目蟹足，状如蜈公，背青腹白，足在腹下，大者长及尺，小者二三寸，喜食虾，故又名虾鬼，或曰虾魁。其形如琴，故连江、福清人称为琴虾。"。清·周学曾等《晋江县志》："青龙，即虾姑之类。少肉，多黄，味最美。"。民国·徐珂《清稗类钞·动物类》："虾蛄，为虾类。体长四寸许，第二对脚较草虾为大，其端弯曲，内缘如锯齿，背节亦较多。全体淡黄微绿，入沸水中，成淡紫色。"

虾蛄，头胸甲仅能覆盖前4个胸节，后4个胸节能自由活动。前5对胸足为颚足，无外肢。第2对胸足强壮，形如螳螂的捕捉足，称掠肢，后3对胸足为步足。腹部发达，长且扁。5对腹肢为游泳足，其外肢有鳃。尾部和尾肢构成强大的尾扇，适于挖掘。

我国习见的口虾蛄 *Oratosquilla oratoria*（De Haan），头胸甲长大于宽，第五胸节每侧具2个侧突起；掠肢腕节背缘有3~5枚齿，掌节具栉状齿。口虾蛄穴居于泥沙质海底，在我国渤海和黄海产量较大。

口虾蛄俗名螳螂虾、琵琶虾、皮皮虾、虾婆婆，在沿海各地有俗称虾耙子（大连）、爬虾（烟台）、虾皮弹虫（宁波）、虾狗弹（温州）、虾壳子（浙江）、虾爬子（辽宁庄河）、赖（撒）尿虾（广东）（因被捉时会射出无色液体而得此名）等。英文名mantis shrimp。

11

龙 虾

龙虾，属于节肢动物门甲壳亚门软甲纲十足目龙虾科。头胸甲背面具刺，眼上方具眼上棘，第二触角鞭长而多节。

《海错图》龙虾检索表

1. 具2枚眼上棘；第二触角鞭可弯曲 —————————————— 龙虾属（龙头虾——棘龙虾）

  具1枚眼上棘；第二触角鞭直而不弯 —————————————— 脊龙虾属（空须龙虾——脊龙虾）

龙头虾——棘龙虾

龙头虾赞　虾翻春浪，头角峥嵘，梁灏①状元，龙头老成。

龙头虾，考《尔雅》及诸类书，无其名。《闽志》惟漳泉载。考《泉南杂志》云："虾，有长一二尺者，名龙头虾。"肉寔有味，人家掏空其壳如舡②灯，悬挂佛前，而不言其状。访之闽人云："仍是常虾形，但有巉巌③耳。"

泉人孙飞鹏，邂逅福宁，为予图述云："虾，名龙头。其首巨而有刺，额前有一骨如狼牙，上下如锯而甚长。两蚶（钳）亦多细刺，双须亦坚壮，其余身足皆与常虾同[一]。小者，土人亦常烹食，不足异也。在水黑绿色，烹之则壳丹如珊瑚可爱。"

《字汇》云："虾之大者名鰝，盖指海虾也。"云："虾长二三尺，须可为帘。《山堂肆考》有虾须帘，或别是一种大虾，非龙头虾也。"泉郡陈某谓："虾额前长刺在水分为两条，即入网，活时亦能弹开其刺以击刺人，毙则合而为一，其实两条长刺也。"

锦绣龙虾（自《中华海洋本草精选》）

注释

① 梁灏　宋人，相传在82岁高龄时考中状元。

② 舡　同"船"。

③ 巉巌　险峻貌。在龙虾有此状。巌，同"岩"。

校释

【一】两蚶（钳）亦多细刺，双须亦坚壮，其余身足皆与常虾同　聂璜所绘似对虾。龙虾无钳（螯肢），也无长的额角。参见考释文。

考释

《尔雅·释鱼》："鳎（hào），大鰕。"晋·郭璞注："鰕，大者出海中，长二三丈，须长数尺。今青州呼鰕鱼为鳎。"唐·段公路《北户录》："红鰕杯，红鰕。出潮州、番州南巴县，大者长二尺，土人多理为杯，或扣以白金，转相饷遗，乃玩用中一物也。"宋·梁克家《三山志·物产》："其大者为虾魁，头壳攒刺，可为杯，亦名虾杯。"宋·陈耆卿《赤城志》："身长尺余，须亦二三尺，曰虾王。"

明·王世懋《闽部疏》："其他鳞介，殊状异态，多不可名。而最奇者，龙虾置盘中犹蠕动，长可一尺许。其须四缭，长半其身，目睛凸出，上隐起二角，负介昂藏，体似小龙，尾后吐红子，色夺榴花，真奇种也。"明·屠本畯《闽中海错疏》卷中："虾魁，《岭表录异》云，前两脚大如人指，长尺余，上有芒刺铦硬，手不可触，脑壳微有错，身弯环亦长尺余。熟之鲜红色，一名虾杯，俗呼龙虾。"明·陈懋仁《泉南杂志》记龙头虾。

清·郭柏苍《海错百一录》卷四："槁（gǎo）虾，即鳎也。"清·李元《蠕范》卷三："蛷，龙鰕也，海鰕也，鰕魁也，水马也。头目如龙，嘴利如刀，前两足大如人指，上有芒刺如蔷薇枝，赤而铦硬，手不可触。大者长一丈，或七八尺。须亦长数尺，可为簪杖。头壳可为杯斗，空中置灯，望之如龙形。"

龙虾，色彩斑斓，外壳坚硬多棘，头胸部粗大且呈圆筒状，腹部稍扁，第二触角具粗长的触角鞭，无钳状大螯，各步足相似但非钳状。头胸部及第二触角表面具粗短而尖锐的棘刺。体长 20～40 cm，体重达 0.5 kg。英文名 lobster。

我国已报道龙虾属物种 9 种。以东海以南之中国龙虾 *Panulirus stimpsoni* Holthuis 产量最高，舟山群岛以南产之锦绣龙虾 *P. ornatus*（Fabricius）色彩最美。又统称棘龙虾，此名译自英文 spiny lobster。参见"大红虾——对虾""空须龙虾——脊龙虾"等条。

空须龙虾——脊龙虾

空须龙虾赞　有虾须空，亦冒称龙，有名无实，两现海东。

张汉逸曰："福建惟泉州多龙虾，吾福宁州无有也。"

顺治乙酉①，闽中尚未宾服②，明唐藩奉弘光年号③监国省城。二月间，忽有海上大虾随风雨而至，渔人捕得而鬻于市。州人并称为龙，其状：头如海虾，身扁阔如琴虾状，两粗须长于其身，前挺如角，中空而外有叠折如撮纱纹，钳爪[一]亦小弱。重可斤余。

时予童年，塾师即此命对曰"龙虾随雨至"，予未能对。先父买此虾，悬于高甄，蒸之而剔其肉，味亦腴。活时虾壳黑绿，熟即大赤。可玩，亦效泉人为悬灯，红辉烂然。自此见后，康熙甲寅④，渔人亦举网得之，其状无异。两见之后，绝无闻也。因为予图，并属予品论。

予曰："龙须名无碍，所当之处山岳为崩，铁石为糜，而头角峥嵘，爪牙更利，所向无敌。今此虾，钳脚纤细，牙爪无威，但鼓彼双须强代二角，欲充无碍而直竖乎！"

前匪但龙不成龙，而虾亦不成虾，升蟠两难，进退维谷矣。且闻尾大者不掉，踵反者难行。是虾，须若戟而过于其身，跋前疐后⑤，动辄得咎。其能兴云致雨，掣电驱风，泽及万方，横行四海，得乎？乃一见于乙酉，再见于甲寅，适当变乱之候。无怪乎唐藩之不克，振耿逆之身死名灭，为天下僇⑥笑【二】。物象委靡，早已兆端矣！

张汉逸曰："然！"

脊龙虾（自《中国海洋生物图集》）

① 顺治乙酉　1645年。

② 宾服　服从。句出《庄子·说剑》："无不宾服而听从君命者。"

③ 弘光年号　1644年福王朱由崧在江南建立的南明朝弘光政权。

④ 康熙甲寅　1674年。

⑤ 跋前疐（zhì）后　比喻进退两难。语出《诗经·豳风·狼跋》："狼跋其胡，载疐其尾。"

⑥ 僇（lù）　侮辱。

校释

【一】钳爪　龙虾无钳状大螯。

【二】笼　恐为聂璜笔误，宜为"笑"。"僇笑"有"耻笑""辱笑"之意。

考释

依图，第二触角鞭直而不弯，符合脊龙虾 Linuparus 之特征。

聂璜凭儿时的记忆和他人所言，对"空须龙虾"进行了记述和绘画。

聂璜称，个头原本就小的空须龙虾的出现与南明王朝的衰退有关，牵强附会。

12
海 虾

先秦至汉，鰕、鰝、魵，本义为鲵（鲵鱼），即鰕蟆（蛤蟆）。《尔雅·释鱼》："鲵，大者谓之鰕。"

晋·郭璞释鰕、蝦、鰝、魵为虾。郭璞《尔雅注》："鰝，大者出海中。长二三丈，须长数尺。今青州呼鰕鱼为鰝。"郭璞《江赋》："尔其水物怪错，则有……水母目虾。"

宋·罗愿《尔雅翼·释鱼三·虾》："虾，多须，善游而好跃。"

唐·刘恂《岭表录异》："鰕多岁荒。鰕，一名沙虹，小者如鼠妇，大者如蝼蛄。"按，虾与荒年无关，然而书中说虾中含沙虹、鼠妇，说明前人界定"虾"的范围较现今的广。"《事物绀珠》，鰕名长须公，又虎头公，曲身小子。"因虾第1、2对触角具细长之触鞭，故名。

虾，色赤或遇热而赤。《说文·鱼部》："鰕，鰕鱼也。"段玉裁注："各本作鲅也，今正。鰕者，今之蝦（虾）字，古谓之鰕鱼……凡叚声如瑕、鰕、騢等，皆有赤色。"宋·王逵《蠡海集》："鰕……熟之色而归赤。"明·李时珍《本草纲目·鳞四·鰕》："〔释名〕时珍曰，音霞，俗作虾，入汤则红色如霞也。"

虾通"假"。《尔雅翼·释鱼三·鰕》："其字从假，物假之而远者。今水母不能动，蝦（虾）或附之，则所往如意。"假，借用也。古人认为，水母借（假）虾视物而动。此见"水母"相关条目。

现今，动物学定义之虾，属于节肢动物门甲壳亚门软甲纲十足目，为真虾、对虾、鹰爪虾、俪虾等的统称。体长梭形、侧扁，具发达的头胸部和分节的腹部，各部多具附肢且附肢具关节。以"虾"为词尾的如"龙虾"或以"虾"为词头的"虾蛄"等，今已析出另释。

据报道，我国已记录海虾480多种。其中，渤海和黄海50多种、东海140多种、南海320余种。对虾、鹰爪虾、毛虾等最具经济价值。

聂璜绘虾，皆以第二腹节侧甲不覆盖第一、三腹节侧甲的对虾为样本。在国画中流传着这样的说法："虾身（虾的腹部）5节，这样画在纸上比例最好，最漂亮。"但现实生活中无腹部5节之虾。

《海错图》虾检索表

1. 抱卵生殖；第二腹节侧甲不覆盖第一、三腹节侧甲；鳃枝状 —— 枝鳃虾〔大红虾——对虾、黄虾——长毛对虾、紫虾——戴氏赤虾（？）、变种虾——单肢虾（？）、红虾——中华管鞭虾、白虾苗——毛虾〕

非抱卵生殖；第二腹节侧甲覆盖第一、三腹节侧甲；鳃非枝状 —— 腹胚虾（大钳虾——鼓虾、白虾——脊尾白虾）

枝鳃虾

大红虾——对虾

大红虾赞 赪尾鱼劳①，红蜀在虾，若非浴日②，定是餐霞③。

《本草》曰："大红虾，产临海会稽。大者长尺，须可为簪。"虞啸父答晋帝云④："时尚温，未及以贡。"即会稽所出也。李启瞬曰："闽中秦屿海上，亦每有红虾，长尺许。"

对虾

注释

① 赪（chēng）尾鱼劳 赪，红色。赪尾，赤色的鱼尾。旧说鱼劳（疲顿）则尾赤。

② 浴日 语出《淮南子·天文训》："日出于旸（yáng）谷，浴于咸池。"后以"浴日"指太阳初从水面升起。

③ 餐霞 一种道家修炼的方术。清晨迎霞行吐纳之气，以朝霞为食。语出《汉书·司马相如传下》："呼吸沆瀣兮餐朝霞。"

④ 虞啸父答晋帝云 虞啸父，虞潭之孙，会稽余姚人。少历显位，后至侍中，为孝武帝所钟爱，尝侍饮宴。帝问："卿在门下，初不闻有所献替邪？"啸父家近海，谓帝有所求，对曰："天时尚温，鱼虾鲊未可致，寻当有所上献。"

考释

在聂璜所处时代，人们日常所见的东海大红虾是日本对虾、斑节对虾。

关于对虾之名由来，有两种说法。其一，明·屠本畯《闽中海错疏》卷中："对虾，土人腊之，两两对插以寄远。"闽中当地人，在冬天将其风干，两两成对以寄往远处。其二，以雌雄为对，见明·张自烈撰《正字通》："今闽中有五色虾，两两干之，谓之对虾。一曰以雌雄为对。"

对虾，为十足目枝鳃亚目对虾科物种的统称。体侧扁，额角上、下缘或皆具齿，前3对步足钳状，腹部腹甲由前到后呈覆瓦状排列。雄性第一游泳足的内肢变形为半管形交接器。雌性的纳精囊位于第4、5对步足基部间的腹甲。

其中，日本对虾 *Penaeus japonicus* Spence Bate，又称斑节虾、竹节虾、花虾、车虾、日本对虾等。联合国粮农组织用名 kuruma prawn。明·罗愿《尔雅翼·释鱼三·鰕》："今闽中五色鰕，长尺余，具五色。"其体色艳丽。体表浅褐色至黄褐色；步足和腹肢黄色，间具蓝色；尾肢由基部向外依次为浅黄色、深褐色、艳黄色，并具红色缘毛。额角侧脊几乎达头胸甲后缘，具额胃脊。体躯具横带。在我国，日本对虾主要分布于江苏以南海域，以福建沿海为多，为我国重要的捕捞和养殖对象之一。

斑节对虾*Penaeus monodon* Fabricius，又名为大虎虾，在民间亦称竹节虾、斑节虾、牛形对虾等。联合国粮农组织用名giant tiger shrimp。体表具黑褐色、土黄色相间的横带。第一触角上鞭不长于头胸甲。额角上缘有7~8枚齿，下缘有2~3枚齿，额角侧脊不达头胸甲中部且不超过胃上刺，具肝脊，无额胃脊。第5对步足无外肢。斑节对虾在我国主要分布于东海西部、南海北部浅水区，在日本南部、韩国、菲律宾、印度尼西亚、澳大利亚、泰国、印度至非洲东部沿岸均有分布。其生长快、肉味美，亦为我国重要的捕捞和养殖对象。

中国对虾 *Penaeus chinensis*（Osbeck），曾用名东方对虾 *Penaeus orientalis* Kishinouye、中国明对虾 *Fenneropenaeus chinensis*（Osbeck），在民间称大虾。FAO 用名 Chinese shrimp。民国·徐珂《清稗类钞·动物类》："蛁虾，产咸水中，大者长五六寸，出水即死，俗亦谓之明虾。两两干之，谓之对虾，为珍馔。去其壳，俗谓之大金钩。鲜者味尤美。"体无色带，零星散布有蓝色细点。额角侧脊不超过头胸甲中部，无肝脊。第三步足短于第二触角鳞片。第一触角上鞭长为头胸甲长的1.3倍。雌性体长18~25 cm，体重50~80 g，又名青虾。雄性体长15~18 cm，体重30~40 g，又名黄虾。该虾为生殖、索饵、越冬洄游于黄海中部和渤海，往返路程达1 000余千米，是对虾中洄游路程最长者。中国对虾习见于渤海、黄海，少量分布于舟山群岛和广东沿海，是渤海和黄海重要的捕捞和养殖对象。因长江阻隔，其大多自然分布于长江以北海域。明清时期，在长江以南，未对其进行人工养殖，不形成大的种群，故屠本畯或聂璜所记之对虾，不会是中国对虾。

东海虽有大红虾 *Plesionika grandis* Doflein分布，但此虾非大型虾且属于腹胚虾。

黄虾——长毛对虾

黄虾赞　虾有红绿，惟尔色黄，聚散有时，盛于初阳①。

黄虾，肥大而色黄。产福宁后江、三沙等海中②。春、夏、秋罕有，至冬月③长至前后，海人多捕之。最大者不易，皆一二寸小虾。长五六寸者，配为对虾，干之，以贻远客。小者取肉干之，以售于市，比之鹰爪④云。

大黄虾对之，成偶多此种

长毛对虾（自《中国海洋生物图集》）

注释

① 初阳　古谓冬至一阳始生。此指冬至至立春前的时间。

② 产福宁后江、三沙等海中　说明该虾在福建有分布。

③ 冬月　农历十一月为"冬月"，10月至翌年1月份为"黄虾"捕捞期。该条赞亦云"盛于初阳"。

④ 鹰爪　指鹰爪虾。《海错图》仅记其名。

考释

本条中黄虾应是长毛对虾。长毛对虾俗称白虾、对虾、大虾、红虾、大明虾、黄虾，联合国粮农组织称其为redtail prawn（红尾虾）。

长毛对虾 *Penaeus penicillatus* Alcock，曾用名 *Fenneropenaeus penicillatus*（Alcock），属于十足目枝鳃亚目对虾科对虾属。体长13～19 cm，浅棕黄色。额角上缘有7～8枚齿，下缘有4～6枚齿。额角后脊伸至头胸甲后缘附近，无中央沟。我国广东东部、台湾及福建沿海习见。海捕鱼汛为每年10月至翌年1月份。长毛对虾是南方晚季养殖种，经济效益较好。但此虾甲壳薄，易受机械损伤。

紫虾——戴氏赤虾（？）

紫虾赞　紫袄绣裙，虾中妃嫔，长随鱼妾，伴海夫人[一]。

紫虾，身上细点皆作紫色。目圆大，而尾上红黄青白四色如绘。可玩，海人亦称为赤虾。

戴氏赤虾（自《中国海洋生物图集》）

校释

【一】长随鱼妾，伴海夫人　主观想象。

考释

聂璜对紫虾的记述和绘制皆简略。紫虾暂释为戴氏赤虾 *Metapenaeopsis dalei*（Rathbun）。

戴氏赤虾俗称红筋虾、霉虾，属于十足目枝鳃亚目对虾科。其为中小型虾，体长 4 ~ 6 cm。甲壳厚而粗糙，表面生有密毛，散布紫红色斑纹。额角平短而末端尖，步足末端白色，腹肢侧部具红斑，尾扇后部红色。

戴氏赤虾为亚热带近海种类，在我国分布于水深 30 ~ 130 m 的东海水域。

变种虾——单肢虾（？）

变种虾赞　虾有变种，身短颈缩。意气不扬，如有颦蹙^①。

闽海有一种缩颈虾，色红而身短，须蚶（钳）不长，常杂于白虾之中。询之海人，不知其名。盖变种也。

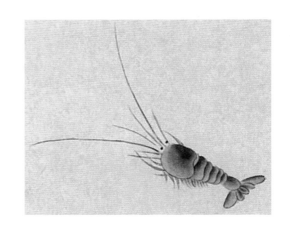

注释

① 颦蹙　皱眉、皱额，形容该虾头胸甲不舒展。

考释

依形似，此条变种虾暂释为单肢虾 *Sicyonia*。单肢虾属于十足目枝鳃亚目单肢虾科。体粗壮，甲壳厚且多毛。额角不超过第一触角柄，仅上缘有齿。我国报道 10 余种。其最后 3 对腹足为单肢型。单肢虾在我国分布于南海、东海。

长须白虾（？）

长须白虾赞　尺须寸虾，长短较量，尺有所短，寸有所长。

长须白虾，浙闽海中俱有。其须红而甚长，每入网中，则其须彼此牵结。不知海水中何以游行，大约总是退，则其须自顺而无碍矣。

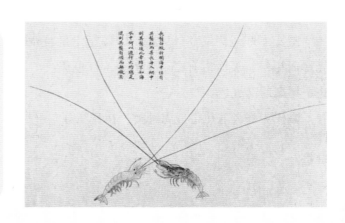

聂文未对长须白虾进行详述。待定。

红虾——中华管鞭虾

红虾赞　有火星星，水底常明，闽称炎海①，是以不冰。

红虾，色带赤，产闽海。最利糟腌，肉坚而壳硬，耐久不坏，故也用磨为酱，尤佳。杨②州有一种虾酱，皆磨小虾为之，初作臭不堪闻，发过夏，然后香美。

中华管鞭虾

注释

①　炎海　泛指南海炎热的地区。唐·杜甫《多病执热奉怀李尚书》诗："大水淼茫炎海接，奇峰硉兀火云升。"或喻酷热，宋·苏轼《定风波·南海归赠王定国侍人寓娘》词："雪飞炎海变清凉。"

②　杨　聂璜笔误，应为"扬"。

考释

中华管鞭虾 *Solenocera crassicornis*（H. Milne Edwards），属于十足目枝鳃亚目管鞭虾科，亦称红虾、大脚黄蜂。头胸甲较大。额角短，末端仅达眼后，上缘具 8 ~ 10 枚齿，下缘无齿。第五步足最长。腹部 1 ~ 6 节背面具纵脊。腹节后缘颜色较深，呈鲜红色。体长 5 ~ 9 cm，体重 1.5 ~ 9.0 g。中华管鞭虾分布于我国黄海南部、东海及南海，是夏秋季拖虾作业的主要捕捞种类，尤其在浙江中北部产量较高。

另外，俗称红虾者，还有可磨制虾酱的戴氏赤虾、鹰爪虾等。

白虾苗——毛虾

白虾苗赞　白面书生，何多如许，龙王好贤，三千朱履①。

白虾苗，盛于夏秋。一发②，则举网皆盈，大船小舟载至沙涂晒之。日色刚烈，不崇朝③而干燥如银钩。闽中福宁海上甚有呼为虸干者。

江浙有一种黄色者，呼为虾皮，亦此类也。

福清出一种小白虾，粲然如玉，产化南里海上。此虾如法腌藏，过夏香美异常。明叶文忠公④当国时，每令家僮各以小瓿封致僚属，竟美难得，拟之雪蛆云。

毛虾

注释

① 朱履　红色的鞋，借指显贵。

② 发　产生，出现。

③ 崇朝　整个早上。

④ 叶文忠公　叶绅，字廷缙，明成化二十三年进士，历仕户科给（jǐ）事中、礼科左给事中、尚宝少卿。

考释

毛虾亦称梅虾、玉钩、白虾、小白虾、糯米饭虾、雪雪、虾皮、水虾、苗虾等。

宋·罗愿《尔雅翼·鳞三·鰕》："梅鰕，梅雨时有之。"明·胡世安《异鱼图赞补》卷下："梅虾，数千万尾不及斤，五六月间生，一日可满数十舟。色白可爱。"清·周学曾等《晋江县志》："又白而小者，名玉钩，名白虾。"据所记"数千尾不及斤"和捕获时期"一日可满数十舟"的产量，白虾苗指毛虾 *Acetes*。毛虾用盐水煮后晒干可制成虾皮。

　　毛虾体长 1～4 cm。体透明，仅部分附肢红色或微红色。和对虾不同的是，毛虾胸部无第 4、5 对步足，头胸甲的额角比眼柄短，尾肢内肢基部具 3～4 个不等大的小红点。毛虾喜在港湾或河口中下层水域集群浮游。其于冬季向深水层移动越冬，春季来近岸浅水产卵，此时成长的虾为夏世代虾。夏世代虾于 8～9 月交配，其受精卵发育为秋世代虾。越冬的毛虾为秋世代虾和部分残存的夏世代虾。毛虾寿命不过 1 年。

　　在我国，主要的毛虾渔业物种是中国毛虾 *A. chinensis* Hansen 和日本毛虾 *A. japonicus* Kishinouye。渤海、黄海、东海盛产中国毛虾，年产量可达 12～14 万吨。

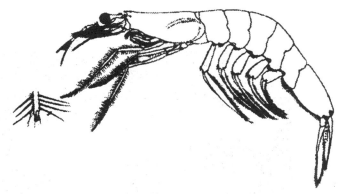

毛虾（自刘瑞玉）

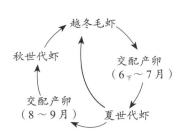

毛虾生活史示意图

腹胚虾——真虾

大钳虾——鼓虾

大蚶（钳）虾赞 虾小蚶（钳）大，状如拥剑，莫邪干将[①]，双舞海面。

闽海有一种大蚶（钳）虾，身红而蚶（钳）粗短，须亦不长。特异诸虾，不知何物化生也。

鼓虾

注释

① 莫邪干将 传说春秋末期，铸剑师干将、莫邪夫妻，奉吴王阖闾之命铸剑。他们采用的铁精金英，历经 3 个月未能熔化。莫邪乃断发剪指甲，投入炉中，使童男童女 300 人鼓橐（tuó）装炭，金铁乃濡。遂成二剑，阳名干将，阴名莫邪。

考释

鼓虾 *Alpheus*，属于甲壳纲十足目腹胚亚目真虾下目鼓虾科，俗称咔铗虾、卡搭虾、乐队虾、枪虾、板儿脚、狗虾。其因大螯可开闭，发出响声，故名。体棕色或绿褐色。眼多被头胸甲所覆盖。第一步足（螯足）强大，左右不对称。第二步足细小，亦为钳状，腕节由 3～5 小节组成。第二腹节侧甲覆于第一、三腹节侧甲。体长 3～6 cm。雄性大于雌性。鼓虾秋季繁殖，卵附于雌性腹肢孵化。其栖于泥沙质底浅海，我国沿海有鲜明鼓虾、日本鼓虾、短脊鼓虾、刺螯鼓虾等。

据报道，当鼓虾快速合拢大螯时，可产生 112 km/h 的高速水流，并在瞬间形成直径达 4 mm 的近真空的低压泡。低压泡被周围高压水体压碎，发出巨大响声，可产生强大的冲击力，足以杀死微小猎物。在海底，庞大鼓虾群发出的声音可干扰水下声呐系统，潜艇可利用鼓虾群发出的声音躲避声呐的搜索。另外，某些鼓虾与特定种类的虾虎鱼共栖。虾虎鱼负责警戒，发现危险便会摆动尾巴通知视力差的鼓虾；而鼓虾则负责挖掘沙泥保持居穴畅通。

深洋绿虾（？）

深洋绿色虾赞　虾具五色，红白紫黄，四髯将军，一绿衣郎。

绿虾，产外海深水大洋。边海之虾，止有龙虾色绿，其余不过红白黄紫而已。海中无黑虾，淡水中多有之。《汇苑》云："闽中海虾五色，而不为分出。"以今考之，果有五色，更有杂色不同，是又在五色之外者也。

考释

绿虾属的厚角绿虾 *Chlorotocus crassicornis*（A. Costa），属于十足目腹胚亚目长额虾科。

淡水产的锯齿新米虾 *Neocaridina denticulata*（De haan），体长 2～3 cm，属于十足目腹胚亚目匙指虾科，亦俗称绿虾、花背虾。

白虾——脊尾白虾

白虾赞　冒滥①绯衣，曷若白身？虽混水族，居然山人。

白虾，须不甚长，而钳如植。每随潮而来，喜游海港淡水，谓之咸淡水虾。海人干之，售于闽之山乡，茗椀②中投二枚作茶果，须挺于上，客取以啖。

脊尾白虾

注释

① 冒滥　不合格而滥予任用。句出宋·宋祁《新唐书·鄂王瑶传》："选任冒滥，时不以为荣。"

② 椀　同"碗"。

考释

聂璜虽绘出了长臂虾科虾的特征，但腹部体节仍为对虾或毛虾式样。

宋·梁克家《三山志》："白虾，生江浦。城南有白虾浦是也。"其后，明·屠本畯《闽中海错疏》、清·周学曾等《晋江县志》、清·郭柏苍《海错百一录》等，皆记白虾。

脊尾白虾 *Palaemon carinicauda* Holthuis，属于甲壳纲十足目腹胚亚目长臂虾科白虾属。其体长 4～9 cm，为中型虾。体透明，微带蓝色或红色小斑点。额角侧扁细长，基部 1/3 具鸡冠状隆起，上缘具 6～9 枚齿，下缘具 3～6 枚齿。第一、二步足钳状，且第二步足较大。脊尾白虾栖于盐度不超过 29、水深 1.5～15 m 的近岸、河口泥沙底，为广盐广温广布种，即聂璜谓之咸淡水虾。3～10 月繁殖，受精卵粘于前 4 对游泳足上，抱卵孵化。在冬天低温时，有钻洞冬眠的习性。在黄渤海沿岸，用拖网、张网、串网、小推网等捕捞，产量仅次于中国毛虾和中国对虾。鲜食或干制成虾米，卵干制成虾子。已人工养殖。

脊尾白虾腹部第 3～6 节背中央具纵脊，且其遇热后，除头尾稍呈红色外，其余部分均为白色，故名。俗称迎春虾、绒虾、五须虾、青虾、水白虾。

至于"茗椀（碗）中投二枚作茶果，须挺于上，客取以啖"，指小个体的脊尾白虾或其他小白虾，抑或毛虾，待查。

13
糠 虾

糠虾，指节肢动物门甲壳亚门软甲纲糠虾目物种，营浮游生活。

胸部末4个胸节游离，且胸部附肢基部具带卵板的育儿囊，尾肢常具平衡囊。我国已报道糠虾80余种。《海错图》称之为虾虱。

虾虱——糠虾

> 虾虱赞　水中有虱，常为虾患[一]，腹底藏身，射工难贯。
>
> 海中有一种虾虱，略如虾状而轻薄。头壳前尖后阔而空张，身尾如虾，无肉。两目长竖，而足若臂，有尖刺。常抱虾腹[二]，吮其涎，而虾为之困。海人误称为虾虎，非也。

糠虾

校释

【一】常为虾患　此说法缺依据。

【二】常抱虾腹　此说法无依据。

考释

宋·张师正《倦游杂录》："岭南暑月欲雨，则朽壤中白蚁蔽空而飞，入水翅脱，即为虾。土人遇夜于水次秉炬。蚁见火光，悉投水中，则以竹筛漉取，抟之如合捧，每抟一两钱，以豚脔参之为鲊，号天虾鲊。"宋·范成大《桂海虞衡志·志虫鱼》："天虾，状如大飞蚁。秋社后，有风雨则群堕水中，有小翅，人候其堕，掠取之为鲊。"宋·罗愿《尔雅翼·释鱼三·鰕》："泥鰕，相传稻花变成，多在田泥中，一名苗鰕。"按，"白蚁入水为鰕""群堕水中，有小翅""泥鰕，相传稻花变成"系臆测。用糠虾制鲊（虾酱）的说法无误。另外，泥虾（鰕）之名有歧义。日本用汉字记载的糠虾名有鱶、海糠、细鱼、海糠鱼、鮴、鮏、酱虾、苗虾、绿虾、泥虾、鮃、夏糠虾、秋糠虾、天虾、苗糠虾、涂苗等。在青岛为"四小海鲜"之一的糠虾谓末货。

明·屠本畯《闽中海错疏》卷中："涂苗，《海物异名记》云，谓之酱虾，细如针芒，海滨人咸以为酱，不及南通州出长乐港尾者佳。梅花所者不及。"清·周学曾等《晋江县志》："尤小者，名苗虾。"清·李元《蠕范》卷三："又米鰕、糠鰕，以精粗分。"

我国已报道糠虾80余种。其中糠虾亚的物种，头胸甲长且只与前4个胸节愈合，眼有柄，尾肢常具平衡囊。英文名mysid shrimp。

14
藤壶　龟足

藤壶和龟足，属于节肢动物门甲壳亚门，营固着生活。

体表皮肤形成外套、并分泌壳板，因附肢藤蔓状、能屈伸而得名。

聂璜的《海错图》记无柄的藤壶和具柄的龟足。

撮嘴——藤壶

撮嘴赞（一名石乳[①]）　有物似嘴，无分此彼，到处便亲，业根是水。

撮嘴，非螺非蛤而有壳，水花凝结而成[一]。外壳如花瓣，中又生壳如蚌，上尖而下圆。采者敲落环壳而取其内肉，烹煮腌醉皆宜。此物凡海滨岩石、竹木之上皆生，鲔身、龟背、螺壳、蚌房无所不寄。与牡蛎相类，故其壳亦可烧灰。

张汉逸曰："撮嘴初生，水花凝结如井栏，而壳中通如莲花茎。栏内又生两片小壳，上尖下圆，肉上有细爪数十，开壳伸爪可收潮内细虫以食。"

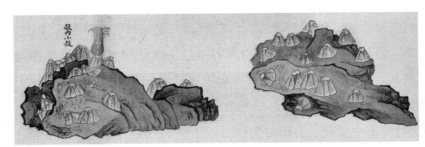

壳内小壳

东方小藤壶

鳞笠藤壶

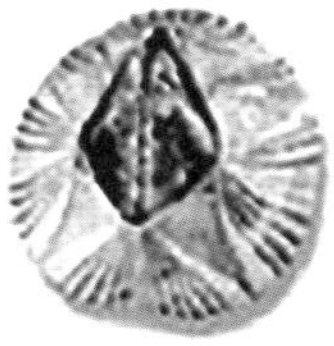
纹藤壶

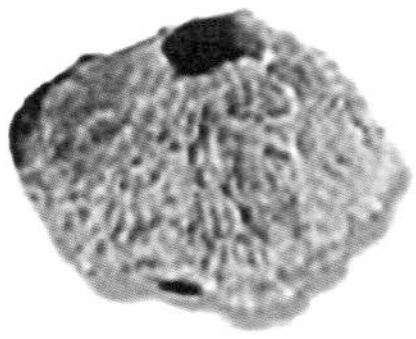
台湾笠藤壶

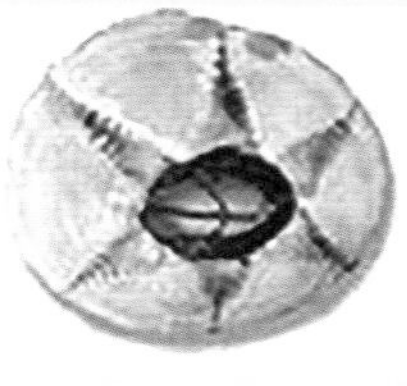
龟藤壶

注释

①**石乳** 海葵亦称石乳。参见“石乳——海葵”条。

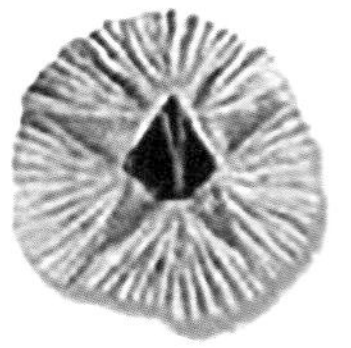
三角藤壶

网纹藤壶

校释

【一】非螺非蛤而有壳，水花凝结而成 前句无误，后句有误。见考释文。

考释

《海错图》中撮嘴、石乳指藤壶。藤壶单称蟟、蟠、蚰、触等，亦称老婆牙、蟟头、富士壶、马牙、触嘴、锉壳、曲嘴等。英文名barnacle。

宋·陈耆卿《赤城志》卷三六：“蟟，一名老婆牙。生于岩或篮竹上。”明·王瓒、蔡芳《弘治温州府志·土产·海族》：“蟠，其大者名老婆牙。壳丛生如蜂房，肉含黄膏。一名蟟头，以其簇生，故名。”清·柯璜译编《博物学讲义·动物篇》：“图之一，曰富士壶。此等动物视其外形似非甲壳类，然考其发生、幼虫与解剖其内部，证据则明甚。”

藤壶在海滨岩石、竹木之上皆可生长，在鳍身、龟背、螺壳、蛤房上都可固着，是裸岩面或挂板上率先固着者。在其引领下，其他动植物如海藻、水螅、多毛类、贝类、苔藓虫和海鞘等才相继而至，形成密集的生物“地毯”。在我国，藤壶在近海挂板每年每平方米的固着量可达4 kg，在外海达50 ~ 60 kg，是危害极大的污损生物。藤壶的固着，可使经济海藻失去食用价值，使航标、航灯乃至定深水雷过重而失效，使通海水的管道孔径缩小而失去使用价值，使养殖动植物的附着基被占据而影响种苗的附着，使航船负重而航速减低、甚至被迫停航。

藤壶，属于节肢动物门甲壳亚门蔓足亚纲无柄目，体外具石灰质壳板，曾被误为是软体动物。直到19世纪30年代，人们发现其无节幼虫，才知其为甲壳动物。其中东方小藤壶 *Chthamalus challengeri* Hoek，习见于黄渤海岩岸潮上带和高潮带；白脊管藤壶 *Fistulobalanus albicostatus*（Pilsbry）曾用中译名白纹藤壶，习见于中国海，常固着于岩石、木桩、贝壳、船底、红树等硬物上。

在我国，已报道藤壶逾百种。浙江玉环称藤壶为蚰、触嘴，“敲藤壶”称“打蚰”，聊充菜肴。岱山县白脊管藤壶被称为锉、锉壳、触。平阳称藤壶为曲嘴。

竹乳——藤壶

竹乳赞　撮嘴别号，是名曰乳，附生于竹，高下楚楚①。

竹乳，亦同石乳。但石乳生石上，竹乳生于竹上。陈龙淮图本有竹乳。

竹乳

注释

① 楚楚　有多种解释。在此处意为"整洁""鲜明"。明·《聊斋志异·卷四·双灯》："魏细瞻女郎，楚楚若仙，心甚悦之"中"楚楚"形容姿态娇艳动人；宋·张孝祥词："楚楚吾家千里驹，老人心事正关渠"中"楚楚"意为卓越出众；唐·元稹《听庾及之弹乌夜啼引》："后人写出乌啼引，吴调哀弦声楚楚"中"楚楚"形容凄苦的样子。

考释

参见"撮嘴——藤壶"条。

龟脚——龟足

龟脚赞　余苴见梦①，烹龟食肉，其壳用占，惟弃龟足。

《岭表录》曰："石蛣，得雨则生花。盖咸水之石，因雨默为胎而结成。形如龟爪，附石。"《广韵》曰："石蛣，生石上，似龟脚。今但称为龟脚，一名仙人掌。产浙闽海山潮汐往来之处。"

曰龟脚，象其形也；曰仙人掌，特美其名，取承露②之意。甲属③中之非蛎非蚌，独具奇形者。其根生于石上，丛聚，常大小数十不等。其皮赭色如细鳞，内有肉一条直满其爪。爪无论大小，各五指，为坚壳两旁连，而中三指能开合，开则常舒细爪以取潮水细虫为食，故其下有一口。

食者剥壳取肉，腌鲜皆可为下酒物。据海人云："鲜时现取而食，甚美，而独盛于冬。此物多生岩隙或石洞内，取者以刀起之。入洞取者常有热气蒸人，则体为之鼓。潮至，每有洞窄能入而不能出者。"

虽无头目，是皆各具一种生气，故尔其形诡异。中原之人乍见，多有惊疑不识者。屠掩庵尝述，明季有福宁州守以甲榜莅任，出入州前，见有龟脚，不知何物，又不屑问，乃手书"水菜"版上，云如勿字、易字者送进。执役不知何物，有解者曰："必龟脚也。"试进之，果是。可为喷饭，至今以为笑谈。

中三爪能开阖，开则舒爪取食

龟足

注释

① **余苴见梦** 疑聂璜笔误，当为"豫苴"，有的古籍也写为"豫且"。这是春秋时宋国一位渔夫的名字。他曾捕到一只神龟。神龟向宋元王托梦求救。事见《史记·龟策列传》："宋元王二年，江使神龟使于河，至于泉阳，鱼者豫且举网得而囚之。置之笼中。夜半，龟来见梦于宋元王，曰：'我为江使于河，而幕网当吾路。泉阳豫且得我，我不能去。身在患中，莫可告语。王有德义，故来告诉'。"

② **承露** 承接甘露。句出汉·班固《西都赋》："抗仙掌以承露，擢双立之金茎。"

③ **甲属** 《大戴礼记》："有甲之虫三百六十，而神龟为之长。"宋·傅肱《蟹谱》："蟹亦虫之一也。"在古代，有壳之动物皆谓甲属。

考释

龟脚，即当今所称之龟足，单称蜐，亦称紫结、紫蛣、紫蕈、石劫、石砌、石蜐、仙人掌、佛手蚶、龟脚蛏、龟爪、观音掌、鸡冠贝、石花、佛爪、观音手、佛手、佛手贝、狗爪螺、鸡足、鸡脚等。日本借用汉字称其为石花、佛爪。

先秦《荀子·王制》："东海则有紫结、鱼、盐焉。"杨倞注："字书亦无绂字，当为蚨。"南朝梁·江淹《石劫赋序》："石劫，一名紫蕈。"明·屠本畯《闽中海错疏》卷下："龟脚，一名蜐。生石上，如人指甲。连枝带肉，一名仙人掌，一名佛手蚶。春夏生苗如海藻，亦有花，生四明者肥美。"清·赵学敏《本草纲目拾遗》："（石蜐）俗呼龟脚蛏，海滨多有之。"

龟足 *Capitulum mitella*（Linnaeus），属于节肢动物门甲壳亚门颚足纲蔓足亚纲铠茗荷科，形如龟之足（脚）。台湾称其似乌龟的脚爪，故名龟爪。浙江舟山以南岩岸高中潮区习见。体分头状部和柄部，头状部浅黄绿色，具8片主壳板和20余片小壳板。柄部软，黄褐色，具石灰质鳞片。

15

鲎

鲎，为节肢动物门有螯亚门肢口纲剑尾目鲎科物种的统称。

古籍记鲎，内容丰富。《海错图》含《鲎鱼》《鲎腹》《鲎赋》3篇文章。

鲎鱼——鲎

鲎鱼赞　无鳞称鱼，有壳非蟹，牝牡乘风，来自南海。

凡鲎，至夏南风发，则自南海双双入于浙闽海涂生子，至秋后则仍还南海。闽中渔人云："小鲎鱼，雌者常聚于广之潮州，雄者聚于浙闽海涂。至秋长大，浙闽小鲎皆去就潮州配合，来年复来是成双也。"予未敢信。海人曰："吾滨海儿童捕得小鲎，皆雄而无雌，以是可验此奇理也。"〔一〕存其说，以俟高明。

鲎，《字汇》音候。海中介虫也，足隐腹下不可见。雄常守雌，取之必得双，俗呼鲎媚。性善候风，其相负虽风涛终不能解。又号鲎帆。鲎帆者，雌鲎于水面乘风负雄，其雄鲎后截卷起，片片如帆叶，而且竖其尾如桅，故曰鲎帆。海上南风发必至，夏月渔人伺之。《山堂肆考》《天中记》及《代醉编》俱载有鱼矴、鱼帆之说。鱼矴，谓墨鱼也；鱼帆，即鲎帆也。

《泉南杂志》曰："鲎鱼碧血，似蟹，足十有二。渔者醢其肉，闽中多以其壳作镬杓。"予客闽，见烹饪者用此，异之。深维用者之意。盖铜铁作杓，非损杓即坏镬，且响声聒耳；惟此壳为杓，岁久可不损镬，而质薄势轻，木然无声。夏羹侯有母①尸饔②，反不必取此也。又考《格物录》，亦载鲎鱼皮壳屈可为杓，则一灶下养之所操。亦自格物中得之，并称其壳后截坚者可为冠，入香能发香气，尾可作小如意，脂烧之能集鼠。予谓，一物之微，其取材有如此。今人为杓而外，多轻弃之，惜哉！为冠，似为道冠。入香者配香烧，取其滋润意用甲香试之，果妙。尾作如意者，屈其尖，以后截壳剪而粘之为如意头，甚雅。脂烧集鼠，性必类蟹也。

又考《本草》云："鲎微毒，治痔杀虫，尾治肠风。"杀虫者，是杀痔中之虫。此物清凉，大约能解脏毒、脏火。尾治肠风，同一理也。今医家多未言及，何欤？闽中张汉逸，业医而博古，无书不览。因与论鲎，彼出二十年前病中所著《鲎赋》，示予而快之。

按字书鱼部，有鲥鲛二字。鲛同魟，云江虫似蟹，可食。今鲎鱼似魟，其体两截能折，则鲥鲛二字明指鲎鱼。而《字汇》《篇海》皆不注明。欲于水族之内别求所谓鲥鲛，吾知其必不可得也。又考海中之鱼，除比目而外，惟鲎鱼雌雄相偶，在水则相负而游，在陆则相随而行。鱼部鳒魪鮭鱸五字，并指比目。则鱟字、鰴字当指鲎鱼。字书俱不注明，但解鱟曰二鱼，解鰴字曰海鱼名，使见鲎鱼，定当怅然自失。

屈翁山《新语》云："鲎子甚多，而为鲎者仅二，余多为蟹，为蚼虾、麻虾及诸鱼族。鲎乃诸鱼虾之母也[二]。"

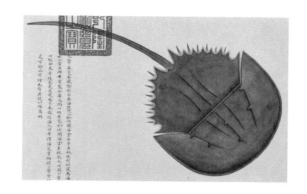 

鲎（自《中华海洋本草精选本》）

注释

① 戛羹侯有母　典出《史记·楚元王世家》。刘邦封其嫂之子为羹颉侯。后称嫂为"戛羹"。
② 尸饔（yōng）　指主管炊事。尸意为主管，饔指熟食、饭菜。

校释

【一】凡鲎，至夏南风发……以是可验此奇理也　整段所记，不宜尽信。见《鲎赋》考释。
【二】鲎乃诸鱼虾之母也　古籍常这样说，无依据。

鲎腹

鲎腹赞　背刚腹柔，形如缺盂，一口当胸，其足二九[一]。

张汉翁论鲎之形状及醢胏法甚详。谓鲎初生如豆，渐如盏，至三四月才大如盂。壳作前后两截，筋膜联之，可以屈伸，前半如剖匏之半①，而两腋缺处作月牙状。前半壳纵纹三行，直六刺，两泡两点目②也。雌鲎至秋后放子，则明而有光，捕者难取。后半截似巨蟹而坚厚，中纵纹一行，三刺，两旁壳边各八刺[二]，每边又出长刺各六，皆活动。尾坚锐，列刺作三棱③，长与身等，亦能摇曳自卫。腹下藏足，左右各六，似足非足，又皆有双岐，如螯状，末两大足如人指作五岐，变幻尤异。足皆绕口，在腹中心簇芒如针④。后半壳下一膜覆软肉，叶各五片，如虾之有跗，藉以游泳[三]。肠仅一条，甚短而无脏胃。其背黑绿色，腹下及爪足黑紫色。牝者满腹皆子，子如小绿豆而黄，其脂觺沉香色，血蓝色。但剪鲎有方，须先出其肠而勿令破，然后节解之。如肠破少滴其秒，臭恶不堪食矣。

在水牝牡相负，在陆牝牡相逐。牝体大而牡躯小，捕者必先取牝，则牡留，如先取牡则牝逸。

鬻者夹牝牡，以竹束之而市。温、台、闽、广俱产，夏末最盛。腌藏其肉及子，醉以酒浆，风味甚佳。其血调水蒸，凝如蛋糕。其跗叶端白肉极脆，嫩美。尾间精白肉和椒醋生啖，胜鱼脍，食后戒饮茶。从未食者睹其形恶，多畏而不敢下筋，惯啖者每美而爱之。或有性不相宜者，非哮即泻，惟久腌者颇无碍。其腌汁可愈心痛疾不止，肉之能治痔杀虫也。

予录而记之，并附《鲎赋》于后。

（自明·文俶）

🏳 **注释** 🏳

① 剖匏（páo）之半　似剖开的半个葫芦瓢。

② 两泡两点目　两泡，指1对复眼位于头胸甲两侧；两点目，系1对位于头胸甲前中线的单眼。

③稜　同"棱"。

④足皆绕口，在腹中心簇芒如针　簇芒即步足基部的刺突，用以咀嚼食物，是肢口动物之特征。

校释

【一】其足二九　鲎具附肢 6 对。聂文"腹下藏足，左右各六"正确；但鲎腹赞"其足二九"及图则有误。

【二】刺　非刺，为头胸甲两侧的 7 个缺刻。

【三】叶各五片，如虾之有跗，藉以游泳　此"叶"为书页状的鳃瓣，特称书鳃，是鲎的呼吸器官，并非用以游泳。

鲎赋（张汉逸）

动植飞潜，充牣宇宙。海有介虫，厥名曰鲎。偃①体团肩，前如缺瓢。排翅掉尾，后若兜鍪②。背虽别夫两目兮，不辨睛眸。腹徒拥夫多足兮，长类伛偻。泛泛浩瀚之间兮，涸③玳瑁而杂蚬鲻④。蠕蠕斥涵之上兮，役蟛蜞而伍蟛蚨。小齐杯盌⑤，大拟盘簋⑥。同生共长，月露风流。互依倚兮，等蜇虫之待蟹负⑦。相匹偶兮，异水母之载虾浮。所以陆行而留胼迹，水戏而喷联沤。泥涂而轩冕⑧兮，既折腰而善走。风波而介胄⑨兮，虽雄心而不吼。似素未具乎刚肠⑩，复何烦乎利口。性符离象，内阴而外阳。形似毕星，丰前而锐后。

允协常经，宜匹令偶，胡为乎倡而壮者常为牝，随而瘠者反为牡？何顺逆之倒施，俾小大之乖谬？捕其雄兮，则雌遁而莫觏；获其雌兮，则雄留而死守。遁者既失罗敷⑪之贞，留者还蹈尾生⑫之丑。以故趋而蹴之者，远师老氏之守雌；掩而掠之者，近说文姜之敝笱⑬。爰是鲛居⑭老叟，蟹穴儿曹，垂涎垄断，竭力贪饕。觇彼蛋盈夏月，虑其娠脱秋涛。驾风云而势如逐鹿，绝沧海而意等钓鳌。痛轻身之未遂兮，嗟重祸以横遭。伤多子之贻患兮，悔贪欢而莫逃。且复双双并桔，两两联嶅。

市上居之为奇货，席中指之为美肴。售以泉货⑮，执其鸾刀，俦分侣劈，意慑⑯神号。碧溅苌弘⑰之血，腥割孕妇之膏。剥臀无肤，莹愈雪脸。斩⑱胫有衞，清胜霜螯。剖卵累累兮，联珠缀絮。断肌缕缕兮，别膜取骿⑲。试小鲜之一烹兮，佐中馈之连朝。失宰割之却霾⑳兮，发痼疾而咆哮。如是，沃以清芬之琬琰㉑，和以芳苾之溪毛，聚糜躯于瓴甋，寔碎首于丘糟。备御冬之旨蓄，佐卜夜以酝酮㉒。

易牙㉓善刀而藏曰："人味已尝，鲎味若何？"予投筯而起曰："肥甘味少，酸辛味多。"

注释

① 偃　倒下。

② 兜鍪（móu）　头盔。

③ 溷（hǔn）　混有。

④ 鲵鳅　指河豚或俗称鲀。

⑤ 盌　同"碗"。

⑥ 籯　竹笼。

⑦ 等蛩虫之待蟨负　蛩、蟨，两兽名，即蛩蛩巨虚和蟨。后以"蛩蟨"比喻二者相依为命。典出《吕氏春秋·不广》。

⑧ 轩冕　典故名，原指古时大夫以上官员的车乘和冕服，后引申为官位爵禄、国君或显贵者，泛指官。

⑨ 介胄　铠甲和头盔。

⑩ 刚肠　指刚直的气质。三国魏·嵇康《与山巨源绝交书》："刚肠嫉恶，轻肆直言，遇事便发。"张铣注："刚肠，谓强志也。"

⑪ 罗敷　为汉末至三国时一位忠于爱情、不畏强暴、不慕权势的贞烈女子，为后世文人墨客所赞扬。

⑫ 尾生　是我国历史上首个被记载的为情而死的青年。典出《庄子·盗跖》："尾生与女子期于梁（桥）下。女子不来，水至不去。抱梁柱而死。"

⑬ 文姜之敝笱　出自《诗经》，暗讽文姜荒淫无耻的秽行，隐射文姜和齐襄公不守礼法。

⑭ 鲛居　神话中生活在海里的人。

⑮ 泉货　钱币。

⑯ 憯　未查到此字，恐为"惨"。

⑰ 苌弘　孔子的老师。

⑱ 斲（zhuó）　斩。

⑲ 膋（liáo）　肠脂。

⑳ 窾（kuǎn）　同"窾"，中空、空隙。

㉑ 琬琰　美玉。

㉒ 酕醄（máotáo）　大醉之貌。

㉓ 易牙　春秋时人，深得齐桓公欢心，烹饪技艺很高，是第一个开饭馆的人，被厨师们奉为祖师。

考释

鲎，亦称鲎鱼、鲎簰（pái）、鲎帆、鲎媚、何罗鱼、马蹄蟹、大王蟹、钢盔鱼、鸳鸯蟹、两公婆、六月鲎、爬上灶、夫妻鱼、鸳鸯鱼、海怪、王蟹等。

古人视鲎、蜎（huá）、蠌（zé）、蟧（láo，寄居蟹）为有甲类。

《山海经》、晋・郭璞《江赋》、晋・刘欣期《交州记》记鲎，唐・段成式《酉阳杂俎・广动植二・鳞介篇》记鲎帆，宋・梁克家《三山志》卷四二记鲎媚。宋・罗愿《尔雅翼・鳞四・鲎》:“又其众如簰筏，名鲎簰。大率鲎善候风，故其音如候也。”《番禺杂记》记为“鲎牌”。明・王圻等《三才图会》绘何罗鱼，聂璜解字“鱟、鱫，指鲎鱼”。

鲎，繁盛于3.45亿～3.95亿年前泥盆纪（一说2.25亿年前二叠纪），繁衍至今，变化甚微，故有“活化石”之称。鲎由马蹄形之头胸部、六角形且具6对侧棘之腹部和长的尾剑组成。头胸部具附肢6对，其中步足5对。步足基部具刺突以咀嚼食物。头胸部背面左右两侧各具一大的复眼，前方中央具2个单眼。鲎故有“蝉眼”“龟背”“蟹脚”之谓。

鲎因头胸甲似马蹄，英文名horseshoe crab，中译名为马蹄蟹。因似蟹且大于蟹，英文名king crab，译名为大王蟹。台湾称钢盔鱼、鸳鸯蟹。用鲎血制成的“鲎试剂”，在革兰氏阴性细菌疾病的预防中有着重要的应用。

我国已报道3种鲎。中国鲎（三刺鲎）*Tachypleus tridentatus*（Leach），体长可达75 cm，体重7 kg，分布于宁波以南沿海，4～5月至潮间带沙滩产卵，9～10月移向外海。

另外，清・陈元龙《格致镜原・水族类・鲎》引《事林广记》:“鲎鱼小者，谓之鬼鲎。食之害人。”清・李调元《然犀志》:“又一种小者，谓之儿鲎。亦不可食。”鬼鲎，亦称鬼仔鲎，即圆尾鲎*Carcinoscorpius rotundicauda*（Latreille），1986年在我国北部湾深20 m浅海被采到。此为鲎中小者，长约30 cm，重约0.5 kg，喜在河口江岸产卵。人食圆尾鲎后会中毒而亡。广西沿海称其为鬼鲎仔。

16

海豆芽

海豆芽，为具触手冠、双壳、无铰的腕足动物。

青翠——海豆芽

> 青翠赞　鹍①化为鹏，诸鸟尽朝，孔雀过海，坠落一毛。
>
> 青翠，其形色如翠羽也。亦名泥匙，又名觚栽。两壳如蚌，外有细毛②如孔雀尾式。白肉一条③，如蛏须【一】吐出壳外，有白坚皮包之。生入海泥中，拔之则起，其肉如蛏而白根，味亦清脱。海乡取充馔以夸客，市上绝无。《福宁志》有土匙，即此。

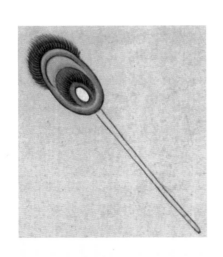 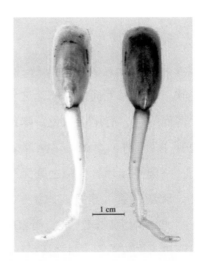

海豆芽（自《黄渤海常见底栖动物图谱》）

注释

① 鹍（kūn）　古代指鹤样的鸟。

② **两壳如蚌，外有细毛**　两壳指背小腹大的两片壳。细毛为壳缘上的刚毛。

③ **白肉一条**　指肉柄。

【一】蛏须　蛏之出、入水管。

海豆芽

海豆芽赞　海有豆芽，肉白壳绿，斋公乐啖，将错就错。

海豆芽，产连江海涂。形如小蚌[一]，壳绿色若豆状，有肉带一条，似蛏须[二]而长，若豆芽然[三]，故名。捕而鬻于市，带仍吐出不收。

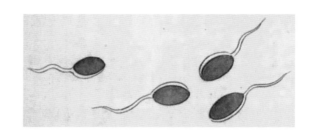

校释

【一】形如小蚌　海豆芽不是双壳类中的蚌。
【二】若豆芽然　聂璜所绘似豆芽，不恰当。参见"青翠——海豆芽"条中的图。

考释

明·杨慎《异鱼图赞》引《渔书》："江蛲（náo），生海泥中。壳如花瓣而缘有根，直植于泥，白如豆芽。壳软，肉边有毛而白，海味之佳者。"明·屠本畯《闽中海错疏》卷下："土铫（diào），一名沙屑。壳薄而绿色，有尾而白色。味佳"，"指甲，以形似名之"，"江桡（ráo），指甲之大者"。海错，亦箸豆芽乎"。清·李调元《然犀志》记："水豆芽，蛏类也。鲜时壳中有一肉柱如牙箸，腌之则无。"按，"一肉柱如牙箸，腌之则无"，其实并非如此。

清·黄任、郭庚武纂《泉州府志》："沙屑，一名土饭匙，名海豆芽，俗呼霜雪。"明·陈懋仁《泉南杂志》："北方谓泥砖曰土坯，晋江有介属亦曰土坯。绿壳白尾，其旁有毛"，"指甲螺，形如指甲，大者曰江桡，同安有"。加之聂璜记泥匙、瓠栽、土匙等，颇多异名。

海豆芽 Lingula，属于腕足动物门无铰纲；具触手冠，因背腹具 2 片压舌片样几丁质和磷酸钙壳（因而又称舌形贝）和一条肉柄，酷似豆芽而得名；习见于潮间带泥沙滩，借助肉柄锚于泥沙中。日本借用汉字称其为三味线贝。海豆芽经早寒武纪并延续至今，历数 5.4 亿年的地质年代，现生种仅数种，且仍保留着祖先的原始特征，分布范围有限，故有"活化石"之称。

17
乌贼 蛸

　　身体柔软，由头、足、内脏囊、外套膜、壳5部分组成的软体动物（俗称贝类）。现生软体动物已超过11万种。

　　头足动物，身体两侧对称，头前具足且分化为腕和漏斗；除鹦鹉螺等具外壳外，其余具内壳或壳退化。头足动物是软体动物中适于游泳的一类。

　　《山海经·北山经》记载的一首十身之何罗鱼，今释为乌贼。自古至今，民间常将有10条腕之乌贼和有8条腕之蛸（章鱼）混称为鱼。

注

　　1. 古汉字"贝"特指货贝，即今之宝贝。其他类群各有其名。

　　2. 动物学中，以"贝"为词尾的物名，恐多由日用汉字舶来。海峡两岸学者对此进行过研讨并有论著出版。应对这些动物名进行梳理，合理者留，不当者弃。

　　3. 贝壳的识别与归类，离不开软体形态特征的支持。应当回避"贝壳分类学"或"贝壳分类学家"之谓。

　　4. 一个好的博物馆，应观赏性与科学性并举。标本没有原始记录，已失去科学研究价值，只适于观赏。

《海错图》软体动物门检索表

1. 外套膜具伸至体外且后伸的骨针 ⋯⋯⋯⋯⋯⋯⋯⋯⋯⋯⋯⋯⋯⋯⋯⋯⋯⋯⋯⋯ 无板纲

　　外套膜不具伸至体外的骨针 ⋯⋯⋯⋯⋯⋯⋯⋯⋯⋯⋯⋯⋯⋯⋯⋯⋯⋯⋯⋯⋯⋯⋯ 2

2. 外壳8块且呈覆瓦状排列 ⋯⋯⋯⋯⋯⋯⋯⋯⋯⋯⋯⋯⋯⋯⋯⋯⋯⋯⋯⋯⋯⋯⋯⋯ 多板纲

　　若具壳，亦非8块覆瓦状排列 ⋯⋯⋯⋯⋯⋯⋯⋯⋯⋯⋯⋯⋯⋯⋯⋯⋯⋯⋯⋯⋯⋯ 3

3. 体具分节现象 ⋯⋯⋯⋯⋯⋯⋯⋯⋯⋯⋯⋯⋯⋯⋯⋯⋯⋯⋯⋯⋯⋯⋯⋯⋯⋯⋯⋯ 单板纲

　　体不具分节现象 ⋯⋯⋯⋯⋯⋯⋯⋯⋯⋯⋯⋯⋯⋯⋯⋯⋯⋯⋯⋯⋯⋯⋯⋯⋯⋯⋯⋯ 4

4. 无头部；壳为左右两瓣 ⋯⋯⋯⋯⋯⋯⋯⋯⋯⋯⋯⋯⋯⋯⋯⋯⋯⋯⋯⋯⋯⋯⋯⋯ 瓣鳃纲

　　具头部；若具壳，亦非如上述 ⋯⋯⋯⋯⋯⋯⋯⋯⋯⋯⋯⋯⋯⋯⋯⋯⋯⋯⋯⋯⋯ 5

5. 壳管状且两端开口 ⋯⋯⋯⋯⋯⋯⋯⋯⋯⋯⋯⋯⋯⋯⋯⋯⋯⋯⋯⋯⋯⋯⋯⋯⋯ 掘足纲

　　若具壳，亦非如上述 ⋯⋯⋯⋯⋯⋯⋯⋯⋯⋯⋯⋯⋯⋯⋯⋯⋯⋯⋯⋯⋯⋯⋯⋯⋯ 6

6. 足不分化为腕且不位于头前 ⋯⋯⋯⋯⋯⋯⋯⋯⋯⋯⋯⋯⋯⋯⋯⋯⋯⋯⋯⋯⋯ 腹足纲

　　足分化为腕且位于头前 ⋯⋯⋯⋯⋯⋯⋯⋯⋯⋯⋯⋯⋯⋯⋯⋯⋯⋯⋯⋯⋯⋯⋯⋯ 头足纲

《海错图》头足纲检索表

1. 具外壳；漏斗非管状 ⋯⋯⋯⋯⋯⋯⋯⋯⋯⋯⋯⋯⋯⋯⋯⋯⋯⋯ 鹦鹉螺目（鹦鹉螺）

　　无外壳；漏斗管状 ⋯⋯⋯⋯⋯⋯⋯⋯⋯⋯⋯⋯⋯⋯⋯⋯⋯⋯⋯⋯⋯⋯⋯⋯⋯⋯ 2

2. 腕8条　　　　八腕目［泥刺——短蛸、章鱼——长蛸、章巨——巨蛸（？）、土肉——蛸（？）］

　　腕10条 ⋯⋯⋯⋯⋯⋯⋯⋯⋯⋯⋯⋯⋯⋯⋯⋯⋯⋯⋯⋯⋯⋯⋯⋯⋯⋯⋯⋯⋯⋯ 3

3. 内壳退化或角质；捉腕不能全缩入腕囊（枪乌贼目） ⋯⋯⋯⋯⋯⋯⋯⋯⋯⋯⋯ 4

　　内壳钙质；捉腕可全缩入腕囊　　　　乌贼目（墨鱼——乌贼、泥丁香——耳乌贼）

4. 眼外无角质膜（开眼） ⋯⋯⋯⋯⋯⋯⋯⋯⋯⋯⋯⋯⋯⋯⋯⋯⋯⋯⋯ 柔鱼科（柔鱼）

　　眼外具角质膜（闭眼） ⋯⋯⋯⋯⋯⋯⋯⋯⋯⋯⋯⋯ 枪乌贼科（锁管——枪乌贼）

墨鱼——乌贼

墨鱼赞　一肚好墨，真大国香①，可惜无用，送海龙王。

墨鱼，土名也。《闽志》称乌鲗，《字汇》亦作鱿鲗。浙东及闽广皆产。《本草》独称雷州乌贼鱼，何其隘也？称其肉能益气强志，骨末和蜜疗人目中翳。

云性嗜乌，每浮水上伪死，乌啄其须，反卷而入水以啖，言为乌之贼也。陶隐居云，此是鸒乌【一】所化，今其口角尚存相似。予故图，存其喙及骨，以俟辨者。

《南越志》称，乌贼有碇，遇风便虬，前虬下碇②。今两长须果如缆绳，询之渔人，佥③曰："风波急，果皆以须粘于石上。"

张汉逸曰："绕唇肉带八小条，似足非足，似髯非髯，并有细孔，能吸粘诸物。口藏须中，类乌喙，甚坚。脊骨如梭而轻，每多飘散海上，故名海螵蛸。腹藏墨烟，遇大鱼及网罟则喷墨以自匿。鱼欲食者，每为墨烟所迷。渔人反因其墨而踪迹得之，及入网，犹喷墨不止，冀以幸脱。故墨鱼在水身白，及入网而售于市则其体常黑矣。鲜烹性寒，不宜人。腌干，吴人称为螟蜅，味如鳆鱼。"愚谓："然则《本草》所云'益气壮志'，非指鲜物也，必指螟蜅干也。"汉逸是之，复曰："海外更有一种大者，重数斤，背有花纹④。剖而干之，名曰花脂。其味香美，更胜乌贼。"予恨不及见，不复再为图论也。

考类书云，乌贼之形似囊，传为秦始皇所遗算袋于海而变。合之荷包蛇⑤而观之，真令人想易象于括囊也。

予访之海上，见墨鱼生子累累，如贯珠而皆黑⑥，奇之。又见有小乌贼，其形如指。并图之，以恭论陶隐居鸒乌所化之说，以见化生之中又有卵生也【二】。

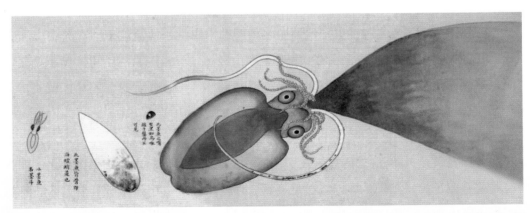

左1：小墨鱼，名墨斗；左2：此墨鱼海螵蛸是也；左3：此墨鱼之嘴坚黑如乌啄，缩于内不可见

（自《本草纲目》）

（自《山海经广注》）

注释

① 大国香　明代潘嘉客所制名墨"大国香麒麟"。

② 前虬（qiú）下碇　虬指2根长的捉腕。古人误以为乌贼捉腕作用类似"锚"。

③ 金（qiān）　都。

④ 背有花纹　此为拟目乌贼，躯干部长达18 cm。

⑤ 荷包蛇　指水母。参见"荷包蛇——海月水母"条。

⑥ 墨鱼生子累累，如贯珠而皆黑　此乃无针乌贼之卵群。参见"墨鱼子——无针乌贼卵"条。

校释

【一】鸜乌　传说中的一种黑色大鸟。

【二】以见化生之中又有卵生也　聂璜把卵生归入化生。

考释

墨鱼、乌鲗、乌贼鱼、乌贼等名，广义上指乌贼目和枪乌贼目所在的十腕头足动物。

《山海经·北山经》："又北四百里，曰谯明之山。谯水出焉，西流注于河。其中多何罗之鱼，一首而十身，其音如吠犬，食之已痈。"《山海经·东山经》："又南三百二十里，曰东始之山……泚水出焉，而东北流注于海，其中多美贝，多茈鱼，其状如鲋，一首而十身，其臭如蘪芜，食之不糜。"按，其"一首十身"之"十身"，释为乌贼的10条腕，见《山海经广注》图。

《说文·鱼部》："鲗，乌鲗鱼也。"古人视乌贼为鱼，从鱼部。

唐·刘恂《岭表录异》卷下："乌贼鱼，只有骨一片，如龙骨而轻虚，以指甲刮之，即为末。亦无鳞，而肉翼前有四足。每潮来，即以二长足捉石，浮身水上。有小虾鱼过其前，即吐涎惹之，取以为食。广州边海人往往探得大者，率如蒲扇，炸熟以姜醋食之，极脆美。或入盐浑腌为干，捶如脯，亦美。吴中人好食之。"《福州府志》（万历本）："（乌鲗）俗呼为墨鱼。大者曰花枝，晒干者俗名曰蛏脯干。"

乌贼之名，至少有3个来源：

一说食乌之贼。南朝宋·沈怀远《南越志》："乌贼鱼，一名河伯度事小吏，常自浮水上。乌见以为死，便往啄之，乃卷取乌，故谓之乌贼。"按，古代"乌"同"鸟"，古人误认为乌贼为食乌（鸟）之贼。

二为讹人钱财说。唐·段成式《酉阳杂俎·鳞介篇》："江东人或取墨书契，以脱人财物。书迹如淡墨，逾年字消，唯空纸耳。"宋·周密《癸辛杂识续集·乌贼得名》："世号墨鱼为乌贼，何为独得贼名，盖其腹中之墨，可写伪契券。宛然如新，过半年则淡然如无字，故狡者专以此为骗诈之谋，故谥曰贼云。"按，乌贼墨被用以行骗。然而，笔者用以书字，十几年后字迹仍未脱。

三说系物或乌（鸟）入水所化。唐·段成式《酉阳杂俎·鳞介篇》曰："海人言，昔秦王东游，弃算袋于海，化为此鱼，形如算袋，两带极长。"宋·丁度等《集韵·平模》："鹉，鹉贼，鱼名。九月寒乌入水化为之。"。

古人何以把乌贼与鸟结缘？宋·罗愿《尔雅翼·释鱼二·乌鲗》称："今其口足并目尚存。犹相似，且以背上之骨验之也。"此等发达之眼、似鸟之喙、背骨，皆为古人依形态上的趋同而附会为乌。

明·李时珍《本草纲目·鳞四·乌贼鱼》："颂曰，近海州郡皆有之……腹中有墨可用，故名乌鲗。能吸波噀墨，令水溷黑，自卫以防人害。"民国·徐珂《清稗类钞·动物类》："乌贼，亦作乌鲗，为软体动物。体苍白色，有紫褐色斑点，分为头部、腹部。头部有足十，中二足独长，为捕捉鱼类、贝类等食物之用。眼二，构造与哺乳动物无异。腹部为卵圆形之囊，名外套膜。两旁有肉鳍，为游泳器，中有内壳色白，质坚厚而疏松，即海螵蛸也。又有白色小囊，中贮墨汁，有急，则喷之以自匿，故俗又称墨鱼。可鲜食及制鲞行远，为吾国海产之一大宗。"记述可信。

乌贼异称亦多。宋·丁度等《集韵·平尤》："鲰，鱼名。乌贼也。"宋·陆佃《埤雅·释鱼·乌鲗》："（乌鲗）一名缆鱼。风波稍急，即以其须粘石为缆。"宋·毛胜《水族加恩簿》："乌贼名甘盘。令甘盘校尉，吐墨自卫，白事有声，（宜）授噀墨将军。"

台湾、闽南曰墨贼，泉州呼墨鱼，漳平称墨节。对小乌贼或小型物种，龙岩谓之墨仔，漳州记为墨贼仔。聂璜记为墨斗。

乌贼雌性缠卵腺干制品名乌鱼蛋。清·赵学敏《本草纲目拾遗》卷十："乌鱼蛋，产登莱，乃乌贼腹中卵也。"按，此记"乃乌贼腹中卵也"，误矣。这是雌性个体缠卵腺之干制品。

对乌贼狭义之界定，仅指乌贼目乌贼。英文名cuttle fish。头前具足，二鳃，十腕。十腕中二长腕能全部缩入头内，腕吸盘多排成4纵行，躯干部多具周鳍或中鳍。

我国习见之金乌贼 *Sepia esculenta* Hoyle、日本无针乌贼、针乌贼等乌贼科乌贼具钙质内壳，而耳乌贼科和微鳍乌贼科乌贼内壳退化。除深水乌贼外，皆具能分泌墨汁之墨囊。

乌贼所属之头足类，是我国四大海产渔业种类之一。繁殖场主要于水清藻密、外海岛屿附近之中下层水域。乌贼喜捕食虾蛄、鹰爪虾、毛虾等，种内亦常相食，自身又是带鱼、鳓鱼、真鲷等的猎物。每年渔期自立夏起，为时约两月，以后多分散，鲜见其踪迹。

墨鱼子——日本无针乌贼卵

墨鱼子赞　非黄非白，未骨未肉，一点真元[①]，先付厥[②]墨。

墨鱼子，散布海岩向阳石畔，累累如贯珠，而皆黑色[③]。排列处，数百行不可胜计。大都群聚而育之，听受阳曦育出。《本草》谓，墨鱼为鹳乌所化。今验有子乌化之说，另当有辨。

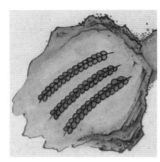　　　　　

日本无针乌贼卵　　　　　　　　　　　　　　日本无针乌贼

注释

① 真元　人的元气，医家称藏于肾。肾位于下焦，故又称下元。

② 厥　其，他的。

③ 墨鱼子，散布海岩向阳石畔，累累如贯珠，而皆黑色　日本无针乌贼产出之卵，呈黑色，并非都排列成串糖葫芦样。

考释

依聂璜图，墨鱼子为乌贼的卵群，俗称海葡萄。而黑色者，为日本无针乌贼 *Sepiella japonica* Sasaki 所产。

日本无针乌贼，为软体动物门头足纲乌贼目乌贼科之经济种。主要产于浙江和福建近海。躯干部长15 cm，内壳后端无尖锥，躯干后部具腺孔且分泌黄色腥臭的黏液。其在各地称谓有别，在山东名花拉子、麻乌贼、乌鱼、墨鱼，在浙江称目鱼、乌贼、墨鱼，在福建曰臭屁股，在广东叫屙血乌贼、血墨。日本借用汉字称其为尻烧乌贼。其躯干部淡干品俗称螟鲞、南鲞，雌性缠卵腺干制品俗称墨鱼蛋，雄性精巢干制品称卵白，味均鲜美。如遇天气阴雨，只得用盐渍之，称为墨枣。

泥丁香——耳乌贼

泥丁香赞　一经品题，姓名必扬，龙淮①收取，是曰丁香。

泥丁香，干之状如丁香，产闽中海涂。陈龙淮《海错赞》虽置于其末，人以孙山②轻，吾则以孙山重，故采而附之。其赞曰："形如宝杵③，锐首丰腹。中杂泥沙，膏涎喷簇。腊名丁香，味尤清馥。海红④虽美，犹其臣仆。"其椠⑤可知。

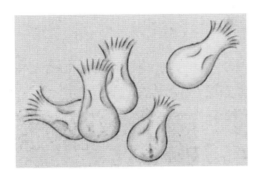

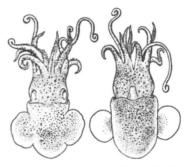

耳乌贼　　　　　　　　　耳乌贼手绘图
（左：背面观，右：腹面观）

注释

① 龙淮　疑指聂璜友人陈龙淮。所记欠详。

② 孙山　没落榜，是最后一名。

③ 宝杵　为佛教礼器或法器，即将双头杵交叉成十字形，又称"十字杵"，亦有加饰飘带者，称为"结带宝杵"。十字杵用于瓷器纹饰，最早见于元代青花碗内，明初瓷器上尚少见，盛行于明代中期。

④ 海红　这里指泥蛋。见"泥蛋——海鞘"条。

⑤ 椠　同"概"，意为名气、气度。

考释

聂璜把耳乌贼的躯干（胴）部和腕，分别比作丁香膨大的花托和花瓣，很有想象力。

明·屠本畯《闽中海错疏》卷中："墨斗，似锁管而小，亦能吐墨。"明·杨慎《异鱼图赞》卷三乌鲗："而章鱼，实别一种。其最小者首圆如弹丸，傍有两耳，大小盈寸，名胡泥，生于春。"

耳乌贼，为软体动物门头足纲乌贼目耳乌贼科物种的统称。躯干（胴）部短，大致呈球形，分列于躯干（胴）中部两侧的肉鳍近圆形，腕具2或4纵行吸盘。

在我国浅海，具渔业价值的耳乌贼有以下2种。四盘耳乌贼 *Euprymna morsei*（Verrill），腕具

4 纵行吸盘，躯干（胴）部长 2 cm，主要分布于北纬 35° 以北的黄海北部。双喙耳乌贼 *Lusepiola birostrata*（Sasaki），在山东俗称墨鱼豆；腕具 2 纵行吸盘，体表具许多色素斑点，躯干（胴）部长 1.3 cm；钻穴潜居，游泳能力弱，常被海流带入定置网具，在底栖生物拖网中习见；以黄海、渤海最多，东海次之，南海最少。聂璜《海错图》所记为分布于东海的双喙耳乌贼。

"海红虽美，犹其（沉丁香）臣仆"，说的是泥蛋虽美，但不如泥丁香。

柔鱼

柔鱼赞　柔鱼名柔，亦号八带【一】，珍错佳品，奈产海外。

　　柔鱼，略似章鱼而大。无鳞甲，止有一薄骨①，八足【二】亦如章鱼而短，故泉人亦称为八带鱼。多产日本、琉球外洋，边海罕得。今福省所有者，皆番舶以干醋来售，酒炙可食，其味甚美。

　　柔鱼之名不见典籍，然《篇海》《字汇·鱼部》有"鰇"字，应指此鱼也，而注曰鱼名。昔人虽未因字以考鱼，予偶得即鱼以考字，乃因鰇字而验柔鱼，不觉猛省。字书鱼部，凡有名之鱼，必然无不开载。若魛、鮈、魛、鲫、鮇、鮹、鰻、鋸、鱷、鍛、鮹、鮂、鱯、鱟、鈍、鱸、鮮、鮙、鮇、鯢、鰈、鱸、鮮、鮬、鮌、鮍、鱶、鰥、鏒等字【三】，字书虽不注明，而以鰇字推之，信乎一鱼有一字矣。此日大快，每得一字必浮一大白。

　　柔鱼身弱而轻，在大海洪波之中，何能自主？今造物亦付以二长带。闻舶人云，亦能如乌鲗，遇大风则以须粘宕（岩）石上【四】。渔人以是候之。

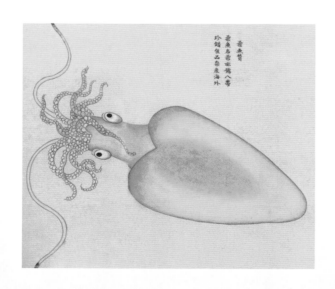

太平洋褶柔鱼

注释

① 薄骨　角质内壳。

校释

【一】亦号八带　此有歧义。通常八腕目的短蛸、长蛸等俗称八带。

【二】八足　未计入两条捉腕。故柔鱼不宜被称为八带鱼。

【三】若……等字　聂璜所列诸字，今多不行用。

【四】今造物亦付以二长带……遇大风则以须粘宕（岩）石上　"二长带"为十腕目动物的两条捉腕，用以扑食。而"遇大风则以须粘宕（岩）石上"，系臆想。

考释

聂璜只见过晒干的标本，故把柔鱼画成乌贼。

汉·许慎《说文》："柔，木曲直也。"清·段玉裁注："凡木曲者可直，直者可曲曰柔。"

宋·陈彭年、丘雍等《广韵·平尤》："鰇，鱼名。"宋·罗愿《尔雅翼·释鱼二·乌鲗》："其无骨者名柔鱼。"明·屠本畯《闽中海错疏》卷中："柔鱼，似乌鲗而长，色紫，一名锁管。"按，柔鱼实具角质内壳，并非"无骨"。锁管并非柔鱼。明·张自烈《正字通·鱼部》："柔鱼，似乌鲗，无骨，生海中，越人重之。本作柔。"清·周学曾等《晋江县志》："柔鱼，形似乌贼。干以酒炙食之，味最美。"

唐代以前，乌贼、柔鱼、枪乌贼不分，统称为乌贼。宋代虽识柔鱼，但误认为其无骨。明朝仍将其与锁管（闭眼类之枪乌贼）相混。

柔鱼，为软体动物门头足纲枪形目柔鱼科物种的统称。头部具足，开眼（眼外无角膜封闭）；两条长腕仅部分能缩入头部腕囊内；躯干部筒状，两侧平直，具端鳍；内壳角质。在我国，太平洋褶柔鱼 *Todarodes pacificus*（Steenstrup）（曾用学名 *Ommastrephes pacificus* Steenstrup），俗称东洋鱿、北鱿、日本鱿或日本鱿鱼，颇具经济价值，黄海北部、东海外海均有分布。参见乌贼、枪乌贼、章鱼等相关条目。

锁管——枪乌贼

锁管赞　身为锁①管，须为锁簧，锁管嫌软，锁簧嫌长。

锁管，玉质紫斑，无骨[一]。体长寸余，绕唇八短足，四长带[二]。味清美，可为羹，亦可作鲊。有长三四寸者，更美。

小为锁管，大为柔鱼。日本剖晒作脯，不着盐而甘美。

枪乌贼

① 锁　指古代长形的门锁。

校释

【一】无骨　具角质内壳，并非无骨。
【二】四长带　仅具二长带。

考释

明·周瑛、黄仲昭《兴化府志》："锁管，大如指。其身圆直如锁管，其首有薄骨插入管中，如锁须。""锁管，或谓之净瓶鱼。"按，兴化府，宋置而民国废，治所即今福建省莆田。随后，明·陈懋仁《庶物异名疏》、清·周学曾等《晋江县志》等均记："锁管，似乌鲗而小，色紫。"

枪乌贼，为软体动物门头足纲枪形目枪乌贼科物种的统称。体圆直，头部具足，二鳃。十腕中之二长腕仅部分能缩入头部腕囊内。腕吸盘2纵行。眼眶外具角膜。内鳍菱形，位于体后。内壳角质。

其中，中国尾枪乌贼 *Uroteuthis (Photololigo) chinensis*（Gray），曾用名中国枪乌贼 *Loligo chinensis* Gray。其捉腕大吸盘的角质环齿大小不一。中国尾枪乌贼产于南海；在福建名本港鱿鱼，在台湾称台湾锁管，在广东曰长筒鱿、拖鱿鱼。

日本拟枪乌贼 *Loliolus (Nipponololigo) japonica*（Hoyle），曾称日本枪乌贼 *Loligo japonica* Hoyle。今贝类学家把 *Loliolus* 译为枪鱿属，故 *Loliolus japonica*（Hoyle）应译为日本枪鱿。其捉腕大吸盘的角质环齿方形，胴长最大可达 15 cm。日本拟枪乌贼见于渤海、黄海、东海北部；在山东沿海名笔管、笔管蛸、柔鱼、鱿鱼、油鱼、小鱿鱼、乌蛸、乌增、仔乌、海兔子等。

泥刺——短蛸

泥刺赞　诗歌墙茨①，云不可扫，泥中有刺，亦不可道。

泥刺，大头[一]，足软，肉可食。其生刺处[二]有膜②，不堪食。干之亦可寄远。产福宁州海涂。

短蛸

注释

① 墙茨　茨蒺藜。句出《诗·墉风·墙有茨》："墙有茨，不可埽（sǎo）也。中冓之言，不可道也。所可道也，言之丑也。"泛指闺门淫乱。埽，古同"扫"。

② 有膜　为蛸的腕间膜。

校释

【一】大头　聂璜误把短蛸椭圆形囊袋状的躯干部（胴）视为头部。

【二】生刺处　聂璜误把腕足上的吸盘和角质环视为刺。

考释

蛸，为软体动物门头足纲八腕目蛸科（章鱼科）物种的统称。头部具足，腕8条，腕吸盘2纵行。其因在海底疾行时，部分腕高举，露出腕上圆形似图章的吸盘，故名章举；曾被误认为鱼

（鳞）类，与长蛸等统称章鱼。章举名今已弃用，而章鱼名当以蛸取代为宜。

唐·刘恂《岭表录异》卷下："石矩，亦章举之类。身小而足长，入盐干烧，食极美。又有小者，两足如常（带），曝干后，似射踏子，故南中呼为射踏子也。"

明·王世懋《闽部疏》："莆人于海味最重鳝鱼及寄生。鳝鱼，即浙之望潮也。"明·方以智撰《通雅·释鱼》："章举、石距，今之章花鱼、望潮鱼也。"明·屠本畯《闽中海错疏》卷中："涂婆，章举也，似石拒而足短。"又"鳝，腹圆，口在腹下。多足，足长，环聚口旁，紫色，足上皆有圆文凸起。腹内有黄褐色质，有卵黄，有黑如乌鲗墨，有白粒如大麦。味皆美，明州谓之望潮。"清·陈元龙《格致镜原》卷九十二章鱼引《谭史》："章举，一名章鱼，一名章拒。一名章锯，以其足似锯也，形类乌贼而小。"清·查慎行《人海记·八梢鱼》："八梢鱼，灰褐色，无鳞，腹圆，口生腹下，后拖八尾，产辽东海中。"

聂璜所绘泥刺图，尤似短蛸；只是他少画了3条腕，且误把腕中的吸盘作为刺。

短蛸 *Amphioctopus fangsiao*（d'Orbigny），曾用学名 *O. ocellatus*。长约15 cm。八腕近等长，眼前具金色环，眼间具纺锤形色斑。性成熟雌性个体的卵，酷似煮涨的大米粒，故有饭蛸之称。每年5～7月是其生殖期。其特喜钻入空螺中产卵，常在海边石块或空螺壳中被捉到。渔民常在大的红螺壳上钻洞并用绳串联起来，制成"菠萝网"，垂入海底，定时收网，所获颇丰。辽宁庄河俗称其为拔蛸，山东沿海叫它为饭蛸、坐蛸、短腿蛸、小蛸、短爪章，广东沿海名四眼章。

章鱼——长蛸

章鱼赞　以须为足，以头为腹[一]，泛滥水面，雀不敢目。

章鱼，产浙闽海涂中。干之，闽人称为章花，浙东称为望潮干。活时，身大如鸡卵而长，八须如足，长尺许，其细孔皆粘吸诸物[二]。尝潜其身于穴，而露其须[三]。蟛蜞、大蟹欲垂涎之，章鱼阴以其须吸其脐，而食其肉。其余诸虫多为所食。至冬虫蛰，无可食，章鱼乃自食其须，至尽而死。其体有卵，如豆芽状，食者取此为美。章既死，则诸卵散出泥涂，至正二月又成小章鱼。或曰，其卵亦似蟥九十九子，未验。

《闽志》《潮州志》《宁台志》俱载有章鱼。诸类书无。

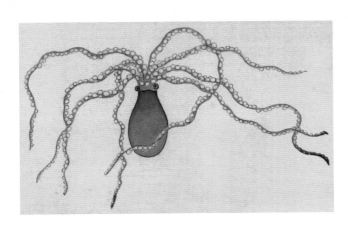

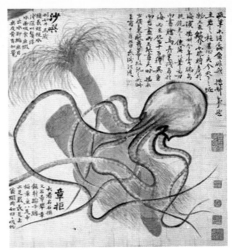

（自清·赵之谦）

校释

【一】以头为腹　所谓之头，乃躯干部。

【二】其细孔皆粘吸诸物　细孔为腕上之圆形吸盘。

【三】而露其须　须指腕。

考释

此章鱼，似长蛸，亦称射踏子、石拒、石距、八带鱼、八带、马蛸、长腿蛸、大蛸、章拒、长爪章、水鬼等。

唐·刘恂《岭表录异》卷下："石矩亦章举之类……两足如常（带），曝干后似射踏子，故南中呼为射踏子也。"此言射踏子为长蛸之干制品。

明·李时珍《本草纲目·鳞四·章鱼》："〔集解〕时珍曰，章鱼生南海……石距亦其类，身小而足长。"明·周瑛、黄仲昭《兴化府志》："石拒鱼，朝鲜人谓之八带鱼，尝以此修贡。此鱼居石穴中，其脚长三五尺，往往缘石拒人。不知者空手探取，则八脚赉缘而上，缠身塞鼻，不可解脱。故近海人往往以竹梃探之，俟众脚皆缘众梃，然后总执而出之。其肉柔韧，不如章举为脆。"清·周学曾等《晋江县志》："石拒，似鲟鱼而脚三棱。《闽书》：一名八带，大者至能食猪。居石穴中，人或取之，能以足粘石拒人。"

长蛸 *Octopus variabilis*（Sasaki），眼前无金色环，眼间无纺锤形色斑，腕为躯干长之六七倍，背中线第一对腕最粗壮，腕径为其他腕径的 2 倍。躯干部长达 14 cm。其在山东沿海名马蛸、长腿蛸、大蛸，在浙江沿海称章拒，在广东沿海曰长爪章、水鬼，且与短蛸多有混称。在我国，其产量在蛸类中仅次于短蛸。

章巨——巨蛸（？）

　　章巨赞（一名泥婆）　雌雄有别，鱼蟹虾螺，墨鱼之妻，应是泥婆[一]。

　　章巨，似章鱼而大，亦名石巨，或云即章鱼之老于深泥者。大者头大如匏[二]，重十余斤①，足潜泥中，径丈。鸟兽限其间，常卷而啖之。

　　海滨农家尝畜母豨，乳小豕一群于海涂间，每日必失去一小豕。农不解，久之，止存一母豨。一日，忽闻母豨啼奔而来，拖一物，其大如斗，视之，乃章巨也。盖章巨之须有孔，能吸粘诸物难解，小豕力不能胜，皆为彼拖入穴饱啖。母豨则身大力强，章巨仍以故智，欲并吞之，孰知反为母豨拖拽出穴。海人惊相传，始知章巨能食豕。

　　章巨有章巨之种，四月生子入泥涂，秋冬潜于深水，至煖始出。渔者以网得之。此物生风，人多不敢食，食之常生斑，惟服习于海上者食之无害。

注释

　　① 重十余斤　在胶州湾泥滩，渔民捉到过重十余斤的个体。

校释

　　【一】墨鱼之妻，应是泥婆　系杜撰。
　　【二】大者头大如匏　"头"指躯干部。

考释

　　尚未见章巨能食豕的可靠记录。

寿星章鱼——搞笑作之一

寿星章鱼赞　螺藏仙女，蛤变观音，章鱼效尤，相现寿星。

康熙二十五年[1]，松江金山卫王乡宦建花园，适有渔人网得章鱼，异状。头[一]如寿星，两目炯炯，一口洞然，有肉累累如身之趺坐状，而二足，盖章鱼之变相者也。渔人以足旋绕其身，置于盘内，献之。王宦谓，天有长庚星，海有老人鱼，新建花园而有此吉兆，禄寿绵长之征，非偶然也。观者数千人，叹以为异。乃赏之，仍令放归于海，似即海童[2]。

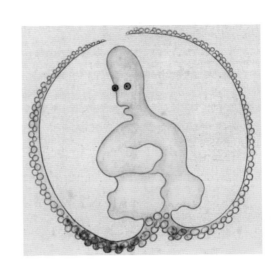

注释

① 康熙二十五年　1686年。

② 海童　传说中的海中神童。

校释

【一】头　聂璜误把躯干部称为头。

考释

人们凭想象，视章鱼（蛸）之躯干部为"头"，把剪去6条腕后留下的2条长腕称为"足"，并捏出了"口"。此等"寿星章鱼"，系人为之，搞笑而已。

鬼头鱼——搞笑作之二

鬼头鱼赞　章鱼生剌，大而且伟，魍魉①为俦，鱼中之鬼。

康熙十五年②，李闻思同周姓友人客松江，上海过穿沙营。海上渔网中偶得大章鱼，状如人形，约长二尺，口目皆具。自头以下则有身躯，两肩横出，但少臂耳，身以下则八脚长拖，仍与章鱼无异，满身皆肉剌。初入网，如石首鱼，鸣七声毕即毙。渔人叹为罕有，观者甚多，无人敢食此鬼头鱼也。

按，海和尚，往往闻舶人云能作祟，每遇海舟，欲缘而上，千万为群，偏附舡旁，能令舟覆[一]。舵师见之，必亟撒米，并焚纸钱求福，始免。然但闻其说而见其形者几人哉？今三得其状，以证木华《海赋》所谓海童邀路之说为不虚。

注释

① 魍魉（wǎngliǎng）　古代传说中的鬼怪。
② 康熙十五年　1676年。

校释

【一】能作祟……能令舟覆　所记系传说。

考释

在我国，尚未见满身皆肉剌之蛸（章鱼）的报道。此为聂璜写意而绘。

土肉——蛸（？）

土肉赞　土生肉芝，食者能仙，海产土肉，仅堪烹鲜。

广东海滨产一种土肉，类章鱼而长，多足。粤人柳某为予图述。考《粤志》有土肉，云状如儿臂而有三十余足。

考释

聂璜所绘"土肉"，按其体量，与"寿星章鱼"相当；按其肠袋样体躯和体前"足"及吸盘，则像蛸。

古籍中也有对"土肉"的记载。三国吴·沈莹《临海水土异物志》："土肉，正黑，如小儿臂大，长五寸。中有腹，无口目，有三十足。炙食。"此处"土肉"在本书考释为"海参"（参见"海参"条）。

海葵或海参没有吸盘；肠袋样的"长吻蟛"没有这么多分支。这个无头无脑、腕多于8条的"土肉"，也难释为"蛸"。

聂璜所称之"土肉"尚待有识之士辨识。

18

海　螺

　　软体动物中，鲍、蛾、螺、海牛、海兔、泥螺等，因具头部、触角和宽大而腹位的足，故称腹足纲；因多具单壳且壳多呈螺旋形，俗称螺（snail）。这是软体动物中最繁盛的一类，约计8.8万种。

　　殷墟甲骨、鬲尊、古匋之"贝"字两尾垂，示宝贝之触角。

　　《海错图》记原始腹足目九孔螺——鲍、砚台螺——蜡螺约10种，中腹足目针孔螺——滨螺、梭（棕）辫螺——金色嵌线螺等38种，新腹足目刺螺——浅缝骨螺、短蛳螺——织纹螺等6种左右，异腹足目1种，头楯目2种。

原始腹足目

九孔螺——杂色鲍

九孔螺赞　河洛图书①，不过此数，螺生九孔，奇哉天赋。

陶隐居云，此孔螺是鳆鱼。甲附石而生，大者如手，内亦含珠。《本草》云："惟一片，无对，七、九孔者良。生广东海畔。"《图经》云："生南海，今莱州皆有之"。又曰："鳆鱼，王莽所食者。一边着石，光明可爱。自是一种。"

愚按，鳆鱼，石决明。《本草》注论说互异，或以为一种，或以为两种，别辨未明［一］。但石决明入眼科，用治目凉药也。而鳆鱼亦治青蒙，能明目。盖附石而生，得石之性，故肉与壳皆可以疗目。其为一体，不辨自明矣。九孔螺，以九孔者为良。有不全者，药贾以钻穿之，令全可识也。制法：火炼，醋淬，研细，以水澄出，晒干，以薄绵筛之，然后轻细可入目。否则便为眼中着屑，非徒无益而又害之。

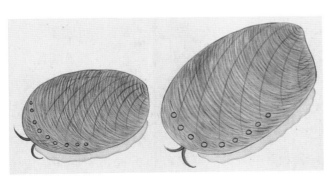

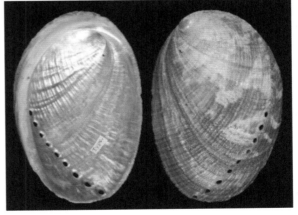

杂色鲍（自张树乾）

注释

① 河洛图书　即河图和洛书。这是中国古代流传下来的两幅神秘的图案，又演义为龙马负图和神龟贡书。

校释

【一】或以为一种，或以为两种，别辨未明　我国已记录8种。见考释文。

考释

鲍或鳆之名，见于秦汉。东汉·班固《汉书》中录记《黄帝内经·素问》，称石决明具"平肝、潜阳、熄风、通络"之功。《汉书·王莽传》："（莽）忧懑不能食，宣饮酒，啖鳆鱼。"宋·李石《续博物志》卷十："石决明，亦名九孔螺。"

明·李时珍《本草纲目·介二·石决明》："〔集解〕时珍曰，陶氏以为紫贝，雷氏以为真珠牡，杨倞注《荀子》以为龟脚，皆非矣。惟鳆鱼是一种二类。""〔释名〕时珍曰，决明，千里光，以功名也。九孔螺，以形名也。"李时珍认为石决明主治"目障瞖痛青盲"，"久服益精轻身"。清·张英等《渊鉴类函·鳞介部·鳆鱼》："《广志》曰，鳆，无鳞，有壳。一面附石，细孔杂杂或七或九……《草木子》曰，石决明，海中大螺也。生南海崖石上。海人泅水取之，乘其不知，用力一捞则得。苟知觉，虽斧凿亦不脱矣。"

古记石华亦指鲍。晋·郭璞《江赋》："玉珧海月，土肉石华。"李善注《临海水土异物志》："石华，附石生，肉中啖。"明·屠本畯《闽中海错疏》卷下："石华，附石而生，方言谓之石鼋。肉如蛎房，壳如牡蛎而大。可饰户牖天窗。按谢灵运诗云：挂席拾海月，扬帆采石华。其味与海月俱同蛎房。"清·郭柏苍《海错百一录》"石华，一名茗叶盘。《三山志·方言》谓之石鼋……苍按，石华形似茗叶，茗叶者包槟榔子之葽也。"清·李元《蠕范》录："鳆，鲍鱼也、石鲑也、石华也、石决明也、九孔螺也、千里光也、佛羊蚶也、将军帽也。似蚌而扁，似蟹而紫。附石有囊如腕。"按，九孔螺为鲍之一种——杂色鲍。

鲍（鲍鱼）亦有寓意。《大戴礼记·曾子疾病第五十七》："与君子游，苾乎如入兰芷之室，入而不闻，则与之化矣；与小人游，贷乎如入鲍鱼之次，久而不闻，则与之化矣。是故，君子慎其所去就。"按，苾意指芳香，贷意指腥味。《孔子家语·六本》："与善人居，如入芝兰之室，久而不闻其香，即与之化矣；与不善人居，如入鲍鱼之肆，久而不闻其臭，亦与之化矣。"此处，鲍鱼为盐干之咸臭鱼，鲍鱼之肆指小人集聚之所。此句喻交友之道。

现今，鲍为软体动物门前鳃亚纲原始腹足目鲍科物种的统称。英文名 abalone 或 sea-ear，俗称海耳。壳低扁而宽，呈耳形、椭圆形或扁卵圆形，螺层少，体螺层极大，壳左侧缘具一列 4～10 个小孔，壳内具珍珠光泽，无厣。鲍多为温带和热带种类，主要栖于浅海潮流通畅、有藻类丛生的环境；以其发达的足吸附于岩石，以藻类为食。北方的皱纹盘鲍 *Haliotis discus hannai* Ino 有一排约 20 个凸起和小孔组成的旋转螺肋，末端有 3～5 个开孔，壳长约 10 cm；南方的杂色鲍 *H. diversicolor* Reeve具 7～9 个开孔，又称九孔鲍，壳长 8～9 cm。

我国有"北鲍南养"的养殖模式，即冬季把北方 2 cm 的粒鲍（稚鲍）运到南方过冬，来年 4 月再接回育肥。鲍发达的足营养价值高，是名贵的海产品。鲍壳称石决明，在中药里用途甚广，还可制作贝雕工艺品。在民间，鲍亦享有"海八珍"之首的盛誉。

铜锅——龟蝛蝛

铜锅赞　神僧煎海，幸救不干。遗落铜锅，排列沙滩【一】。

铜锅，青黄色，如铜，如锅式，故名，亦名铜顶。其壳半房，口敞而尾尖，似螺不篆，似蛤不夹。内有圆肉一块，如目之有黑睛，故闽人又称为鬼眼，瓯人称为神鬼眼，或又称为龙睛。

产海岩石上，觉人取，则吸之甚坚，百计不能脱。登高岩者，每借为石壁之级以送步①。善采捕者寂然无哗，率然揭之，则应而得矣。其肉为羹，内有细肠一缕如线，去之糟醉更佳。

考诸书无其名，惟《字说》有"肘"字，音肘，海虫名也，形似人肘，故名。今铜锅颇似人肘，或即是欤。

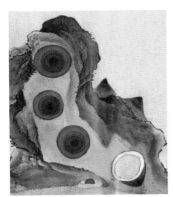 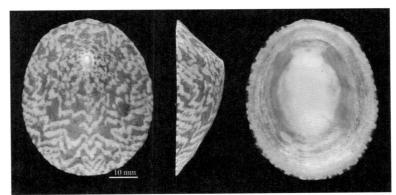

龟蝛蝛（自张树乾）

注释

① 登高岩者，每借为石壁之级以送步　见考释文。

校释

【一】排列沙滩　误。固于岩石。

考释

龟蝛蝛有强大的吸附力，可作为攀岩时的支点或抓手。类似的做法还有用鲍为支点攀岩采燕窝。

铜锅，似指花帽贝科的车轮蝛蝛 *Cellana radiata*（Born）（另有中文译名射纹蝛、辐射蝛），或龟蝛蝛 *Cellana testudinaria*（Linnaeus）（曾用中文译名龟甲蝛）。

明·屠本畯《闽中海错疏》卷下："老蜯牙，似蛼而味厚。一名牛蹄，以形似之。""石磷，形如箬笠。壳在上，肉在下。"蜯音bàng。

《中华大典·生物学典·动物分典》卷一把"铜锅"误释为大管蛇螺。

土鳖——帽贝（？）石磺（？）

土鳖赞　青钱选中，色侔①苍菌，小小土鳖，亦海守神。

土鳖，背微突，体圆长而绿色，黑点略如荷钱。前有两须[一]，口在其下，腹白如鳖裙，吸粘海岩上。海人取而食之，鲜入市卖，不在人耳目也。

帽贝　　　　　　石磺（自张素萍）

注释

① 侔（móu）　等同，相等。

校释

【一】须　聂璜误称，实为触角，其顶端具眼。

考释

依聂璜所绘壳及所述"吸粘海岩上"一句，土鳖既似帽贝科或笠贝科的种类，又似石磺。待核实。

明·屠本畯《闽中海错疏》卷下："蛼，生海中，附石。壳如麕蹄。壳在上，肉在下，大者如雀卵。"书中又记老蜯牙、石磷，参见"铜锅——龟蹻蛼"条。清·周学曾等《晋江县志》："蛼，海中附石，壳在上，肉在下，俗呼曰缉。"本书把牛蹄大小的老蜯牙释义为铜锅——龟蹻蛼，则蛼为习见之笠贝。

蛼，为软体动物门前鳃亚纲原始腹足目帽贝亚目物种的统称。英文名limpet。壳无螺旋部，为圆锥状，似鲍吸附在岩石上。我国已记录钥孔蛼、帽贝（在台湾称笠螺）、笠贝（在台湾称青螺）等近 70 种。其中，帽贝科的嫁蝛（在台湾称花笠螺）*Cellana toreuma*（Reeve）、笠贝科的史氏背尖贝 *Nipponacmea schrenckii*（Lischke）均习见于我国沿海岩岸潮间带。

石磺 *Peronia verruculata*（Cuvier），肺螺类石磺科石磺属中的一种。体长 3 ~ 5 cm，卵圆形。贝壳退化消失。外套膜革质，覆盖整个身体。体背面灰褐色，其上具许多突起及稀疏不均的背眼。头部具 2 个触角，眼位于触角顶端。石磺在我国分布于东海和南海沿岸。

钞螺——托氏鲳螺

钞螺赞　其肉则腥，其壳则丽。小人鲜衣，君子所睨[1]。

钞螺，产瓯之永嘉海滨。其壳如蜗牛，而文采特胜，白质紫纹而扁，壳上有白一点，置水中，光烛如银。其肉甚腥，壳则华美而坚厚。

遐方罕见者，偶得一二枚，藏之钞囊，以为珍物，不知永嘉瓦砾之场皆是也。

托氏鲳螺自（张树乾）

注释

① 睨（nì）　斜视。

考释

《古今图书集成·禽虫典·螺部》引《瑞安县志》："螺有刺螺、花螺、香螺、马蹄螺。"按，瑞安为温州的属邑。

聂璜所绘之钞螺似托氏鲳螺 *Umbonium thomasi*（Crosse）。托氏鲳螺属于原始腹足目马蹄螺科。壳小，高约 15 mm，宽 17 mm；低圆锥形，稍厚而坚实。壳面平滑有光泽，色彩多有变化，通常为棕色，也有棕色与紫色相间者。各螺层自上而下逐渐增大。缝合线呈细线状，有的个体缝合线处为紫红色。螺层表面具细密的棕色波状斑纹，或具暗红色火焰状条纹。壳口近方形，内面有珍珠光泽，外唇薄，内唇厚，具齿状小结节。脐孔被白色的滑层所覆盖。其为河口区沙滩上栖居密度最大的贝类之一，每平方米可多达千个。壳为贝雕工艺的良好材料，亦为对虾的饵料。

台湾称马蹄螺科为钟螺科，英文名 top shell，直译为陀螺贝。

火焰螺——马蹄螺

火焰螺赞　老蚌失珠，滚入螺房，怀宝难隐，透出夜光。

火焰螺，形如常螺。周壳作红绿白斑纹，上有生成一圈绿焰，凡三支而又三分之[一]。海中罕有，故典籍及志乘①并无。

近日，贾人偶得于澎湖海中，见者莫不称异。图后一日，有泉人久于海者见之，曰是珠螺也。生海外，常有大珠，水中生焰久而结成真形于壳外。赞云：透出夜光，意想正到，暗与理会。

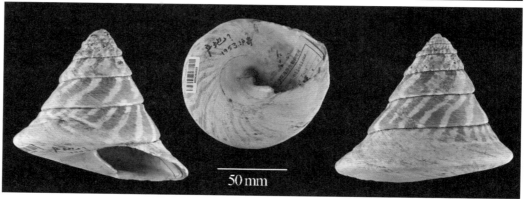

马蹄螺（自张树乾）

注释

① 志乘　志书。

校释

【一】上有生成一圈绿焰，且三支而又三分之　实物并非如此。

似为马蹄螺科的物种，但聂璜所绘图中其为左旋壳。余欠详记。

巨螺——海豚螺

巨螺赞　螺大如斗，匪但藏酒，更匿娇娥，愿执箕帚①。

巨螺，生大洋深水。岁月既久，鱼不能食，人不及取。其壳坚厚，蛎房、撮嘴多寄生于上 [一]，益为硪磮②。琉球、浡泥③最多，故二国旧例贡献方物有螺壳。

张汉逸曰："此钿螺④之大者也，琉球国多作压载物来，其掩即甲香也⑤。福省巧工车琢其壳为杯。去粗皮后带绿色，则曰鹦鹉杯；去其绿皮珠光色，则曰螺杯；至螺中心有圆红处，则曰鹤顶红⑥。琢杯余料为调羹、为搔头，一切玩具诸饰甚多。其屑即为螺钿。海中诸螺，惟此螺有光采，而取用亦无穷也。"

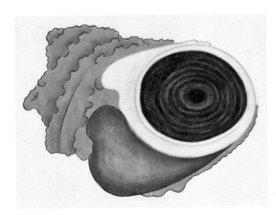

海豚螺（自张树乾）

注释

① 愿执箕帚　指愿意成为妻子。

② 硪磮　高低不平貌。"磮"古同"硠"。

③ 浡泥　指加里曼丹岛北部文莱一带的古国，在我国史籍称为浡泥、佛泥、婆罗。

④ 钿螺　把贝壳磨成薄片，作镶嵌漆器及其他器物之用。

⑤ 其掩即甲香也　掩即螺的壳盖，亦称厣。该螺厣为钙质，半球形，中药名甲香。参见"石门宕——螺掩——蝶螺厣"条。

⑥ 鹤顶红　自古以来，人们误认为丹顶鹤头上的"丹顶"有剧毒。鹤顶红只不过是对砒霜的一个隐晦的说法而已。另外，盔犀鸟头盖骨的"鹤顶红"，因质地坚实美观，被制成工艺品传入我国。今知，蝶螺螺轴顶端的红色处亦曰鹤顶红。

【一】蛎房、撮嘴多寄生于上　指牡蛎和藤壶的固着，而非寄生。

考释

文中"张汉逸曰"部分，所记翔实。

依聂璜所述所绘，该螺的厣可能并非石灰质而为角质。若如此，该螺应为海豚螺（科）而非蝾螺。

海豚螺 *Angaria delphinus*（Linnaeus），壳中等大小，宽大于长，螺旋部低平，体螺层膨大。壳表粗糙，各螺层的肩角上具发达的鳞片状突起，以体螺层肩部的一列最为粗壮。此外，壳表还有不规则的、细密的螺肋，使得整个壳表凹凸不平。壳口近圆形。厣角质，圆形，核位于中央。海豚螺栖于潮间带至浅海岩礁间；分布于印度–西太平洋，在我国见于台湾和广东以南沿海。

鹦鹉螺——蝾螺

鹦鹉螺赞　汉晋螺杯，名传鹦鹉，拟物于伦①，信而好古②。

鹦鹉螺【一】，其形绝类鹦鹉蹲踞状，首昂而尾垂，色泽与绿衣使无异。产海洋深处，古人酒器以此为珍，可不雕琢。今人剖而开之，去绿衣以取光华夺目鹦鹉螺杯，反不取重矣。且今日，螺觯遍天下，即玉杯象筯③，贫士可辨④。缅想茅茨土阶⑤，污樽坯饮⑥，何其戚也⑦。故曰尧让天下，让贫非让富。

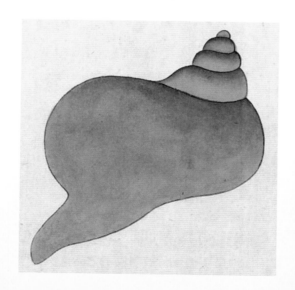

鹦鹉螺杯

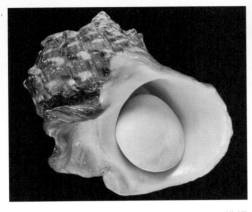

蝾螺

夜光蝾螺（自张树乾）

注释

① 拟物于伦　表示比拟得当。

② 信而好古　句出《论语·述而》："述而不作，信而好古。"意为相信并喜好古代的事物。

③ 象箸　象牙做的筷子。

④ 辦　同"办"。

⑤ 茅茨土阶　茨，用茅草、芦苇盖的屋顶；阶，台阶。茅草盖的屋顶，泥土砌的台阶。形容房屋简陋，或生活简朴。

⑥ 污樽坯饮　谓掘地为坑当酒樽，以手捧酒而饮。疑聂璜把抔误写为坏。

⑦ 何其戚也　多么忧愁、悲哀。

校释

【一】鹦鹉螺　聂璜称蝾螺为鹦鹉螺。

考释

唐·李白《襄阳歌》："鸬鹚勺，鹦鹉杯。百年三万六千日，一日须倾三百杯。"唐·王翰《凉州词》："葡萄美酒夜光杯，欲饮琵琶马上催。醉卧沙场君莫笑，古来征战几人回。"宋·陆游《行牌头奴寨之间皆建炎末避贼所经也》诗："安得西国蒲萄酒，满酌南海鹦鹉螺。"上述诗句均提到鹦鹉杯或"鹦鹉螺"制作的酒杯。

依聂璜所绘，该螺形不对称，故非头足类的鹦鹉螺。在西方，头足类鹦鹉螺壳经加工后，的确会被制成精妙绝伦的酒杯，然而不知在唐代，西方的鹦鹉螺酒杯是否已传入我国。蝾螺无前水管，而聂璜所绘图中的前水管很长。有疑，暂置待考。

夜光蝾螺 *Turbo marmoratus* Linnaeus，属于软体动物门腹足纲前鳃亚纲蝾螺科。壳坚厚，高近 20 cm，螺层 6 层，体螺层极膨胀。壳表暗绿色，具褐白相间的带状斑纹。壳口具石灰质、半球形厣

（猫眼），壳口内面具珍珠光泽。英文名 turban shell。我国已记录蝾螺科6属27种。

聂璜在写巨螺（见"巨螺——海豚螺"条）时，指出去粗皮后带绿色，即去其皮层保留棱柱层者，曰鹦鹉杯；再去其绿皮，呈珠光色，即去棱柱层而仅保留珍珠层者，则曰螺杯。

宋·范成大《桂海虞衡志》："青螺，状如田螺，其大两拳。揩摩去粗皮，如翡翠色，雕琢为酒杯。"民国·徐珂《清稗类钞·动物类》："荣螺为软体动物，亦作蝾螺，形如拳，故又名拳螺。壳甚厚，有厣，孔大而圆，外暗青色，内稍作真珠色，螺层上间有突出处如管。栖息岩礁之阴，肉味颇美。"参见"巨螺——海豚螺""石门宕——螺掩——蝾螺厣"条。

石门宕——螺掩——蝾螺厣

石门宕赞　螺有土名，虽不雅驯，旁搜典故，妙在石门。

石门宕，闽中土名也。以其螺掩坚厚如石，故名。他螺之掩皆薄，而此螺之掩独厚，似另附一物。有性灵而活，为异。

其掩，闽人常取以置醋瓮中养醋，故又名醋螺。其实即钿螺之小者，其形如蓼螺而扁。

壳则圆，而尾则平，亦多瘰块，如泡钉突起巨细之体。虽髣髴[1]无二，而所用则不同。至大而岁久远者，为杯斝，为器皿，其掩为甲香，亦名流螺；中大者，其肉虽亦可食，而其尾最麻人，其掩可以养醋；小者，其肉亦混入辣螺，可食而味薄，其掩如豆粒之半，上丰下平，投醋中能行。即《异物志》所谓郎君子，《海槎录》所谓相思子是也。

《异物志》云："郎君子，生南海。有雌雄状，似杏仁，青碧色。欲验真假，先于口内含热，然后投醋中，雌雄相遇，逡巡便合，即下其卵，如粟粒者，真也。主妇人难产，手握便生，极有验。"《海槎录》云："相思子，生海中。如螺之状，而中实类石焉，大如豆粒。盛置篚笥，积岁不坏。若置醋内，遂移动盘旋不已。"合之《本草》流螺之说，信乎？各自一物而寄迹于螺者也。

土人石门宕之名，搜求典籍，甚有味，故曰妙在石门。然此物边海之地不甚稀奇，而《异物志》珍之，必中原人士为传闻者误也。

注释

① 髣髴（fǎngfú） 同"仿佛"，似乎、好像、类似。

考释

《海错图》所谓螺掩、石门宕，是多数腹足动物足背面分泌的角质或钙质物，又称壳盖、口盖或厣，即《本草》之甲香、郎君子、相思子。当足缩入壳内时，厣可盖住壳口，起到保护的作用。

聂璜常把螺掩、石门宕混称为螺。

在蝾螺，厣钙质、厚且结实，呈半球形，似猫眼，故蝾螺又名猫眼螺。

当豆粒大小的钙质厣被浸入醋中，醋酸与钙起化学反应，生成醋酸钙并释放出二氧化碳，未被完全分解的钙质厣解体为小颗粒。此即被古人视为"雌雄相遇，逡巡便合，即下其卵"的神物。对于甲香、郎君子、相思子功用的描述，"主妇人难产，手握便生，极有验"，实属无稽之谈。参见"巨螺——海豚螺""鹦鹉螺——蝾螺"条。

象鼻螺——螺杯（？）

象鼻螺赞　象耕海田，麦浪望洋，其鼻为螺，卷而不长。

象鼻螺，其形如象鼻。产琉球海中，琢之可为酒器。但诸螺肉依壳盘曲，独此螺肉至半而止，止有一小孔或拖细尾及之。

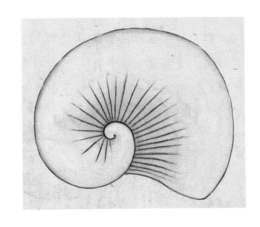

考释

此螺虽形似扁螺科的平扁螺 *Adeorbis plana* A. Adams，但平扁螺壳高度仅为 1 cm 有余，与聂璜所述"琢之可为酒器"不符。

聂璜绘图也注意到大小比例。"琢之可为酒器"，该螺绘得确实如蝾螺一般大。初步判定这是个经加工去掉壳皮和棱柱层的标本，即"巨螺——海豚螺"条目中所说螺杯，而且为顶面观。

桃红螺——夜游平厣螺

桃红螺赞　人面桃花，相映乃红，螺中有女，其色必同。

桃红螺，圆扁而有细纹，其色浅红可爱。

夜游平厣螺

考释

依聂璜所绘，桃红螺似夜游平厣螺 *Homalopoma nocturnum*（Gould）。壳小，略呈球形，螺层边缘略圆，螺旋部和体螺层具光滑的螺肋，肋与肋之间的浅沟较宽而均匀，每一条浅沟上有深红色的细斜纹。底面螺肋与壳面一致，口缘薄而狭，外唇平滑。无脐孔。夜游平厣螺分布于西太平洋，在我国见于台湾南部海域。其主要分布于热带珊瑚礁海域，在亚热带海域也有发现，多栖于潮间带低潮区岩岸细沙中。

红螺——刺螺

红螺赞　日照海东，螺衣赛红，龙宫赐绯，不与凡同。

红螺，色正赤，有刺，产连江海岩石间。甚可玩，然偶然有之，不得多得。

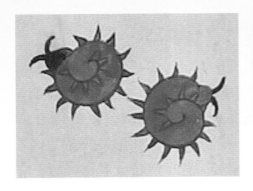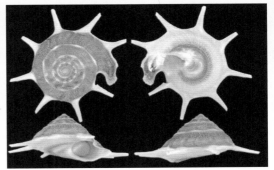

刺螺（自张树乾）

考释

《古今图书集成·禽虫典·螺部》引《瑞安县志》："螺有刺螺、花螺、香螺、马蹄螺。"

刺螺 *Guildfordia triumphans*（Philippi），属于原始腹足目蝶螺科。壳薄，扁圆形，表面红褐色（非全部为绯红色），周缘生有长刺8~10根；基部色稍浅，常为浅黄色或白色。壳底部微隆，近内缘有3~4行小颗粒。壳内粉色，脐部紫色，无脐孔。刺螺栖于亚热带浅海，在我国见于台湾海峡。

按，今骨螺科的螺，亦多得异名刺螺或红螺。

砚台螺——蜑螺

砚台螺赞　虾须代笔，鲛绢题诗。乌鲗吐墨，螺作砚池。

砚台螺，白色，背有黑斑，其面平如砚，螺口作月牙状，如砚池。

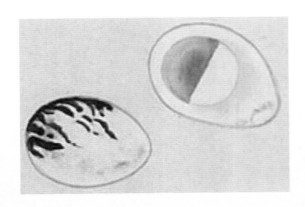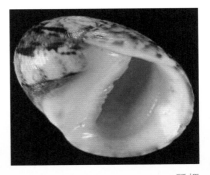

蜑螺

考释

"螺口作月牙状，如砚池"，即蜑（dàn）螺特有的 D 形壳口。蜑螺属于蜑螺科 Neritidae，其词源 neritic 意即浅海。壳坚硬，大小在几毫米至 2 cm 左右。壳口半圆形，外唇厚，内唇平直，内唇处加厚为一平台。厣石灰质，内有小突起。蜑螺习见于岩石海岸和红树林潮间带。我国已记录 50 多种。

清·邓淳《岭南丛述》记："大奚山，三十六屿，在莞邑海中。水边岩穴，多居蜑（蜑）蛮种类，或传系晋海监卢循遗种。今名卢亭，亦曰卢余。"传说，半人半鱼的生物卢亭（卢余），为东晋末年反晋首领卢循之后，后居香港大奚山上，为蜑家人的始祖；另传，多从事渔业捕捞并信奉道教的蜑家人的历史，最早可追溯到秦汉的古越族。蜑家人能就地取材把螺串成项链或手串，作为装饰品，该螺也因此得名蜑螺。

汉字中部首相同而部首位置不同者，如蟹和蠏，同音同义；而蜑与蜒（yán），则既不同音又不同义。

20 世纪初，日本借用汉字称其为蜑贝。《贝类学纲要》误记"蜑"为"蜒"。

为去除含贬义的虫字，《新华字典》改"蜑"为"疍"，称疍家人。但"蜑螺"一名仍沿用。"蜑螺"或可改写为"疍螺"，但不宜将错就错写为"蜒螺"。

海南疍家

手巾螺——黑线蜑螺

手巾螺赞　海滨邹鲁[1]，居然大雅，设悦以螺，龙宫弄瓦。

手巾螺，圆而有黑纹豐[2]起，如花毛巾堆盘状，故以手巾名。

黑线蜑螺（自张树乾）

注释

① 邹鲁　邹指孟子故乡，鲁乃孔子故乡。后以"邹鲁"指文化昌盛之地，礼仪之邦。

② 豐　同"丰"。

考释

黑线蜑螺 *Nerita balteata* Reeve，壳厚重，呈卵圆形，高 3 cm，表面具均匀的深褐色螺肋。壳口半圆形，内唇中部具 2～3 枚齿。黑线蜑螺分布于印度－西太平洋沿岸，在我国见于福建以南沿海潮间带岩礁间。

～ 中腹足目 ～

针孔螺——滨螺

针孔螺赞　谁把绣针，碎刺螺房，蜗居疑暗，俾睹天光[①]。

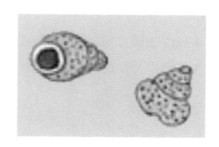

密集的滨螺

① 俾（bǐ）睹天光　使得见到光亮。俾，使（达到某种效果）。

考释

明·屠本畯《闽中海错疏》卷下记："米螺，小粒似米。肉可食。"清·周学曾《晋江县志》："珠螺，米螺。小似豆，有五色。"

该螺因壳形似圆滚的玉米粒，且数量多，故又称玉黍螺。英文名periwinkle，即滨螺。

滨螺，为软体动物门前鳃亚纲中腹足目滨螺科物种的统称。壳小圆锥形、卵形或陀螺形，壳面平滑或具雕刻。壳口卵圆形，外唇薄，内唇厚，厣角质。其中，短滨螺 *Littorina brevicula*（Philippi），壳高不及 2 cm，螺层 6 级，每螺层具 4～5 条环肋。短滨螺栖于干燥的岩岸高潮带，因外套膜布满血管，具肺的功能，故可暴露于空气中，有时可爬越浪激带以上三四米的地方，但繁殖和在寒冬时仍要返回海中。

簪螺——锥螺

簪[1]螺赞 簪螺满握，白质紫纹，谁为巧织，龙女经纶[2]。

簪螺，似海蛳而长，亦曰长螺。小者一二寸，多紫色；大者三五寸许，白质紫纹如织。

食法俱同海蛳，而性寒，非多加姜椒，必致大泄。产闽中海滨。

锥螺（自张树乾）

注释

① 簪 同"簪"。

② 经纶 整理丝缕、编丝成绳。

考释

明·穆希文《蟫史集》："钻螺，似甲香而顶锐如钻。大者夜有光。"明·方旭《虫荟》："《华夷鸟兽考》壳尖长者曰钻螺。旭按，此螺甚细，大者寸许，如钻然，故名。肉可食。"

聂璜提及之簪（簪）螺，为锥螺科的锥螺 *Turritella*。英文名 tower screw shell。壳尖，高锥状，高可达 14 cm，约具 30 层凸圆的螺层，体螺层低。壳面常有粗细不一的螺旋肋。壳口圆形、卵圆形，完整或微具前沟。厣角质，多旋，核位于中央。其栖于浅海至千米以下的沙和泥沙质底，常以有机碎屑为食。我国各海均有分布。

蛇螺

蛇螺赞　螺中有蛇，触目心微，啖者怀疑，更甚杯影。

蛇螺，壳扁而绿。产闽中，系海岩石壁上生成。

取者以凿，起之始落。肉状如蛇头，有目，有口，有须，更有一肉角。全身扯出，软弱如土猪脂。其味甚美，不可多得。海人宴上宾，用此为敬。

覆瓦小蛇螺（自张树乾）

考释

宋·苏颂《图经本草》记："石蛇，出南海水傍山石间，其形盘屈如蛇也。无首尾，内空，红紫色。又似车螺，不知何物所化。大抵与石蟹同类，功用亦相近。尤能解金石毒，左盘者良。采无时。味咸，性平，无毒。"随后，宋·唐慎微《证类本草》、明·李时珍《本草纲目》等皆照录。

蛇螺，为软体动物门前鳃亚纲中腹足目蛇螺科物种的统称。英文名 worm snail，日本借用汉字称其为蛇贝。壳平滑且光亮，呈不规则长管状，或水平蜷曲，附着于硬物上如蛇卧。厣角质。暖海产。我国已记录3属8种。其中水平卧的覆瓦小蛇螺 *Thylacodes adamsii*（Mörch），习见于浙江嵊山以南沿海。此壳似聂璜所记空心螺的壳，但大不同。参见"空心螺——旋鳃虫（？）"条。

白蛳——拟蟹守螺

白蛳赞　唧咋①寻味，美在其中，咀唔②难出，必然不通。

海蛳，白色者产江浙海涂，三四月大盛。贩夫炸熟去尾加香椒，鬻于市。吾杭立夏，比屋以焰烧新豆、樱桃、海蛳为时品。

然五六月后，则海蛳尽变。不但化蟹【一】，并能为小蜻蜓鼓翼飞去。

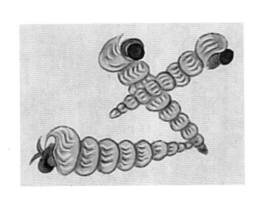 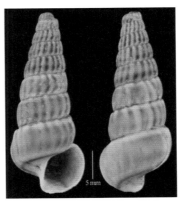

拟蟹守螺（自张树乾）

注释

① 唧咋　带声地嘬（zuō，吸取）。

② 咀唔（wú）　犹咀嚼。

校释

【一】化蟹　死后之空螺壳，为寄居蟹所居。误为化蟹。

考释

金·李杲《食物本草》："海蛳，生海中。比之螺蛳，身细而长，壳有旋文六七曲，头上有厣。每春初蜓起，碇海崖石壁。海人设网于下，乘其不测，一掠而取，货之四方。治以盐酒椒桂烹熟，击去尾尖，使其通气，吸食其肉。烹煮之际，火候太过不及，皆令壳肉相粘，虽极力吸之，终不能出也。"所记颇为生动。明·穆希文《蟫史集》："生海涂者，名海蛳。形最小而尖，肉绿色，味美而香，名曰香蛳。以其形似钉，亦名丁螺。味皆大寒。"

今释白蛳为汇螺科的拟蟹守螺 *Cerithidea*。其壳尖锥形，质薄而坚，高达 3 cm，常具 10 个以上微膨圆、光滑波状或具珠状纵肋的螺层。体螺层低。壳口卵圆形，外唇薄，厣角质、近圆形，核位于中央。壳可作贝雕或烧制壳灰。拟蟹守螺习见于沿海有淡水流入的河口区高潮间带泥沙滩。

其在台湾名海蜷（quán）螺，俗称海蜷。为食其肉，人们常把螺顶别断，用嘴嘬取，故聂璜说"唧咋寻味，美在其中"。螺死后，其壳常被寄居蟹占为居室，故聂璜误认为"化蟹"，并煞有介事地说"能为小蜻蜓鼓翼飞去"。

铜蛳（？）

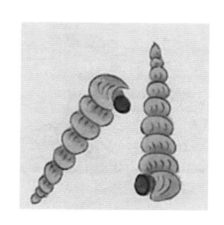

铜蛳赞　铜蛳味苦，喜者难逢，放弃年久，变为老铜。

铜蛳，其色如铜，亦名青蛳。产闽中海涂，闽人呼为莎螺，以其生斥卤草泽间也。亦以春深发，然味苦不堪食。

考释

聂璜记："其色如铜，亦名青蛳。产闽中海涂，闽人呼为莎螺，以其生斥卤草泽间也。"

在福建霞浦有沙螺。铜蛳可能为沙螺，也可能是种群数量大、易于采集的螺蛳，还可能是汇螺科的拟蟹守螺和滩栖螺科、蟹守螺科的物种。其螺壳虽呈长梭形，但不大可能是塔螺科中壳口窄长、外唇缘后端微具一缺刻之物种。

拟蟹守螺属 *Cerithidea* 的物种，其壳薄，长锥形，壳顶光滑（老的个体壳顶常残缺），螺层约 10 层。螺旋部高，体螺层短。壳面黄褐色，并具紫色螺带。螺层具光滑的纵肋。壳口卵圆形。厣角质，多螺旋，厣核位于中央。

铁蛳（？）

铁蛳赞　煮海为盐，乃又有铁，炉而冶之，国用不竭。

铁蛳，其色黑，其壳坚。产温台及闽中海涂，温台冬间即有而盛于春，味亦美，与杭州白蛳不相上下，产闽者不佳。而变蟹之候，则皆同也[一]。

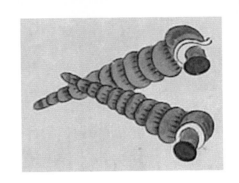

校释

【一】而变蟹之候，则皆同也　参见"白蛳——拟蟹守螺"条校释。

考释

聂璜所记欠详，图亦过简，与"白蛳——拟蟹守螺""铜蛳"多有雷同。待释。

手掌螺（？）

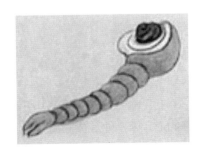

手掌螺赞　莊①生一指，天地可想，螺意难言，示诸手掌。

手掌螺，金红色，尾后三岐，如伸指掌。

注释

①莊　同"庄"。

考释

该"螺"图，其体螺层与上述各"蛳"大同小异。如果其是螺，作为胚壳的壳顶不可能分成3叉。此似黏合而成的烟斗，但在现实生活中从未见过。

羊角螺——尖帽螺

羊角螺赞　大风起兮[①]，云天漠漠，羊角在螺，扶摇所落。

凡螺之尾必盘旋而曲，惟羊角螺，其形如角。

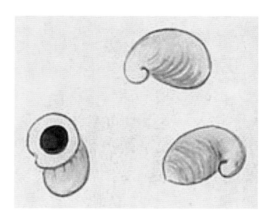

尖帽螺

注释

① 大风起兮　句出刘邦《大风歌》："大风起兮云飞扬，威加海内兮归故乡，安得猛士兮守四方。"

考释

依聂璜所绘，羊角螺似尖帽螺科的物种。

尖帽螺属于腹足纲中腹足目尖帽螺科。其壳表具黄褐色壳皮，壳口大。壳斗笠形者，在我国记录有鸟嘴尖帽螺 *Capulus dilatatus* A. Adams、卷顶尖帽螺 *C. otohimeae*（Habe）等5种。尖帽螺营附着生活。

鸭舌螺（？）

鸭舌螺，口内有物如鸭舌。产南海。漳泉多取以为酒杯，名鸭舌杯。大者，可受三爵。

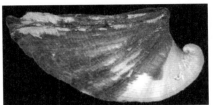

笠帆螺

考释

笠帆螺 *Calyptraea*，属于腹足纲中腹足目帆螺科。壳斗笠形，壳顶尖且朝向后方。壳表面具毛状的黄褐色壳皮。壳口大，内具一个折叠为扁管状的隔片（聂璜记为"口内有物如鸭舌"）。壳径约 2 cm。笠帆螺附着于其他贝壳或岩礁上，分布在南海。

扁螺——平轴螺

> 扁螺赞　扁螺不圆，质付先天，更有田文，铁[①]笔所镌。
>
> 扁螺，产海岩石隙中。其质甚坚，其形虽圆而扁，似乎夹捏而成者也。其纹皆作水田状。生物付形变化之体，不知何以至是也。

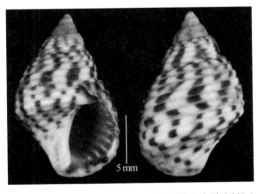

平轴螺（自张树乾）

注释

① 铁　同"铁"。

聂璜所绘似平轴螺科的平轴螺 *Planaxis*，福建以南多有采食。壳圆锥形，螺旋部4~5层，体螺层大，具黑白颗粒相间排列的螺肋。其栖于潮间带岩石下或石缝中。平轴螺似滨螺，但壳口具前沟。

八口螺——蜘蛛螺

八口螺赞　人喜巧言，螺亦八口，使著螺经，定居其首。

八口螺，边上冲出八嘴[一]，式样甚异。然质粗重而无光彩，不堪为酒器文玩，仅备螺名而已。亦名蟹螺，以其如八足也。闽海罕有，琉球洋中产也。

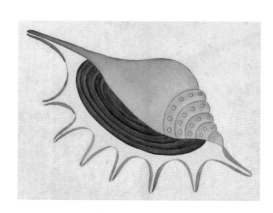

蜘蛛螺（自张树乾）

【一】八嘴　误称壳口外唇6根长棘和前后2水管沟为嘴。

聂璜所谓八口螺，似蜘蛛螺 *Lambis lambis*（Linnaeus），英文名 smooth spider conch，属于中腹足目凤螺科。

蜘蛛螺为大型螺，长9~27 cm。壳坚固，螺层9~10层。壳面肉红色，具褐色的斑纹。壳口狭长，内唇屈曲，外唇扩张，具6根向一侧开裂且多上弯的长棘。前、后沟亦稍长，为管状。壳口近前端的缺刻，称凤凰螺缺刻或伸眼缺刻，是其右眼外伸窥视的通道。厣小，角质，边缘常呈锯齿状。雌性较雄性大。其栖于热带和亚热带潮间带至浅海沙、泥沙和珊瑚礁环境中，以藻类和有机碎屑为食。此螺分布于印度–西太平洋，我国台湾、海南海域有产。

花螺——玉螺

花螺赞　闽海画师，多买胭脂，点螺千万，不语人知。

花螺，白质紫斑。产闽中海涂，大者如指，而止炸熟。挑而啖之，头身味清，尾微作香气。

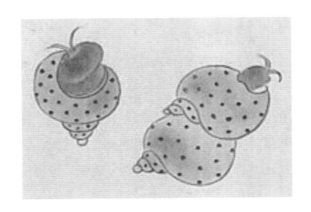 

斑螺

考释

明·屠本畯《闽中海错疏》卷下："花螺，圆而扁，壳有斑点。味胜黄螺。"

聂璜所绘花螺，似软体动物门腹足纲腹足目玉螺科的玉螺，是养殖场（蛤埕）菲律宾蛤仔等的敌害。玉螺俗称香螺、肚脐螺、海脐、蚶虎。日本借用汉字称其为玉贝。英文名moon shell。我国已记录70余种。其中，斑玉螺 *Paratectonatica tigrina*（Röding），曾用学名 *Natica maculosa* Lamark，壳外凸，呈球形，表面具紫褐色的斑，厣石灰质，分布于潮间带至浅海。

铜槵螺——扁玉螺（？）

铜槵螺赞　槵本树生，堪做念珠，海产青螺，光圆正如。

铜槵螺，形如槵子，活时绿色，似蜗牛壳而坚过之。

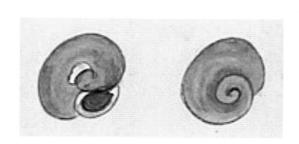

扁玉螺

考释

聂璜所绘形似扁玉螺 *Neverita didyma*（Röding），但扁玉螺与"似蜗牛壳而坚过之"一句不符，故存疑。

木槵（huàn）子，亦称作无患子，是一种生长在高山上的乔木。枝叶如椿树，叶对生，初夏开黄色小花。种子球形，黑色，有光泽，坚硬，锤击难破，被用力摔在硬地上亦弹高而无损；制成念珠耐用多年，捻动时手感极好。因据《木槵子经》所述，佛陀曾用其制作念珠，遂使后世喜用其制作手串，意喻秉承佛陀教诲，无有忘失。

贝——宝贝

贝赞　其名甚古，其质最刚，烟波云景，焕然成章。

《交州记》曰："大贝，出日南，如酒杯；小贝，贝齿也，洁白如鱼齿，故曰贝齿。"古人用以饰军容。今稀用，但穿之为婴儿戏，画家或使砑物。明时，云南以小贝为钱货。

《说文》云："贝，海虫也。"《诗经》注贝锦曰："水中之介虫，纹如锦。"当云海水中介虫之壳，始明。

《相贝经》曰，朱仲学仙于琴高①而得其法，及严助为会稽太守，仲遗助以径尺之贝，并致此文于助曰："三代之真（贞）瑞，灵奇之秘宝，其有次此者。贝盈尺，状如赤电黑云，谓之紫贝；素质红黑，谓之朱贝；青地绿文，谓之绶贝；黑文黄画，谓之霞贝。紫愈疾，朱明目，绶消（清）气瘴，霞伏蛆虫。"

《埤雅》云："锦文如贝，谓之贝锦。其中肉如蝌蚪，而有首尾。古者宝龟而货贝，至秦始废贝行钱。"

愚按，贝之为物，其用甚古。而其字，凡资、财、贡、赋、贻、赠、贸、买、贵、贱、贪、贫、货、贯、偿、贳②、贷、贮、贶③、费、赏、赐、贿、赂、赢、赇④、贼、质、赔、贴、贩、贾等字，皆从贝。可知苍皇以上，文字之始，即重贝。而古文贝字，亦取象贝形。

云南以贝代钱，最为久远。至本朝顺治间始铸钱革贝，然终难行。滇人寔利用贝，其所用者皆小贝也。大者，古人珍之，今人亦视为平常，然而《相贝经》所云径尺之贝，近亦未之有也。

今本图中，皆载闽广海滨皆产，花纹错杂不同，把之可玩。有黄质而紫黑点者，名曰豹文贝。有黄地而黑文者，名曰虎斑贝。有青贝，有纯黄贝，有大点贝、小点贝、金线贝、氷⑤纹贝、织纹贝、松花贝、云纹贝、纯紫贝、黑灰贝、水纹贝。然其式，皆上圆下平。

又有一种，上圆而下亦圆者，黄黑斑驳点，画家利取以研物，可以转活。考《篇海》，贝原有二种，在水曰蜬⑥，在陆曰贆⑦，或即圆平不同之状有异名欤？

予所见贝不过四五种。黄允周居连江，所见甚多，余皆为黄允周所图述。

注释

① 琴高　先秦传说中的人物。能鼓琴，后于涿水乘鲤归仙。

② 贳（shì）　出租、出借、赊欠、宽纵或赦免。

③ 贶（kuàng）　赠、赐。

④ 赇（qiú）　贿赂。

⑤ 氷　同"冰"。

⑥ 蜬（hán）　小螺、水贝。

⑦ 贆（biāo）　古书上说的一种贝。

考释

《海错图》绘17种宝贝，含大贝——山猫眼宝贝、酱色花贝——蛇首眼球贝。

宝贝，其壳多为卵形。成体螺旋部小，几乎被体螺层占有。壳表面光如瓷，不同物种颜色、花纹、斑点各异而靓丽。壳口窄，位于腹面近中部。两唇缘具齿。无厣。宝贝栖于潮间带至深海，但以浅海种类较多。其活动时把头和足伸出壳外，以肥大的足在海底爬行；同时外套膜从壳口伸出，向背部展开，将壳完全包住。其为雌雄异体，产卵多在夏季。其产卵后伏卧于卵群，待孵化后才离去。宝贝多夜出活动，以珊瑚虫、有孔虫和小甲壳动物为食。我国沿海已记录60多种，常见的有货贝、阿文绶贝和虎斑宝贝等。肉可食，壳供观赏。

"予所见贝不过四五种……余皆为黄允周所图述"，说明聂璜所见宝贝的标本不多。本条目中，亦留有不识者待查。

圆底贝——龟甲贝

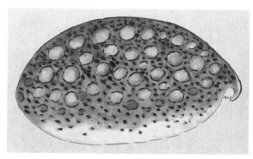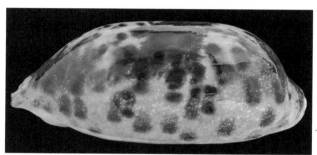

龟甲贝（自张树乾）

考释

聂璜称："又有一种，上圆而下亦圆者，黄黑斑驳点，画家利取以砑物，可以转活。""圆底贝，底不平，与清贝独异。"此释为龟甲贝。

龟甲贝 *Chelycypraea testudinaria*（Linnaeus），壳卵形或长卵形，厚重结实，长达7.5 cm。壳面平滑、富光泽，覆有加厚的黑褐色云状斑及色浅的圆形斑。壳口极度弯曲，下端比上端明显宽。壳底深褐色，稍凸，故聂璜谓之"用以砑物，可以转活"。龟甲贝栖于热带和亚热带暖海域，从潮间带至较深的岩礁、珊瑚礁海域均有分布。其为肉食性，以珊瑚和海绵等为食。龟甲贝在台湾名龟甲宝螺。英文名humpback cowrie。

云纹贝——兰福希达贝

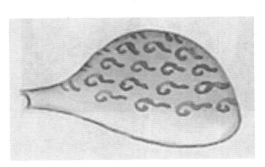

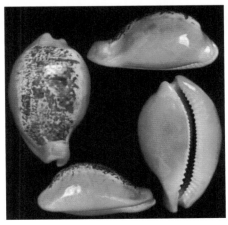

兰福希达贝

考释

　　兰福希达贝 *Cypraea langfordi*（Kuroda），壳近梨形。壳面茶褐色，平滑而富光泽，具许多深色小花斑，壳缘和基部无斑纹。其在台湾名兰福宝螺。兰福希达贝在我国产于南海潮间带和浅海岩礁。

金线贝——环纹货贝

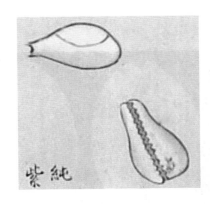

环纹货贝（自张树乾）

考释

　　环纹货贝 *Monetaria annulus*（Linnaeus），壳长约 1.2 cm，背部中央隆起，周围比较低平。壳面瓷质，黄白色或灰白色，背部有一椭圆形橙黄色纹。中药名白贝齿，以色白、光亮、小者为佳。其壳有清心安神、平肝明目之效，用于惊悸、心烦不眠、小儿斑疹、目赤翳膜之症的治疗。环纹货贝在我国产于南海潮间带和浅海岩礁。

纯黄贝——货贝

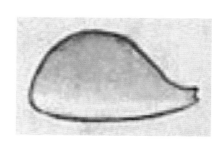
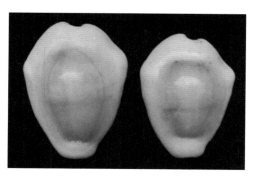

货贝（自张树乾）

考释

货贝 *Monetaria moneta*（Linnaeus），壳呈卵形或长卵形，长 1~2.5 cm。壳面平滑而富有光泽，表面镀有一层珐琅质，为浅黄色至深黄色。其在台湾名黄宝螺。货贝栖于热带和亚热带暖海域的潮间带至较深的岩礁、珊瑚礁或泥沙海底。英文名 money cowrie。

豹纹贝——淡黄眼球贝

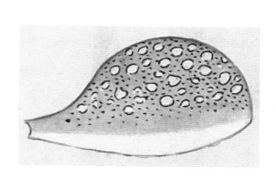

淡黄眼球贝（自《中国海洋生物图集》）

考释

聂璜称："有黄质而紫黑点者，名曰豹文贝。"此释为淡黄眼球贝。

淡黄眼球贝 *Naria cernica*（G. B. Sowerby Ⅱ），在台湾称淡黄宝螺。壳结实，呈卵形，中部膨大，两端压缩。壳面通常为浅橙黄色，也有鲜橙黄色、橄榄绿色、褐色者，上具有许多大小不等的白色斑点，两侧缘布有不均匀的褐色斑。基部白色。淡黄眼球贝在我国仅台湾海域有发现。

虎斑贝——虎斑宝贝

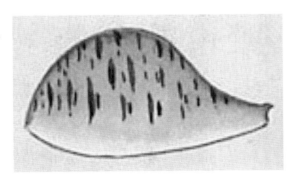

虎斑宝贝（自张树乾）

考释

聂璜记有"黄地而黑文者，名曰虎斑贝"。

虎斑宝贝 *Cypraea tigris* Linnaeus，又称虎皮斑纹贝、黑星宝螺，英文名 tiger cowrie。壳卵形，大而重，背圆鼓，底部扁平或微凸。壳表底色为白色，上具许多黑褐色的圆点，周围又常为黄橙色。据报道，有全黑壳体及巨型者。虎斑宝贝在我国见于东海、南海的潮间带和浅海珊瑚下。

水纹贝——阿文绶贝

阿文绶贝

　　阿文绶贝 *Mauritia arabica*（Linnaeus），别名紫贝齿、子安贝、猪仔螺、阿拉伯宝螺，中药名贝子。壳长卵形；表面浅褐色或灰褐色，具星状环纹和较密集而常间断、纵走的形似阿拉伯文的点线花纹，因而得名。壳两侧缘具紫褐色斑点。两唇的齿红褐色，23～26个。阿文绶贝在我国习见于厦门以南海域低潮线附近岩礁质底。

黄点贝——红斑焦掌贝

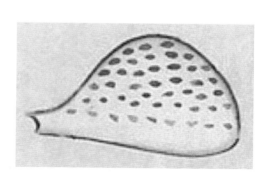

红斑焦掌贝

　　红斑焦掌贝 *Ransoniella punctata*（Linnaeus），壳卵形，长 7～22 mm；表面平滑，浅黄棕色至粉色；背部具咖啡色芝麻状小斑点。其在台湾名芝麻宝螺。红斑焦掌贝在我国栖于热带和亚热带暖海域岩礁、珊瑚礁或泥沙底，以藻类或珊瑚动物等为食。

小点贝——蛇首眼球贝（？）

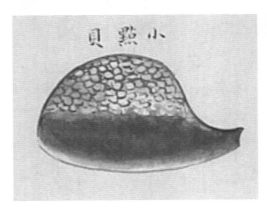
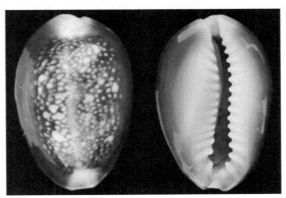

蛇首眼球贝

考释

这可能与酱色花贝——蛇首眼球贝为同一种。

大点贝——绶贝

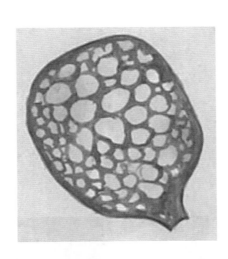
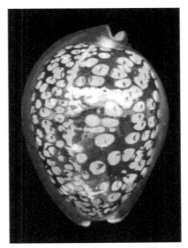

绶贝

考释

绶贝 *Mauritia mauritiana*（Linnaeus），壳卵形，大而厚重，背部隆起，腹部较平。壳背部及腹部均有黑色，在背面具大小不一的金黄色斑点。壳口窄长，内缘为白色至紫色，内唇及外唇上具发达的齿列。绶贝栖于潮间带低潮区至浅海岩礁或珊瑚礁上，为印度-西太平洋暖水种，在我国见于台湾、海南岛和西沙群岛等海域。

纯紫贝（？）

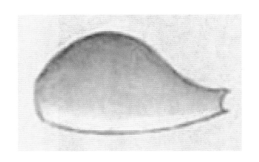

《唐本草》称："紫贝，形似贝，圆，大二三寸。出东海及南海上。紫斑而骨白。"《本草图经》记："今紫贝，则以紫为质，黑为文点也。"

待核。

松花贝（？）

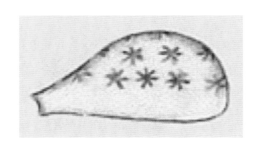

目前已知的宝螺均无此种花纹，最为接近的是 *Ransoniella punctata*（Linnaeus），但其斑点为圆形。

大贝——山猫眼宝贝

大贝虽不及《相贝经》所载，然此贝剖其腹，可为酒杯。

予得是贝，珍藏。欲求善相贝者①一品题②而不可得。

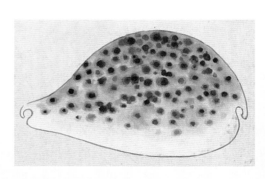

山猫眼宝贝

① 善相贝者　识贝者。
② 品题　评论，判定高下。

考释

　　按图，大贝拳头大，壳长椭球形，前端较瘦，背面灰褐色，具较大而稀疏的黑色和黄色圆形斑，似山猫眼宝贝 *Lyncina lynx*（Linnaeus）。壳中型，长约 4 cm，宽约 2.5 cm，高约 2 cm，周缘及底部白色，背面褐色，上布有不规则的深褐色及浅蓝色的斑点。壳口两唇周缘各有齿 26 ~ 29 个，齿间为血红色。山猫眼宝贝广布于印度-西太平洋岩礁处。聂璜绘大黑色斑点过多，亦未绘出色带（外套膜痕）。

酱色花贝——蛇首眼球贝

　　酱色花贝，其壳甚坚。贾人多钻孔贯绳，盈千累百以售。遐方①人多系儿臂，珍之。

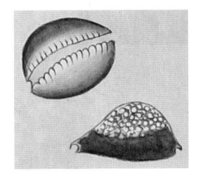

（自明·文俶）　　　　　　　　　　　　　　　　　　蛇首眼球贝

注释

① 遐方　指远方。

考释

　　明·文俶《金石昆虫草木状》绘彩图（见上中图），称紫贝，似此。

蛇首眼球贝 *Monetaria caputserpentis*（Linnaeus），曾用名 *Cypraea caputserpentis*，在台湾名雪山宝螺。壳近卵形，长 3 cm。壳面红褐色，上有白色斑点，前后端青白色，周围为黑褐色。腹面周缘浓褐色，中央色浅。蛇首眼球贝在我国见于东海、南海潮间带和浅海。

白贝——卵梭螺

白贝罕有，迩来①始得，见之三山市②上。其大如拳，其色如白磁，而式亦与诸贝稍异。或有取材，可补《相贝经》之未备。

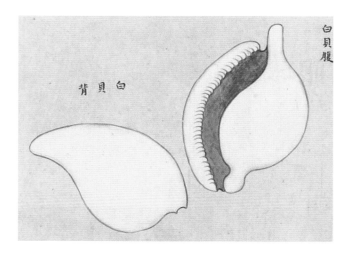

卵梭螺

注释

① 迩来　近来。

② 三山市　福建省福清市三山镇。

考释

此为卵梭螺 *Ovula ovum*（Linnaeus）。卵梭螺属于中腹足目梭螺科（在台湾称海兔科），在台湾称海兔螺。壳卵形，洁白如瓷，有光泽。壳口弯曲，壳内褐红色或深咖啡色。两端的水管均向外伸出，但前水管较直。大如拳者在 7.5 cm 左右。卵梭螺分布于印度-西太平洋暖水域，在我国见于台湾、海南岛、西沙群岛和南沙群岛海域。

鹌鹑螺——鹧鸪鹑螺

鹌鹑螺赞　螺肖鹌鹑，类同鹦鹉，奈何久蹲，竟不飞舞。

鹌鹑螺，形色如鹌鹑状，故名。其螺壳薄，可为酒杯，而不便雕镂。

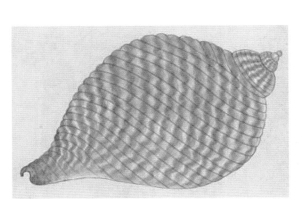
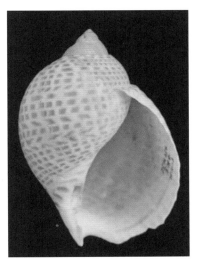

鹧鸪鹑螺

考释

该图绘得过于艺术化，螺肋的色斑亦非斜排。

鹧鸪鹑螺 *Tonna perdix*（Linnaeus）属于鹑螺科，壳薄而坚硬，呈长卵形，黄褐色或浅咖啡色，高 11 cm。螺塔低，体螺层膨大且具宽而低平的螺肋和近新月形的白色斑块。壳口卵圆形，内面黄白色。内唇多将脐遮盖。外唇薄，边缘略呈波状缺刻。前沟呈缺刻状。无厣。鹧鸪鹑螺栖于低潮线至水深 50 m 的沙或珊瑚礁质海底，广布于世界各暖海域。

参见"苏合螺——深缝鹑螺"条。

苏合螺——深缝鹑螺

苏合螺赞　螺名苏合，似蚶非蛤，化工巧手，层层摺^①衲。

苏合螺，虽产闽海，亦不多靓。其形如蚶壳，层叠高下疏密适均。使巧匠有心镂之，恐精巧亦不至此也。亦名丝蚶螺。

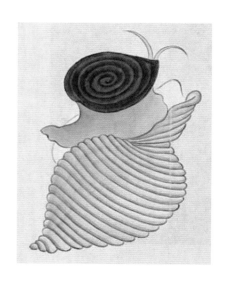

深缝鹑螺

注释

① 摺　同"折"。

考释

鹑螺属于中腹足目鹑螺科。壳大型，薄，球状，螺旋部低，体螺层膨大。壳口宽，具前水管。体螺层的螺肋延伸，使壳口外唇呈波浪状起伏。无厣。鹑螺多栖于珊瑚礁的外缘地带。

依照聂璜图，似磨去皮层、无色斑和粗大螺肋的深缝鹑螺 *Tonna canaliculata*（Linnaeus），螺高7.9 cm。

盆螺——带鹑螺

盆螺赞　陶冶在海，不土不石，螺盆天然，胜于埏埴①。

盆螺，其螺甚大，可为栽花之盆也。产海洋深处，渔人网中偶得之，则食其肉，而以壳为花盆。连江等处海乡人家往往有此。

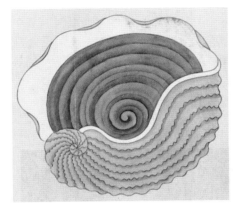 

带鹑螺

螺花盆（自《海贝与人类》）

注释

① 埏埴（shānzhí）　陶器。

考释

聂璜所绘之螺，为大型螺且具厣。

该图可能为带鹑螺 *Tonna galea*（Linnaeus）。但带鹑螺的壳表具发达的螺肋而非聂璜所绘的纵肋。另外，带鹑螺无厣。这可能为聂璜误记。

带鹑螺为鹑螺科中体型最大的一种。壳近球形，长可达 30 cm；壳质较薄，但坚实。螺旋部小，呈锥形。缝合线浅沟状。体螺层膨大。壳表雕刻有宽平的螺肋，螺肋间具 2~4 条细的间肋。壳表黄色至深褐色，且在螺肋上较深。壳口大，内面白色。外唇薄、边缘栗色。带鹑螺栖于水深 20~160 m 的泥沙或软泥质海底，为印度-西太平洋广布种，在我国见于浙江及以南沿海。

观音髻——觽螺（？）

观音髻赞　髻[1]称观音，何人敢食？止许秃女，借为头饬[2]。

观音髻，其螺如髻。髣髴田螺状，而青翠过之。产海岩石下有咸水处。其肉亦可食。

觽螺

注释

① 髻　古代女子将头发挽于头顶的发式，也称结、玠。此指螺旋状的螺旋部。
② 头饬（chì）　饬，古同"饰"。头饰。

考释

按图，壳陀螺形，浅青色。螺层 5 层且稍膨胀。壳顶钝。缝合线明显。

依聂璜文，其名观音髻，产海岩石下有水处。觽螺科觽螺属 *Hydrobia*，有栖于潮间带咸淡水者，个体数量也大。

雉斑螺——法螺

雉斑螺赞　雉雉于飞，泄泄①其羽，入海为螺，斑纹如许。

雉斑螺，产琉球海洋。其螺甚坚，纹如雉羽，华美可爱。至美者如斗，亦可作号螺。

余客福建省城见此螺，玩而图之，然疑琉球产螺不知何以如是其多。贾人曰："琉球，穷国，无他珍异。鱼腊而外，多以海螺蚶壳压载入南台，而闽中始有。"

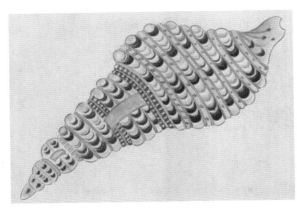

法螺

注释

① 泄（yì）泄　从容自在的样子。句出《诗经·邶风》："雉雉于飞，泄泄其羽。"

考释

此图色彩斑斓，可视为聂璜精绘代表作之一。但他未绘壳口部，甚憾。

法螺，亦作法蠃，亦称梵贝、梭尾螺、屈突通、海哱罗、法螺贝、大鸣门法螺、藤津贝。

磨去法螺的壳顶，装上笛子，可为吹器。吹出之声，声响而远，低沉有力而浑厚，高低起伏而悠扬。此系藏传佛教常用之吹器，又称梵贝。它还可作为军队号角。渔民出海亦吹法螺以呼应。

《妙法莲华经·序品第一》："今佛世尊，欲说大法。雨大法雨，吹大法螺，击大法鼓，演大法义。"在此，"大法"为一专用术语。把"法"与"螺"结合为法螺，似欠妥，但已约定成俗。可作吹器的螺，知名者还有"响螺——角螺"等。

唐·王勃《益州绵竹县武都山净慧寺碑》："鸣法螺而再唱。"宋·毛胜《水族加恩簿》："令屈突通，振声远闻，可知佛乐。"宋·梅尧臣《和刘原甫十二月十日试墨》："道傍牛喘复谁问，佛寺吹螺空唱嚎。"明·李时珍《本草纲目·介二·海蠃》："〔集解〕颂曰，海螺即流螺……梭尾螺，形如梭，今释子所吹者。"清·陈元龙《格致镜原·水族类·螺》引《事物原始》："僧家用海螺，以供法器。亦曰南海中所产也。"

民国·徐珂《清稗类钞·动物类》曰："法螺，我国古时军队用以示进退者，今释道斋醮多用之。本系软体动物，产于海中。壳为螺旋状，上部延长，形略似梭，故又称梭尾螺。色黄白，有炎紫斑纹。肉可食。大者于螺头穿孔吹之，发声甚响而远，俗谓之海哱啰。"

法螺 *Charonia tritonis*（Linnaeus），属于软体动物门前鳃亚纲中腹足目法螺科。日本借用汉字称其为法螺贝、大鸣门法螺或藤津贝。英文名 great triton。壳大，呈长锥形或喇叭状，高 35 cm，宽 17 cm。螺层约10层。缝合线浅。螺旋部高尖锥形。体螺层膨圆，每层具宽大光滑的螺肋和纵肿肋，肋间有细肋。缝合线下方的螺肋具结节突起。壳呈黄红色，具黄褐色或紫色鳞状花纹。壳口卵圆形，内面橙红色。外唇向外延伸，具成对齿肋和褐色条纹。内唇外部加厚且外翻为褐色条纹的褶襞。前沟向背方弯曲。肉食性。法螺为暖水种，喜栖于深 10 m 海藻茂盛的珊瑚礁海域。

棱（棕）辫螺——金色嵌线螺

棱辫螺赞　此螺状奇，形如棱辫，鲛人结成，世所罕见。

棱辫螺，其形甚奇，折叠之累累如棱辫。亦产琉球，不可多得[一]。予珍藏一枚，依其式图，恨拙笔不能尽其奇巧。

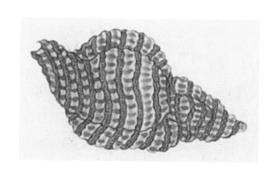

金色嵌线螺

校释

【一】不可多得　该种在印度-西太平洋暖水区较为常见，聂璜称其"不可多得"实受当时采集条件所限。

　　金色嵌线螺 *Septa hepatica*（Röding），属于腹足纲中腹足目嵌线螺科。壳长 4～5 cm，螺层 5 层左右，略呈扭曲状。壳表面有金黄色的串珠状螺肋，肋间沟黑褐色，具发达的纵肿肋，在纵肿肋上和壳口外缘具白色的斑块、斑点或色带。壳口呈椭圆形，内为白色，周缘橙红色，外唇内缘具颗粒状的白齿，轴唇上具白色的肋状齿。

　　金色嵌线螺栖于热带和亚热带潮间带及浅海岩礁间，在我国分布于台湾、海南岛和西沙群岛海域。

～ 新腹足目 ～

刺螺——浅缝骨螺

刺螺赞　惟石岩岩，有螺如猬[1]，执之棘手，其采惴惴。

刺螺，满壳皆刺，亦曰角螺，生海山石岩中。其性刚，肉不堪食。海人取之，但充玩好而已。或曰，其肉煮熟切碎，重煮自软，味亦清美。

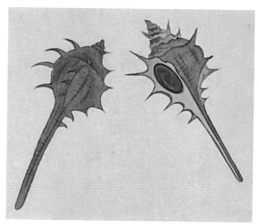 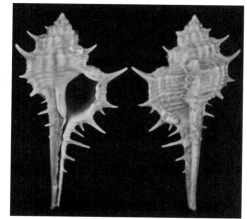

浅缝骨螺

注释

① 猬　同"猬"。刺猬。

考释

清·蒋廷锡等《古今图书集成·禽虫典·螺部》引《瑞安县志》："螺有刺螺、花螺、香螺、马蹄螺。"其中提到刺螺。

依聂璜所述、所绘，刺螺似浅缝骨螺 *Murex trapa* Röding。浅缝骨螺又名宝岛骨螺，属于新腹足目骨螺科。壳黄灰色或黄褐色，长 8～11 cm。螺层8层，每一螺层具 3 条纵肿肋。螺旋部各纵肋的中部有 1 枚尖刺，体螺层纵肿肋上具 3 枚较长的尖刺和1枚短刺。壳口前沟甚长，呈近闭合的管状。靥角质。我国南方市场常有供应。浅缝骨螺在我国见于东海、南海，栖于浅海泥沙质底。

黄螺——方斑东风螺

黄螺赞　海底潜藏，诱以饵香，误投世网，利锁名疆（缰）[1]。

黄螺，产闽海中，长乐海中最多。潜伏海底，捕者无由。渔人钩深致远，乃驾船用长绳系竹筐数十，内置疫毙豚犬臭秽之物以为饵。黄螺海底清淡，误贪其味，不觉入其壳中。渔人举筐满载而归，夏月每市于城乡。闽人敬客以为时物，以沸汤炸熟，席间分竹针挑吸食之。

张汉逸曰："土人称全味在尾，而尾常缩而不出，肉坚难化。但涎有毒秽，岁时必有一二人中而毙者。其肉干之可贻远，然弗甚佳也。"

予客云南省城，初夏亦有取螺于昆明池者。云亦潜伏于湖底，鬻之者亦以为头尾各售。头则熟食，尾常以姜芥生啖。多食不宜，亦性寒也。然此皆浅近之说，游滇、游闽者，必能两辨之。

但黄螺潜于海底，而亦能化蟹。其理深奥，以俟后贤必有明辨之者。

方斑东风螺

注释

①　利锁名疆（缰）　疆，应为"缰"。比喻名利束缚人，就像缰绳和锁链一样。句出宋·柳永《夏云峰》词："向此免、名缰利锁，虚费光阴。"

考释

聂璜在本条，至少说了3点：一，黄螺系肉食性；二，在福建长乐海域有较大的种群；三，有致人毙命的记载。据报道，肉食性的蛾螺科贝类包括黄螺，一旦处理不好，人们食后就会中毒。所谓"化生"变蟹，是其死后留下的空螺壳，被寄居蟹利用作为住室的缘故。

先人识黄螺，由来已久。南朝梁·元帝《采莲赋》："绿房兮翠盖，素实兮黄螺。"明·屠本畯《闽中海错疏》卷下记："黄螺，壳硬色黄。味美，其黑而微刺者尤佳。"按，"微刺"恐为"微辣"。

闽中古记的黄螺，今释为方斑东风螺 *Babylonia areolata*（Link）。方斑东风螺属于新腹足目蛾螺科，又名凤螺、风螺，在广东俗称花螺、东风螺、海猪螺、南风螺。壳具红褐色的四方形斑块，此斑块在体螺层上有 3 行。方斑东风螺分布于潮下带数米至数十米深处，栖于泥沙底质中，有日伏夜出的习性。其肉鲜美、脆而爽口，畅销国内外。产于闽江口、连江一带者最佳。现已人工育苗养殖。

这还可能是曲面织纹螺 *Nassarius arcularia*（Linnaeus）。壳坚硬，呈卵形，长可达 40 mm。壳面颜色以青色为主，略带黄色，各螺层中部具 1 条不甚明显的浅色螺带。螺旋部低小，体螺层大，缝合线紧缩。壳表具粗壮的纵肋，螺肋缺。壳口卵圆形，内面黄色。外唇内缘具发达的螺旋齿列。内唇后端具一齿状突起。螺柱呈弧形。滑层极为发达，向外扩张，几乎覆盖整个体螺层的腹面。前水沟宽短。曲面织纹螺栖于潮间带至浅海的泥沙质底，为印度-西太平洋广布种，在我国见于台湾海域。参见"短蛳螺——织纹螺"条。

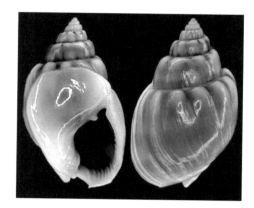

曲面织纹螺

蒜螺——甲虫螺（？）

蒜螺赞　鱼有黄瓜[1]，蛤有豆芽[一]。以螺为蒜，食备渔家。

蒜螺，高下如蒜形。

10 mm

甲虫螺（自张树乾）

注释

①鱼有黄瓜　指胡瓜鱼目的鱼。

校释

【一】蛤有豆芽　指海豆芽。聂璜误认其为蛤。

考释

　　壳近纺锤形，表面浅咖啡色，刻有明显而整齐的纵螺肋，形似蒜，故聂璜称其蒜螺。此似蛾螺科的甲虫螺。

　　甲虫螺 *Cantharus*，体型小，尖椭球形，坚硬。体色变化大，有的深棕色，有的浅黄色，有的灰白色。壳层上具棕色螺带，新鲜标本具绒毛。缝合线深，呈波状。成壳各螺层呈阶梯状，具发达的纵肋。螺肋细密，粗细不均。壳口卵圆形，内缘白色，后端有一发达的齿状结构。外唇后端向外扩张。内唇偶有褶襞状突起。前水管沟宽短。甲虫螺栖于潮间带至水深60 m左右的粗沙和石块海底，为我国沿海习见种类。

响螺——角螺

　　响螺化蟹赞　响螺不响，少小无声，老来变蟹，四海横行。

　　海中之螺，不但小者能变蟹，即大如响螺亦能变。但不能离螺，必负螺而行，盖其半身尚系螺尾也[一]。海人通名之曰寄生，不知变化之说也。

　　响螺，形长如角螺，而无刺有瘤。南海出者多花纹，其壳吹之可为行军号头，亦曰号螺。惟西番僧所带者，黄白花纹莹然如组如鳞。每清旦即吹法螺[二]，诵梵呗。其大螺大贝，多产海西。今闽海响螺通如此状，而琉球尤多。

　　闽人张玉明于康熙三十年过琉球，述其国捕得此螺，以绳悬诸空际，用炭火炙之，其肉自出。乃取其头，切成大片干之，货于福省，伪充鳆鱼。又以其尾腌浸，久之贮入瓷瓮。琉球瓷瓮系长样，如竹筒式，乃以瓷盖石灰封之令固，又以草作辫，周瓮扎之，上船虽横直抛运无损也。至福省售之，各肆名曰海胆[三]，即此螺之尾也，其色绿而味美，蘸肉食代酱甚佳。

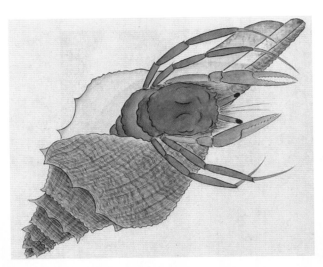

角螺（自张树乾）

校释

【一】其半身尚系螺尾也　错误说法。寄居蟹以螺壳为居室。

【二】吹法螺　见考释文或"雄斑螺——法螺"条。

【三】名曰海胆　另见"海荔枝——海胆"条。

考释

此为大型螺。螺死后，人可将其用作吹器。其壳中常居有寄居蟹。此螺常称长香螺，日本借用汉字称其为天狗辛螺。

依聂璜所绘，此螺似细角螺 *Brunneifusus ternatanus*（Gmelin），属于新腹足目盔螺科。壳纺锤形，高 15 cm，宽 5.5 cm。螺层 6 ~ 7 层，各螺层皆具1列结节突起。体螺层大而长。壳口外唇薄且具缺刻。前沟长。壳皮褐红色。细角螺在我国分布于东海、南海水深 10 ~ 50 m 的泥沙底。

聂璜记述，其可"变蟹"，"伪充鳆鱼（鲍）"，"名曰海胆"。

"变蟹"，是言必化生之说，甚至认为居于壳里的寄居蟹体后部"尚系螺尾"。响螺，常与佛教中的法螺相混，参见"雄斑螺——法螺"条。至于"伪充鳆鱼（鲍）"，乃市场常有之痼习。不过关于对其体后部进行加工而名曰"海胆"之说，则有待推究。

蚕茧螺——榧螺（？）

蚕茧螺赞　海蚕结茧，飞去其蛾，破茧经霜，变而为螺[一]。

蚕茧螺，白而圆长，绝类茧状。

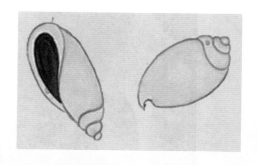

榧螺

校释

【一】变而为螺　系臆断。

该螺"白而圆长"，平滑而呈茧状，螺旋部3层，体螺层大。

左图示其壳口完整无前沟，而右图则示其具前沟。

蚕茧螺似榧螺科螺，待考。

短蛳螺——织纹螺

短蛳螺赞　似蛳非蛳，蛳中之螺，春月海涂，繁生甚多。

短蛳螺，似海蛳而短。其壳甚坚，而唇亦阔，故名。螺春月繁生，泥螺中不足珍也。

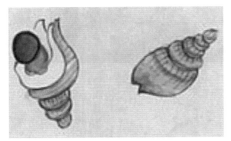  

半褶织纹螺　　　　红带织纹螺（自张树乾）

按聂璜所绘，此似织纹螺。

织纹螺 *Nassarius*，壳质坚厚，卵形或长卵形，螺旋部圆锥形，体螺层较大，缝合线下方常具一浅的螺旋沟纹。壳口卵圆形，内缘具齿列，具前沟。厣角质。其中，纵肋织纹螺壳面具纵肿肋，而红带织纹螺体螺层不具粒状突起但具3条红色色带。

织纹螺体长为 0.3~1 cm，栖于近海礁石附近和泥沙底。广东、浙江、福建沿海盛产。其俗称海丝螺、海狮螺、麦螺、白螺、割香螺、小黄螺、甲锥螺、丝螺、海螺丝、海锥儿。日本借用汉字称其为余赋贝。英文名 whelk、nassa。福建莆田人有过节吃螺的习俗。织纹螺炒熟者易吸吮，肉质嫩滑，略带筋道，丝丝鲜香，是下酒的好菜。

夏季，不少地方常发生因食织纹螺中毒死亡的事件，是织纹螺摄食了含麻痹性贝类毒素的甲藻等微藻的结果。目前，尚无特效药物用以治疗，国家有关部门已明令禁止销售织纹螺。该科动物在我国沿海均有分布。目前已报道60余种。

手卷螺——伶鼬榧螺

手卷螺赞　龙王不俗，手卷数轴，不图山水，专画海错。

手卷螺，头长尾促，形如手卷之未展者。产闽中海涂，而漳泉尤多。

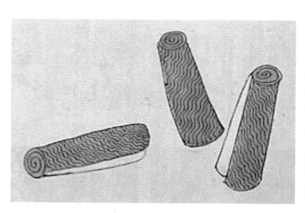

伶鼬榧螺（自张树乾）

考释

　　贝类学家张素萍指出，看图，此手卷螺像伶鼬榧螺 *Oliva mustelina* Lamarck。伶鼬榧螺属于新腹足目榧螺科。壳顶较平，螺旋部深陷入体螺层中，壳表面有曲折的细花纹。

梭螺（？）

梭螺赞　银河晓望，织女颦蛾[1]，叹梭落海，变而为螺。

闽中海滨有一种螺，两头尖，其形如梭，名曰梭螺。《兴化志》有梭尾螺，疑即此也。

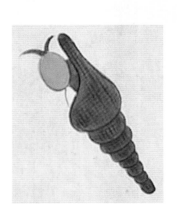

格纹胞螺

注释

① 顰蛾　皱眉，借指美女。

考释

依聂璜所绘图，其壳形和刻纹似塔螺科的格纹胞螺 *Cytharopsis cancellata* A. Adams 或杰氏卷管螺 *Funa jeffreysii*（E. A. Smith）。但它们都生活在 50~200 m 深的海底，在潮间带（文中所述之"海滨"）无分布。故仅图示以参考。

塔螺科种类繁多，个体通常较小。壳多呈长纺锤形或锥形，螺层较多，螺旋部高。壳口前沟通常长，呈半管状。厣角质，有的无厣。其分布广泛，从寒带至热带、从潮间带至深海都有其踪迹。我国已报道的种类超过200种，分布于南北沿海。

〜 异腹足目 〜

青螺——海蜗牛

青螺赞　海上浮萍，久苦零丁，难看白眼，喜而垂青。

青螺，产连江海滨，土人称为苏螺。陈龙淮赞曰："苏螺，青圆，莹泽如钿。外质轻虚，绿膏内咽。"其大概也。

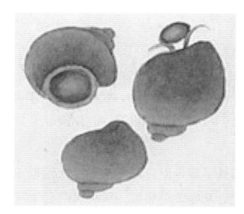 

海蜗牛

考释

可以说，聂璜及其友陈龙淮是我国最早记录浮游腹足类的人。

所记"青螺"，连江"土人称为苏螺"。"海上浮萍""外质轻虚"，均说明该螺适于浮游。

海蜗牛，壳薄脆，多呈陀螺形或马蹄形，多呈紫色或蓝紫色，螺旋部较低，体螺层大，表面光滑或具弱的生长纹。足宽，能分泌黏液形成浮囊，借此营浮游生活。海蜗牛在台湾称紫螺。

我国已报道4种，如长海蜗牛*Janthina globosa* Swainson，见于东海和南海。

头楯目

泥螺

泥螺赞（即土贴）　霉雨熏蒸，阳气欝结。胎孕土中，湿生^①之一。

泥螺，越东之称。闽中称为梅螺，杭州则称土贴。春雨后发，生于海滨泥涂间。壳薄而肉柔，如蜗牛状。必以灰洗其涎，然后腌之，始可食。

小者碎如米粒，名桃花土贴，甚美。大者，姑苏贾人以白酒糟拔去盐味，更以酒母好粕醉，加以白糖，则能吐膏，为下酒上品。闽中泥螺不堪食，亦不善制。

一种软螺^②出闽省，小而味长。

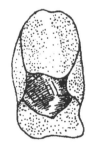

泥螺（自张玺等）

注释

① 湿生　系佛教"四生"之一，即由粪聚、注道、秽厕、腐肉、丛草等润湿地之湿气所生者，如飞蛾、蚊蚰、蠓蚋、麻生虫等。参见本书所述"化生说"。

② 软螺　聂璜所记欠详。待核。

考释

明·屠本畯《闽中海错疏》卷下："泥螺，一名土铁，一名麦螺，一名梅螺。壳似螺而薄。肉如蜗牛而短，多涎有膏。按，泥螺产四明、鄞县、南田者为第一。春三月初生，极细如米，壳软味美。至四月初旬稍大。至五月内大，脂膏满腹。以梅雨中取者为梅螺，可久藏。酒浸一两宿，膏溢壳外，莹若水晶。秋月取者肉硬膏少，味不及春。闽中者肉礌魂，无脂膏，不中食。"按，礌魂（léikuǐ）意为石子。明·李时珍《本草纲目·介二·蓼螺》："今宁波出泥螺，状如蚕豆，可代充海错。"

《古今图书集成·禽虫典·螺部》引明·张如兰《土铁歌》："土非土，铁非铁。肥如泽，鲜如屑。乍来产自宁波城，看时却是嘉鱼穴。盘中个个玛瑙乌，席前一一丹丘血。见者尝，饮者捏。举杯吃饭两相宜，腥腥不惜广长舌"；引《余姚县志》："吐铁，状类蜗而壳薄。吐舌衔沙，沙黑如铁，至桃花时铁始尽吐，乃佳，腌食之"；又引《三才图会》："吐铁，一名沙屑，一名沙衣。壳薄而绿色，有尾而白色。味佳。四明者为上"。

泥螺 *Bullacta caurina*（Benson），属于腹足纲后鳃亚纲头楯目阿地螺科。体长 40 mm 左右，拖鞋状。壳褐黄色，卵圆形，薄而脆。壳皮黄褐色，似铁锈。泥螺栖于中低潮区至浅海泥滩上，东海特多，被浙江沿海居民视为海味珍品。其在温州因生于泥涂而名泥糍、泥蛳，在闽南因盛产于麦熟季节而称麦螺蛤，在苏、浙、沪因壳黄色、加工腌渍的卤液亦呈黄色或浅黄色而得名黄泥螺。在青岛，四种小海鲜之一的泥螺被称为泥蚂。泥螺有补肝肾、润肺、明目、生津之功效。

海粉虫——蓝斑背肛海兔

海粉虫赞　以虫食苔，取粉弃虫，比之蚕沙，取用正同。

海粉虫，产闽中海涂。形圆，径二三寸。背高突，黑灰色，腹下淡红色如鳖裙一片。好食海滨青苔，而所遗出者即为海粉。闽人云此虫食苔过多，常从其背裂迸出粉[一]。海人乘时收之则色绿，逾日则色黄，亚于绿色者矣。味清性寒，止堪作酒筵色料装点，咀嚼如豆粉而脆。或云能消痰，考《本草》不载。

海粉虫，广东称海珠。

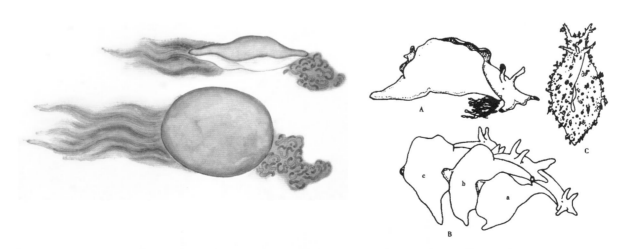

A. 蓝斑背肛海兔侧面观（产条状卵带）
B. 蓝斑背肛海兔连环交配（a 只任雌性；b 兼任雌雄性；c 只任雄性）
C. 蓝斑背肛海兔背面观（自齐钟彦等）

校释

【一】常从其背裂迸出粉　"粉"即海粉虫产出之带状卵块。

考释

明·屠本畯《闽中海错疏·附录》："海粉，出广南。亦名绿菜。"《古今图书集成·禽虫典·杂海错部》引《闽书》："海粉，状如绿毛龟，无介纯肉。背有小孔，海粉出焉。晴明收之则色绿，阴雨收之则色黄。"

清·李调元《南越笔记》卷十二："海珠，状如蛞蝓，大如臂。所茹海菜，于海滨浅水吐丝，是为海粉。鲜时或红或绿，随海菜之色而成。晒晾不得法则黄。有五色者，可治痰。或曰此物名海珠母，如墨鱼，大三四寸。海人冬养于家，春种之。濒湖田中遍插竹枝，其母上竹枝吐出，是为海粉，乘湿舒展之，始不成结。以点羹汤佳。"此说明，明清时期已养殖。清·李元《蠕范》卷三："海粉虫，如蛞蝓，大如臂。食海菜，食红则红，食绿则绿。土人取其粪为粉。"

以上所记生物为蓝斑背肛海兔，所述"海粉"为其生殖产物。蓝斑背肛海兔 *Bursatella leachii* Blainville，属于腹足纲后鳃亚纲无楯目海兔科。体长 9～12 cm。头部无头盘，具触角 2 对；后对触角粗大，呈耳状。足宽大平滑，前端呈截状，两侧扩张，末端呈短尾状。壳退化为内壳。体黄褐色或青绿红色，背面和边缘具数个青绿色或蓝色的眼状斑。

海兔在食海藻或沉积物时，头部向下，以宽短的前对触角探寻，而粗长的后对触角竖直（起嗅觉作用），极似兔耳，故名。其又因静卧时似小猪，故又名海猪仔，俗称海蛞蝓。日本人称其为雨虎。英文名 sea slug。

春季是海兔繁殖季节，雌雄同体的海兔行异体受精。一般常三五个到十几个连成一串进行交尾，最前的一个充当雌性，最后的一个作为雄性，中间者则对其前的充当雄性，对其后的充当雌性。交尾时间持续较长。卵均包被于条状的胶质丝中，即所称之海粉、绿菜、海粉丝、海挂面，营养丰富，可消炎清热、治眼疾，还可制成清饮料，畅销东南亚一带。现今海兔科之物种统俗称海兔。

19
海蛤

　　软体动物中，蛤、蚌、蚶、蛏、蚬，蛎、蜁、砗磲、船蛆以及被称为"贝"的日月贝、贻贝、扇贝、珠母贝等，因皆具2片壳，故名双壳蛤，也被称为斧足类或瓣鳃类，统称为蛤（clam）。海生者被称为海蛤。我国今已记录海蛤千余种。

　　西汉·戴德《大戴礼记·夏小正》："九月……雀入于海为蛤。"西汉·戴圣《小戴礼记·月令》："（季秋之月）爵入大水为蛤。"《说文·虫部》："蜃，大蛤。""蛤，蜃属。有三，皆生于海。厉，千岁雀所匕，秦谓之牡厉。海蛤者，百岁燕所匕也。魁蛤，一名复累，老服翼所匕也。"爵，古同雀。匕，意为由其他生物变化而来。其实有误。

　　《海错图》中记蚶目5种左右，贻贝（贻蛤）目7种，珍珠贝（珠蛤）目6种，帘蛤目12种左右，海螂、笋螂目各1种，另待考1种。

蚶 目

布蚶——泥蚶

布蚶赞（一名瓦屋子）　嗟彼海错，风雨露宿。独尔有家，安居瓦屋。

布蚶，其纹比之于布，亦名瓦楞子。闽粤江浙通产，此蚶可移种繁息，故皆有。吾浙无布、丝之分，只此一种名蚶。而浙东多云花蚶，古人所论亦惟此种。

考范震《海物异名记》曰："瓦垄，矿壳建瓴状，如混沌钱纹，外眉而内渠。"注，眉为高，渠为疏。此魁陆，海蛤也。

泥蚶（自张均龙）

考释

《尔雅·释鱼》："魁陆。"晋·郭璞注："《本草》云，魁状如海蛤，圆而厚，外有理纵横，即今之蚶也。"唐·刘恂《岭表录异》卷下："瓦屋子，盖蚌蛤之类也。南中旧呼为蚶子头，因卢钧尚书作镇，遂改为瓦屋子。以其壳上有棱如瓦垄，故名焉。壳中有肉，紫色而满腹，广人尤重之，多烧以荐酒，俗呼为天脔灸（亦谓之密丁）。吃多即壅气，背膊烦疼，未测其本性也。"汉·许慎《说文》："老伏翼化为魁蛤，故名伏老。"宋·丁度等《集韵》："蚶，蛤也。或从虫。""蜬蚶，蠃之小者，或作蚶。"明·李时珍《本草纲目·介二·魁蛤》："〔释名〕时珍曰，魁者羹斗之名，蛤形肖之故也。蚶味甘，故从甘……尚书卢钧以其壳似瓦屋之垄，改为瓦屋、瓦垄也。"明·陈家谟《本草蒙筌·虫鱼部·瓦楞子》："生海水中，即蚶子壳。状类瓦屋，故名瓦垄。"明·彭大翼《山堂肆考》："棱蛤，曰蚶。"

蚶，为列齿目蚶科物种的统称，在台湾称魁蛤。英文名 ark shell。日本借用汉字称其为鬼蛤。壳坚厚，具带毛的角质层，无珍珠层。铰合部长或略呈弧形，铰合齿排成直线。具足丝者附于岩礁，无足丝者栖于软泥或沙滩。其中，泥蚶、毛蚶、魁蚶是重要的养殖对象。已报道我国蚶科物种近60种。

蚶肉可食，壳可入药，具消血块和化痰积的功效。三国吴·沈莹《临海水土异物志》记载蚶有"益血色"之功效。唐·孟诜《食疗本草》："润五脏，治消渴，开关节。"唐·肖炳《四声本草》："温中消食，起阳。"清·《医林纂要》："补心血，散瘀血，除烦醒酒，破结消痰。"

三国吴·沈莹《临海水土异物志》曰："蚶之大者，径四寸，肉味佳。今浙东以近，海田种之，谓之蚶田。"明·屠本畯《闽中海错疏》卷下记："四明蚶有二种。一种，人家水田中种而生者；一种，海涂中不种而生者，曰野蚶。"民国·徐珂《清稗类钞·动物类》："蚶田，饲蚶于近海之田，待其长大以收利者也。浙东之奉化、福建之莆田皆有之。"按，今人考证，浙东西二道，始置于唐肃宗以后，故"今浙东"句恐非《临海水土异物志》原文。海田种蚶，可能始于三国，最迟不晚于明。

清·徐化民《乐清县志》记："蚶俗称花蚶，邑中石马、蒲岐、朴头一带为多，取蚶苗养于海涂，谓之蚶田。每岁冬杪，四明及闽人多来买蚶苗。"清·陆玉书蚶田诗："永嘉江外水连天，一望苍茫不见边。渡过铧锹三十里，谁知沧海变桑田。"清·王步霄《养蚶》诗："瓦垄名争郭赋传，江乡蚶子莫轻捐。团沙质比鱼苗细，孕月胎含露点圆。愿祝鸥凫休浪食，好充珍错入宾筵。东南美利由来擅，近海生涯当种田。"

《海错图》中的布蚶，其图虽欠佳，但文记此蚶可移种繁息，且壳表面放射肋间距较宽，放射肋上有类似颗粒状突起，应指泥蚶。

泥蚶 *Tegillarca granosa*（Linnaeus），英文名 blood ark、blood cockle，属于双壳纲翼形亚纲蚶目蚶科。壳卵圆形，长3 cm。放射肋18~22条，被生长线分成颗粒状。泥蚶喜栖于有淡水注入的潮间带中低潮区软泥滩。泥蚶以浙江宁波地区或宁波奉化产者最有名，故名宁蚶或奉蚶；以其形俗称粒蚶；又因具血红素得名血蚶。

丝蚶——毛蚶

丝蚶赞　氓之蚩蚩，抱布贸丝[①]，丝胜于布，即蚶而知。

丝蚶，其纹细如丝也，产闽中海涂。小者如梅核，大者如桃核。味虽不及朱蚶[②]，而胜于布蚶[③]。鲜食益人，卤醉亦佳。凡海物多发风动气，不宜多食。惟蚶补心血，壳亦入药，可治心痛。五月以后生翅于壳，能飞。[一]海人云，每每去此适彼，忽有忽无，可一二十里不等。然惟丝蚶能飞，布蚶不能。

尝阅类书云，蚶，一名魁陆，亦名天脔[④]；不解天脔之说。及闻丝蚶有翅能飞，始知有肉从空而降，非天脔而何！况广东又有天蛤，亦云从空飞来。[二]蚶之应候而飞，闽人岂欺予哉？

毛蚶（自张均龙）

毛蚶   纺锤螺

注释

① 氓之蚩蚩，抱布贸丝   小伙笑嘻嘻走来，拿着布币来换丝。句出长篇叙事诗《诗经·卫风·氓》。此诗讲述了一对男女从青梅竹马、两心相许、结婚度日，到男子变心、一刀两断的全过程。

② 朱蚶   见"朱蚶——小个体蚶"条。

③ 布蚶   见"布蚶——泥蚶"条。

④ 天脔（luán）   聂璜所谓天脔为从空而降的蚶肉。

校释

【一】五月以后生翅于壳，能飞   为传说。

【二】及闻丝蚶有翅能飞……亦云从空飞来   丝蚶、天蛤能飞，均为传说。

考释

民国·徐珂《清稗类钞·动物类》："蚶，为蚌属。壳厚而硬，略成三角形，面有纵线突起，如瓦楞，故俗称瓦楞子；外淡褐色，内白色，肉色赤，可食，大者谓之魁蛤；又一种纵线不甚高，外黑褐色，时有茸毛附着者，俗称毛蚶。"

毛蚶 *Anadara kagoshimensis*（Tokunaga），属于蚶科毛蚶属。两壳大小不等，右壳稍小。壳膨胀，呈卵圆形。壳面被褐色绒毛状表皮，具放射肋 30 ~ 34 条。壳顶突出且内卷偏前。铰合部平直，具齿约 50 枚。壳长 4 ~ 5 cm。毛蚶栖于内湾低潮线下至水深 10 m 多的泥沙底中，尤喜淡水流出的河口区。其在我国、朝鲜和日本沿海有分布，以辽宁、山东和河北沿海产量最大，在北部湾也有一定数量。性成熟时雌性生殖腺红（紫）色，雄性生殖腺黄白色。渤海辽东湾的毛蚶多在7月上旬至8月上旬产卵。聂璜所绘图中丝蚶（毛蚶）壳上的丝状物，是纳螺科（核螺科）螺所产的卵袋，亦见于其他硬物上（见上附图）。

　　青岛市售者，俗称毛蛤蜊、毛蛤、麻蛤。1988年，甲型肝炎骤然在拥挤的上海暴发，患者近30万，医院人满为患。这是因人们吃了不洁的毛蚶所致。

巨蚶——魁蚶

巨蚶赞　曰布曰丝，类同瓦屋，巨蚶巍然，名称魁陆。

巨蚶，多生海洋深处，大者如杯如盂。如盂在海僻者[①]，网罟不及，舟楫罕至。其大如箕，壳之仰覆处岁久磨灭，仅数齿，厚可寸许。琢为器皿，伪充砗磲，亦莹白温润，大者多产琉球岛屿间。

愚按，蚶以形命名，互有分别。如丝有翅能飞，宜称天脔[②]。布蚶纹疏，宜曰瓦屋。巨蚶体伟，宜曰魁陆。庶几[③]顾名思义，通不相悖。

魁蚶（自张均龙）

注释

①在海僻者　离岸远的海区。

②天脔　参见"丝蚶——毛蚶"条。

③庶几　或许可以。

考释

《说文·虫部》："魁蛤，一名复累。老服翼所化。"按，服翼或下文所说的老伏翼，指蝙蝠。明·刘文泰《本草品汇精要·虫鱼部·魁蛤》："魁陆子，瓦屋子。"

清·黄叔璥《台海使槎录》卷三："土人呼蛎房为蚝，呼车螯为蛲（náo）。"清·喻长霖修《台州府志》卷六十二："（车螯）一名昌蛤，一名魁蛤。"按，对车螯的解读有歧义，参见"西施舌——双线紫蛤"条。

魁蚶 *Anadara broughtonii*（Schrenck），属于蚶科。壳具放射肋 42~48 条，被褐色壳皮。其多栖于水深 3~50 m 的潮下带，以足丝附于泥沙中之石砾或死贝壳上。现已人工养殖。魁蚶又称焦边毛蚶、赤贝、血贝，在台湾俗称大毛蛤、车螯，英文名 burnt-end ark。

聂璜所绘图，包括布蚶（泥蚶）在内，离标本实物形态差异大。文中说"其大如箕""伪充砗磲""大者多产琉球岛屿间"。据此，"巨蚶"又似砗磲 *Hippopus hippopus*（Linnaeus）。

朱蚶——小个体蚶

朱蚶赞　物以小贵，莫如朱蚶，剖而视之，颜如渥丹[①]。

朱蚶，壳作细楞如丝，小仅如豆，肉赤如血，味最佳，福省宾筵所珍。《福州志》有赤蚶，即此也。或有误作珠蚶者，则非赤字之意矣。

注释

① 渥丹　一为百合科百合属的多年生草本植物，花为深红色，有褐色斑点；二指润泽的朱砂。多形容红润的面色。

考释

朱蚶，小仅如豆，肉赤如血。泥蚶放射肋少，肋间隔宽，肋上颗粒状突起明显。朱蚶更像泥蚶的幼小个体。参见"布蚶——泥蚶"条。

江绿——蚶（？）

江绿赞　形本蚶形，肉类蚶肉，穴泥则污，居水则绿。

江绿，似蚶而色绿，产闽中福清等海涂。味亦清正。二月繁生。《福州志》有江绿，此物生于海水，故色绿。

考释

明·屠本畯《闽中海错疏》卷下："红绿，似蛤而小，味美。"

聂璜的图文皆简。待释。

石笼箱——青蚶（？）

石笼箱赞　谁将箱笼，堆积海边，路不拾遗，王道[①]平平。

石笼箱，两壳状如银锭。生石上，有细纹如竹笼形，故名。内有肉可食，产福宁海岩。

青蚶

注释

① 王道　指以仁义治天下之道。

考释

此貌似青蚶 *Barbatia obliquata*（W. Wood）。青蚶两壳状如银锭，以足丝附着于岩礁缝隙，不生于海涂。

贻贝目

海夫人——贻贝

海夫人赞　许多夫人，都没丈夫，海山谁伴，只有尼姑。

淡菜，产浙闽海岩上，壳口圆长而尾尖。肉状类妇人隐物，且有茸毛，故号海夫人。鲜者煮羹，汁清白如乳泉。肉欠脆嫩，干之可以寄远，肉止痢。

予尝食，得细珠，知亦蚌属也。夫蚌属，介名而曰淡菜，意何居乎？

客闽，市上偶购得鲜者，其毛多彼此联络，益奇之。因询之采此者，曰凡蚧属，在水在泥，多迁徙无常。独淡菜之毛粘系石上甚坚，且各以其毛大小相附，五七枚不止。

大约淡菜精液溢于外则生毛，而毛结成小淡菜，遂尔生生不绝〔一〕。潮汐虽往来于其间，其性必嗜淡水于泉石间，故恋恋不迁，此淡菜之所由以得名也，故图而肖之。

且更有异者，大淡菜壳上间有触奶①生于其间，所生不单，必两壳各峙，为奇。甚有生四枚、六枚，亦皆比比相对，不能尽图，姑绘其一以见寄生〔二〕之奇。而寄生之必成双之尤奇也，是必有一牝一牡存乎其间，不然何以不单而必双也？凡触奶乱生石上，难辨牝牡，今自壳上显然，得之亦足以验蛎之亦有牝牡矣。

又考，闽人以淡菜称乌角。及询海人曰："乌角②、淡菜是两种，其形仿佛。淡菜尾尖有毛，乌角尾平而无毛。淡菜生得低，乌角生得高。市井比而同之，误矣。"

翡翠贻贝（中）和紫贻贝（右）（自徐凤山、张素萍）

注释

① 触奶　依图为撮嘴（藤壶）。浙江岱山县俗称白脊藤壶为触。

② 乌角　参见"乌蜷——黑荞麦蛤"条目。

校释

【一】大约淡菜精液溢于外则生毛……遂尔生生不绝　此为聂璜臆断。所称之毛，为贻贝分泌的角质丝，用以附着于他物。

【二】寄生　此非寄生，为附着。

考释

《尔雅·释鱼》："贝，居陆赑，在水者蜬。大者魧，小者鰿。玄贝、贻贝。"晋·郭璞注："紫色贝也。"《集韵》："蚆，虫名，黑贝也。"蚆，音yí。先秦至宋，"贻贝"指一种宝贝。贻贝何时又何以演绎为蛤，当再考。

唐·陈藏器《本草拾遗》："东海夫人，生东南海中。似珠母，一头尖，中衔少毛。味甘美，南人好食之。"《新唐书·孔戣传》："明州岁贡淡菜、蚶蛤之属。"

壳菜、淡菜、海夫人被释为一物。明·彭大翼《山堂肆考》："淡菜，一名壳菜，似马刀而厚，生东海崖上。肉如人牝，故又名海牝。肉大者生珠，肉中有毛。肉有红白二种，性温能补五脏，理腰脚，益阳事。"明·屠本畯《闽中海错疏》卷下："壳菜，一名淡菜，一名海夫人。生海石上，以苔为根，壳长而坚硬，紫色。味最珍。生四明者肉大而肥，闽中者肉瘦。其干者，闽人呼曰干，四明呼为干肉。""海红，形类赤蛤而大。"聂璜："肉状类妇人隐物，且有茸毛，故号海夫人。"清·郭柏苍《海错百一录》卷三："（淡菜）有黄白两种，又名海蛘，福州呼沙婆蛎。"文中"黄白"，系性成熟时生殖腺呈现之色：雌者黄，雄者白。

民国·徐珂《清稗类钞·动物类》："淡菜，为蚌属。以曝干时不加食盐，故名。壳为三角形，外黑色，内真珠色，长二三寸，足根有丝状茸毛，附着于岩石。产近海，肉红紫色，味佳。博物家以为即《尔雅》之贻贝也。"

今，贻贝为贻贝科物种的统称，在台湾称壳菜蛤。英文名mussel。我国已计60余种。其中，紫贻贝 *Mytilus galloprovincialis* Lamarck，又俗称青口、海虹。壳楔形，壳面光滑，紫色且脆薄，壳顶位于壳最前端，无壳耳，壳背缘不达壳之全长。紫贻贝昔日仅分布于长江以北，为黄渤海之优势种，20世纪南移养殖成功。其肉营养丰富，鲜干食品称淡菜，壳和足丝均可利用。因其附着力特强，故又是海洋中危害极大的附着生物之一。

古籍中，东南海、明州（浙江鄞州区以东）、闽中皆为长江以南之地。在紫贻贝未南移养殖的数百年前，所指之贻贝应是厚壳贻贝 *Mytilus unguiculatus* Valenciennes。

荔枝蚌——毛贻贝

荔枝蚌赞　闽中佳果，莫如荔枝，老蚌生钉，尤而效之。

海荔枝①，蚌也。壳甚坚厚，外黑而内有光。其肉可食，产宁德海滨。

毛贻贝（自徐凤山、张素萍）

注释

①　海荔枝　此名在《海错图》出现过两次，另见"海荔枝——海胆"条。似乎用于海胆较为恰当。

考释

释其为毛贻贝 *Trichomya hirsuta*（Lamarck）。毛贻贝属于贻贝科，壳面具毛（并非棘刺），分布于浙江南麂岛以南海域。

另外，荔枝蚌形似锉蛤，壳面具棘刺，但锉蛤科Limidae的物种大多为白色。待考。

荔枝蚌（自张均龙）

土坯——隔贻贝（？）

> **土坯赞** 陶砖未成，是名曰坯，介物所聚，应若泥堆。
>
> 泉州海涂产甲物，头大而尾尖，有毛，名曰泥坯。《泉南杂志》载此，必为土人所珍也。

隔贻贝

考释

隔贻贝 *Septifer bilocularis*（Linnaeus），壳顶喙状。壳腹缘略凹。壳背缘铰合部弯，具 1～2 枚小齿。壳后缘圆弧形。壳皮浅蓝色。壳内面浅蓝色，具珍珠光泽。壳长达 50 mm。隔贻贝分布于广东澳头以南，以足丝附着于潮间带至浅海的珊瑚礁上。然而，文中记"泉州海涂产甲物"。依隔贻贝的分布，此句存疑，待核。

乌蝻——黑荞麦蛤

> **乌蝻赞** 乌蝻之名，详载闽志，奈何《篇海》，不收其字。
>
> 乌蝻，即海麦之大者[一]。壳薄而黑，长可半寸，似鼠耳而尖，独出福州。沸汤淋熟为馔，其味全胜蝻肉。《福州府志》有"乌蝻"，《字汇》无"蝻"字。

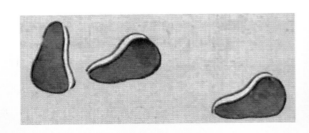 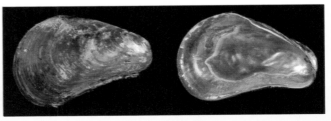

黑荞麦蛤（自张均龙）

校释

【一】海麦之大者　见"蟟——凸壳肌蛤"条。

考释

明·屠本畯《闽中海错疏》卷下："乌蟟，似淡菜而极小，中无毛。"其所述乌蟟似黑荞麦蛤。

黑荞麦蛤 *Xenostrobus atratus*（Lischke）属于贻贝科偏顶蛤亚科，长可达 1.5 cm。壳为短靴状，背缘弧形，腹缘稍凹，后缘圆弧形，壳顶不位于壳前端。壳表近腹缘黑褐色，在壳顶处逐渐为浅褐色，壳内面具黑褐色的珍珠光泽。黑荞麦蛤并非"独出福州"，栖于大陆沿海、台湾西部的潮间带与河口，以足丝群栖附着于岩石或他物上。其可充饲料，可入药。参见"蟟——凸壳肌蛤"条。

蟟——凸壳肌蛤

蟟，形甚小，壳薄如纸。冬时应候而生，遍海涂皆是，不取则为海凫唼①食而尽。海人乘橇捞数十筐，淘去泥，煮熟筛漂去壳。其肉黄色，土名海麦。鬻市充馔，味虽不及蛏蛤，亦另有一种风味。亦可晒干藏蓄，海人熬其余沥为酱，名曰蟟酱，蘸啜亦美。

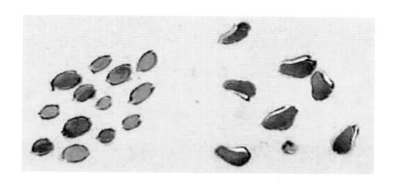

凸壳肌蛤（自张均龙）

注释

① 唼（shà）　鱼、鸟等吃东西的声音。

考释

明·屠本畯《闽中海错疏》卷下："沙箭，淡菜之小者。"据此推测沙箭可能指蜷。聂璜记其土名为海麦。

聂璜所说的蜷，很有可能为凸壳肌蛤 *Arcuatula senhousia*（Benson in Cantor），属于贻贝科细齿蛤亚科，俗称海瓜子。青岛市场称之为海沙子。

在民间，虹彩明樱蛤 *Iridona iridescens*（Benson）亦被称为海瓜子。其壳薄，在滩涂群聚而生，可被鸟和人食用。

巧合的是，这两种也均被分类学家 Benson 于 1942 年在我国发现并命名。据报道，虹彩明樱蛤在我国大陆只分布于浙江舟山以北潮间带。录此，供参考。

虹彩明樱蛤（自张均龙）

牛角蛏——江珧

牛角蛏赞　泥牛入海，都无消息，惟角幻蛏，其肉五色。

牛角蛏，产福宁州海涂。其色、其状，望之绝类以比然者。康熙己卯四月四日，海人持牛角蛏赠予，予见之大快。

其壳略如马颊柱[一]，而纹各异。活时张开其肉，五色灿然。有两肉钉连其壳：一连于上，近外而小；一连于腹，如柱而大。其中层次细微，不能辨。乃蒸熟脱其肉，养于水中而研求之。大约如淡菜体，而唇薄，两钉大小白色者，两圆物紫色如弹，是其血囊，其色黄赭，浅深相错，虽善画者难绘。尝之，其味麻口而辣如蓼螺①。

然所最异者，有毛一股，其细如绒而多，似乎漾出海潮粘取虫鱼，缩进则食之。凡龟脚②撮嘴③，皆有毛[二]可以张弛，多就潮水取细虫以食，是以知此蛏亦然。但此毛甚繁而细，疑类鸟毛，不知何鸟所化。故备存其图与说，以俟后有博识者辨之。

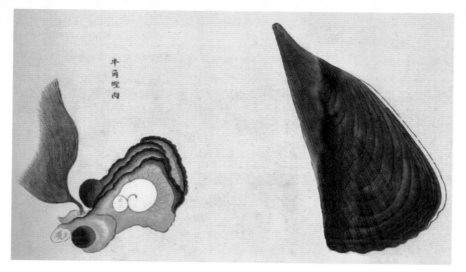

左 1：牛角蛏肉　　　　　　江珧（自张均龙）

注释

① **蓼（liǎo）螺**　为骨螺科的荔枝螺，其腺体麻口而辣。

② **龟脚**　龟足，属于甲壳动物蔓足纲铠茗荷科。参见"龟脚——龟足"条。

③ **撮嘴**　藤壶。参见"撮嘴——藤壶"条。

校释

【一】**其壳略如马颊柱**　马颊柱指江珧之闭壳肌（江珧柱），而非指壳。

【二】**毛**　龟脚、撮嘴之蔓足，并非江珧之足丝。江珧之足丝用以附着，无粘取虫鱼以食的功能。当然其更非由鸟的羽毛化生。

考释

先人识和食江珧，历史悠久。《尔雅·释鱼》："蜃，小者珧。"晋·郭璞注："珧，玉珧，即小蚌。"三国吴·沈莹《临海水土异物志》："玉蚳，似蚌。长二寸，广五寸，上大下小。其壳中柱炙之，味似酒。"宋·陆游《老学庵笔记》卷一："明州江瑶柱有二种，大者江瑶，小者沙瑶。然沙瑶可种，愈年则成江瑶矣。"按，沙瑶即为江瑶之幼体。宋·汪元量《湖州歌九十八首》："风雨声中听棹歌，山肴野馔奈愁何。雪花淮白甜如蜜，不减江珧滋味多。"

明·屠本畯《闽中海错疏》卷下："江珧柱，一名马甲柱……按，江珧壳色如淡菜，上锐下平，大者长尺许，肉白而纫，柱圆而脆。沙蛤之美在舌，江珧之美在柱。四明奉化县者佳。"明·黄一正《事物绀珠》："江珧柱，一名杨妃舌。"明·张自烈《正字通》："《本草》，一名玉珧，一名海月，又名马颊、马甲，广州谓之角带子。"清·郭柏苍《海错百一录》卷三："独取其柱而弃其肉。"按，此柱乃指其闭壳肌。诸如杨妃舌、西施舌，皆为文人墨客觥觯交错后的意淫附会之名。

民国·徐珂《清稗类钞·动物类》称："江珧，为蚌属，亦作江瑶，一名玉珧。壳长而薄，为直角三角形，壳顶在其尖端，面有鳞片，排列为放射状。壳内黑色，有闪光，以足根之细丝附着近海之泥沙中。肉不中食，而前后两柱，以美味著称，俗称之为江瑶柱。"

江珧为江珧科物种的统称。壳长（20～40 cm）且脆，呈三角形或半扇形，前端尖细，后端宽圆，背缘直，铰合部长，足丝发达。具发达的后闭壳肌，干制品名江珧柱。我国已记江珧科 3 属 6 种。其中，栉江珧 *Atrina (Servatrina) pectinata*（Linnaeus）、旗江珧 *A. (Atrina) vexillum*（Born）等最具养殖价值。英文名 pen shell。日本借用汉字称其为玉筹贝。江珧在我国北方沿海管叫大海红、海锨、老婆扇，在浙闽沿海名海蚌，在台湾俗称牛角蛤，在广东沿海叫带子、割纸刀。参见"江瑶柱——江珧柱"条。

江瑶柱——江珧柱

　　江瑶柱赞　煮玉为浆，调之宝铛，席上奇珍，江瑶可尝。

　　江瑶柱，一名马颊柱。生海岩深水中[一]，种类不多。壳薄而明，剖之，片片可拆，大如人掌。肉嫩而美，其连壳一肉钉大如象棋，莹白如玉，横切而烹之甚佳，其汁白。予寓赤城得睹其形而尝其味。

　　愚按："江瑶，美其肉之如玉也。马颊，以其状之如马颊也。闽、广志内俱载，但多误书马甲柱[二]。"

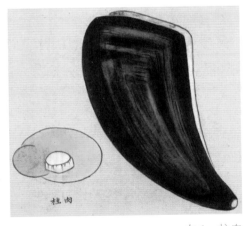

左 1：柱肉

校释

　　【一】生海岩深水中　江珧一般以壳顶直立插入沙或泥沙中，宽大的后部露出底表，足丝附着于沙粒或碎石。

　　【二】马颊……但多误书马甲柱　马颊与马甲，见考释文。

考释

江瑶柱——江珧柱，为江珧的后闭壳肌。

江珧有两个闭壳肌，前闭壳肌较小，位于壳前端；后闭壳肌硕大，位于贝壳的中央。人们食用的江珧柱为后闭壳肌，可晾干为干贝。三国吴·沈莹《临海水土异物志》："玉珧柱，厥甲美如珧。"

马颊，指马的面颊。唐·欧阳詹《早秋登慈恩寺塔》诗："宝塔过千仞，登临尽四维。毫端分马颊，墨点辨蛾眉。"宋·苏辙《次韵子瞻望湖楼上五绝》之三："菱角鸡头应已厌，蟹螯马颊更勤餐。"

如聂璜所说，有"误书马甲柱"的。唐·韩愈《初南食贻元十八协律》诗："章举马甲柱，斗以怪自呈。"明·屠本畯《闽中海错疏》卷下："江珧柱，一名马甲柱。""马甲柱"一词约定俗成了。

参见"牛角蛏——江珧"条。

珍珠贝目

珠蚌——珠母贝

珠蚌赞　蚌为珠母，月是蚌天，奇珍毓孕，岂曰偶然。

廉州合浦产珠。《廉志》有珠母海，在府城东南八十里巨[①]。海中有平江、杨梅、青婴三池，中产大蚌。珠母者，大珠在中，小珠环之。凡采珠，常于三月用五牲祈祷，若祠祭有失，则风搅海水，或有大鱼在蚌左右，则不能采。《异物志》称："合浦民善游水采珠，儿年十余岁便教游水。官禁民采珠，巧于盗者，蹲伏水底，剖蚌得好珠，吞而出。或云活珠能藏嵌股内，能令肉合。"《岭表录》载："廉州海中有洲岛，岛上有大池，谓之珠池。每岁采老蚌割珠充贡。池虽在海上，而人疑其底与海通，池水乃淡，此不可测也。土人采小蚌，往往得细珠。"

愚按，产珠之母，不止于蚌；蛇、鱼、龟、鳖，若螺若蚶，间亦有珠，而淡菜中之珠尤多【一】。大约海中有淡水冲出处能生，故湖泽之蚌皆有，而吾乡湖郡尤善产珠。近年更有种珠。其初甚秘，今则徧地皆是矣。闻其种法，盖取大蚌房及荔枝蚌房之最厚者，剖而琢之为半粒圆珠状，启闭口活蚌嵌入之，仍养于活水。日久，其所嵌假珠吸粘蚌房。逾一载，胎肉磨贴，俨然如生。造者得同类气体相感之义，一如剪桃接桃，而桃与桃并华，泯然无迹也。

其珠亦有美恶，高下不等。大约长于活水者，其色温润而璀璨；长于污池死水者，其色呆白而枯暗。然而千万之中，间有一二色带微红而光泽赛真珠者，但不可多得。或曰，造者既得种法，何不为圆珠？乃作半粒，何拙乎？曰，种者非不欲得圆珠也，闻其初亦尝以圆珠纳入蚌胎，养于水盆试之。每蚌开房游泳，见胎肉出水荡漾，其珠圆活不定，多随水滚出。盖房[②]滑珠转，无从着脚。故变其法，作半珠式，使上圆下平，乃得依附，日久竟不摇动，而且与老房磨成一片。

初种之时，贾人不以伪珠售，先是都下刀鞬、鞍辔诸饰，贵介者多以大珠剖而为二镶嵌，令平正稳实而华美。贾人即以半粒之种珠潜迎时好，且种珠皆大，尤为夺目。乃嵌入马鞍、鞦辔[③]、弓袋、刀鞬之间，鎏以黄金，杂以绿松宝石，谁不目之为真珠？多获大利，事此者常起家焉。迩年为识者所破，而种珠亦多，遂不能秘藏而遍鬻于市，或列于肆，或张之几，或挈于筐，或捧于盘，或囊于肩，或席于道，贸易四方。乡村城市无地，非种珠矣。大珠至宝也，宝则宜乎稀有而不滥，滥则不成其为宝矣。明月珠不欲与鱼目争光，合浦之珠宁无远徙乎？老蚌有知，必破浪翻波而起曰然。

合浦之海，中秋有月则多珠。每月夜，蚌皆放光与月，其辉黄绿色，廉乡之人多有能见之者。

蚌非卵生，而化根无迹。尝闻湖郡人云，淡水之蚌多系蜻蜓戏水，尾后每滴白汁一点即成蚌子，予闻而奇之。今见诸变化之物不一而信其说，海蚌当亦类然。[二]

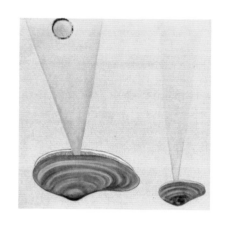 

马氏珠母贝

注释

① 巨　通"距"。

② 盖房　盖，古同"盍"，文言虚词，何不。房同"坊"，又同"防"。

③ 鞧辔（qiūpèi）　驾驭牲口的嚼子和缰绳。鞧，同"鞧"。

校释

【一】蛇、鱼、龟、鳖……而淡菜中之珠尤多　鳖等之结石或坠物，被误称为或视为珠。淡菜，指贻贝。

【二】蚌非卵生，而化根无迹……海蚌当亦类然　此段系臆说。

考释

聂璜所绘之动物非海生蛤，且所绘吐珠状尤为夸张。

先人识珠、育珠历史久远。

《尚书·禹贡》记："淮夷嫔珠。"《战国策·秦策五》"君之府藏珍珠宝玉。"唐·刘禹锡：《韩十八侍御见示岳阳楼别窦司直诗因令属和重以自述故足成六十二韵》："鲛人弄机杼，贝阙骈红紫。珠蛤吐玲珑，文鳐翔旖旎。"唐·李咸用《富贵曲》："珍珠索得龙宫贫，膏腴刮下苍生背。"唐·贾岛《赠圆上人》："一双童子浇红药，百八真珠贯彩绳。"

唐·刘恂《岭表录异》："廉州边海中有洲岛，岛上有大池。每年太守修贡，自监珠户入池。池在海上，疑其底与海通。又池水极深，莫测也。如豌豆大者常珠，如弹丸者亦时有得。径寸照室，不可遇也。又取小蚌肉，贯之以篾，晒干，谓之珠母。容桂人率将烧之，以荐酒也。肉中有细珠如粟，乃知蚌随小大，胎中有珠。""《政和本草》引此条云：'廉州边海中有洲岛，岛上有大池，谓之珠池。每岁，刺史亲监珠户入池采老蚌割珠，取以充贡。池虽在海上，而人疑其底与海通，池水乃淡，此不可测也。土人采小蚌肉作脯，食之往往得细珠如米者。乃知此池之蚌随大小，皆有珠矣。'"两书及聂文所录，详略不一。

宋人记蚌可育珠。宋·庞元英《文昌杂录》："礼部侍郎谢公言有一养珠法。以今所做假珠，择光莹圆润者，取稍大蚌蛤以清水浸之，伺其口开，急以珠投之，频换清水。夜置月中，蚌蛤采月华玩。此经两秋即成真珠矣。"除"夜置月中""采月华玩"为玄虚之辞外，其余说明"蚌蛤"可育珠。淡水的三角帆蚌 *Hyriopsis cumingii*（Lea）、褶文冠蚌 *Cristaria plicata*（Leach），海生的马氏珠母贝 *Pinctada imbricata* Röding（曾用名合浦珠母贝）、珠母贝 *P. margaritifera*（Linnaeus）、大珠母贝 *P. maxima*（Jameson）等，皆为施术简便、成活率高、产珠质量好的优良育珠物种。

珠母贝，为珍珠贝科珠母贝属物种的统称。台湾称珍珠贝科为莺蛤科。日本借用汉字称珠母贝为真珠贝。英文名 pearl oyster。壳坚厚，近圆形或方形，背缘直。壳顶大致位于背缘中部，具前、后耳状突起。足丝孔位于右壳前耳下方。壳内面珍珠层厚，具光泽。其栖于暖海低潮线至潮下60 m 以内的海底，以足丝附着于岩石或珊瑚礁上。其壳为贝雕的原料，可制成珍珠粉，还可入药。明·李时珍《本草纲目·介二·真珠》："真珠入厥阴肝经，故能安魂定魄，明目治聋。"

上记之珍珠，在《海药本草》中亦作真珠、真朱。珍珠为"佛教七宝"（即"七珍"：砗磲、玛瑙、水晶、珊瑚、琥珀、珍珠、麝香）之一。珍珠象征纯真、完美、尊贵和权威，与璧玉并重。从严格意义上说，珍珠是海产珠母贝和淡水珠蚌外套膜特定部位分泌形成的，如梁实秋《雅舍情剪·诗人》言："……牡蛎肚里的一颗明珠，那本是一块病。经过多久的滋润涵养，才能磨炼孕育成功"。其他贝类也可产珠，其珠名常冠以贝名，如蚶珠、蛎珠、鲍珠等。

扇蚶——扇贝

扇蚶赞　名垂蠹简①，扇出蛟宫，闽人赠我，奉扬仁风。

扇蚶，本蚶形而似扇者也。

康熙戊寅，吾乡宋骏翁邂逅闽中，谈及有蚶如扇。童年把玩，扇骨系朱纹，扇柄有圆头，尤为奇绝。查《汇苑·鱼部》，内寔载有海扇。注云："海中有甲物如扇，其纹如瓦屋，惟三月三日潮尽乃出。"然终以未见，不敢绘图。

是岁之冬，闽人骆肖岩偶于书簏②中检得，惠我。虽无朱纹而形确肖，柄后连一片如手巾，尤怪。

栉孔扇贝（自张均龙）

注释

① 蠹简　指旧书籍。
② 书簏（lù）　藏书用的竹箱子。

考释

清·周亮工《闽小记》下卷："海中有甲物，形如扇，其文如瓦屋。惟三月三日潮尽乃出，名曰海扇。"清·郭柏苍《海错百一录》卷三："海扇，即海蒲扇。以壳名，其壳酷似蒲扇。外淡黄，内洁白。"

民国·徐珂《清稗类钞·动物类》记："海扇，为海中动物。与牡蛎同类异种，径六七寸，其壳左深凹，而右扁平。水中浮行时，扁壳竖立如帆，乘风而行。表面有阔沟，表黄而里白。肉与柱味均美。壳大者可以代锅，小者亦可为杓。"

扇贝，为扇贝科扇贝亚科物种的统称。其在台湾称海扇蛤。日本借用汉字称其为帆立贝，英文名 scallop 或 fan-shell。壳圆扇形或圆形，壳顶位于直线状的铰合部中央，两壳具前大后小的前后耳（即聂文"柄后连一片如手巾"）。壳面有多条粗细不等的放射肋，肋上有鳞片状突起。壳缘呈瓦屋状。扇贝具发达的闭壳肌。扇贝多栖于潮间带至潮下带，以足丝附着于岩石、贝壳或沙砾上。

扇贝在山东沿海叫海簸箕，在浙江沿海称干贝蛤。其闭壳肌之干制品名干贝。

目前，我国扇贝养殖业发展极快，除栉孔扇贝 *Chlamys farreri*（Jones et Preston）外，还有从日本和朝鲜引进的虾夷扇贝 *Mizuhopecten yessoensis*（Jay），从美国大西洋沿岸引进的海湾扇贝 *Argopecten irradians*（Lamarck）等。

海月——海月蛤

海月赞　昭明有融①，是称海月，暗室借光，萤窗映雪。

海月，亦名海镜，土名蛎盘。生海滩间，壳圆而薄，色白，故以月镜名。其房平坦，可琢以饰窗楞及夹竹作明瓦。肉区小而味腴，薄脆易败，不耐时刻，故海滨人得食，无入市卖者。

按，海月壳上尝有撮嘴生其上，其肉亦尝有小蟹匿之。考类书，海月土名膏叶盘，内有小红蟹如豆，海月饿则蟹出拾食，蟹饱归腹，海月亦饱。有捕得海月者，海月死，小蟹趋出，须臾亦死。由是观之，海月与小蟹盖更相为命者也，又岂特伐乔松②而茑萝枯③，芟④草而菟丝⑤萎哉？或曰，蛤类名蜐，蚌类名琐蛣⑥，并能孕蟹。与海月同寄生之蟹，又如是其不一。

海月蛤（自张均龙）

<hr />

注释

① 昭明有融　形容德业光大久远。昭明，光明。融，长远。语出《诗·大雅·既醉》："昭明有融，高朗令终。"

② 乔松　高大的松树。

③ 茑萝　一年生草本蔓生植物，茎细长而缠绕，善于攀缘。《诗经·小雅·頍弁》："茑与女萝，施于松柏。"

④ 芟（shān）　意为割，引申为除去。

⑤ 菟丝　一年生寄生性攀缘草本种子植物。

⑥ 琐蛣　蝛蛣或璅蛣，泛指海蛤。参见考释文。

考释

三国吴·沈莹《临海水土异物志》余辑:"海月,形圆如月,亦谓之蛎镜。"唐·刘恂《岭表录异》卷下:"海镜,广人呼为膏叶盘。两片合以成形,壳圆,中甚莹滑,日照如云母光。内有少肉,如蚌胎。腹中有小蟹子,其小如黄豆而螯足具备。海镜饥,则蟹出拾食,蟹饱归腹,海镜亦饱。余曾市得数个,验之,或迫之以火,即蟹子走出,离肠腹立毙。或生剖之,有蟹子活在腹中,逡巡亦毙。"按,宋·叶廷珪《海录碎事》及明·陶宗仪《说郛》称海月为膏菜。小蟹子,见有关豆蟹的内容。

明·屠本畯《闽中海错疏》卷下:"海月,形圆如月,亦谓之蛎镜。土人多磨砺其壳,使之通明,鳞次以盖天窗……岭南谓之海镜,又曰明瓦。"其因壳质透明,被沿海居民嵌于门窗以代替玻璃,又名窗贝。

海月之称有歧义。明·李时珍《本草纲目·介二·海月》中海月指玉珧、江珧等。《临海水土异物志》"海月大如镜,白色,正圆,常死海旁。其柱如搔头状"中"海月"则指海月水母或江珧。清·郭柏苍《海错百一录》卷三:"海月,圆如月,即海镜。两片相合以成形,外圆而甲甚莹洁,日照如云母光……又名蛎镜,连江呼蛎盘,长乐呼鸭卵片,粤人呼膏药盘。"

民国·徐珂《清稗类钞·动物类》:"海镜,为软体动物,一名璅蛣,郭璞赋谓之璅蛣腹蟹。其肉可为酱,是为蛣酱。一名海月,粤人呼为膏叶,两片合以成形。壳圆,中甚莹滑,月照之,如云母光,可制为明瓦。内有少肉如蚌胎,腹有小蟹子,如黄豆,螯足具备。海镜饥,则蟹出拾食,蟹饱归腹,海镜亦饱。或迫以火,蟹子避火走出,海镜立毙。人若生剖海镜,则见蟹藏腹中,逡巡死矣。"按,此中海镜为一种海蛤,"海镜饥"等句袭古人之说。

海月,即海月蛤,为海月蛤科物种的统称。英文名 window shell。两壳近圆形,极扁平,半透明,薄而脆,呈云母状。左壳微突起,右壳较平。右壳内铰合部有 2 条长度不等的倒 V 形长脊(聂璜误绘出 3 条长脊)。无足丝。我国东南沿海潮间带习见的海月蛤 *Placuna placenta*(Linnaeus),外套腔内有时会有豆蟹共栖,而共栖双方一旦分离,尚可各自为命。参见有关海月水母、江珧、豆蟹等的内容。

牡蛎——草鞋蛎——长牡蛎

> **牡蛎赞** 蛎之大者,其名为牡,左顾为雄,未知是否[一]。
>
> 蛎黄,产浙、闽、广海岸,附岩石而生,礌磈相连。外壳为房,内有肉,略如蚌胎而柔白过之。其房能开合,潮至则开以受潮沫,潮退则合。海人取者,以冬月用斧斤剥琢始得。饮馔中,其味最佳,尤以小者为妙。咀味之余,予尝以西施乳①品之。然吾乡钱塘虽近海而不产,宁、台、温则有而小,闽广尤饶。

蛎黄，大者名草鞋蛎，其肉老而味薄。壳入药用，称牡蛎云。《泉南杂志》曰："牡蛎，廉[二]石而生。肉各有房，剖房取肉，故曰蛎房。泉无石灰，烧蛎房为之，坚白细腻，经久不脱。"

草鞋蛎，小者如掌，有长及一尺、二三尺者。海人用代执爨②冶铫③。海乡之民饮食器具，莫非海物，如蚶背代杓，鲭脊任舂④，海镜为窗，螺壳作盆。而蛎房烧灰所用为最广。其余朝飧⑤夕饔⑥，鱼虾螺蟹诸物满席皆是。北人履其地，触目称怪，如入鲍鱼之肆⑦。

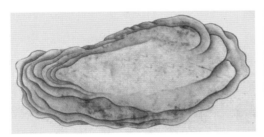  

长牡蛎（自明·文俶） 长牡蛎（自张均龙）

注释

① 西施乳　参见"河豚鱼——东方鲀——河豚"条。

② 爨（cuàn）　灶。

③ 铫（diào）　熬煮用的器具。

④ 舂（chōng）　把东西放在石臼或钵里捣，使破碎或去皮壳。"鲭脊任舂"，记古人用鲸的脊椎骨为舂臼。参见"海鳅——鲸"条。

⑤ 飧（sūn）　主要指晚饭，也泛指熟食，饭食。

⑥ 饔（yōng）　熟食。有时专指早饭。

⑦ 鲍鱼之肆　此处指卖咸渍鱼的店铺。有时比喻小人集聚之处。参见"九孔螺——鲍"条。

校释

【一】左顾为雄，未知是否　否。见考释文。

【二】廉　《泉南杂志》记为"丽"。依附，附着。

考释

《神农本草经》卷二："牡蛎，味咸平……久服，强骨节，杀邪鬼，延年。一名蛎蛤，生池泽。"汉·许慎《说文·虫部》："厉，千岁雀所匕，秦人谓之牡厉。"晋·郭璞《江赋》记"玄蛎磈磈而碨硪"。

古人误认为牡蛎有雄无雌。唐·陈藏器《本草拾遗》："天生万物皆有牝牡。唯蛎是咸水结成，块然不动。阴阳之道，何从而生，《经》言牡者，应是雄耳。"唐·段成式《酉阳杂俎·广动植二·鳞介篇》："牡蛎，言牡，非谓雄也。介虫中唯牡蛎是咸水结成也。"

唐·刘恂《岭表录异》卷下："蚝，即牡蛎也。其初生海岛边，如拳石，而四面渐长，有高一二丈者，巉岩如山。每一房内，蚝肉一片，随其所生，前后大小不等。每潮来，诸蚝皆开房，见人即合之。海夷卢亭往往以斧揳取壳，烧以烈火，蚝即启房。挑取其肉，贮以小竹筐，赴墟市以易酒（原注：卢亭好酒，以蚝肉换酒也）。肉大者，腌为炙。小者，炒食。肉中有滋味，食之即能壅肠胃。"壅（yōng），堵塞。

明·李时珍《本草纲目·介二·牡蛎》："〔释名〕牡蛤（《别录》）、蛎蛤（《本经》）、古贲（《异物志》）、蚝……时珍曰，蛤蚌之属，皆有胎生、卵生，独此化生。纯雄无雌，故得牡名。曰蛎、曰蚝，言其粗大也。"明·张自烈《正字通·虫部》曰："蛎，俗蠣字。"明·王世懋《闽部疏》："蛎房，虽介属，附石乃生，得海潮而活。凡海滨无石、山溪无潮处皆不生。余过莆迎仙寨桥，时潮方落，儿童群下，皆就石间剔，取肉去。壳连石不可动，或留之，仍能生。"

上述"咸水结成""独此化生""纯雄无雌""雀所匕"等，皆讹传。

清·厉荃《事物异名录·药材·介类》："《番禺杂编》，蚝壳即牡蛎也。《南越志》作蚝甲。"

民国·徐珂《清稗类钞·动物类》："牡蛎，为软体动物，一名蚝。右壳小而薄，左壳大而凸，外面魄磈不平，腹缘为波状屈折，色淡黄，内面白而滑润。足渐退化而失其用，常以左壳附着于岩石，连缀至一二丈，崭岩如山，俗称蚝山。产浅海泥沙中。肉味美，富有养料，易消化，谓之蛎黄，海滨之人多以为食品。宁波之象山港及台州湾所产最著名，有大小二种，并有绿蛎黄、鸡冠蛎黄、斧子蛎黄等名。大蛎黄取于象山之马鞍岛，运销上海。壳可烧灰，功用与石灰同，谓之蛎粉。"

牡蛎为牡蛎科物种的统称。英文名 oyster。两壳不等大，右壳平如盖，左壳大而深且固着于他物上。在临海国家，牡蛎产量已居养殖贝类之首。我国沿海的褶牡蛎、近江牡蛎、太平洋牡蛎、长牡蛎 *Magallana gigas*（Thunberg）、大连湾牡蛎和密鳞牡蛎等多是养殖物种。牡蛎肉可食，壳可烧制石灰或工艺品，肉、壳可入药。山东沿海呼其为海蛎子，闽粤沿海名其为蚵，连江方言称其为八蛎。其在台湾曰蚵仔。鲜牡蛎肉名蛎黄，牡蛎干制品名蚝豉，牡蛎鲜汤浓缩后名蚝油等。

聂璜谓："蛎黄，大者名草鞋蛎。"明·屠本畯《闽中海错疏》卷下："草鞋蛎，生海中，大如盆。渔者以绳系腰，入水取之。"草鞋蛎似指长牡蛎。

竹蛎——近江牡蛎

竹蛎赞　山海之利，惠而不费，千亩淇园^①，其蛎百亿。

连江陈龙淮谓："蛎，附竹而生者，铓如匕首，难犯。取者以铁钩拔之，其入土之竹方可手握。随以刃击落其房，置蛎筐中。木揉去铓，方可手剖。"

按，此壳锋利如此，故大鱼负蛎，倍加威武。

张汉逸曰："蛎黄，初生是咸水沫，受阳气而坚，凝作白痕，渐大则巉然。一洼一平如函盖，而中生肉，吸肥水则壳随肉长，水寒处仅如指端。其肉不论大小，生熟皆可啖。他处皆听其自生于山岩石壁，独福宁州竹江等处数村，岁伐小竹数十载。先扞浅水海涂，视受潮生种，复移扞深肥水中。至冬，肉肥圆如雄鸡肾，而甘美胜之，省会多取给焉。冬月连房售之，于兽炭^②烈焰中烧食，以存真味，勿犯水为尤佳。产处种壳如山，用烧灰涂壁、粘船，和槟榔俱胜他壳灰。州中自春徂秋，四季皆鬻于市，而冬春尤盛。"

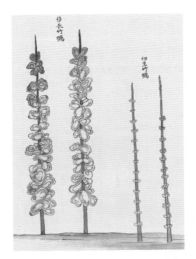   

左：移长竹蛎；右：初生笔蛎

近江牡蛎（自张均龙）

注释

① 淇园　古代卫国园林名，产竹，在今河南省淇县西北。

② 兽炭　用木炭夹着香料做成兽形的炭，亦泛指炭或炭火。

考释

竹蛎，是用插竹养殖法生产的牡蛎，盛行于福建东北的霞浦一带。

宋·梅尧臣《宛陵集》载《食蚝》诗："传闻巨浪中，碨磊如六鳌。亦复有细（佃）民，并海施竹牢。采掇种其间，冲激恣风涛。咸卤与日滋，蕃息依江皋。"

聂璜曰："他处皆听其自生于山岩石壁，独福宁州竹江等处数村，岁伐小竹数十载，先扦浅水海涂，视受潮生种，复移扦深肥水中。"张汉逸亦细述古人人工养殖竹蛎之法。清·冯时可《雨航杂录》亦云："渔者于海浅处植竹扈，竹入水累累而生，斫取之，名曰竹蛎。"

今人解读：采苗前将竹竿（直径 1～5 cm）截成 1 m 左右长，以 5～6 根为一束，插在风浪小、底为泥沙的潮间带，让藤壶附着，之后除去藤壶，仅留其粗糙的壳座备用。等到当年 5 月牡蛎产卵期时，将带壳座的竹竿成束地排列成锥形，插入牡蛎亲贝密集的潮间带滩涂中，各束间距为 1 m 左右。待牡蛎幼虫固着后，再将竹竿分散移插于低潮区，直至牡蛎养成。

此外，还有吊蛎，即吊绳养殖的牡蛎。吊绳的养成方式有两种：一是将固着蛎苗的贝壳用绳索串联成串，中间以 10 cm 左右的竹管隔开，吊养于筏架上；二是将固着有蛎苗的贝壳夹在直径 3～3.5 cm 的聚乙烯绳的拧缝中，每隔 10 cm 左右夹一壳，垂挂于浮筏上。

养殖的竹蛎是近江牡蛎 *Magallana ariakensis*（Fujita）。

石蛎——蛎和蛎蛤

石蛎赞　水沫凝石，无中生有，惟蛎最多，坚而且久。

蛎肉赞　闽粤蛎肉，秦楚罕睹，赛西施舌，类杨妃乳[1]。

蛎，生于石，层累而上，常高至二三丈，粤中呼为蠔山。

蛎蛤者，附蛎而生之蛤也，形如蚌而小，黑色。其肉与味并同淡菜，且亦有毛一小宗。与他蛤迥异，其尾紧粘蛎上。为奇，又不似淡菜以毛系者也。

愚按，蚌之从丰，有光华丰采也。蛤之从合，两叶夹而合之也。螺之从累，盘旋而层累也。蛎之从厉，岂徒然哉？厉，恶名也。故谳法[2]及虐政皆曰厉，至于疯疾、癫疾亦皆曰厉。推原其名，知蛎种受生颇似岩石、竹木染风湿而生疥癞者然。故其房亦如疮痂，味虽美，多食未有不发风动气者。浙东而闽而广，风土卑湿，愈南愈多，广东更有蠔山，东北海则风高气寒，则渐少而渐无矣。人之受疾亦视此，故闽广多麻疯（风），而广东为尤盛。[3]

又按，蛎种附石而生，如蚁卵。风之所摧，水之所荡，不为零落。其性之坚而善粘，有自来矣。故石灰而外，独取蛎房烧之为灰，以治城垣、艬艟[4]。石可碎，而其灰千年不坏。木可朽，而其灰一片牵连。其性之坚何如哉！且凡物烧毁，多不存性，故药物中凡经火者，必曰烧灰存性。蛎经大窑炼过，其性似难存矣，而坚质终不损，其体几等铅汞金银，故能塞精，尤重牡蛎老当益壮也。夫浙东、闽广边海之区，蛎灰之利民用，若城、若垣、若塔、若庙、若厅宇、若房舍等，若桥梁，若陇墓，所在皆是。而小则樵舟渔艇，大则货舶战艟，悉需以成。蛎之所用，可谓广矣，然此特人工之可见也。

予客闽以来，更得蛎质、蛎性幻化海中纹石之奇，苟不研求，意想妄及，推论不到，天壤间至理之妙乃至如此。此予每得一海中纹石，比之米芾⑤而尤癫也。

左：蛎肉；右：蛎蛤

（自张均龙）

 注释

① **赛西施舌，类杨妃乳**　西施舌指双线紫蛤；杨妃乳，疑与西施乳混称，参见"河豚鱼"条考释。

② **谥法**　按死者行迹立号之法，以评价其行为事迹。

③ **愚按……而广东为尤盛**　聂璜在该段的解读，十分有趣。虽多牵强附会，但也是一家之言。

④ **艨艟（ménɡchōnɡ）**　我国古代具有良好防护的进攻性"快艇"。

⑤ **米芾**　宋代书法家、画家、书画理论家，与蔡襄、苏轼、黄庭坚合称"宋四家"。其个性怪异，举止癫狂，遇石称兄，膜拜不已，因而人称"米颠"。

考释

本条含两种蛤：一为固着于岩石上生长的牡蛎；二为附蛎而生的蛎蛤。对此名，古有歧义。《神龙本草经》说蛎蛤为牡蛎。聂璜称蛎蛤为附蛎而生之蛤，可能是黑荞麦蛤。然而，其图文均有误，其足丝外伸而不为附着用，其形亦想象而来。

参见"牡蛎——草鞋蛎——长牡蛎""竹蛎——近江牡蛎"等条。

帘蛤目

花蛤——等边浅蛤

花蛤赞　色泽千百，青黄赤黑，聚养水盆，居然文石①。

花蛤，亦名沙蛤。壳上作黄白青黑花纹，如画家烘染之笔轻描淡写，虽盈千累百，各一花样，并无雷同，奇矣。而本体两片花纹相对不错，益叹化工巧手之精细，尤奇。

食此者，味虽薄于蛏，而脆鲜皆可口，壳厚者尤大而美。闽中罗源、连江海涂有，然发亦有时也。

注释

① 文石：有纹理的石头。

考释

我国北方通常将菲律宾蛤仔、文蛤混称为花蛤。有些地方还把蛤蜊科的某些种类通称沙蛤。

等边浅蛤

浙闽一带称花蛤又名沙蛤者，可能是等边浅蛤 *Gomphina aequilatera*（G. B. Sowerby I）。等边浅蛤属于帘蛤科缀锦蛤亚科。壳坚厚，呈三角形。壳顶位于背中央附近。壳表面光滑，色彩和花纹多变，"如画家烘染之笔轻淡描写，虽盈千累百，各一花样，并无雷同"。壳高一般 3 cm。等边浅蛤在我国沿海泥沙滩潮间带均有分布。肉鲜美，可做汤或爆炒。

白蛤——四角蛤蜊

白蛤赞　蛤亦海介，采来入画，考之类书，皆云雀化[一]。

白蛤，生浙闽海涂中。潮退在沙上取之者，甚易。色黄白而大似盏，为羹不着盐而自咸。

按，诸类书介虫部训蛤皆曰"雀入大水为蛤"，此物是也。

及读《本草》则不然，谓指鼃①也，鼃亦名蛤。《字汇》云："鼃，虾蟇也。"虾蟇化鹑，田鼠化鴽②，其形体正相等。雀入水为蛤，指虾蟇似非谬。然形体而论，雀既难化蛤，雉又何能化蜃③？存疑，俟有辨者。

四角蛤蜊背面观（上）和腹面观（下）
（自张均龙）

注释

① 鼃　同"蛙"。

② 鴽（rú）　指鹌鹑一类的小鸟。

③ 蜃　古指大蛤。参见"海市蜃楼"条。

校释

【一】皆云雀化　古人视蛤蜊为化生之物。

考释

四角蛤蜊 *Mactra quadrangularis* Reeve 常被称为白蛤或白蚬子。

三国吴·沈莹《临海水土异物志》："蛤蜊，壳薄且小。"晋·葛洪《抱朴子》："又海中有蛤蜊螺蚌之美，未加煮炙，凡人所不能啖，况君子与若士乎？"

由唐至明，有关蛤蜊的记载渐多，其义有别。唐·段成式《酉阳杂俎·广动植二·鳞介篇》："蛤梨，候风雨，能以壳为翅飞。"按，能在水中靠双壳开合夹水而"飞"之蛤，有扇贝和文蛤。明·屠本畯《闽中海错疏》卷下："蛤蜊，壳白厚而圆，肉如车螯。"明·李时珍《本草纲目·介二·蛤蜊》："〔释名〕时珍曰，蛤类之利于人者，故名。"清·周学曾等《晋江县志》："蛤蜊，《闽书》云，壳白厚而圆。"

民国·徐珂《清稗类钞·动物类》记："蛤蜊，为软体动物蛏属。壳几为正圆形，外面黄褐色，轮文稍高叠，内面白色。肉味甚美。水滨之人多以供膳，亦名圆蛤。"

蛤蜊，为蛤蜊科物种的统称。英文名 surf clam。主齿片状，"八"字形，具内、外韧带。蛤蜊中壳白厚而圆者，为四角蛤蜊。四角蛤蜊壳高 4.5 cm，在台湾名方形马珂蛤。

参见"西施舌——双线紫蛤"等文。

车螯——日本镜蛤

车螯赞　车螯乘波，海上浮游，虽以车名，其實[①]似舟。

车螯，生海沙中，大者如盌。汤涝而劈壳食之，须带微生则味佳。其壳外微紫白而内莹洁，投地不碎，可充画家丹碧具。或云此物能乘风浮海面往来，而张其半壳为帆[一]。扬州、淮海来者甚多而肥，闽中惟连江、长乐海滨等处产且少，不能四达。

日本镜蛤（自张均龙）

文蛤（自张均龙）

注释

① 實　同"实"。

校释

【一】或云此物能乘风浮海面往来，而张其半壳为帆　此为谬传。但文蛤有时可凭借两壳开合夹水而游动。

考释

古籍中的车螯，多异物同名，可指魁蛤（清·黄叔璥《台海使槎录》卷三）、双线紫蛤（宋·欧阳修《初食车螯》）等。

聂璜所绘之车螯，依壳形和"其壳外微紫白而内莹洁，投地不碎"的特点，酷似日本镜蛤 *Dosinia japonica*（Reeve）。日本镜蛤属于帘蛤科镜蛤亚科。壳坚厚，略呈稍扁平的圆形，长稍大于高。壳顶位于壳背缘靠前方。壳顶前方背缘凹陷，后方背缘近截状。腹缘和前、后缘近圆弧形。小月面小而深凹，心形。壳高可达7 cm。日本镜蛤又名射带镜蛤，在台湾名牙白镜文蛤。其在我国分布于沿海水深0～73 m的细沙、泥沙滩中，尤在河口附近的内湾潮间带和浅海水域较多。

另外，车螯也可能指文蛤。唐代用文蛤充贡。唐·房玄龄等《晋书·列传·后妃》："惠皇禀质，天纵其嚚（yín）。识暗鸣蛙，知昏文蛤。"嚚，奸诈。宋·沈括《梦溪笔谈》："文蛤，即今吴人所食花蛤也。其形一头小，一头大，壳有花斑的便是。"明·屠本畯《闽中海错疏》卷下："文蛤，壳有文理。唐时尝充土贡，亦名。"

民国·徐珂《清稗类钞·动物类》："文蛤，为软体动物。在浅海沙中，大者二三寸。壳略如心脏形，微白，有褐色放射状之带纹，内面白色，水管甚长。足有强力，仅一二分时，能掘沙土，埋体其中。肉味美，研壳为粉，谓之蛤粉，可入药。"

文蛤 *Meretrix meretrix*（Linnaeus）壳膨胀，被黄褐色、光滑似漆之壳皮，近背缘有锯齿状或波状的褐色斑纹，内面主齿发达坚硬。文蛤广布于我国沿海潮间带及浅水，尤以山东莱州湾、辽宁营口和江苏沿海产量最高。丰富的苗源、广阔的沙质海滩、国内外市场的需求，均为发展文蛤养殖提供了条件。文蛤在浙江沿海名黄蛤，在台湾名蚶仔、蚶利、粉尧、文蚶、尧仔、贵妃蚌等。英文名 hard shelled clam 或 poker-chip venus。

蛤蜓——樱蛤（？）

蛤蜓赞　谓蛤不是，指蜓又非，蜓蛤之间，仿佛依希[①]。

蛤蜓，土名。淡黄，壳薄肉少。海人于泥涂中拣[②]得，甚多。亦贱售，非食品之所重也。

海月以下皆系蛤类，荔枝蜓以上皆系蜓类[③]。蛤蜓介召其间，在《海错图》中反为生色。

叶樱蛤（自张均龙）

① 仿佛依希　似乎好像。

② 拣　同"拣"。

③ 海月以下皆系蛤类，荔枝蛏以上皆系蛏类　参见"西施舌——双线紫蛤"考释文。

考释

前人曾界定过蛤与蚌之别。该类形不似蛤，亦不似蚌，说明依外形归类的标准是相对的。故聂璜名此为蛤蛏。

曾有文释蛤蛏为叶樱蛤 *Phylloda foliacea*（Linnaeus）。叶樱蛤壳小且薄，长椭圆形。两壳不等大。绞合部具主齿和前后侧齿。水管发达。外套窦弯且深。

马蹄蛏——绿螂

马蹄蛏赞　天马[①]行空，忽落海滨，涔[②]蹄遗迹，变为蛏形[一]。

马蹄蛏，其壳如马蹄状，产福清海涂。其肉烹食，亦松脆而味清。

绿螂（自张均龙）

注释

① 天马　此指异兽神马。

② 涔（cén）　积水。

校释

【一】涔蹄遗迹，变为蛏形　皆系臆说。

考释

聂璜所绘形似绿螂 *Glauconome*。绿螂属于绿螂科。壳较薄，长卵圆形，前端圆弧形，后端近截形，具绿色或褐色的壳皮。外套窦深。壳高一般为 2 cm。绿螂栖于有淡水注入的潮间带泥沙滩。

蟷、蚬——蚬

蟷、蚬合赞　蟷因雷发，蚬以雾成[①]，番禺天蛤，所由以名。

　　广东番禺有白蚬塘，广二百余里，每岁春煖雾起，名落蚬天。有白蚬飞坠，微细如尘，然落田中则死，落海中得咸水则生。秋长冬肥，积至数丈乃捞取。蟷比黄蚬而大，闻雷则生，雷少则鲜，故文从雷。[一]

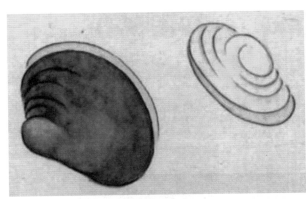

蟷　　　　　　　蚬

蚬

注释

① 蚬以雾成　粤人谣云："南风起，落蚬子。生于雾，成于水。北风瘦，南风肥。厚至丈，取不稀。殷勤祭沙滩，莫使蚬子飞。"此记亦见清·李调元《南越笔记》。

校释

【一】蠕比黄蚬而大……故文从雷　此乃民间传说。

考释

三国吴·沈莹《临海水土异物志》："蛈蠳，似蛤，如蚬大。"《北史·刘臻传》："（臻）性好啖蚬，以音同父讳，呼为扁螺。"明·屠本畯《闽中海错疏》卷下："蚬，似蜯而小，色黄壳薄，俗谓之蟟。有黄蟟、土蟟之别。大江者可食，他小浦中有之，有土气不堪用。"清·周学曾等《晋江县志》："泥蚬，似蜯而小。壳黄绿，俗呼沙蟟。"

蚬（xiǎn），为蚬科物种的统称。两壳等大，半圆形或近三角形。壳表面褐色，有光泽。铰合部具主齿，侧齿上端锯齿状。闭壳肌近等大。其为小、中型贝类，一般壳长在 1.5 cm 以下。蚬栖于河流入海口的泥沙滩中，在我国主要分布于黄海。其最初用作禽类、鱼类的饵料或肥料，后因味鲜美而被食用。习见的有河蚬 *Corbicula fluminea*（Müller），壳顶突出，壳近半圆形。

据传，福州地区在明正德年间就已养殖蚬，称其为金蚶，并将其作为贡品。除鲜食外，蚬还可加工成蚬干或盐腌，为闽、粤、台人喜食。其壳可用作烧制石灰的原料，壳粉可作为肥料。蚬又是卷棘口吸虫的第二中间宿主，故不可生食。

也有把各种蛤蜊俗称为蚬的。

西施舌——双线紫蛤

西施舌赞　西施玉容，阿谁能见，吮彼舌根，如猥娇面。

西施舌，即紫蛤中之肉也。①

闽中一种紫蛤，其肉如舌。产连江海滨而不多，粤中最繁生。食者剖壳取肉，煮供宾筵，其汁清碧似乳泉。粤中多晒而干之，以市商舶。凡食干者须久浸，洗去腹中泥沙，重烹始佳。

连江陈龙淮赞西施舌曰："瑶甲含浆，琼肤泛紫，何取名舌，唐突②西子。"亦趣。

《格物论》指河豚腹腴为杨妃乳，虽未确，然河豚之味虽美，其毒能杀人。正妙海物，何必又以为蝖子也。

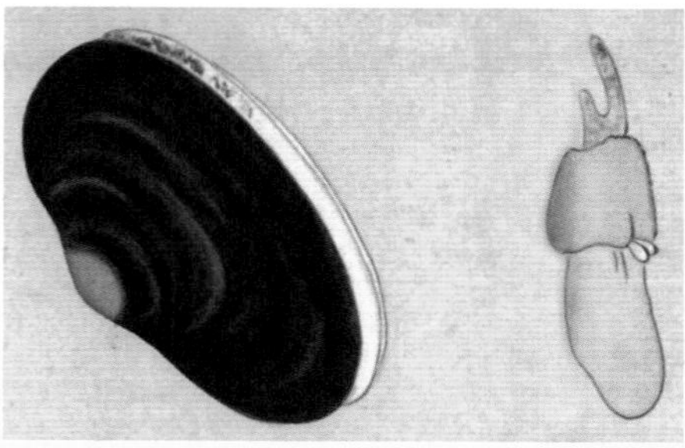

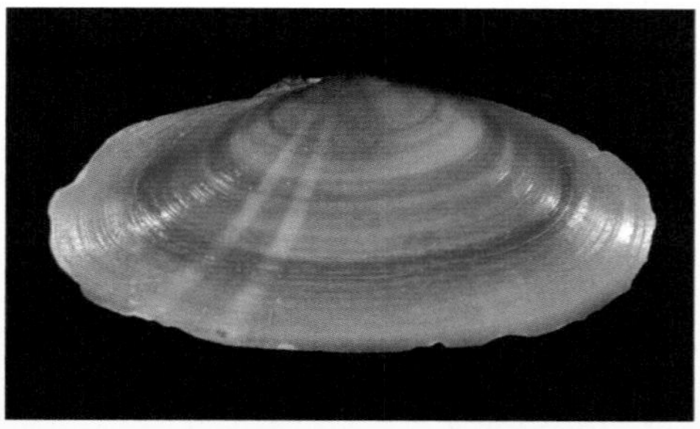

双线紫蛤

　　① 西施舌，即紫蛤中之肉也　详见本条考释文。

　　② 唐突　指亵渎比自己强的。

考释

　　聂璜所记闽浙沿海的西施舌，指紫云蛤科之双线紫蛤 *Hiatula diphos*（Linnaeus）。双线紫蛤壳长一般为 8 cm。壳略呈长椭圆形，前后端微开口。壳表面被有黄褐色或咖啡色外皮，具 2 条放射状的线纹。壳顶和壳内面均为葡萄紫色，壳顶韧带附着处特厚。肉味鲜美。其在台湾名双线血蛤，又称舌西肚、西刀舌、春肉、蛏肉、紫晃蛤。

　　宋·孙弈《示儿编》卷十七："福州岭口有蛤，闽人号其甘脆为西施舌。"宋·吕本中诗："海上凡鱼不识名，百千生命一杯羹。无端更号西施舌，重与儿曹起妄情。"明·王世懋《闽部疏》："海错出东四郡者，以西施舌为第一，蛎房次之。西施舌，本名车蛤。以美见谑，出长乐澳中。""海味重于天下者，称西施舌、江珧柱。泉、漳间皆有之，而苦不称美。"

　　明·冯时可《雨航杂录》卷下："西施舌，一名沙蛤，大小似车螯；而肉自壳中突出，长可二寸，如舌。"

　　清·郭柏苍按李时珍对蚌与蛤的区分标准，在《海错百一录》卷三："沙蛤，又名车蛤，《海错疏》土匙也。诸书皆云似蛤蜊而长大，有舌白色名西施舌。李时珍曰蚌与蛤同类而异，形长者通曰蚌，圆者通曰蛤，故蚌从丰，蛤从合，皆象形也。后世混称蚌蛤者，非也。苍按，西施舌形长，不得称蛤。西施舌、沙蛤、土匙皆产长乐。土匙形长色黑。询以沙蛤，即吴航人亦以为西施舌之别名。蛤类甚多，且共生一处，海人通烹之不辨其名。惟紫者难得耳。"

　　清·周学曾等《晋江县志》："西施舌，似蛤蜊而长大，有舌白色，以美味得今名。本名车蛤蚌。"

　　但是，在北方，尤其在山东，"西施舌"一名则非上述所称的"西施舌"。

　　清·郑板桥在讽刺上层骄奢淫逸的《潍县竹枝词》中写道："昨夜胶州新送到，一盆红艳宝珠茶……更有诸城来美味，西施舌进玉盘中。"清·宋文锦修、刘恬纂《胶州志》卷一："西施舌，出大珠山海滩。形如鸭卵而扁，肉不堪食，舌长寸许，以酒冲食，鲜嫩异常。"清·赵学敏《本草纲目拾遗》："据言，介属之美，无过西施舌，天下以产诸城黄石澜海滨者为第一。此物生沙中，仲冬始有，过正月半即无。取者先以石碌碡磨沙岸，使沙平实，少顷视沙际，见有小穴出泡沫，即知有此

西施舌

物，然后掘取之。"按，"以石碌礴磨沙岸"之采集法，破坏资源，尤不可取。

20世纪30年代，梁实秋在青岛顺兴楼品尝西施舌记："一大碗清汤，浮着一层尖尖的白白的东西，初不知为何物，主人曰是乃西施舌，含在口中有滑嫩柔软的感觉，尝试之下果然名不虚传。"

今人把西施舌指为蛤蜊科之一种，学名 *Mactra antiquata* Spengler。其壳大而薄，略呈三角形，顶部和内面浅紫色，具片状主齿和黄色之内、外韧带。足部发达，被称为舌。此种产于辽宁、河北、山东、江苏沿海。

"西施舌"一名，由春秋时期越国西施演绎而来，沿用至今。然而，今人所称"西施舌"，或以讹传讹而来，或为后人约定成俗，已非古人所谓之"西施舌"。

闽中泥蛏——缢蛏

闽中泥蛏赞　两绅拖足，一笏当胸，垂绅搢笏[①]，胡为泥中。

闽中福清出蛏，栽如糠衣细，每百斤可发三十担。海滨远近分种泥涂，获利十倍。四季皆鬻于市，皆带泥。二肉岐出壳外，曰脚[一]。市者饮以水，则重而味薄。脚肥，可辨也。获稻时，则瘦而腹腐，云为谷芒所败[二]。

予客闽，吟内有植蛎种蛏诗二首，今录其一，曰："蛎黄竹植[②]土栽蛏，成熟常同稻漏町[③]。稼穑[④]不须师后稷[⑤]，龙宫别有老农经。"

按，蛏无卵而有种，与蚶蛤之类同，是湿生[⑥]。黄允周曰："蛏种，出自福清、连江、长乐等处，买而种之，一岁为准。他处鲜种，独出于福清，为奇。飞鸾渡蛏肥美，胜过福清、长乐、连江等处。"

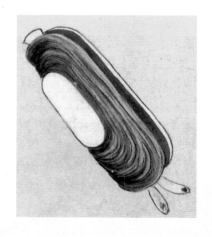
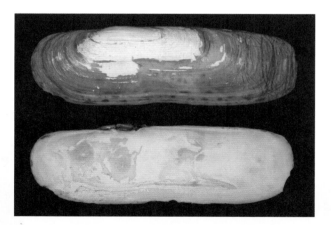

缢蛏

注释

① 垂绅（shēn）搢笏（hù）　绅，古代士大夫束腰的带子；搢（jìn），意为插；笏，为古代大臣上朝拿着的用玉、象牙或竹片制成的手板。聂璜指缢蛏似带子的出水管、入水管为"绅"。缢蛏的足插入泥中，而其壳似笏。按缢蛏的生活方式，聂璜绘倒了。

② 蛎黄竹植　参见"竹蛎——近江牡蛎"条。

③ 町（tǐng）　田间小路。

④ 稼穑　耕种、收获，泛指农业劳动。

⑤ 后稷　传说中农业的始祖。

⑥ 湿生　见"化生说"篇。

校释

【一】脚　"岐出壳外"的"二肉"是出水管和入水管，非脚（足）。

【二】为谷芒所败　在"获稻"时，缢蛏"瘦而腹腐"，这与其经生殖，再加上寄生虫的侵袭有关。

考释

浙蛏、海蛏名缢蛏，俗称蛏。

宋·唐慎微《重修政和证类本草》卷二十二："（蛏）生海泥中。长二三寸，大如指，两头开。"《玉篇》："蛏，同虰。"虰音 dīng。明·李时珍《本草纲目·介二·蛏》："〔集解〕时珍曰，蛏乃海中小蚌也……闽、粤人以田种之，候潮泥壅沃，谓之蛏田，呼其肉为蛏肠。"

明·何乔远《闽书》："耘海泥，若田亩，然淡杂咸淡水，乃湿生。如苗移种之他处，乃大，长二三寸。壳苍白，头有两巾出壳外。所种者之亩，名蛏田或曰蛏埕或曰蛏荡。福州、连江、福宁州最大。"按，"出壳外"的"两巾"为其出水管和入水管，而非所谓的"头"。

民国·徐珂《清稗类钞·动物类》谓："蛏，与文蛤同类异种。壳为长方形，两端常开，色淡黑，长二寸许，足及吸水管皆露于壳外。肉似蛎，色白而甘美，俗呼为美人蛏，产海边泥中。""闽人滨海种蛏，有蛏田，亦曰蛏埕。盖蛏产卵期在春冬间，孵化后，常随海潮飘至他处，聚于浅海之岸，稍长，即须移植，故种蛏者常买蛏苗于他岸也。"

以上所记为缢蛏 *Sinonovacula constricta*（Lamarck）。缢蛏属于缢蛏科。壳脆薄，侧扁，长卵形，两壳前后具开口，壳面自壳顶至腹缘有斜横且微凹之缢纹。其喜于盐度较低（4~28）的河口软泥滩上穴居，潜伏的深度随季节而不同，夏季潜伏较浅，冬季潜伏较深。缢蛏广布于我国南北沿海，日本、朝鲜半岛沿海也有分布。其为福建、浙江及北方沿海重要的养殖贝类，在北方沿海称蚬（xiǎn），在辽宁庄河俗称小人仙，在浙江沿海名蛏子。

浙蛏——缢蛏

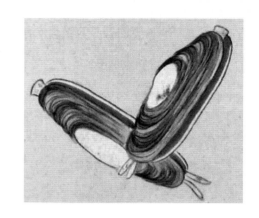

浙蛏赞　浙蛏种小，但产冬春，闽粤海乡，四季皆生。

蛏之为物，大要喜地煖则多。吾乡蛏止一种，发于冬而盛于春，江南渐少，江以北渐无矣。浙蛏小而壳薄，止用汤淋便熟。闽蛏壳厚，必裂其背而蒸，始可食。

考释

参见"闽中泥蛏——缢蛏"条。

海蛏

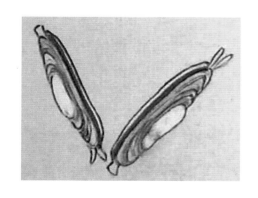

海蛏赞　海蛏甚小，云是化生，一经讨论，定尔成名。

海蛏，产连江海外穿石地方。土人欲取，以船往捕之，亦不甚多。其壳白而其味清，鲜泥沙而甚美。不知其名，但曰海蛏。土人云是海虫所化者。

愚按，蛏名则一莹，蛏种甚多，竹筒、麦藁①、牛角、马蹄，未必不是化生，不止一海蛏而已。

注释

①藁（gǎo）　多年生草本植物。

考释

参见"闽中泥蛏——缢蛏""浙蛏——缢蛏"条。

剑蛏——尖刀蛏

剑蛏赞　长剑倚天①，日月争明，余光落海，化为小蛏。

剑蛏，惟产闽之福宁、宁德。似蛏而小，壳薄且区而味清，夏月始有。其壳白色而锋利，故以剑名。

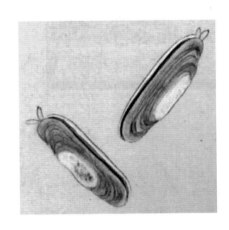 

尖刀蛏

注释

① 长剑倚天　用以形容志气或才气豪迈纵横，凌绝世上。句出楚·宋玉《大言赋》："方地为车，圆天为盖，长剑耿耿倚天外。"

考释

剑蛏，其壳白色而边缘锋利，以福建霞浦产的最为有名，又叫刻刀蛏。

尖刀蛏 *Cultellus subellipticus* Dunker，壳前端稍尖，后端较圆，前端窄于后端，形似刀。

尺蛏——大竹蛏、长竹蛏

尺蛏赞　有蛏如尺，不量短长，形同一棍，独霸海乡。

尺蛏，其长如尺，无种类，而不恒有。海人云，或时有，或时无，疑是外海飘至[一]，故不多得也。

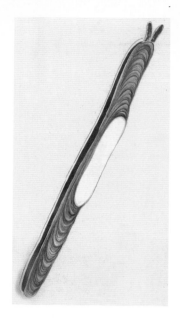

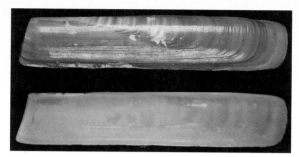

大竹蛏

长竹蛏

校释

【一】疑是外海飘至　竹蛏在泥沙中掘穴栖居，活动范围较小，不能长距离移动。

考释

竹蛏因两壳合抱后呈竹筒状而得名。其在我国种类较多，产量亦较大。

大竹蛏 *Solen grandis* Dunker、长竹蛏 *S. strictus* Gould 等习见。竹蛏壳长方形，表面黄褐色。其前端平直，为足外伸之处，并非像聂璜所绘那样呈圆弧形。而且竹蛏的壳顶位于前端，并非位于中部且呈长圆形。

古人曾把壳非圆形之竹蛏归为蚌，宋·陈彭年、丘雍等《广韵》："蛏，蚌属。"

现今，竹蛏为竹蛏科物种的统称。

竹筒蛏

竹筒蛏赞　蛏长三寸，形肖竹筒，玉箸一条，藏于其中。

竹筒蛏，长仅三寸许，壳淡绿，产连江等海涂，亦名玉筯。食者常束十数枚为一聚，蒸之，味甘而美，胜于常蛏。其壳可篆香[1]滑泽。

① 篆香　古时称印香，即以木或金属制成的模子，把香末倒入压成篆字式样的香。此指以笔筒蛏为模具制香。

考释

难以确定种类。见"尺蛏——大竹蛏、长竹蛏"条。

麦藁蛏——直线竹蛏

麦藁蛏赞　豆芽瓠栽，植物不少，蜄名海麦，蛏更称藁。

麦藁①蛏，其壳细长如麦草状。产福清海边，亦可食，他处则鲜有也。

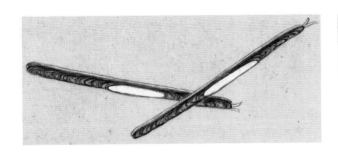

直线竹蛏

考释

聂璜所绘麦藁蛏特别细长，可能为直线竹蛏 *Solen linearis* Spengler。在我国目前记录的蛏中，以直线竹蛏最为细长。

海螂目

石笋——海笋

石笋赞　石笋甚小，不及寸余，风吹入海，化为竹鱼。

石笋，一名石钻。黑绿色，壳薄而小，生海岩石隙中，味最佳。采者每以槌击岩石，令碎始得，鲜得因美。海人如采捕多获，则烘之，货于建宁上四府等处。带壳咀嚼甚有风味。

海笋

考释

海笋的种类很多，有在泥沙滩上掘洞穴居的，也有在木材中穿洞生活的，还有的能凿洞栖居于岩石中。聂璜所述应为后者。

海笋，属于海笋科。两壳相等。壳薄，前后端开口，白色，具浅褐色壳皮，表面有肋、刺和生长纹。壳顶近前端。壳前缘向外卷，成为前闭壳肌和原板的附着面。水管极发达。足短，呈柱状；末端平，呈截形。壳的背、腹和后端常具副壳。

～笋螂目～

荔枝蛏——筒蛎

荔枝为蛏　有果无根，荔枝为蛏，不堪生啖，止可煮羹。

荔枝蛏，生福宁南路海泥中。其大头形如荔枝，而色灰白，上有一孔似口，后一断[一]细长似尾陷于土，内皆有薄壳。其大头内肉如蛎黄，身后细肉脆美，而另有一味。福宁郑次伦雅尚染翰①，特为图述。

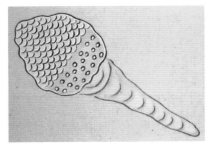  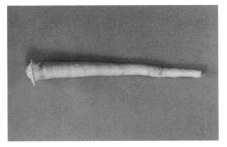

筒蛎　　　　　　　　筒蛎（自张均龙）

注释

① 雅尚染翰　"翰"指笔。"染翰"即以笔蘸墨，作诗、绘画等。"雅尚染翰"为敬语，用以说明此图为郑次伦所绘。

校释

【一】断：疑为"段"。

考释

聂璜所绘荔枝蛎形似筒蛎*Brechites*，但未见有食筒蛎的报道。

筒蛎属于筒蛎科。幼体两壳相等。随着生长，两壳部分被镶嵌于长形石灰质管壁中。大而呈筒状的石灰质管顶端帽状部由排列在同一个平面上的许多细管组成。海南有分布。

20
石 鳖

　　石鳖，属于软体动物门多板纲。该纲动物背腹扁平，头部退缩，足大而扁平，常具8块钙质壳板。明·李时珍《本草纲目·石部二·石鳖》恐是有关石鳖的较早的记述。

七鳞龟——石鳖

　　七鳞龟赞　九孔八足，徧①知螺蟹，七鳞【一】名龟，独称闽海【二】。

　　七鳞龟，生岛碛②间，背甲连缀七片【三】，绿色，能屈伸，其下有粗皮如裾③。海人取此，剔去皮甲。其肉为羹，味清，市上鲜有。

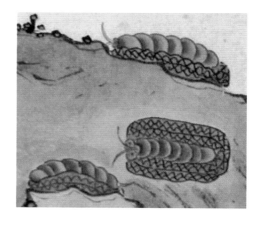

石鳖

注释

　　①徧　同"遍"。

② 岛碛（qì） 引申为岩岸有水处。

③ 裾（jū） 衣服的大襟或前后部分。此指石鳖之环带。

🏷 校释

【一】七鳞　误记。应为8片（鳞）。

【二】独称闽海　全国岩石海岸上多有。

【三】背甲连缀七片　误记。应为8片。

🏷 考释

此为石鳖。

石鳖，背部有8块背板，并非"七鳞"或"背甲连缀七片"。"其下有粗皮如裾"，则为石鳖的环带。

明·李时珍《本草纲目·石部二·石鳖》："〔集解〕时珍曰，石鳖生海边。形状大小俨如䗪虫，盖亦化成者。䗪虫俗名土鳖。"按，石鳖形似背腹扁平之土鳖，土鳖属节肢动物。

石鳖，为软体动物门多板纲物种的统称。英文名 chiton。体椭圆形，背腹扁平。背部由8块覆瓦状排列的壳板和包围壳板的环带组成。环带上生有鳞片、针束或棘刺等附属物。腹部足宽大，以匍匐爬行于岩石岸海底。其经济价值不大。目前，我国已记石鳖9科20属60余种。在潮间带中低潮区，尤以红条毛肤石鳖 *Acanthochitona rubrolineata*（Lischke）最为习见，俗称海八节毛、海石鳖等。

日本花棘石鳖（自张均龙）

21
星虫　环节动物

星虫、环节动物，是相似而密切相关的海洋蠕虫。

星虫，圆筒状，不分节，具体腔，由翻吻和躯干部两部分组成。翻吻可缩入躯干部。其因前端的叶瓣或触手呈星芒状，故称星虫。

环节动物，绝大多数分节，具体腔，多具疣足和刚毛，是软底质生境中最成功的潜居者。陆栖的蚯蚓、淡水的蚂蟥、海生的沙蚕皆习见。螠，为特化的环节动物，具刚毛、体腔，身体不分节，但发育过程中存在分节现象。螠的吻可伸缩，但不能缩入躯干部。因吻的沟槽呈匙状，故螠又称匙虫。

把星虫、环节动物和软体动物归并为担轮动物，是因为在发育过程中有相似的担轮幼虫期。星虫比环节动物结构简单，可能保留了原始的性状。

龙肠

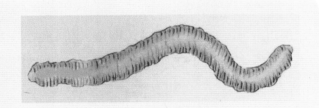

龙肠赞 世间绝艺，莫如屠龙，肝可珍取，肠弃海东。

龙肠，亦无毛之螺虫也。生海涂中，长数寸，红黄色如蚯蚓，缩泥中。海人用铜线纽钩出之。将去泥沙，中更有一小肠如线，亦去之。煮为羹，味清肉脆。晒干亦可寄远，为珍品。

一种沙蚕，形味与龙肠相似；又有一种，似龙肠而粗，紫色，味胜龙肠，曰官人，不知何所取意。予曰[①]其状与龙肠同，不更重绘。

夫裸（倮）虫三百六十属，其数虽多，亦有所统。则人为之长，人亦一虫也[②]，特灵于虫耳。

《职方外纪》载："西洋有海人，男女二种，通体皆人。男子须眉毕具，特手指连如凫爪，男子赤身。女子生成有肉皮一片自肩下垂至地，如衣袍者然，但着体而生，不能脱卸。其男止能笑而不能言，亦饮食，为人役使，常登岸被土人获之。"又云："一种鱼人，名海女，上体女人，下体鱼形，其骨能止下血。"《汇苑》又载："海外有人面鱼，人面鱼身，其味在目，其毒在身。番王尝熟之以试，使臣有博识者，食目舍肉，番人惊异之。"又载："东海有海人鱼，大者长五六尺，状如人，眉目、口鼻、手爪、头面无不具，肉白如玉。无鳞而有细毛，五色轻软，长一二寸，发如马尾，长五六尺，阴阳与男女无异。海滨鳏寡多取得养之于池沼，交合之际与人无异，亦不伤人。"他如海童、海鬼更难悉数，亦不易状[一]。兹言螺虫之长，特举其概。

万物皆祖于龙，诸裸虫总以龙统之，可耳？《字汇·鱼部》有"𩾂"字，特为人鱼存名也。

注释

① 曰　同"因"。
② 则人为之长，人亦一虫也　句出《大戴礼记·曾子天圆》。参见"海蚕——沙蚕"条的注释。

校释

【一】亦不易状　此等皆系传说。

本条记3个物名，龙肠、沙蚕和一种"似龙肠而粗"者。聂璜因"其状与龙肠同"，而"不更重绘"，均说明前人难以把握三者的区别。古籍也常把可食之沙蚕、星虫、蟶相混称。参见"泥肠——蟶""泥笋——沙虫——方格星虫（？）""泥钉——泥笋——弓形革囊星虫"和"海蚕——沙蚕"诸条。

本条所记之海人、鱼人、人面鱼、海人鱼、海童、海鬼，均为虚构，故聂璜认为"魜"字"特为人鱼存名也"。关于"万物皆祖于龙"一句，参见"海洋神话动物"篇诸条目。

泥笋——沙虫——方格星虫（？）

泥笋①赞　曰笋曰线，状皆未如。鼎湖升后，坠落龙须②。

泥笋【一】，一名泥线。《福宁州志》有泥线，即此也。生海涂泥中，状如蚯蚓，蓝色作月白纹。食者先洗净，复用滚水煮去泥气，用油炒食，味亦清美。《漳州府志》复载泥笋。

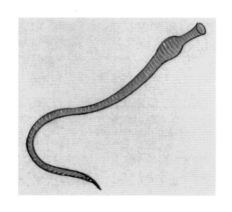

裸体方格星虫　　　　　　　　　　　　　　　裸体方格星虫

① 笋　同"笋"。

② 鼎湖升后，坠落龙须　典出《史记·封禅书》。传说黄帝采铜铸鼎于荆山之下，鼎铸成后，龙来迎接黄帝。黄帝、后宫及群臣乘龙，而其余小臣也想升天，只得扯住龙的胡须，龙须不堪重负被拔脱。坠落的龙须落地生根，于是有了龙须草。

【一】泥笋（笋）　为"海虫"，有多种说法。本书谓之沙虫。

考释

依聂璜图，本条把"泥笋"释为方格星虫。本书用"沙虫"一名而不取"泥笋"一词，以免与"泥钉——泥笋——弓形革囊星虫"一条中的"泥笋"相混。

三国吴·沈莹《临海水土异物志》："沙蒜，一种曰海笋。"清·郭柏苍《海错百一录》卷四："沙蚕，产连江东岱沙海沙中，福州呼之为龙膆。形类蚯蚓，而其文如布，经纬分明。鲜者剪开淘净炒食，干者刷去腹中细沙，微火略炸，有风味。其形极丑，其物极净。"此记把沙蚕与沙虫混称。

裸体方格星虫 Sipunculus (Sipunculus) nudus Linnaeus，形似长 10～20 cm 的肠，俗称沙虫、沙蒜、沙肠子、海肠子。其在福建连江名柴利，似自"柴米夫妻，地利人和"。虫体圆筒状或纺锤状，不分节，具真体腔，由翻吻和躯干两部分组成。其因体光裸无毛，又称光裸星虫。体壁纵、环肌束交错排列成方格子状，即"形类蚯蚓，而其文如布，经纬分明"。裸体方格星虫栖于泥沙滩或沙质海底，为浙、闽、两广等地的经济种。沙虫干，为方格星虫内脏被清理之后晒干、烘干所得。因此类生物前端的叶瓣或触手呈星芒状，故通称星虫。星虫当翻吻缩入躯干部时，很像一粒花生仁，故其英文名为 peanut worm 或 peanut kernel。

泥钉——泥笋——弓形革囊星虫

泥钉赞　蛎盘饰棍①，鱼鳞作篷。钉以泥钉，成水晶宫。

泥钉，如蚓一段而有尾[一]。海人冬月掘海涂取之。洗去泥，复捣敲净白，仅存其皮。寸切炒食，甚脆美。腊月细剁，和猪肉熬冻，最清美，而性冷。

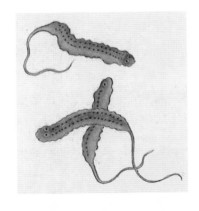

弓形革囊星虫

注释

①饰棍　饰，古同"饰"。棍，旧式房屋的窗格。

校释

【一】有尾　该动物细长之翻吻被误认为是尾。聂璜又在后端"画虫添眼"，使之前后颠倒。

考释

弓形革囊星虫 *Phascolosoma (Phascolosoma) arcuatum*（Gray），曾用名可口革囊星虫 *Phascolosoma esculenta*（Chen et Yeh），俗称土笋、海泥虫、海蚂蟥、泥丁、泥钉、泥线、土蚯、土钉、土丁、土蒜、海丁、海钉、海笋、海冬虫夏草等。弓形革囊星虫相比方格星虫（沙虫）个体偏短、偏细，体表有灰黑色或土黄色的杂斑，无网纹。

明·谢肇淛《五杂俎·物部一》："南人口食可谓不择之甚……又有泥笋者，全类蚯蚓，扩而充之，天下殆无不可食之物。"清·周亮工《闽小记》上卷："予在闽常食土笋冻，味甚鲜异。但闻其生于海滨，形类蚯蚓，终不识作何状。后阅《宁波志》：沙噀块然一物，如牛马肠脏……谢在杭作泥笋，乐清人呼为泥蒜。"清·周学曾等《晋江县志》："涂蚕，类沙蚕而紫色，土人谓之泥虬。可净煮作冻。"古人将其喻为初生之竹笋，海泥（土）中的肉丁（钉），海涂之蒜或蚯蚓，其诸多俗名因此而得。

弓形革囊星虫习见于浙江以南沿海半咸水域泥滩和红树林泥滩，在有的地方，每平方米达70~100条。加工煮制之市售产品名土笋冻或海笋冻，具滋阴、补肾、去火的食疗作用，被誉为"动物人参"。

海蚕——沙蚕

海蚕赞　蚕本龙精①，先诸裸生，性秉阳德，头类马形②。

海蚕，裸虫也。裸虫无毛，毛虫尽则继以裸虫。裸虫三百六十，而以人为长③。人为物灵，不可并举，故《博物》等书，止称麟、凤、龟、龙为四灵之长。今海上之裸虫多矣，不得不并毛虫而共列之。而以蚕继马者，海马虽未尝变海蚕，而蚕与马同气【一】，原蚕之禁，见于《周礼》，合之《六帖》。

马革裹女化蚕之说④，要亦有异，况蚕之食叶如马之在槽。而首亦类马，故亦称马头娘。然此但言陆地之蚕与马同气者如此，而海蚕则更有异焉。

《南州记》曰："海蚕，生南海山石间。形大如拇指，其蚕沙白如玉粉，真者难得。"又

《拾遗记》载："东海有冰蚕，长七寸，黑色，有鳞角，覆以霜雪。能作五色茧，长一尺，织为文锦，入水不濡，入火不燎。"

诸类书昆虫必有蚕，而曰龙精。吾于鳞角之冰蚕，而信龙精云。

沙蚕

注释

① 龙精　蚕的别名。汉·郑玄注引《蚕书》："蚕为龙精，月直大火，则浴其种。"

② 头类马形　古有"马革裹女化蚕"之说。参见下文。

③ 裸虫三百六十，而以人为长　此见《大戴礼记·曾子天圆》："毛虫之精者曰麟，羽虫之精者曰凤，介虫之精者曰龟，鳞虫之精者曰龙，裸虫之精者曰圣人。"古籍中虫的含义颇广，乃至把动物统称为"虫"。

④ 马革裹女化蚕之说　最早见于晋·干宝《搜神记》。明·曹学佺《蜀中广记》卷七十一引《仙传拾遗》载："蚕女者，当高辛氏世。蜀地未立君长，无所统摄，其人聚族而居，遂相侵噬。广汉之墟，有人为邻土掠去已逾年，惟所乘之马犹在。其女思父，语马：'若得父归，吾将嫁汝。'马遂迎父归。乃父不欲践言，马跑嘶不龁，父杀之。曝皮于庖中。女行过其侧，马皮蹶然而起，卷女飞去。旬日见皮栖于桑树之上，女化为蚕，食桑叶，吐丝成茧。"

校释

【一】蚕与马同气　古人认为海蚕属蚕，又有"马革裹女化蚕"之说，故海蚕与马有关，聂璜所绘海蚕"头类马形"。然而，蚕蛾虫期之蚕属于节肢动物门昆虫纲鳞翅目，而海蚕则为多毛纲环节动物。

考释

沙蚕，亦称海蚕、蛤虫，意为含沙之蚕或沙中之蚕，常与泥笋、沙虫等混称为凤肠、龙肠、海虫、沙虫、海笋、土笋、海蜈蚣、海百脚等。

晋·郭义恭《广志》："夏暑雨，禾中蒸郁而生虫，或稻根腐而生虫。稻根色黄，虫乃稻根所化，故色亦黄。大者如箸许，长至丈。节节有口，生青，熟红黄，霜降前禾熟则虫亦熟。以初一二及十五六乘大潮断节而出，浮游田上。网取之。得醋则白浆自出，以白米泔滤过，蒸为膏，甘美益人，得稻之精华者也。其腌为脯作醯酱，则贫者之食。"按，箸，即筷子，可能较长，但不会"长至丈"。"节节有口"示许多个体都见有口。

唐·韩愈《唐正议大夫尚书左丞孔公墓志铭》："明州岁贡海虫、淡菜、蛤蚶可食之属。自海抵京师，道路水陆，递夫积功，岁为四十三万六千。奏疏罢之。"文中所记之海虫及其后之沙虫等有歧义，见泥笋、沙虫等相关内容。明·李时珍《本草纲目·虫一·海蚕》："〔集解〕李珣曰，按《南州记》云，海蚕生南海山石间，状如蚕，大如拇指。其沙甚白，如玉粉状。每有节。"按，"每有节""状如蚕"的海蚕非沙蚕莫属；李珣为唐代人，曾书《海药本草》。

后世记沙蚕的古籍，多见于明清时期。明·屠本畯《闽中海错疏》卷下："沙蚕，似土笋而长。"清·胡世安《异鱼赞闰集》："沙蚕类蚓，味甘登俎。别种土穿，汁凝盛暑。"其引《渔书》："沙蚕，一名凤肠，似蚯蚓而大，生于海沙中，首尾无别，穴地而处，发房引露，未尝外见，取者唯认其穴，荷锸捕之，鲜食味甘，脯而中俎"；又引《蠡书》："沙蚕，无筋骨之强、爪牙之利，穴沙吸露，尚不免见食于人者，以美味也。近闻有捕蝉食者，廉而受殃，口腹何厌之有"。《古今图书集成·禽虫典·杂海错部》引明·何乔远《闽书·闽产》："沙蚕，生汐海沙中，如蚯蚓。泉人美谥曰龙肠。"清·施鸿保《闽杂记》称其为"雷蜞"。

沙蚕，在北美名 sand worm，中文译名为沙虫；在欧洲记 clam worm，中文译名为蛤虫；栖于潮间带者称 rag worm，示沙蚕栖于沙中或有蛤之处。世界上最早用双名法命名的沙蚕学名是 *Nereis pelagica* Linnaeus，中文译名为游沙蚕。Nereis 之名源于 Nereid，一说源自希腊神话里海中女神之名，另说源于海神 Nereus 的 50 个女儿之一，都把蠕动的沙蚕比作婀娜多姿的女神。

今，我国已记录沙蚕 70 余种。随着海水养殖业的发展，人们在滩涂土池养殖双齿围沙蚕 *Perinereis aibuhitensis*（Grube），在工厂化水泥池养殖多齿围沙蚕 *Perinereis nuntia*（Lamarck），在开闸纳苗虾池养殖日本刺沙蚕 *Hediste japonica*（Izuka）［曾用名 *Neanthes japonica*（Izuka）］。咸淡水生且具经济价值的疣吻沙蚕（禾虫）*Tylorrhynchus heterochetus*（Quatrefages）等也已被养殖。

海蜈蚣——吻沙蚕

海蜈蚣赞　物类相制，龙畏蜈蚣，海中产此，惊伏妖龙。

谢若愚曰："海蜈蚣在海底，风将作则此物多，入网而无鱼虾[1]。"

按，海蜈蚣，一名流蜞。生海泥中，随潮飘荡，与鱼虾侣。柔若蚂蟥（蟥），两旁疏排肉刺，如蜈蚣之足[一]。其质灰白，而断纹作浅蓝色，足如菜叶绿。渔人网得，不鬻于市，人多不及见。而海鱼吞食，每剖鱼得厭②状。考之类书、志书，通不载。询之土人，知为海蜈蚣，得图其状。更询海人以“此物亦可食否?”曰:“渔人识此者，多能烹而啖之。”其法以油炙于鏊，用醯醋投，爆绽出膏液，青黄杂错，和以鸡蛋，而以油炙，食之味腴。

尝闻蟒蛇至大、神龙至灵而反见畏于至小至拙之蜈蚣。今海中之形确肖，疑洪波巨浸之中，亦必有以制毒蛇妖龙也。

亦有红、黄二种[二]，附绘。

考《字汇·鱼部》有“鯢鲶”二字，疑指鱼中之蜈蚣。

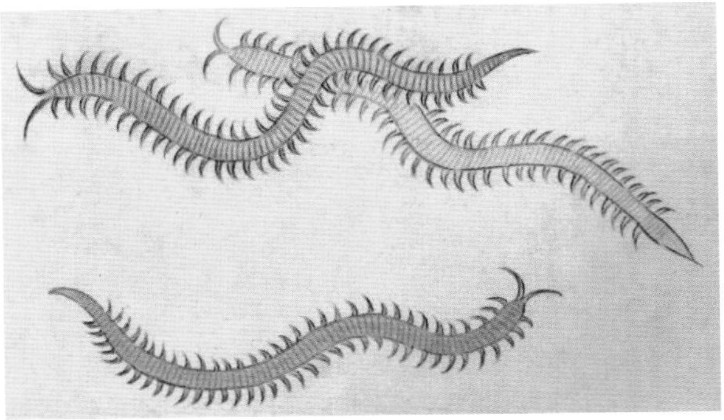

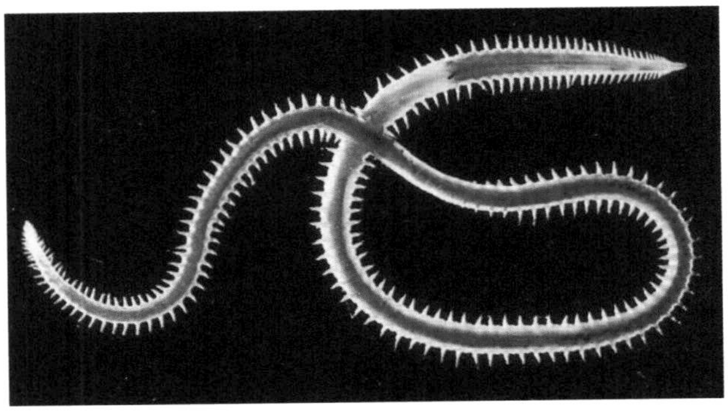

吻沙蚕

注释

① 入网而无鱼虾　在开春时的捕网里，可获海蜈蚣“而无鱼虾”。该现象与其同步生殖群浮有关。

② 厭　恐为“厥”，此指被消化为乳糜状。

校释

【一】足　蜈蚣之足具关节；而海蜈蚣无关节，称疣足。

【二】红、黄二种　实为同一物种，红、黄分别为雌、雄个体之色。

考释

此为环节动物门多毛纲的吻沙蚕，但吻未外翻。聂璜注意到“红、黄二种”，即在生殖群浮时，雄个体黄色，而雌个体红色。图中青色者，为排空生殖产物后的个体。

吻沙蚕 *Glycera*，英文名 blood worm，直译为血蠕虫。体细长，背腹略扁，两端尖细。最大者长 350 mm（不包括吻），有近 200 个刚节。口前叶短，圆锥形，具多个环轮，前端有 4 个小触手。

吻沙蚕在我国见于渤海、黄海、东海、南海北部湾。每年开春，渔民网中可捕获，其大量出现与对虾的洄游同步，此现象值得关注。

空心螺——螺旋虫（？）

空心螺赞　螺本非钱，何以中空？见者爱之，比孔方兄①。

空心螺，扁而白中带微红，状如一虫之盘，而虚其中。以绳贯之，直透。见者莫不称异。亦产外洋，予得之琉球舶人。

注释

① 孔方兄　古钱币的别称，又称孔方、家兄。古人用方棍穿起半成品铜钱进行修锉，以免其来回转动，于是铜钱中间就有了方孔。

考释

聂璜画的不是软体动物之螺，而是螺旋虫（spirorbids）的壳。左图为表面观，右图为固着面观。

螺旋虫属于环节动物门多毛纲螺旋虫科，营固着生活。虫体分节，具胸膜、疣足、刚毛和螺旋状的钙质壳。我国已报道近百种。螺旋虫是危害极大的海洋污损生物。

泥肠——螠

泥肠赞　石既有胆，地亦有肺，肠生泥中，类拟生气。

泥肠，亦名土猪肠。春月生海水浅泥间，形如猪肠。而中疙瘩处，散作垂丝①，吸水以为活。海人治此者，浸去泥，然后煮烂，加肉汁，为美味，清堪醒酒。

短吻铲夹螠

单环棘螠

考释

泥肠，亦称匙虫、土猪肠、看护虫、单环棘螠、海肠子、海鸡子，为螠的统称。

螠，由吻和躯干部组成。吻细长，可伸缩但不能缩入粗大的躯干部。躯干部不分节，具真体腔。其因吻腹面的沟槽呈匙状，故得名匙虫（spoon worm）。

典籍中曾称小蟹为螠。清·胡世安《异鱼图赞补》卷下引《雨航杂录》："螠，似彭蜞而小。"按，蟛蜞泛指蟹。典籍中的"缢女"一词为昆虫名。再后，依日用汉字，释为单环刺螠 *Urechis unicinctus*（von Drasche），其为螠虫动物门的经济种，在山东胶东一带俗称海肠子，又谑称海鸡子。此即为聂璜在"龙肠"条中谓"又有一种，似龙肠而粗，紫色，味胜龙肠，曰官人"者。

刺螠又名看护虫，此称译自英文 inkeeper worm。其栖管中共栖有双壳蛤、虾虎鱼、多种蠕虫等，这使之似被"看护"。

22

珊瑚　水母

刺胞动物门，亦名腔肠动物门。此类生物呈管状或伞形，为一端开口、另一端封闭的囊袋样动物，辐射对称或近似辐射对称，口端具许多触手，体壁由二胚层（外胚层和内胚层）组成，组织分化简单且以上皮组织为主，具特殊的刺细胞。有性生殖常经浮浪幼虫期。

习见的刺胞动物有水螅（hydra）、水母（jellyfish、nettlefish）、海葵（sea anemone、sea flower）、石珊瑚（stone coral）、黑珊瑚（black coral）、软珊瑚（soft coral）、柳珊瑚（gorgonian）和海鳃（sea pen）等。

《海错图》记3种水母和11种珊瑚纲动物。

《海错图》刺胞动物检索表

1. 水螅体具口道和隔膜；无水母体（珊瑚纲） ·· 2

　　水螅体无口道和隔膜；或具水母体 ·· 3

2. 水螅体具8个羽状触手（八放珊瑚类）　　鹅管石——笙珊瑚、泥翅——海鳃、珊瑚树——红珊瑚

　　水螅体触手非羽状，触手数目为6的倍数（六放珊瑚类） ································· 4

3. 中胶层无细胞；水母体具缘膜（薮枝虫除外） ··································· 水螅纲

　　中胶层具细胞；水母体无缘膜（钵水母纲）

　　　　　　　　　　　　　　　荷包蛇——海月水母、金盏银台——海蜇、蛇鱼——沙海蜇

4. 单体　　　　　　　　　　　　　土花瓶——中华近瘤海葵、石乳——等指海葵

　　群体 ·· 5

5. 具钙质骨骼　　　　石珊瑚——鹿角珊瑚、羊肚石——蜂巢珊瑚、松花石——柱群珊瑚、

　　　　　　　　　　海芝石——蔷薇珊瑚、荔枝磐石——刺孔珊瑚

　　具角质骨骼　　　　　　　　　　　　　　　海铁树——黑珊瑚

注

1. 古人把珊瑚视为珊瑚树、烽火树或水之木，或称其为珊瑚石，不知此为动物，还把角质骨骼的黑珊瑚与钙质骨骼的石珊瑚混为一谈。

2. 市售的白色"珊瑚"，是石珊瑚经加工后的骨骼标本。采来活珊瑚，不暴晒，在淡水中浸泡两天（不换水）。待其肉质部分（水螅体）腐烂，再用水彻底冲净，而后晒干，就会得到洁白、挺拔的珊瑚骨骼标本。其上的小孔或沟回，正是珊瑚杯。

一个石珊瑚群体，就是由无数珊瑚虫无性繁殖，聚集在一起形成的。每年珊瑚增加的高度可达数厘米。石珊瑚是热带典型的海洋动物，需要高温（最适水温25℃～29℃）、高盐（适宜盐度为27～40）、高透明度、硬底质的生活环境。

石珊瑚的生存依赖于体内共生的虫黄藻。每平方厘米的石珊瑚上皮中，虫黄藻可达一二百万个。这是珊瑚多姿多彩的原因。珊瑚大部分的营养来自虫黄藻光合作用产生的碳水化合物，同时珊瑚的代谢产物又为虫黄藻利用。

如若海水混浊，沉积物不仅能堵塞珊瑚，还影响虫黄藻光合作用的正常进行。这是在沉积物过多的河口区和水深超过50 m光线透入较少的深处，缺少大面积造礁石珊瑚的原因之一。

3. 刺胞动物因具刺细胞（nematocyte, cnidocyte, nematoblast, cnidoblast）而得名，而刺丝泡（刺丝囊，nematocyst, cnidocyst）则是刺细胞内的一个组成成分——细胞器。

游泳者不小心被蜇，如被蜇面积不大，可及时用热毛巾热敷，当晚或可免刺痛难忍之苦。若有心跳加快、出冷汗等症状，应及时送医院救治。

六放珊瑚

石珊瑚——鹿角珊瑚

　　石珊瑚赞　珊瑚石质，有空不丹①，稽②之典籍，疑是琅玕③。

　　石珊瑚，产海洋深水岩麓海底。其状如短拙枯干，而有斑纹如松花。其色在水则红色，出水则渐变矣。然亦有五色青、黄、红、赤、白④，各枝分派如点染之者，福州省城每以盆水养此珍藏。其质在深水则软而可曲，出水见风则坚矣〔一〕。其本则皆一石以为之根，今往往得者皆断，遂不解此物从何而生。

　　予得一石珊瑚，有圆石为根。细视，此圆石上安得生此？及研穷之，见根与石相连处有坚白如蛎灰者、曲折如虫状者数数，因想此物必因海中鱼虫或食蛎屑而不化，仍为所遗，则得鱼虫腹中生气，大者或变而为鹅管、羊肚等石，小者则发生枝柯或如树、如菌。得海中自得生气，故比之蛎灰而尤坚，俨同石质矣。此其理。

　　吾尝见塔顶顽岩，本无寸土，又无人植，常有大树生于其上。所目击者，如贵州道上飞云洞上树轮囷⑤结樛⑥，皆郁葱于苍岩数十仞之上。又雁宕、天台，多有巍然石峰之上，盘结古干虬枝⑦。夫以人植松柏子于腴土，不尽生植，而鸟鹊之遗乃能参天，必更得羽虫生气而然。

　　今海底之石，予得一石珊瑚之根，而亦以是理推之，不觉恍然有会于中。而或有起而议之者曰："此理未必尽然，未必尽然。庄生有言曰：'天地有大美而不言，万物有成理而不说。'⑧子何其凿耶？"余应之曰："若然，则理可不穷，物可不格，古今记载诸类书可尽焚矣。"⑨

　　按，石珊瑚，古无其名，惟《异鱼图》载："琅玕，青色，生海中。"云海人于海底以网挂得之，初出水红色，久而青黑。枝柯似珊瑚，而上有孔窍如虫⑩。击之有金石之声，乃与珊瑚相类。今石珊瑚出水果带红色，久而青黑，更久而枯则白矣。上果有窍眼，击之亦果有声，渔人果尝以网鱼之网牵挂得之。

　　又闻澎湖将军岙多有此石，舟泊此者，或没水抱之而起，大者高数尺。询其所得之人，云其石虽在海底，却向淡水而生。问何以海中有淡水？曰淡水乃海山根下涌出之泉，此石滋之以生，故有生处，有不生处，海中不偏有也。予谓取者但知此石得淡水而生，不知尤得地气而活。譬之胎在母腹，必得运动之气，始能潜滋暗长。今泉源之所出，即为地气之所冲，所以海中之石多有孔窍。巽为风，风为木，而文章见焉。故羊肚、鹅管、菌芝、石珊瑚并有花纹，皆气为之也，亦皆风成之也〔二〕。此其理。吾尝于河水生花讨论得之，而不谓海石亦如是也。琅玕，《本草》有图，仿佛似之。然《禹贡》璆琳⑪琅玕，当又是一种。南宋时，临海贡琅玕石三，皆交柯，即此物也，见《台州府志》。

鹿角珊瑚

注释

① 丹　红色。

② 稽　考核。

③ 琅玕（lánggān）　琅，金石相击声。琅玕，似玉的美石。此见《尚书·禹贡》："厥贡惟球琳、琅玕。"《尚书注疏》："琅玕，石而似玉。"本文称珊瑚为石，故《异鱼图》中的"琅玕"指青色的石珊瑚。

④ 五色青、黄、红、赤、白　正是虫黄藻共生之故。

⑤ 轮囷（qūn）　屈曲貌。

⑥ 结樛（jiū）　缠结。

⑦ 虬（qiú）枝　虬枝指盘曲的树枝。

⑧ 天地有大美而不言，万物有成理而不说　句出《庄子·知北游》："天地有大美而不言，四时有明法而不议，万物有成理而不说。"意为，天地有它宏大的美无须去宣扬，四季有它固有的规律无须去议论，万物有它现成之规定无须去讨论。

⑨ 若然……古今记载诸类书可尽焚矣　若如此，道理可不追究，万物的规律可不探求，那古今之类书又有何用？不如烧掉。穷：彻底追究。格：推究，探究。

⑩ 有孔窍如虫　聂璜注意到这点，难得。见考释。

⑪ 璆（qiú）琳　泛指美玉。

校释

【一】在深水则软而可曲，出水见风则坚矣　聂璜把角质骨骼的黑珊瑚或柳珊瑚与钙质骨骼的石珊瑚相混。

【二】皆气为之也，亦皆风成之也　无依据。

考释

传说河伯因大禹治水有功，献众多奇珍异宝。大禹只选3件，其一便是珊瑚。

《史记·司马相如列传》："玫瑰碧琳，珊瑚丛生。"汉·刘歆《西京杂记》："号为烽火树。"魏晋·曹植《美女篇》记："明珠交玉体，珊瑚间木难。罗衣何飘飘，轻裾随风还。"唐·韦应物《咏珊瑚》："绛树无花叶，非石亦非琼。世人何处得，蓬莱石上生。"诗中绛树指珊瑚。唐·元稹的诗词也多有珊瑚句："桂树月中出，珊瑚石上生。""烟轻琉璃叶，风亚珊瑚朵。"元·王冕《关无咎游金陵兼简丁仲容隐君》："珊瑚无根土花碧，露团玉树生流珠。"

至清·屈大均《广东新语》、清·李调元《南越笔记》等则视珊瑚为"水之木"。然而，典籍所记，从对颜色到形态的描述，多指海扇等角珊瑚之类。珊瑚"生于山"及为植物或矿物等的错误看法仍有延续。

珊瑚是石，是木，还是动物？18世纪，一位法国医生在不经意间把刚捞上来的珊瑚放在了勘察船的水桶里。几分钟后，珊瑚虫伸出，轻轻一触便缩回。因此，他认为珊瑚为动物。30年后，此看法才获认同。

民国·徐珂《清稗类钞·动物类》："海花石，为珊瑚虫类，《本草》谓之浮石。面有多数浅窝，纹如菊花，灰白色，坚硬如石。鞣皮厂中每以之磨皮垢，小者常供案头清玩。"海花石指的是石珊瑚。

依聂璜所绘，文中石珊瑚似鹿角珊瑚 *Acropora*。鹿角珊瑚属于六放珊瑚亚纲石珊瑚目，具坚硬的钙质外骨骼、一环为6的倍数的触手和隔膜、口道短且无口道沟。群体一般分枝，树木状、灌木状或平板状，极少呈皮壳或亚块状。鹿角珊瑚在我国分布于南海，常栖于水流湍急、水深 0.5～20 m 处，喜群集。

羊肚石——蜂巢珊瑚

羊肚石赞　初平一叱，石可成羊[①]，肉为仙食，肚遗道傍。

羊肚石，如蜂巢状，孔窍相连，花纹绝如羊肚，故名。大者高二三尺不等，更多生成人物、鸟兽之形。

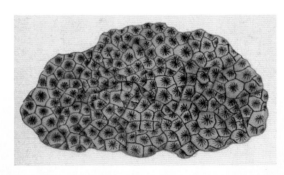

蜂巢珊瑚（自《南沙群岛渚碧礁珊瑚礁生物图鉴》）

① 初平一叱，石可成羊　　典出晋·葛洪《神仙传·黄初平》，是说牧羊童黄初平入金华山修炼成仙，能叱石成羊。

考释

此乃蜂巢珊瑚，为石珊瑚目蜂巢珊瑚科物种的统称。

其群体块状，外形呈半球状、圆饼状、板状或其他不规则形状。珊瑚杯角柱状，彼此紧密相连，状如蜂巢。体壁一般较薄，壁孔纵行排列，横板平直、规则。如标准蜂巢珊瑚 *Dipsastraea speciosa*（Dana），珊瑚骼融合成块状，珊瑚杯漏斗状，横截面呈不规则的多边形或略近似圆形，壁厚，隔片密。大杯深 9 mm 左右，直径 10 ~ 14 mm，约有 60 个隔片，1/2 的隔片与轴柱相连。生活时口道显绿色，其余均为黄色。标准蜂巢珊瑚广布于印度–西太平洋，在我国分布于台湾海域和南海。

松花石——柱群珊瑚

松花石赞　石上攒①松，窍窍相同，浸之于水，其脉皆通。

松花石，亦系蛎质所化〔一〕。石作细纹，周体有窍如松纹。养之于水，与羊肚石并能从孔中收水直上，故其石植小树常不枯也。此石，海人亦名羊肚石。

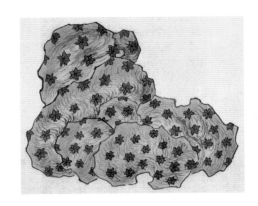 

柱群珊瑚

注释

① 攒　音 zǎn，积聚、积蓄；音 cuán，聚在一起，拼凑。

校释

【一】系蛎质所化　此为臆想。

考释

松花石可能是一种柱群珊瑚。柱群珊瑚为石珊瑚目星群珊瑚科柱群珊瑚属物种的统称。

罩柱群珊瑚 *Stylocoeniella guentheri*（Bassett-Smith），多为皮壳状、小块状或结瘤状群体。珊瑚杯小，直径约 0.8 mm，共骨上铺满小刺。隔片第1轮完全到达轴柱；第 2 轮不完全，有的呈小刺状。轴柱柱状。生活时群体呈棕褐色到灰绿褐色。罩柱群珊瑚在我国分布于台湾南部海域、广东沿海和南沙群岛海域。

海芝石——蔷薇珊瑚

海芝石赞　人间瑞草①，海底亦生，贡之清案，比于瑽珩②。

海芝石，其形片片，如菌如葽③，俱有细纹，灰白色，上面促花而下作长纹如菌片式。多生澎湖海底，与鹅管、羊肚、松纹、石珊瑚互为根蒂，而所发各异。

漳泉海滨比屋园林中堆砌如山，不以为奇，触目皆是，故不重也。予想海石必有一种药性，惜未究出，精于岐黄④者当为一辨。

蔷薇珊瑚（自《南沙群岛渚碧礁珊瑚礁生物图鉴》）

注释

① 瑞草　古代视灵芝之类为吉祥之草，或称仙草。

② 璁珩（cōnghéng）　玉佩。

③ 蕈（xùn）　树林里或草地上生长的伞状菌类植物。

④ 岐黄　相传黄帝和岐伯写成《黄帝内经》。后世把岐黄作为中医的代名词，称高明医家为岐黄再世。

考释

蔷薇珊瑚，为石珊瑚目鹿角珊瑚科蔷薇珊瑚属物种的统称。其骨骼呈块状、叶片状、分枝状或皮壳状。体壁多孔，无轴柱或轴柱仅微弱发育，共骨网状结构由竖直的小梁组成，并由薄的水平小梁相联系，表面多刺。

叶状蔷薇珊瑚 *Montipora foliosa*（Pallas），骨骼由螺旋状卷曲的玫瑰花瓣似的叶瓣组成，叶瓣边缘向上、向内生长。在叶瓣上共骨的瘤突状网结构排列成皱纹样，皱叶状骨骼为耳状或扇形。珊瑚杯直径约 0.75 mm，第 1 轮隔片 6 个针状、大小相仿，第 2 轮隔片发育不全。叶状蔷薇珊瑚在我国台湾海域和南海有分布。

荔枝磐石——刺孔珊瑚

荔枝磐石赞　魂魂礌礌①，石如荔枝，鱼畜其中，居然天池。

广东海中有一种石，若盘，质如荔枝之壳，绉而或红或紫，名曰荔枝盘。以之养鱼甚佳。屈翁山《新语》亦载。

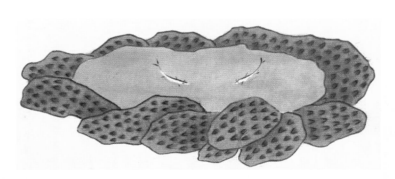
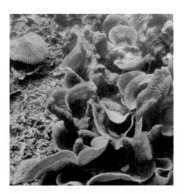

刺孔珊瑚（自《南沙群岛渚碧礁珊瑚礁生物图鉴》）

注释

① 磈磈礧礧　高低不平貌。

考释

聂璜用以养鱼甚佳的荔枝磐石，可能是一种刺孔珊瑚，属于石珊瑚目蜂巢珊瑚科刺孔珊瑚属。

薄片刺孔珊瑚 *Echinopora lamellosa*（Esper），骨骼由薄叶片组成；薄叶片或不规则卷曲，或不卷曲而呈钝漏斗形。珊瑚骨骼表面多刺花，珊瑚杯突出，使其外貌粗糙。珊瑚骨骼的下表面有纵沟，有的有小刺。珊瑚杯横截面呈圆形或椭圆形，稍突起，直径2.5～4 mm，合隔桁形成杯壁。隔片两侧有刺状颗粒，边缘有不规则刺花。珊瑚肋上亦有刺花。薄片刺孔珊瑚在我国东沙群岛、南沙群岛和海南岛海域有分布。

海铁树——黑珊瑚

海铁树赞　海中有树，非旌阳①铁，即便开花，妖龙不孽。

海铁树，生海底石尖上。小者长五六寸，高大者长尺余，有枝无叶，其质甚坚。初在水有红皮，出水经久则变黑，其干如铁线。渔人往往网中得之，雅客植之花盆，俨同活树扶苏②。案头清赏，亦美观也。以其坚硬，亦名海梳。

黑珊瑚

① 旌阳　指晋人许逊，曾任蜀旌阳县令，故称。

② 扶苏　亦作扶胥，树名。《诗·郑风·山有扶苏》："山有扶苏，隰（xí）有荷华。"

考释

清·赵学敏《本草纲目拾遗》："铁树花，海南出。树高一二尺，叶密而红，枝皆铁色，生于海底。谚云铁树开花，喻难得也。"

海铁树为黑珊瑚目黑珊瑚科物种的俗称。英文名 black coral。

常见的二叉黑珊瑚 *Antipathes dichotoma* Pallas，群体似矮灌木状，具黑色硬枝，不规则分枝或二叉分枝，较密集。末端的分枝不规律分布或无规则排列于分枝的一侧；末端小刺呈三角形，顶角尖而光滑；中部的刺呈压缩三角形，顶角钝而分二叉；基部的刺呈圆锥形，顶角钝、分二叉或突起如乳头状。珊瑚虫为柠檬黄色；触手拇指状，长度均等。

海铁树栖于水深 10 m 以深的坚硬基底上，高可达 3～4 m。其因独特的形态、斑驳的纹理、鲜艳的色泽和密实耐腐的质地等特点，成为雕刻的上好材料。其还有药用价值。海铁树在我国北部湾、海南岛、西沙群岛、中沙群岛和南沙群岛海域有分布。

石乳——等指海葵

> 石乳赞　谁母万物①，天一生水，结而成形，盂姜彼美。
>
> 石乳[一]，亦名岩乳。然有两种。圆头状如乳者，淡红紫点突起，无壳而软，可食。大柄而碎裂如剪者，虽亦同石乳，而名猪母奶，亦淡红色，味腥不堪食。皆生海岩洞隙阴湿处。潮汐经过，初生如水泡，久之成一乳形。

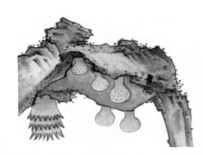

等指海葵（自李阳）

纵条矶海葵（自李阳）

注释

①万物 泛指宇宙的一切事物，狭义指地球的一切事物。

校释

【一】石乳 此有歧义，撮嘴亦名石乳。参见"撮嘴——藤壶"条。

考释

聂璜绘石乳，示触手伸展（左侧1个）和收缩后呈乳头状（右侧5个）个体。

民国·徐珂《清稗类钞·动物类》曰："菟葵，为珊瑚虫类之一种。其状如菟葵之花，故亦名菟葵，或曰菟葵蒂。其体为圆筒形，大如拇指，一端附着礁石，周围生多数触手，用以取食。平时触手敛缩，形如花蕾，全体柔软，实为珊瑚虫之无骨骼者也。"此确为真知灼见。

海葵是海葵目与群体海葵目之通称，属于刺胞动物门珊瑚纲六放珊瑚亚纲。海葵目动物为单体，触手位于口盘外缘，触手和隔膜数目常为6的倍数，常具2个口道沟，基盘有或无。其营固着或附着生活。海葵软而美丽的触手充分伸展时，犹如海中生机勃勃的向日葵或菊花，又俗称海菊花、沙筒。日本称之为矶巾着。英文名 sea anemone。

等指海葵 *Actinia equina*（Linnaeus），体鲜红色到暗红色，特征明显。足盘直径、柱体高和口盘直径大致相等，通常为2~4 cm。柱体光滑。触手100个左右，按6的倍数排成数轮。等指海葵为全球广布种，在东海的南麂列岛密度大。其主要附着于中低潮区的礁石缝隙、大石块表面或石块底部，所附着礁石多呈与其颜色相近的红褐色。

土花瓶——中华近瘤海葵

土花瓶赞　南海观音，不愿修行，杨柳枯焦，抛却净瓶①。

土花瓶，产海涂泥中，深二三尺，讨海者迹其孔取之。此物虽无头足，灵性独异。掏摸将近，骤拔可得，少缓则缩入泥内不可问矣。

其形绝似净瓶，长者可五六寸，上有小孔，似其口也。其色粉红而带绿，头上乱丝花斑，在水摇曳如开巨笔彩毫。无水处如肠一段，中有小肠有土【一】，余皆膏液，如章鱼头中脑也。烹食味同土肠【二】。

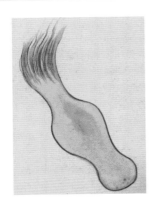 

中华近瘤海葵

注释

① 净瓶　以陶或金属等制，用以盛水或洗濯用的器具；又称水瓶或澡瓶，传说是比丘十八物之一，也是千手千眼观世音菩萨第四十手所持之物。

校释

【一】中有小肠有土　消化循环腔中具许多隔膜，隔膜上有隔膜丝且连接着生殖腺，此所谓之小肠，有可能指此系隔膜和生殖腺。

【二】土肠　在《海错图》中再未出现。可能泛指"龙肠"，见"龙肠"条。

考释

聂璜所绘图似中华近瘤海葵 *Paracondylactis sinensis* Carlgren。中华近瘤海葵属于海葵目海葵科近瘤海葵属，在浙东沿海一带又叫海卵，被乡人称为海沙线，在民间还有涂蒜、沙蒜、沙噗的称呼。

中华近瘤海葵体长，极宜伸缩。最大个体柱体高约 17 cm，足盘直径 3.5 cm，口盘直径 6 cm，触手长 3 cm。柱体光滑，不具疣突。领部有一轮假边缘球，48 个左右。触手 96 个，较短；内触手略长于外触手。中华近瘤海葵栖于潮间带或浅潮下带泥沙滩中。该种的模式产地为我国东海长江口。其在山东、江苏、浙江、海南等沿海均有发现，也见于印度、越南和日本。

八放珊瑚

鹅管石——笙珊瑚

鹅管石赞　本是腐蛎，忽得生气，纹成鹅管，活泼泼地。

鹅管石，其孔细密如鹅管。总皆朽蛎，年久则化为石。石上水皮积久则空洞成文。[一]

笙珊瑚（自《东沙八放珊瑚生态图鉴》）

校释

【一】总皆朽蛎，年久则化为石。石上水皮积久则空洞成文　错误说法。见考释文。

笙珊瑚示意图

考释

《海错图》之鹅管石，极似笙珊瑚。

笙珊瑚 *Tubipora musica* Linnaeus，别名管石，英文名 organ-pipe coral，属于八放珊瑚亚纲软珊瑚目根枝珊瑚亚目。整个珊瑚体呈半球形或团块形，表面平坦。其珊瑚虫具 8 条绿色、蓝色或绿褐色的羽状触手，其外骨骼为红色、径 1~2 mm 的细管。许多直立的红色细管排列成束状，并与横向板结合成笙状，其故称笙珊瑚。笙珊瑚通常栖于波浪稍强的浅水域，以浮游生物为食，不易被辨认。其分布在印度洋中部至太平洋西部沿岸，在我国台湾海域和南海亦有分布。

珊瑚树——红珊瑚

珊瑚树赞　玟瑁砗磲，亦产海岛，何若珊瑚，人间至宝。

《海中经》云："取珊瑚，先作铁网沉水底。珊瑚从水底贯中而生，岁高二三尺，有枝无叶。因绞网出之皆摧折在网，故难得完好者。汉积翠池中有珊瑚，高一丈二尺，一本三柯，云是南越王尉佗所献，夜有光景。晋石崇家有珊瑚①，高六七尺，今并不闻有此高大者。"《汇苑》云："珊瑚，生大海有玉处。其色红润，可为珠，间有孔者，出波斯国、狮子国。以铁网沉水底，经年乃取。"《本草》云："生南海，今广州亦有。"又云："珊瑚初生磐石上，白如菌，一岁黄，三岁赤。以铁网取，失时不取则腐。入药去目中翳。"《异物志》云："出波斯国，为人间至贵之宝。"诸书之所论如此。

又考《四译考》，安南产赤、黑二种，在海直而软，见日曲而坚。爪哇、满剌加、天方国皆产珊瑚。而三佛齐海中深处，云珊瑚初生白，渐长变黄，以绳系铁猫[一]取之，初得软腻，见风则干硬，变种色者贵。此皆西南海中所产。至考西番贡献诸国，不近海亦贡珊瑚，岂陆地亦生耶？博雅君子当为考辨。

珊瑚之根亦生磐石上，如石珊瑚状。康熙初，闽广东一守令得之，以此兆衅②珊瑚有根，竟传为奇，张汉逸述之甚详。

赤珊瑚为大珠，日本人最爱，不惜数百缗③易一粒，佩之于身，云可验一身吉凶[二]。富贵康宁，则珊瑚红光璀璨。倘其人不禄，则珊瑚渐白暗而枯燥矣。故番人珍之。

鼎革④以后，京师民间多得断折珊瑚，长尺或七八寸、五六寸者。冬月，攒竖元炉以夸兽炭，周布宝石以像活火，下填珠玉以状死灰，俨然毁玉作薪，以真珊瑚而仿佛于炊爨⑤之余。

数年之后，天下大定，官民护惜环宝⑥，商贾争售珍异。国制朝服披领之上，必挂念珠、珀香而外，以珊瑚为贵。凡民间蓄得珊瑚，皆琢而成珠，所尚既繁。而珊瑚不可多得，乃有造珊瑚者。出其误想，取材匪夷所思，非土非石，非角非牙，亦非烧料。盖所取者废弃碗瓷，造者遍拣粪壤泥淖之间，择其底足厚者，以水净之，剖令玉工，摶而圆，琢而细，磨铤滑泽，然后孔之，煮以茜草⑦，煨以血，竭其浅绛之色，正与珊瑚等，穿为念珠，亦坚亦重，亦滑腻而华美，饰以金玉，缀以丝锦，货于大市，虽良贾不能辨。假珊瑚冒真珊瑚之名，而竟得与珠玉争光。噫！鬻石在笥，则卞氏长号⑧。诚伪颠倒，岂独一珊瑚之真假为然哉！

红珊瑚

注释

① 晋石崇家有珊瑚　此典亦见"红蟹——中型中相手蟹"条。

② 兆衅　烧灼甲骨所生的裂纹，卜者视其明晦以占吉凶。

③ 缗（mín）　货币的计量单位。铜钱的基本单位为文和贯（缗），1贯合1000文。

④ 鼎革　旧时多指改朝换代。

⑤ 炊爨　烧火煮饭。

⑥ 环宝　环乃中央有孔的圆形佩玉。此指中央有孔的圆形红珊瑚。

⑦ 茜草　一种植物，根可做红色染料。

⑧ 鹭（燕）石在笥（sì），则卞氏长号　鹭同"燕"。笥，系盛饭或衣物的方形竹器；卞氏言及和氏璧。这里说的是将像玉的燕石置于笥，却不识卞氏美玉，即聂璜所谓"诚伪颠倒"。

校释

【一】猫　聂璜笔误，应为"锚"。

【二】可验一身吉凶　此为臆想。

考释

先秦记珊瑚。《说文·玉部》："珊瑚，色赤。生于海，或生于山。"这里，被视为玉者，当属红珊瑚。

聂璜所绘之珊瑚树，为八放珊瑚亚纲红珊瑚科红珊瑚属。

红珊瑚群体常呈灌木状分枝，最大群体高约45 cm。群体有坚固的轴支撑，由角质物质和碳酸钙紧密结合，没有中心孔。分枝表面生有许多水螅体，即珊瑚虫。珊瑚虫位于球形或矮疣状的珊瑚萼中，触手8条，触手上和皮层中富含骨片。皮层和轴为深红色；骨骼和中轴坚硬，也呈不同程度的红色。如瘦长红珊瑚 *Pleurocorallium elatius*（Ridley），群体分枝在同一平面上扩展，小枝末端瘦长。分布在我国广东沿海一带，为国家一级重点保护野生动物。

泥翅——海鳃

泥翅赞　弱肉吸土，性秉于阳，其中有骨，外柔内刚。

泥翅，约长四五寸，吸海涂间，翘然而起。头上有一孔似口，全体紫黑色，根下茸茸之翅若毛，如鱼腮[一]开花，亦作腮腥。初取之时软而不坚，若洗去其泥沙而搓揉之，则鼓其气而起。食者剔去翅，剖去其沙，内有骨一条，可以为簪。同猪肉煮食，殊脆美。温州称为沙蒜[二]，福建称为泥翅。连江陈龙淮《海物赞》内载此，闽中别有土名。

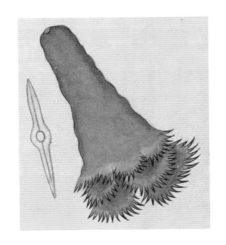

海鳃（自李阳）

校释

【一】腮　实为辐射排列的次级螅体。

【二】温州称为沙蒜　此与泥蒜有别，参见"泥笋——沙虫——方格星虫（？）"条。

考释

海鳃，属于八放珊瑚亚纲海鳃目，广布于热带到两极的浅海至深海。海鳃为肉质的群体，常呈浅红色或红紫色，能发磷光。其由轴状的初级螅体（口和触手退化，仅剩一角质棒以加固）和辐射排列其上的有8个触手的次级螅体组成，以初级螅体的柄固着于软底质中。次级螅体内部相互连通。遇危险时能迅速收缩，以避敌害。

聂璜所绘似斯氏翼海鳃 *Pteroeides sparmannii* Kölliker，其在台湾名斯氏棘海鳃。

海鳃骨针中间无孔，聂璜所绘带孔骨针为臆想。

水母与海蜇

古籍中水母与海蜇常通用。依字义，海中可蜇人之虫谓海蜇。水母具刺细胞，当受刺激时，其刺丝便可射出，注以毒汁。古籍中，水母又被称为蚱（zhà）或鲊，依字形意为虫或虾之宅。古人认为，水母为虫或虾（水母虾）之宅，并误认为海蜇以虾为目。依形似，水母或通圆如镜而称海镜、石镜，或似羊胃而名羪、蝫、鲼等。其也因出没于河口被叫作江蜇。此外，水母还有海蛆、海舌、蚱、鲊鱼、樗蒲鱼、海鼦等异名。

今，水母为刺胞动物门和栉水母动物门生物之通称。水母多呈钟状或伞形，体透明，除十字水母外皆浮游于水中。水母已包含水螅水母、海蜇等钵水母，乃至栉水母等体透明、多适于浮游的二胚层动物。

金盏银台——海蜇

金盏银台赞　王母龙婆，大会蓬莱，麻姑进酒，金盏银台。

蚱鱼[①]，闻自四月八日，有大雨则繁生海中。每雨一点作一水泡，即为蚱之种子[一]。余日以后，虽生而不繁，且闻多不成形。或有红头而无白皮，或如荷包蚱之类，皆不能长养者也。蚱之初生形全者，瓯人干之以配肉煮，甚薄脆而美，名曰金盏银台。

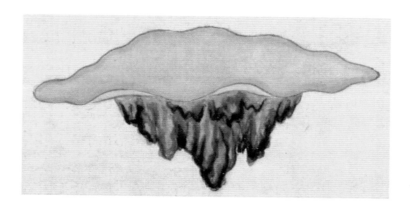

海蜇

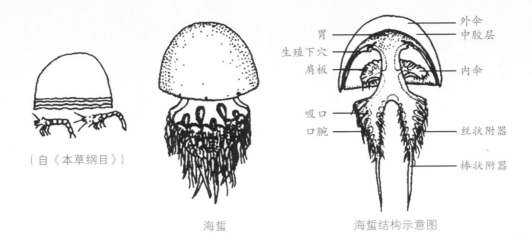

（自《本草纲目》）

海蜇

海蜇结构示意图

胃　生殖下穴　肩板　吸口　口腕
外伞　中胶层　内伞　丝状附器　棒状附器

注释

① 蛇鱼　亦称蛇，常与水母、海蜇混用。

校释

【一】每雨一点作一水泡，即为蛇之种子　并非如此。

考释

聂璜所述之金盏银台，应是经济价值高的（食用）海蜇，与沙蜇有别。依自然分布，其数量明显较沙蜇少，即聂璜所谓"生而不繁"；而沙蜇则容易暴发形成水母灾害。从口味上，海蜇食之清脆爽口，故聂璜称"甚薄脆而美"；而沙蜇则口感较差。在触手的颜色上，二者亦可区别，海蜇触手为红色，沙蜇多为灰白色或浅褐色。此外，海蜇外伞表面光滑无突起，有的口腕末端具棒状附器；而沙蜇外伞表面具密集粒状的凸起，口腕末端无棒状附器。

海蜇 *Rhopilema esculentum* Kishinouye，属于钵水母纲根口水母目根口水母科海蜇属，俗称面蜇。其因非海蜇属的模式种，故中文名宜译为食用海蜇。日本借用汉字称其为备前水母。

海蜇生活时通常为浅蓝色至青蓝色。伞呈半球形，直径一般为 25 ~ 45 cm，最大者直径 50 cm 左右。伞体厚，边缘渐薄。外伞表面光滑，无突起；内伞有发达的呈同心圆排列的环肌。伞缘无触手，口腕愈合，有时口腕及肩板呈红褐色，吸口褐色。生殖腺黄色。口腕末端具丝状和棒状附属物。海蜇浮游于近岸水域，尤喜栖于河口附近，最适水温在 20℃ ~ 24℃。

蛇鱼——沙海蜇

蛇鱼赞　水母目虾，暂有所假，志在青云，但看羽化。

蛇鱼，吴俗称为海蜇，越人呼为蛇鱼，亦作鲊鱼，以其聂而切之[1]也。又名樗蒲鱼。《字说》云："形如羊胃，浮水，以虾为目，故亦名虾蛇。"《尔雅翼》曰："蛇生东海，正白，蒙蒙如沫，又如凝血，生气物也。有知识，无腹脏。"

予客瓯之永嘉，每见渔人每于八月捕蛇。生时白皮如晶盘，头亦肥大，甚重。贾人以矾浸之则薄瘦，始鬻。闻此物无种类，绿水沫所结。然闽中诸鱼俱由南而入东北，惟蛇鱼则自东北而入南。秋冬时东北风多，则网不虚举。然亦有候，或一年盛，或一年衰，大约雨多而寒则繁生。

予客闽，有网鲜蛇者，剖其头花[2]，中有肠胃血膜。多鬻之市，以醋汤煮之，甚可口。多时亦晒干，其脏可以久藏，配肉煮亦美。《尔雅翼》云无腹脏，误矣。

《岭表录》谓："水母目虾。"水母，即蛇鱼也。称其有足无口眼，大如覆帽，腹下有物如絮，常有数十虾食其腹下涎，人或捕之即沉，乃虾有所见。《尔雅》所谓水母，以虾为目者也。食腹下涎，故当在其旁，益足验渔人之言为不诬。《汇苑》不识水母线及聂切之蛇鱼也，而曰澄烂挺质，凝沫成形，谬甚矣！

蛇以虾为目，诸类书皆载，即内典《楞严经》[3]亦有其说，以是淹雅之士[4]莫不咸知。然未获睹其生状，终不能无疑。夫以虾为目，见典籍者尚不能无疑。

今闽海更有蛇鱼化鸥之异，人益难信。乃予取海错中诸物之能变者证之，如枫叶化鱼，已等腐草之为萤，若虎鲨化虎，鹿鱼化鹿，黄雀化鱼，乌鲗化乌，石首化凫，原有变化之理。合之蝗之为虾，螺之为蟹，则信乎蛇能变鸥不独。[一] 雉蜃雀蛤[5]之征于《月令》者而已。予故以蛇终蠊虫，而以鸥始羽虫云。

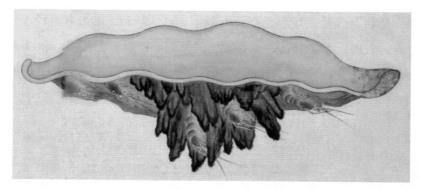
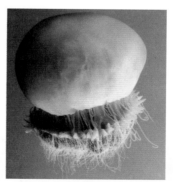

沙海蜇

注释

① 聂而切之 《礼记·内则》："聂而切之为脍。"

② 头花 是由簪发展而来的首饰，在海蜇中泛指其口腕部。

③《楞严经》 是一部具有重要影响力的佛家经典，被称为一部佛教修行大全。

④ 淹雅之士 潜心学问、风度高雅的人士。

⑤ 雉蜃雀蛤 明·张岱《大易用序》："雉入大水为蜃，雀入大水为蛤，燕与蟹入山溪而为石，变飞动而为潜植，此不善变者也。"大水，即大海。蜃，大蛤蜊。此说生物之化生。

校释

【一】乃予取海错中诸物之能变者证之……则信乎蛇能变鸥不独　此皆化生说之谬。参见海洋化生说部分。

考释

依聂璜所绘、所述，该蛇鱼当为沙海蜇 *Nemopilema nomurai* Kishinouye，属于根口水母目口冠水母科沙海蜇属，别名沙蜇。日本称之为越前水母。

沙海蜇，为我国黄海、东海经常暴发的一种水母。其伞盖直径可达 2 m，重可超过 100 kg，是较大的水母。在我国，每年 8～9 月，其大量出现在黄海，成为最大的优势种群。沙海蜇有一定的食用价值。

我国有关沙海蜇学名的使用混乱，有用口冠水母属中的 *Stomolophus meleagris* 作为其学名的，还有采用 *Stomolophus nomurai* 的。

荷包蛇——海月水母

荷包蛇赞　近玩掌上，包如带如，远望水中，沧海遗珠。

荷包蛇，其色味同蛇鱼无异。上有一孔，而旁垂四带，形如荷包，故名。三四月海中始有，盖蛇鱼[①]溢液而散著者也，体同蛇，皮易化为水。海人就近网得即食之，不能远鬻于市。其食法，用油一炒即速食，迟则化水无有矣。

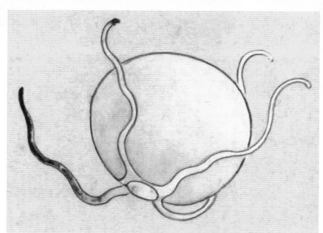

海月水母

注释

① **蛇鱼** 亦俗称为海蜇或水母。

考释

聂璜所绘图翻转后（中图），形似海月水母。

三国吴·沈莹《临海水土异物志》："海月，大如镜，白色正圆，常死海边。其柱如搔头大，中食。"明·杨慎《异鱼图赞》卷四曰："海物正圆，名曰海月。指如搔头，有缘无骨。海赋江图，藻咏互发。"故有缘无骨之海月指海月水母。明·屠本畯《闽中海错疏》卷下："海月，形圆如月，亦谓之蛎镜。"此有歧见，"大如镜"者当为水母，而"蛎镜"则指窗贝。

海月水母 *Aurelia aurita*（Linnaeus）属于水母纲旗口水母目洋须水母科。其浮于海中，酷似海中之圆盘状的月像，因而得名。日本借用汉字称其为水水母。海月水母伞部直径 10～30 cm，无缘膜。伞中央具一方形口，口的四角各具1条下垂的口腕（即"旁垂四带"）。生殖腺4个，马蹄形。其用口腕捕捉浮游生物为食。海月水母在世界各海洋均有分布，在我国分布于渤海、黄海、东海。

23
夜光虫

负火——夜光虫

> 鲎蟹龟鳖[一]螺蚌蚶蛤鱼虾负①火赞　南离炎海，火沸狂澜，鳞介乐浴，冬不知寒。
>
> 闽中有一种小鱼虾，晦②夜有光如萤。而南海鲎蟹等，夜间在海滩——皆有一火。渔人每取一火，则得一鲎蟹之属，盖海中实有火也。
>
> 屈翁山《新语》云："海中夜行拨棹，则火花喷射。"故元微之《送客游岭》诗有："曙朝霞睒睒，海火夜燐燐[二]"之句。

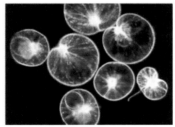

夜光虫

注释

① 负　驮，背。
② 晦　农历每月的末一天或指昏暗的夜晚。

校释

【一】鳖　海中有龟无鳖，故此处"鳖"系误用。参见"璕（玳）瑁——玳瑁"条。

【二】曙朝霞睒（shǎn）睒，海火夜燐燐　睒睒，眨巴眼，闪烁。唐·元稹（779—831）《和乐天送客游岭南二十韵》原句："曙潮云斩斩，夜海火燐燐。"

考释

聂璜所谓之"火"即"海火"。"海火"取自唐·元稹诗句："曙潮云斩斩，夜海火燐燐。"

清·李调元《南越笔记》卷十："海鳛出，长亘百里。牡蛎蚌蠃积其背，崒屼如山。舟人误以为岛屿，就之往往倾覆。昼喷水，为潮为汐。夜喷火，海面尽赤，望之如天雨火。"

在近海漆黑的夜晚，渔船穿过海面的带光尾迹，冲出海面的带着火星的鱼儿，拍击海岸的浅蓝色带光的浪花，鲨、蟹、龟、螺、蚌、蚶、蛤、虾负火，以及梦幻的"荧光海滩"，均为"海火"奇景。当海水中发光浮游生物聚集或暴发性繁殖时，在受到外力冲击的情况下，即可发光。

夜光虫 *Noctiluca scintillans* Kofoid et Swezy，俗称海耀、蓝眼泪，是一种具生物发光能力的海洋单细胞动物，属于腰鞭毛虫（又称甲藻），广布于全球光照充足的海岸带、河口和陆架浅海。其细胞呈气球状，直径 0.5～2 mm，有1根细小的鞭毛和1根原生质突起的粗大触手，近腹沟处具一大的细胞核。细胞质大部分无色透明，常充满大的食物泡。细胞边缘存在微小类胡萝卜素球。夜光虫大多行异养，以细菌、硅藻、原生动物、桡足类卵和无节幼体及鱼卵为食。某些热带和亚热带种群内含一种青绿藻（Prasinophyceae），可依靠其产生的营养物质生活，在食物充足时也会摄食。其大量聚集时可形成赤潮，但无毒。

夜光虫发的光，是一种生物冷光，和热没有关系。其细胞质内含有荧光素酶，受到机械刺激时而发光。夜光虫发出的这种冷光微弱，在月光下会被掩盖，只在漆黑的晦夜才闪亮如萤，因此常被称为海光（sea sparkle）或海火（sea fire）。

24

海洋植物

聂璜写、绘海洋植物，有褐藻的海带——昆布和海带、海藻——羊栖菜，红藻的红毛——红毛菜、紫菜、冻菜——小石花菜、石花——石花菜、鹿角菜——海萝，以及绿藻的海苔——浒苔、海头发——软丝藻、海裙布——裂片石莼等。

海带——昆布和海带

> 海带赞　龙王号带，若玄若黄，飘飘海上，旗旒[①]央央。
>
> 海带，产外海大洋[一]。光边者在水时杏黄色，阔七八寸。毛边者红黑色，阔半尺，并约长一二丈不等[二]。出水干之，皆作黄绿色，其状如旗如带。毛边者，其尖两短一长，如火焰旗式，尤奇。
>
> 古人作海赋者，若孙兴公、木华子、张融[②]等不一。所赋之物，皆虚空摹拟，未能亲见奇物也。使得睹海带，文坛尤当拔帜[③]。

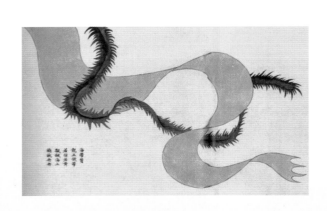 

昆布（中）和海带（右）（自孙忠民）

注释

① 旟旐（yúzhào） 泛指旌旗。

② 孙兴公、木华子、张融　孙兴公，名绰，字兴公，东晋人，博学善文。木华子，西晋人，擅长辞赋；今存《海赋》一篇，为南朝梁·萧统《文选》选录。张融，南朝齐文学家、书法家。

③ 拔帜　树帜，别开生面。

校释

【一】产外海大洋　近海也有昆布和海带生长。因闽浙一带不产海带（现有养殖），所以古人猜其产于外海。

【二】阔半尺，并约长一二丈不等　藻体没有这么宽，也没有这么长，估计为聂璜未见实物，想象而来。

考释

《海错图》里，"毛边""红黑色"的可能是昆布 *Ecklonia kurome* Okamura，而"光边""在水时杏黄色"的可能为海带 *Saccharina japonica*（Areschoug）C. E. Lane, C. Mayes, Druehl & G. W. Saunders。

三国魏·吴普《吴普本草》："（纶布），一名昆布。"清·吴仪洛《本草从新》："出闽越者，大叶如菜。"纶，在此音 guān。我国古代不产海带，但有进口海带用作中药原料者。"出闽者"应该指分布于东海的昆布，然而"昆布""海带"多相混称。清·吴其濬《植物名实图考》卷一八绘昆布和海带，两词使用始见有别。

昆布，固着器为粗壮分枝的假根；柄圆柱形；叶片中央较厚，两侧具羽状的舌形叶；通体深褐色，干燥后变黑。昆布仅产于我国浙江和福建水质清澈的外海。

海带，一般长 50～150 cm，宽 10～40 cm；固着器呈分枝的假根状；柄下部圆柱状，上部变扁；叶片狭长，边缘呈波状；通体橄榄褐色，干燥后变为深褐色或黑褐色。海带于 20 世纪 30 年代从日本始引入，后大规模养殖成功。海带曾和 *E. kurome* 统称为"昆布"，而日本所称的"昆布"其实为海带。

昆布和海带都可食用或药用，有治热症、腹泻、便血等功效。海带已经成为我国重要的蔬菜。

海藻——羊栖菜

海藻赞　鱼之所潜，诗咏在藻①，海药有名，更载本草。

《本草》称："海藻，海中菜也。能疗瘿瘤结气，与青苔、紫菜同功。"予尝试之，海藻尤妙。

羊栖菜（自孙忠民）

注释

① 诗咏在藻　藻咏，指诗文。晋·左思《魏都赋》："图以百瑞，绰以藻咏。"

考释

藻，水生植物。《诗经·召南·采蘋》："于以采藻？于彼行潦。"何处采藻？就在那浅沼。海藻，即海洋藻类。

晋·郭璞《尔雅注》曰："药草也，一名海萝。如乱发，生海中。"南朝梁·陶弘景《本草经集注》："（海藻）生海岛上。黑色如乱发而大少许，叶大都似藻叶。"此处"海藻"有歧义。

聂璜所绘为羊栖菜 *Sargassum fusiforme*（Harvey）Setchell。清·陈汝咸《漳浦县志》："羊栖菜，生海石上。长四、五寸，色微黑。"中药中的海藻，多泛指褐藻的种类，以羊栖菜最为常见。

羊栖菜，黄褐色，肥厚多汁。固着器为假根状，柄为直立圆柱形。叶多为棒状或细匙状。气囊纺锤形。其生长于高潮线下部的岩石上，在波浪冲击的潮间带生长茂盛。夏天水温升高，藻体腐烂，基部于次年春天可重新发芽生长。其在我国北至辽东半岛、南至雷州半岛都有分布，但是，近年来由于生境遭破坏，只有外海岛屿才易找到。

羊栖菜是一种经济海藻，北方人用来蒸包子、炖肉。南方人常将其和鱼一起煮食，或将其蒸煮后做包子馅。另外，羊栖菜也可药用，广东常用以泡茶解暑。日本人常把它蒸煮后，和豆腐皮、酱油、料酒等一起煮炒，这是生活中重要的小菜。

红毛——红毛菜

红毛赞　松针映日，茜草披风，明察秋毫，拟之游龙。

闽海有一种红毛菜，细如毛而红，如鹿角菜而赤，色各异。熟水泡之，以油醋拌食。

红毛菜（自孙忠民）

考释

清·胡鼎等主修《海澄县志》记"发菜"："生海石上，色赤，丝丝如散发。自紫菜以下，海滨自然之产，非蔬圃中物，实蔬属也。"

聂璜所称"红毛"应为红毛菜 Bangia fusco-purpurea（Dillwyn）Lyngbye。其藻体直立生长，线状，不分枝，紫红色，近基部部分由单列细胞所组成，中上部分则由多列细胞组成。红毛菜生长于中、高潮带的岩礁、竹枝、木头或其他藻体上，生长季节一般比紫菜略为早些，盛产于我国东南沿海。

福建莆田的渔民常将其搓成长绳状，以鲜品或晒干后出售。将其剪成碎段，在锅中油煎，然后蘸酱油食用。红毛菜也可煮汤。

紫菜

紫菜赞　海石生衣，其名紫菜，吴羹清味，用调鼎鼐①。

《本草》云："紫菜，附石生海上，正青，取干之则紫色，南海有之。凡食，忌小螺，损人。"

按，紫菜以冬者为佳，不但味厚，无小螺，洁净为妙。交春则螺藓杂生②，而味亦减矣。

紫菜（自孙忠民）

注释

① 鼎鼐　指古代的两种烹饪器具，比喻指掌执朝政的大臣。

② 螺藓杂生　指动植物杂质，螺藓指小蛤、苔藓虫及杂藻等。

考释

北魏·贾思勰《齐民要术》："吴都海边诸山，悉生紫菜。"唐·孟诜《食疗本草》："紫菜，生南海中，正青色。附石，取而干之则紫色。"明·闵梦得《漳州府志》："紫菜，一名索菜。以其子月生，故亦谓之子菜。"

这里的紫菜，应为坛紫菜 *Pyropia haitanensis*（T. J. Chang et B. F. Zheng）N. Kikuchi et M. Miyata，因发现于福建省平潭县海坛岛而得名。其藻体披针形、亚卵形或长卵形，暗绿紫色且带褐色；基部为心脏形，少数为圆柱形或楔形；边缘无皱褶或稍有皱褶。叶状部分的细胞为单层，局部为两层。

坛紫菜多生长于风浪较大的高潮带岩石上，亦能长在人工养殖的竹筏和网帘，是我国特有的暖温带性海藻，也是我国南方重要的养殖海藻物种。

冻菜——小石花菜

冻菜赞　冻菜之微，等于溪毛，穷民生计，利析秋毫①。

冻菜者，蛎壳浸于潮水得受阳曦便生绿毛[一]，海人连壳取而晒干以售于市。闽人洗而煎之，去壳漉汁，凝之为冻，故名冻菜。

夫石上之毛，不能熬冻，而必取蛎壳之毛者，其肥泽在壳，故其毛可用。然止土人食之，不及四方，价贱不足重耳。

夫冻菜之生于海也，其理甚微，而吾必附于海错者，何也？盖以海中蛎质变幻无穷[二]，或凝而为山，或化而为石，或滋之以结花，或聚之以肥藻，冻菜其一节也。

小石花菜（自孙忠民）

注释

① 利柝（tuò）秋毫　形容管理财务极细心、精明。柝，古同"拓"，开拓；秋毫，鸟兽在秋天新长出的细毛。

校释

【一】绿毛　不应该为绿色，估计为聂璜的猜想或笔误。

【二】海中蛎质变幻无穷　过分夸大了"蛎质"的功能。可能聂璜对海水营养成分理解不足，笼统定义为"蛎质"。海藻的生长依赖于氮、磷等营养盐，蛎壳只是附着基。

考释

《海错图》中的冻菜，是一些古书上所说的石花菜类。

明·何乔远撰《闽书》："石花菜，生海礁上。性寒，夏月煮之成冻。"清·陈汝咸《漳浦县志》："石花菜，生海礁中。叶如蜈蚣脚，性寒。六月煮之，凝如冰。"清·胡鼎等《海澄县志》："（石花）生海屿中，性寒，夏月煮之成冻，并可入蜜品，患痔者服之甚佳。"

依《海错图》的描述，本种可能为石花菜属的小石花菜 *Gelidiophycus divaricatus*（G. Martens）G. H. Boo, J. K. Park & S. M. Boo。其藻体紫红色，矮小，密集错综地生在一起，匍匐倾卧，质软。小石花菜生长于中潮带的岩石、藤壶或贝壳上，常大面积长在一起。全国沿海都有分布。

福建、浙江和广东一带居民多采集小石花菜，将其洗净，煮成溶胶，过滤后加糖，有时还加入果汁，之后使之冷却成凝胶。这是夏季很受欢迎的清凉食品。煮出的胶质可用作糊料。

石花——石花菜

石花赞　非桃非李，不叶不干，石上奇葩，天女所散。

石花，生外海石岩上，有蛎屑泥沙潮水推聚处。闽中亦称为番菜，以其不产内海也。其形扁而斑赤，多芒而软。吾浙多熟之为冻菜为虀[①]，食之佳味。

张汉逸曰："吾浙中有三种菜，皆可为冻。石花及蛎壳所生冻菜是两种，大鹿角菜亦堪熬冻。海乡简朴，多取蛎壳之毛煎熬，故得专冻菜之名。"

石花菜（自孙忠民）

注释

① 虀（jī）　细切后用盐酱等浸渍的蔬菜。

考释

聂璜所说"生外海石岩上，有蛎屑泥沙潮水推聚处"的石花，即石花菜 *Gelidium elegans* Kützing。而"吾浙中有三种菜，皆可为冻"所说，推测为石花菜、小石花菜和角叉菜。文中还注明石花菜有别于蛎壳所生的小石花菜。但上左图应是聂璜根据南海产的麒麟菜类 *Eucheuma* 而画。

明·李时珍《本草纲目·菜四·石花菜》〔集解〕："时珍曰，石花菜生南海沙石间，高二三寸，状如珊瑚。有红、白二色，枝上有细齿。"清·胡鼎等《海澄县志》："（石花）生海屿中。性寒，夏月煮之成冻，并可入蜜品，患痔者服之甚佳。"

石花菜，藻体紫红色，直立丛生，下端扁，上端枝亚圆柱形，顶端分枝、互生或对生。固着器假根状。石花菜一般生长于水体交换流畅海域的潮下带或石沼中，是我国黄海、东海的常见种类。其为制作琼胶的重要原料，琼胶在食品、医药、化工、酿造等方面应用很广。

鹿角菜——海萝

鹿角菜赞　海物肖形①，龟脚龙目，菜中之名，更有鹿角。

鹿角菜，其形如鹿角。白色[一]，生海岩上。素食以糖醋拌之，脆滑而味清。杭之贾者易其名曰麒麟菜，谬矣。闽中人谓之鹉爪菜。

其细而赤者，形亦如鹿角，四方通谓鹿角菜。闽中称为小鹿角菜，所以别于白色者也。然亦名为赤菜。此菜四方食者甚少，妇人多浸其汁抿发以代膏沐。

大鹿角菜

小鹿角菜，闽名赤菜

海萝（自孙忠民）

注释

① 肖形　形状相似。

校释

【一】白色　红藻不应该为白色，估计这是藻体老成死亡后的颜色，或为处理后商品的颜色。

考释

聂璜所绘大鹿角菜应该为麒麟菜属 *Eucheuma* 或卡帕藻属 *Kappaphycus* 的藻类，两属藻类的外部形态相似。这些藻在我国的台湾和海南海域有分布，常见的有产于台湾海域的麒麟菜 *E. denticulatum*（N. L. Burman）Collins et Hervey 和产于海南海域的耳突卡帕藻 *K. cottonii*（Weber Bosse）Doty et P. C. Silva。聂璜所绘大鹿角菜，即"杭之贾者易其名曰麒麟菜"，是从药铺购入的，商品颜色为白色。该藻并不在闽浙海域生长。

聂璜所绘闽名赤菜，即"细而赤者，形亦如鹿角"的小鹿角菜，为海萝 *Gloiopeltis furcata*（Postels et Ruprecht）J. Agardh。赤菜这一称谓在福建一些地区至今还在使用。

海萝藻体紫红色，丛生，具不规则的叉状分枝。分枝处常缢缩。枝亚圆柱形，中空。本种在全国沿海都有分布，生长于潮间带上部。沿海居民常采集海萝作为食品。海萝在福建和广东等地用作浆丝和浆纱的浆料，广东名产雄云纱就是用海萝胶浆制成的。清·陈汝咸《漳浦县志》："赤菜，色赤，茎有歧。以水洒之，晒日中久，则作雪色，妇人多煮为膏以泽首，或为浆以理苎布。"

要说明的是，明·李时珍《本草纲目·菜四·鹿角菜》："〔释名〕猴葵。时珍曰沈怀远《南越志》云，猴葵，一名鹿角。盖鹿角以形名。""鹿角菜生东南海中石崖间，长三四寸，大如铁线，分丫如鹿角状，紫黄色。土人采曝，货为海错。水洗醋拌，则胀起如新。味极滑美。若久浸则化如胶状，女人用以梳发，粘而不乱。"此处"鹿角"不会指海藻，应该为别名鹿茸菌的真菌。清·鲁曾煜等《福州府志》引《海物异名记》："（赤菜）海生而紫蔓，其大者为鹿角菜，一名猴葵。"这里把陆生猴葵和海生赤菜混淆了。

另外，中文名为鹿角菜的海藻，为褐藻墨角藻目的 *Silvetia siliquosa* Serrao, Cho, Boo et Brawley，与聂璜所记海藻不同。

海苔——浒苔

海苔赞　我有旨蓄①，在水一方，薄言采之②，承筐是将③。

海苔，《本草》与紫菜、海藻并载。云疗瘿瘤结气功同，今医家止知海藻而已。海苔，浙闽海涂冬春为盛。吾浙、宁、台、温之苔颇美，间阎④食此胜于腌蔬。一种淡苔尤妙，暑月笾覆牲肉，能令蜈蚣裹足不前，亦一异也。

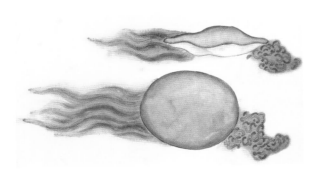 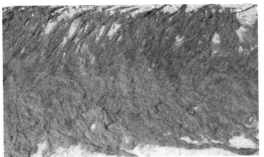

浒苔

2008 年浒苔暴发于青岛海滨（自孙忠民）

注释

① 旨蓄　贮藏的美食。句出《诗·邶风·谷风》："我有旨蓄，亦以御冬。"

② 薄言采之　语出《诗经·周南·芣苢》："采采芣苢，薄言采之。"芣（fú）苢（yǐ），植物名，车前草。薄言，无实意，这里主要起补充音节的作用。

③ 承筐是将　语出《诗经·小雅·鹿鸣》："我有嘉宾，鼓瑟吹笙。吹笙鼓簧，承筐是将。"《朱熹集传》："承，奉也。筐，所以盛币帛者也。"后以"承筐"借指欢迎宾客。

④ 闾（lú）阎　泛指民间，借指平民。

考释

聂璜把海苔与海粉虫的生殖产物（卵袋）绘于一图。该图右下角示海粉虫卵带，左侧为海苔。此参见"海粉虫——蓝斑背肛海兔"条目。

清·胡鼎等《海澄县志》："海苔，色绿，如乱丝，生海泊中。晒干炒食，性润血，消肥腻。"

海苔，即指浒苔 *Ulva prolifera* O. F. Müller，在我国有多个地理种群。在黄海、东海大量繁殖造成绿潮灾害的正是浒苔的一个特殊种群。

浒苔藻体绿色，管状，中空，多细长分枝，一般分枝 2～3 回。枝顶细胞单列或多列，在同一藻体中可以见到单列枝与多列枝。此藻多生长于中潮带、内湾泥底，在潮间带的洼地水沼中生长更繁盛。以春季最繁盛。在我国，浒苔分布广，多产于浙江、福建沿海一带。

海头发——软丝藻

海头发赞　海发鬃松，挽髻无从，黑缘潮沐，白为霜浓。

海头发，生海边石上，海人称为头发菜。八月间生，至春即烂，黑色，其细如发，取食者用姜醋拌啖，其性凉也。

 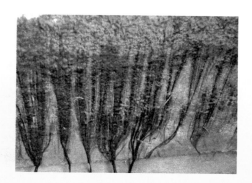

软丝藻（自孙忠民）

清·吴其濬《植物名实图考》："（海藻）如乱发。生海中，盖即俗呼头发菜之类。"提到了头发菜，但很难确定其是否为《海错图》中的海头发。

清·胡鼎等《海澄县志》："生海石上，色赤，丝丝如散发。自紫菜以下，海滨自然之产，非蔬圃中物，实蔬属也。"根据颜色判断此句提到的物种为红毛菜。据《海错图》中的描述，推测"海头发"可能为蓝藻鞘丝藻属 *Lyngbya* 的种类。据"至春即烂，黑色"，推测其原非黑色。其如果原为绿色，则可能为软丝藻 *Ulothrix flacca*（Dillwyn）Thuret。但藻类多在夏天腐烂，此处"至春即烂黑色"恐系笔误。

软丝藻，为不分枝的丝状藻体，外形像一丛绒毛。闽人把其搓成卷出售；将长卷剪成段，油煎后食用。广东人则直接采集新鲜软丝藻洗净加盐煮食。

海裩布——裂片石莼

> 海裩布赞　海岩有菜，虽名裩布，野人收之，难为穷裤①。
>
> 海裩布，生海岩石上。绿色离披，长数尺，阔仅如指，其薄如纸。采而晒干，以醋拌食，可口。此物海乡甚多，固不足重，然能疗瘿、结气、饮袋诸疾，功与青苔、紫菜同。孙绰望《海赋》："华组依波而锦披，翠纶扇风而绣举。"此类是也。

裂片石莼　　　　　　　　裂片石莼（自孙忠民）

① 穷裤　连裆裤。所记见汉·班固《汉书·外戚传》。

考释

从聂璜所绘海裙布的形态看，其有些像海产开花植物大叶藻 *Zostera*，但大叶藻不能食用。因此，推测其为绿藻中的裂片石莼 *Ulva lactuca* Linnaeus。

明·李时珍《本草纲目》卷二十八："〔集解〕藏器曰，石莼生南海，附石而生。似紫菜，色青。"清·李菶《连江县志》："（石被）生海水面，碧绿色。平舒如被，药肆呼昆布。"指的是石莼类的绿藻，粤东地区称为昆布。聂璜所绘海裙布为长条状，文中又说其长数尺。据此，推测其为裂片石莼更合理。

裂片石莼藻体草绿色，高 15～60 cm，不规则地二叉式分裂，形成或多或少的线形裂片。叶缘平滑或具不规则的齿状突起，有时亦呈波状。藻体的基部略宽，向上分叉 1～2 次，并逐渐变得窄细。裂片石莼生长于风浪较小处的大潮低潮线附近的岩石上或低潮带的石沼中，是亚热带性海藻。

裂片石莼可药用，在广东一带被用作清凉剂的原料。

坛紫菜	海萝	顶群藻	拟鸡毛菜
蜈蚣藻	孔石莼	浒苔	刺松藻
幅叶藻	厚网藻	鼠尾藻	瓦氏马尾藻

（自孙忠民）

25

海洋神话动物

海洋神话动物，即虚幻的海洋动物，俗称海怪。

传说，龙的祖先为蛇。一说，因虺（huǐ，古书上说的一种毒蛇）与雉交为蛟；另有一说，虺经五百年化为蛟，蛟经千年化为龙，龙经五百年为角龙，又经五百年为应龙。

古人设想，龙乃"万类之宗"，威力巨大，能呼风唤雨，可登天又可入海。

神龙

神龙赞　水得而生，云得而从。小大具体，幽明并通。羽毛鳞介，皆祖于龙①，神化不测，万类之宗。

龙，《说文》象形生肖，论龙耳亏听，故谓之龙。

《梵书》名那伽②。

《尔雅翼》："龙有九似，头似驼，角似鹿，眼似鬼，耳似牛，项似蛇，腹似蜃，鳞似鲤，爪似鹰，掌似虎。"是也。此绘龙者，须知之，图中之龙虚悬③。

康熙辛巳④，德州幸遇名手唐书玉补入，盖宋式⑤也，正得九似之意。又闽中尝访舶人云："龙首之发，海上游行，亲见直竖上指。"阳刚之质如此。今之画家或变体作垂发者，谬矣。

《广东新语》曰："南海，龙之都会。古人入水采珠者，皆绣身面为龙子，使龙以为己类，不吞噬。"今日，龙与人益习⑥，诸龙户⑦悉视之为蝘蜓⑧矣。新安有龙穴洲，每风雨即有龙起，去地不数丈，朱鬣金鳞，而目烨烨如电。其精在浮沫，时喷薄如瀑泉，争承取之，稍缓则入地，是为龙涎。

注释

①羽毛鳞介，皆祖于龙　句出《淮南子》，指龙为羽毛鳞介之祖，万类之宗。

②那迦　在印度，其原是一种多头、似眼镜蛇、有剧毒的水怪，有控制水、行云雨的力量。后来佛教传入我国，附会本土文化，那迦逐渐被翻译成龙。

③虚悬　凭空设想。

④康熙辛巳　康熙四十年（1701年）。

⑤宋式　特指宋代所绘的龙。宋式龙粗壮丰满，似蛇体而身尾不分，脊背至尾皆具鳞，足具四爪，尾有一圈鳍，后肢和尾常交叉盘旋。

⑥ 益习　渐渐听惯了。

⑦ 龙户　两广一带的海上居民，也称疍（蜑）民。参见"砚台螺——蜑螺"条。

⑧ 蝘蜓（yǎntíng）　守宫，俗称壁虎；在古籍中多与蜥蜴、蝾螈等混称。

考释

聂璜称，"龙耳亏听，故谓之龙（聋）"。

文中沿用《尔雅翼》之说："（龙）九似者，角似鹿，头似驼，眼似鬼，项似蛇，腹似蜃，鳞似鱼，爪似鹰，掌似虎，耳似牛。"

文中煞有介事地指出："'龙首之发，海上游行，亲见直竖上指。'阳刚之质如此。"实际上，在明清的笔记中，有海客看到的"龙"，疑为须鲸或皇带鱼等巨型海洋生物。1934年《盛京时报》报道了营口坠龙事件，还配有"龙骨"照片，该"龙骨"系鲸骨骸。

曲爪蚪龙

曲爪蚪①龙赞　蚪爪屈曲，未生尺木②。他日为龙，飞腾海角。

曲爪蚪龙，系明嘉靖末蒲人名手吴彬所写。今存有画，在支提山③。张汉逸见过，特为予图，以为此非龙也。殆④蚪而龙者乎！

按，龙之名有飞、应、蛟、蚪等类不一。此必蚪龙也。何以明之？今松柏之古干，天矫离奇者，不曰蛟枝，而曰蚪枝。图内四爪盘曲之势，正相类，予故目为蚪龙。《字汇》注："蚪，谓龙之无角者。"今其首虽丰而非角。欧阳氏曰："从斗，相纠缭⑤也。"此龙正得其状，俗作虬⑥。

注释

① 蚪　似蛙等动物的幼体。

② 尺木　古人谓龙升天时所凭依的短小树木，或比喻登仕的凭借。唐·段成式《酉阳杂俎·鳞介篇》："龙头上有一物，如博山形，名尺木。龙无尺木，不能升天。"

③ 支提山　位于宁德城西北。"支提"为梵文，"聚集福德"之意。

④ 殆（dài）　大概。

⑤ 纠缭（liáo）　纠缠、缠绕。

⑥ 虬　传说为有角的小龙。

考释

民间传说，虬无登仕所凭借的"尺木"，故曲爪蚪龙暂不能升天。

盐龙

　　盐龙赞　上不在天，下不在田，托迹在海，意恋乎盐。

　　鳞虫三百六十属，而龙为之长，故诸鱼必统率于龙。然龙，神物也，岂可与凡类伍！

　　有盐龙焉，亦海错中之一物也。长仅尺余，头如蜥蜴状，身具龙形。产广南大海中，必龙精余沥①之所结也。考诸类书，惟《珠玑薮》载盐龙，云："粤中贵介尝取，以贮于银瓶，饲以海盐，俟鳞甲出，盐则收取啖之，以扶阳道。"

　　龙，阳物也，其性至淫，无所不接，则无所不生。如与马接则产龙驹，与牛接则产麒麟是也。匪但此也，龙生九种不成龙，如蒲牢、嘲风、霸下、狴犴②等类，似兽非兽，似鸟非鸟，似龟非龟，似蛇非蛇，是皆龙种也。则龙之为龙，不但为鳞虫之长，而尤为庶类之宗。故《淮南鸿烈》解曰："万物羽毛鳞介，皆祖于龙。"岂虚语哉！盖《鸿烈》之文③出于汉儒，汉儒去古未远，必得古圣精义。

　　《易》曰："有天地然后有万物，有万物然后有男女。"但天地之初，阴阳有气，而品汇无迹，使无一神物介绍于天人之间。吾知巨灵有手，必不能物物而付之以形。龙则能幽能明，能大能小，其母万物也，宜乎。观于龙马负图④，而天人之理贯，则龙不但代天任股肱⑤，而且为天司喉舌矣。所以自有天地，千万年以来，造物主宰制群动，凡水旱灾祲⑥、和风甘雨、屈伸消长，所不能屑屑于其间者，意常授之龙。此龙之于世所以显造化之元微⑦，而运鬼神不测之妙用者也。故天地之初，未生万物而先生龙，自应尔尔。吾尝读《易》，更有以知之矣。易卦六十四，取象于羽毛鳞介者不一，而屯⑧、蒙⑨以上，独以六龙系之。乾，万物祖龙，昭然在《易》，故曰汉儒之文必得古圣精义者，此也。

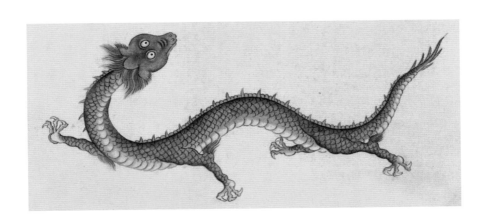

注释

① 余沥　指余滴或剩酒。今多喻别人所剩余下来的点滴。

② 蒲牢、嘲风、霸下、狴犴（bì àn）　龙子名。

③ 《鸿烈》之文　《淮南子》，别称《淮南鸿烈》，简称《鸿烈》。

④ 龙马负图　相传人文之祖伏羲氏，降伏祸害百姓的龙头马身怪兽，后又得龙马负图的启示，造书契，定人伦，正婚姻，造福人类。

⑤ 股肱　大腿和胳膊，为躯体的重要部分；引申为辅佐君主的大臣或喻左右辅助得力的人。

⑥ 祲（jìn）　不祥之气，妖气。

⑦ 元微　即玄微，深远微妙的义理。聂璜为避康熙皇帝名讳（玄烨），将"玄"写作"元"。

⑧ 屯（zhūn）　《易经》卦名。屯卦为始生之卦，讲的是事务始生起步之艰难。古人认为，天地开始产生万物时，万物处于一片混沌之中，这种状态叫作"屯"。

⑨ 蒙　《易经》卦名。蒙卦象征启蒙。

考释

本条说龙生万物，因"龙，阳物也，其性至淫，无所不接（交配），则无所不生"。文中还指出了"天地之初，未生万物而先生龙"的缘由。

蛟

蛟赞　蛟首无角，蛟身无鳞，修成鳞角，嘘气成云。

《说文》云："蛟，龙属也，无角曰蛟。池鱼满三千六百，蛟来为之长，能率群鱼而飞。置笱于水，则蛟去。"字书云："蛟，无角，似蛇，颈上有白婴，四脚。"郭璞云："蛟，大数十围①，卵生子如一二斛。能吞人。"张揖云："蛟，状鱼身而蛇尾，皮有珠。"《广雅》载五种龙："有鳞曰蛟龙，有翼曰应龙，有角曰虬龙，无角曰螭②龙，未升天曰蟠龙。"

《述异记》曰："虺，五百年化为蛟，蛟千年化为龙，龙五百年为角龙，又五百年为应龙。"又曰："龙珠在颔，蛟珠在皮。"

愚按，今世画家多画龙而鲜画蛟，即人意想中亦止识龙之为龙，而未解蛟之为蛟，果何状也？考诸书，蛟无角，鱼身而蛇尾。其状虽如此，然犹未悉也。尝闻蛟起陵谷，必有洪水横流，地陷山崩，随风雷而出乘。忤③者必坏田庐，圮④桥梁，漂没禾苗人畜。往往人多有见之者，云其状似牛首，初出局促如牛体，入江河则长大，身尾鳞爪如龙身矣。《述异记》所云"虺五百年化为蛟"，正此物也。夫虺焉能化蛟？其说见雉与蛇交变化所致也，兹不多赘。

大约蛟有蛟种，变蛟者又是一种。如龙自有龙种，而变龙者又是一种。郭璞云蛟卵生，可知蛟自有种类矣。而《述异记》"蛟千年化龙"，则蛟又能为龙矣。由蛇而蛟，由蛟而龙，积累之功多历年所然，后至此。譬之学人，由凡民而入贤关，由贤关而登圣域⑤，岂一朝一夕卤莽灭裂之所能几及乎？

龙珠在颔，所谓骊龙颈下珠是矣。蛟珠在皮，疑未是。必因张揖所云"皮有珠"而误拟也。大约蛟无鳞，缀珠纹于皮，如鲨鱼皮状，故解鲨鱼者亦云"皮有珠"，非珍珠之珠也。《广雅》："有鳞曰蛟龙。"可知无鳞但称蛟，有鳞则蛟而龙矣。此说当俟高明再辨。郭璞谓蛟能吞人，恶蛟蛇性鹰眼未化，或致吞人畜如鳄鱼，然验于周处⑥之斩蛟，可知矣。

古称蛟龙非池中物，谓浅水不能留恋蛟龙也，乃《说文》云池鱼满三千六百则蛟来为之长，何与？盖为长者，欲率群鱼而飞，以归江海，非为池中之长也。蛟引鱼去，其迹虽无人见，然畜池鱼者，往往值大风雨，多失去，似必有神物以挟之而俱去也。蛟龙虽不恋恋于池中，然在海中，大约龙有龙之潭，蛟有蛟之穴，疑必就海山有淡水涌出处聚之。

吾浙宁波海口有蛟门，两山并峙其下，亘古以来为蛟之宅穴。凡海舟过此，舵师必预戒一舟莫溺、莫语、莫谑笑，否则蛟觉，必起波漩浪卷，舟立危矣。蛟之有穴，不昭然可信哉？

昔孙思邈之善画龙也，必见真龙，始肖其形。兹未见蛟而图厥状，以俟得亲见蛟者辨正之。

注释

① 围　作量词，示两手大拇指和食指合拢的长度或两臂合拢的长度。

② 螭（chī）　传说是一种无角的龙，习见于古建筑或器物、工艺品上。

③ 忤（wǔ）　抵触，不顺从。

④ 圮（pǐ）　塌坏，倒塌，破裂，毁灭。

⑤ 由贤关而登圣域　由贤人而抵达圣人的境界。

⑥ 周处　有"周处除三害"的传说。

考释

该条描述了蛟的身世。虺经五百年化为蛟，蛟经千年化为龙，龙经五百年化为角龙，角龙经五百年化为应龙。聂璜绘蛟无角，鱼身而蛇尾；言其危害，"蛟起陵谷，必有洪水横流，地陷山崩，随风雷而出乘，忤者必坏田庐，圮桥梁，漂没禾苗人畜"。

有人认为，该物原型应该是鳄或作鼍。参见"鳄鱼——鳄"条。

海马

海马赞　马终毛虫，毛以裸继，裸虫首蚕，蚕马同气。

海马之年久者，身上有火焰斑。其游泳于海也，止露头，上半身每露火焰，艇人多能见之。今人绘海马，故亦有火焰，画蹄尾俱是马形，而出露于海潮之间，非矣。

海马有三种。一种《异物志》所载，虫形，善跃，药物中所用①；《本草》亦载一种海山野马，全类马，能入海，郭璞《江赋》所谓"海马蹀涛②"是也；一种形略似马，鱼口、鱼翅而无鳞，四足无蹄，皮垂于下，若划水，尾若牛尾，即所图者是也，其身皆油，不堪食。

　　渔人网中得海马或海猪③，并称不吉。今台湾人多以海马骨作念珠，云能止血。其牙亦同功而更妙，但药书不载，故世鲜用也。杂记载海马骨云："徐铉仕江南，至飞虹桥，马不能进，以问杭僧赞宁。宁曰下必有海马骨，水火俱不能毁。铉掘之，得巨骨，试之果然。百十年竟不毁，一夕椎皂角则破碎。"又云："捶马愈久愈润，以之击犬，应手而裂，亦怪异也。"

　　予客闽，得海马牙一具，大如拇指，长可二寸许。据赠者云，能止血，最良。存以验海马之真迹。云《字汇·鱼部》有"䰷"字，所以别鱼类之马也。《字汇》注通不注明。

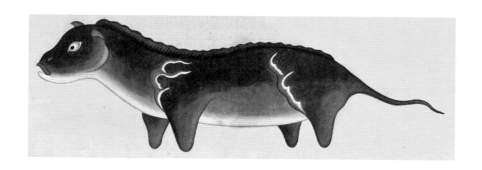

注释

　　① 药物中所用　指硬骨鱼之海马。

　　② 蹀涛　踏浪。

　　③ 海马或海猪　见"海豚"条。

考释

　　本条记3种海马。有关药物中所用及渔人网中所得海马或海猪的内容，见相关条目。

　　海洋文化学者盛文强先生按，《山海经·海外北经》："北海内有兽，其状如马，名曰䮨騟。"此可能为海马传说的早期雏形。

　　宋·洪迈《夷坚志》："绍兴八年，广州西海壖地名上弓弯，月夜，有海兽状如马，蹄鬣皆丹，入近村民家，民聚众杀之。将晓，如万兵行空中，其声汹汹，皆称寻马。客有识者，虑其异，急徙去。次日，海水溢，环村百余家尽溺死。"聂璜绘海马，所据或许自儒艮之类的讹传。

潜牛

潜牛赞　鱼生两角，奋威如虎，鳞中之牛，一元大武①。

南海有潜牛，牛头而鱼尾，背有翅。常入西江，上岸与牛斗。角软，入水既坚，复出。牧者策牛江上，常歌曰"毋饮江流，恐遇潜牛"，盖指此也。《汇苑》潜牛之外有牛鱼，似又一种也。

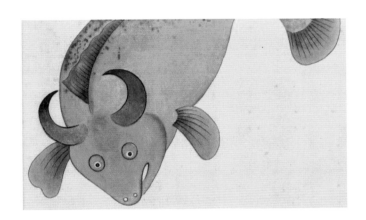

注释

① 一元大武　指古时祭祀用的牛。出自《礼记·曲礼下》："凡祭宗庙之礼，牛曰'一元大武'。"

考释

牛头而鱼尾、背有翅的动物，子虚乌有。

闽海龙鱼

闽海龙鱼赞　魟鲢鱿鲦，鱼状皆有，更变龙形，凡类难偶。

龙鱼，产吕宋、台湾大洋中。其状如龙，头上一刺如角，两耳两鬐而无毛，鳞绿色，尾三尖而中长，背翅如鱼脊之旗，四足，爪各三指，而胼如鹅掌。然网中偶然得之，曝干可为药。

康熙二十六年，漳州浦头地方网户载一龙鱼，长丈许，重百余斤。城中文武俱出郭视之。畀之上涯，盘于地中，亦活。喜食蝇，每开口吸食之。

考《闽志》，有龙虾而无龙鱼，似乎近年大开海洋，始可得也。《高州府志》："海中有鱼似龙，曰龙鲤①。"与此迥异。又，峨眉山及太姥山池中并有龙鱼，如蜥蜴状，绿背岐尾而有四爪，名胜之区要亦神龙之所幻迹也。此图屡经易稿，后遇漳郡陈潘舍，始考验得实。

注释

① 龙鲤　释名为鲮鲤、穿山甲、石鲮鱼。

考释

龙鱼具鳞、背鳍、四足，"爪各三指，而胼如鹅掌"，兼具鱼、龟、鸟之征，系古人臆想。《山海经·海外西经》："轩辕之国……龙鱼陵居在其北，状如狸。一曰鰕。即有神圣乘此以行九野。"

螭虎鱼

螭虎鱼赞　钟彝①垂象②，螭列图书，九鼎沦水，螭亦为鱼。

螭虎鱼，产闽海大洋。头如龙而无角，有刺，身有鳞甲，金黄色，四足如虎爪，尾尖而不岐，长不过一二尺。无肉，不可食。其皮可入药用，漳泉药室多有干者。贾人常携示四方，伪云小蛟，谬矣。

按，螭之名最古，垂拱之服，螭绣与山龙藻火③并光史册。及后三代，鼎彝诸器，多镂螭象。今《尔雅》诸书，独详蜥蜴、守宫、蝾螈、蝘蜓之名，而于螭则置弗道④，可为缺典。惟《字汇》："螭音鸱，似蛟无角，似龙而黄。"似矣。又《篇海》云："虴蜫，似蜥蜴，水虫，似龙，出南海。"则海螭又当名虴蜫。

注释

① 钟彝　指青铜礼器。钟，金属制成的响器；彝，古代盛酒的器具，亦泛指祭器。

② 垂象　显示征兆。古人把某些自然现象迷信地附会为对人间祸福吉凶的预示。

③ 山龙藻火　指古代衮服（皇帝在祭天地等庆典时穿的礼服）或旌旗上所绣，作为等级标志用的水藻及火焰形图纹。

④ 弗道　不说或未记。

考释

传说螭虎鱼是一种似螭的动物。

海市蜃楼

海市蜃楼赞　虾蟹鼋鼍①，气聚蜃楼，蜃本雉化②，来自山丘。

凡蚌、蚬、蛏、蚶、蛤蜊、蛎蚝等物，皆海中甲虫[一]也。蜃亦负甲，如蛤而大，字独从辰。辰本龙属[二]，与凡介不同。其所以属龙之故，以愚揆③之，必有深意。

考《左传》："宋文公卒，始厚葬，用蜃灰。"蜃灰如闽广海滨之蛎灰也，其为蛤属无疑。

《登州府志》载："城北去海五里，春夏时遥见水面有城郭，市肆人马往来若交易状，土人谓之海市。"《笔谈》亦载："登州蓬莱县纳布④老人言，海市惟春三月东南风为盛见者。城郭楼观旗帜人物皆具，变幻不一，或大为峰峦，或小为一禽一物，其色青绿，类水。大率⑤风水气漩而成，西风、北风无之，故冬月罕见也。"然东坡祷于海神，岁晚见之，有《海市》诗⑥。

愚按，纳布老人臆说也。云风水气漩而成，则不指蜃矣，不知海旁蜃气象楼台，昔人久已明言，无人不解，何必反云风水气漩乎？蜃，形如蛤，其房膜五色，光华结而为气，遂与日月争辉，云霞比色。所谓玉蕴则山辉，珠涵则水媚⑦，有诸内必形诸外也，况蜃尤非凡介之比。

考《汇书·奥乘》载鲁至刚云："正月蛇与雉交生卵，遇雷即入土数丈，为蛇形，二三百年能升腾。如卵不入土，但为雉耳。父蛇之雉或不能成蛟龙，则必入于海而化为蜃，此入大水为蜃之雉必非凡雉，有龙之脉存焉，故字从辰。"或谓蛇与雉交，亦安见其为龙乎？不知蛇有为龙之道。《述异记》载，虺五百年化为蛟，蛟千年化为龙。则雉之得交于龙，必成异种。况雉又为文明之禽，一旦应候⑧，化而为蜃，其抱负之气终不沉沦，遂得流露英华以吐奇气于两间⑨，堪与化工之笔共垂不朽。此蜃之所以独钟于雉，而非凡介之所能髣髴也。

或有起而疑之者曰："东南滨海之区，吴越闽广延袤万里，所在产雉。所在产雉则所在皆可入海以为蜃。而自古至今独现其迹于登莱，何也？"

予谓，蜼因风涌，鼍应雨鸣，鳝首载星，鱼脑配月，鳞介微物种种，上符天象。奎娄⑩在齐鲁之墟，是以尼父⑪毓灵⑫，元公建国，遂成万古景仰文明之地，岂偶然哉？

《易》曰："云从龙，风从虎，圣人作而万物睹。"蜃以文明之物，声应气求，敢不涌灌于奎娄之下，依附于周孔之门墙乎？吾知雉入大水为蜃，亦惟在青兖之间以归海，而必不他适也。虽他处海上亦或有珠光阴火⑬之异，而海市蜃楼独纪于登莱之境，此予之所谓蜃独从辰者。盖以龙本神物，被五色而游，能大能小，能幽能明，变化无端。海中之物得其气体，以貌类者，龙虾是也；以气类者，蜃楼是也。龙虽为鳞虫之长，而序介虫亦必以龙始而以龙终者，以明龙之为龙，无所不寄也。《篇海》引《史记·历书》云："辰者，言万物之蜃也。"难解。又引《庄子》："以蜃盛溺。"谓古人多以为器。愚按，古典内器以蜃用者甚少，惟盛溺之说见于《庄子》，必有取义。

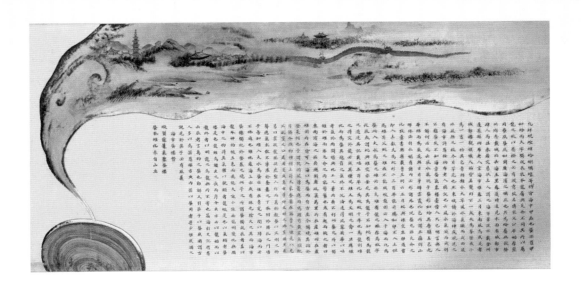

注释

① 鼋鼍（yuántuó） 巨鳖。

② 蜃本雉化 见考释。

③ 揆（kuí） 揣测。

④ 纳布 即衲布，指的是粗布。

⑤ 大率 大概、大致、大体、大略。宋·沈括《梦溪笔谈·采草药》："大率用根者，若有宿根须取无茎叶时采，则津泽皆归其根。"

⑥《海市》诗 "东方云海空复空，群仙出没空明中。荡摇浮世生万象，岂有贝阙藏珠宫。心知所见皆幻影，敢以耳目烦神工。岁寒水冷天地闭，为我起蛰鞭鱼龙。重楼翠阜出霜晓，异事惊倒百岁翁……"

⑦ 玉蕴则辉山，珠涵则水媚 《明州阿育王山志》："山韫玉而生辉，水藏珠而增媚。"

⑧ 应候 顺应时令节候。晋·陆云《寒蝉赋》序："处不巢居，则其俭也；应候守节，则其信也。"

⑨ 两间 天地之间。

⑩ 奎娄 二十八星宿中的奎宿和娄宿。

⑪ 尼父 尼父，亦称"尼甫"；孔子字仲尼。"尼父"是对孔子的尊称。

⑫ 毓灵 凝聚天地间灵气，培育杰出人物。

⑬ 珠光阴火 珠光，指珍珠的光华。阴火，磷火的俗称，又叫鬼火，为磷化氢燃烧时的火焰。

校释

【一】甲虫 在古代，有壳之虫统称为甲虫。

【二】辰本龙属 参见考释文。

考释

蜃，有多种解释。

《说文》："雉入海化为蜃。"《周礼·掌蜃》："蜃，大蛤也。"明·李时珍《本草纲目》："蛟之属有蜃，其状亦似蛇而大，有角如龙状，红鬣，腰以下鳞尽逆，食燕子。能吁气成楼台城郭之状，将雨即见，名蜃楼，亦曰海市。其脂和蜡作烛，香闻百步，烟中亦有楼阁之形。"

《周礼·春官·鬯人》："凡山川四方用蜃。"《尔雅注》："蚌，含浆。蚌即蜃也。"

古人认为，"正月蛇与雉交生卵，遇雷即入土数丈为蛇形，经二三百年成蛟升腾。若卵不入土，仍为雉耳"。蛇雉所生之雉不能成蛟龙，入海化为蜃，故入海为蜃之雉，其力非凡，有龙之脉存焉，故字从"辰"。《汇书·奥乘》《述异记》载，蜃能吐气成海市蜃楼。

实际上，所谓海市蜃楼，是一种光学幻景，是地球上物体反射的光经大气折射而形成的虚像。古人不明其因，认为是海中蛟龙或蜃吐气而成。《史记·天官书》："海旁蜃气像楼台，广野气成宫阙然。"

26

海洋化生说

生命的开始，物种的起源，古往今来为众所关注。

老子《道德经》："道生一，一生二，二生三，三生万物。"《荀子·劝学》："肉腐出虫，鱼枯生蠹。"《大戴礼记·劝学》："物类之从，必有所由……肉腐出虫，鱼枯生蠹……草木畴生，禽兽群居，物各从其类也。"

佛典《华严经》认为有"胎生""卵生""湿生""化生"四生。化生，佛经释为"无所托而忽有，称为化生"，即无中生有。聂璜在《海错图》中应用过湿生和化生之说。

鲨变虎

鲨变虎赞　以鱼幻兽，四足难生，丹青搁笔，画虎不成。

非鳞非介而有毛者为毛虫，虎亦毛虫中之一物也。而海虎之变自鲨，特有异焉。虎虽称山君，毛虫三百六十属，又以麟为之长。麟，龙种也，龙与牛交而生麒麟。麟不世出，而虎则常有。世间应天地风云气象者，莫如龙虎。龙能与诸物交，无所不生【一】。诸物亦能受龙之交，而不相忤。虎不能与诸物交，即母虎止交一次，不复再交。使母虎乐交，生息若牛马，物之受害者必多。恶类不使繁生，此造化之作用也。况虎生三子，必有一豹。豹反能伤虎，小虎畏之。生至三则仍若有以剋①制之，造物总不使虎类盈满天地间之明验也。然虎虽不繁生，而人物变虎之事则又往往见于载籍。如牛哀病七日而化为虎；又宣城太守封邵化虎食郡民；又乾道五年赵生妻病头风，忽化为虎头；又云南彝民夫妇食竹中鱼，皆化为虎。

而予《见闻录》②中所著虎卷，近年以人变虎之事，尤不一，而鲨鱼化虎之事附焉，兹可述而证之。顺治辛丑③武甲黄抡，嘉兴人也，康熙二十年④为福宁州城守，述其先人于明嘉靖间，一日过嘉兴某处海涂，忽见有一大鱼跃上厓，野人欲捕之，以其大，难以徒手得，方欲走农舍取锄棍等物，而此鱼在岸跌跌无休。逾时，诸人执器械往观之，则变成一虎状，毛足不全，滚于地，不能行，莫不惊异。有老人曰："尝闻虎鲨能变虎，人不易见，故不轻信，今此虎正鲨所幻也。"令众即以锄棍木石击杀之，虑其足全则逸去，必伤人矣。四明宋皆宁纪其事如此。

予又尝闻，赤练蛇善化鳖，故鳖腹赤者禁食。其变也，多在暑月，有人常见。自树上团为圆体，坠下地，跌数十次，成鳖形。其变全在跌。鲨之变虎也亦必跌，可以互相引证。

《字汇·鱼部》有"鮸"字。凡鱼之变化者，皆可以此"鮸"统之。

鹿鱼化鹿

鹿鱼化鹿赞　鱼鱼鹿鹿，两般名目，网则可漏，剋①林中逐。

海洋岛屿，惟鹿最多，不尽鱼化也。

广东海中有一种鹿鲨，或即是化鹿之鱼乎？询之渔人，渔人不知也。但云鹿识水性，常能成群过海，此岛过入彼岛。角鹿头上顶草，诸鹿借以为粮。至于鹿鱼，虽有其名，网中从未罗得，又焉知其能化鹿乎？

予考《汇苑》云："鹿鱼，头上有角如鹿。"又曰："鹿子鱼，赪②色，尾鬣皆有鹿斑，赤黄色。南海中有洲，每春夏此鱼跳上洲化为鹿。"据书云在南海，宜乎闽人之所不及见也。考《字汇·鱼部》有"麤"字，为鱼中之鹿存名也。〔一〕

鹿鱼

注释

① 奈（nài）林　奈树林，即花红果（沙果）树林。

② 赪（chēng）　浅红色。

校释

【一】予考《汇苑》云……为鱼中之鹿存名也　此段所录古籍中记述皆为牵强附会。

考释

三国吴·沈莹《临海水土异物志》："鹿鱼，长二尺余，有角，腹下有脚如人足。"唐·刘恂《岭表录异》："鹿子鱼，赪其尾鬣，皆有鹿班，赤黄色。余曾览《罗州图》云：'州南海中有洲。每春夏，此鱼跃出洲，化而为鹿。'曾有人拾得一鱼，头已化鹿，尾犹是鱼。"按，南海中有洲，疑指南海诸岛；"赪其尾鬣，皆有鹿班，赤黄色"，说明鹿鱼颜色鲜艳，有鹿的斑纹，推测为热带珊瑚礁鱼类。至于形似鹿的鹿鱼，纯属子虚乌有。

野豕化奔鲟

野豕化奔鲟赞　野豕牙长，耻居山乡，化为奔鲟①，任其徜徉。

野豕，大者如牛，甚猛。疑即所谓封豕是也。一名懒妇，好食禾稻。以机杼②织纴之器置田间则去。牙长六七寸，辄入海化为巨鱼，状如蛟螭而双乳垂腹，名曰奔鲟。

愚按，此物在海与龙交而生龙，则母以子贵。疑即所谓猪婆龙③者是也。

黑野猪

注释

① 奔𩽼（fú）　鱼名，一名灂（jì），似鲇。

② 机杼　织布机。《古诗十九首·迢迢牵牛星》："纤纤擢素手，札札弄机杼。"

③ 猪婆龙　即鼍，鳄。

考释

野豕，即野猪，又称山猪，广布于世界各地，现今的家猪即为野猪驯化而成。猪婆龙，是我国特有的、生活在长江流域的扬子鳄。

聂璜并未见过奔𩽼，仅通过文字记载就推断其为野猪所化，所绘之图亦为野猪。至于所说"此物在海与龙交而生龙"，是无稽之谈。

刺鱼化箭猪

刺鱼化箭猪赞　海底刺鱼，有如伏弩，化为箭猪，亦射狼虎。

刺鱼，有刺之鱼也。亦名泡鱼，吹之如泡，可悬玩。此鱼大如斗者，即能化为箭猪。项脊间有箭，白本黑端[一]，人逐之则激发之[二]，亦能射狼虎，但身小如獾①状。屈翁山指此为封豕②，未是。

豪猪

刺鲀

注释

① 獾　属于食肉目鼬科，是分布于欧亚地区的哺乳动物。

② 封豕　大猪。《史记·司马相如列传》："射封豕。"

校释

【一】白本黑端　豪猪每根背刺实为黑白相间，尖端白色。

【二】激发之　豪猪之刺并不能射出。

考释

箭猪亦称豪猪，形似刺猬。刺鱼，依"有刺之鱼""吹之如泡"，似为刺鲀。二者皆有御敌作用的棘刺。聂璜认为陆地动物和海洋动物相对应而产生。例如，陆地有豹，海里必有海豹。因此他臆测陆地的箭猪由海洋的刺鲀变化而来。

二者除全身布满棘刺外，并无其他相似之处。二者的棘刺也有差异。豪猪棘刺黑白相间，而刺鲀无黑白相间的棘刺。另外，聂璜所绘箭猪项脊间有刺且四脚和尾细长，与豪猪形态不符，更似偶蹄类的牛、羊。

秋风鸟

秋风鸟赞　海鱼成群，志在青云，秋风起兮，长羽脱鳞。

秋风鸟，亦海鱼所化。雷州海边有一种小鱼，每于八月望前五日，从风起处自南至北，中秋后则无矣，故以秋风名。

考释

此条谓"秋风鸟，亦海鱼所化"，其实无依据。

火鸠

　　火鸠赞　　鱼之变鸟，多在于秋，海鳇一化，是名火鸠。

　　火鸠，海鸟也。岁二、八月，广东有一种海鳇鱼群飞化而为鸟，其色微红，故名火鸠。每至冬时，海滨皆是此鸟。有变未全者，或鸟首而鱼身，或鸟身而鱼首，人以是识鱼鸟之化。

考释

　　"鱼鸟之化"一说，纯属不经之谈。

蛇鱼化海鸥

　　蛇鱼化海鸥赞　　羽虫始末，自雉至鸥，鸥属卵生，今从化求。

　　螺虫①尽则继以羽虫。海鸥，羽虫，体白色，数百为群。

　　《汇苑》云：多在涨海中随潮上下，常以三月风至乃还洲屿。《诗·大雅》："凫②鹥在泾③。"《诗》注云："鹥，即鸥也，似白鸽而群飞。凫好没，鸥好浮。"

　　考诸书，原无蛇鱼化鸥之说。康熙辛未④六月，闽中连江有渔叟海洋捕鱼，网中得一圆蛇，如卵而甚大且白。归家剖之，则一半变成海鸥矣。以示乡里，莫不惊异。王允周亲见，与予述其状，得图之。

　　夫鸥之化鹏⑤，庄子未尝亲见，得其变化之意，可以为文。疑其事之涉于诞者曰寓言。乃今而寔有蛇化为鸥之异，则鸥之能为鹏亦不尽诬也。况乎老蚕之茧而蛾，橘虫之茧而蝶，皆自无翼而变为有翼者也。远者、大者固难见，近者、小者果有其状，宁不可即此以通彼乎？蛇之为质，俨具卵中黄白，一旦合而为卵，有可合而为鸥之理。且蛇性好浮，而鸥性亦喜浮。

　　予之图此，不但为逍遥篇⑥作新训诂，而并欲明野兔之化石首，鹝乌之化乌贼，不得以不获见怀疑也，故得连类而并举之。

注释

① 蜾（luǒ）虫　古代所称的"五虫"之一，指无毛羽、鳞甲蔽体的动物。

② 凫（fú）　又叫野鸭、鹜，栖于江河湖泊，常常几百只齐飞。

③ 泾（jīng）　一般指由北向南、由高向低流动的水。

④ 康熙辛未　康熙三十年，1691年。

⑤ 鲲鹏　分别为传说中的大鱼和大鸟名，语出《庄子·逍遥游》："北冥有鱼，其名为鲲，鲲之大，不知其几千里也。化而为鸟，其名为鹏。鹏之背，不知其几千里也。"

⑥ 逍遥篇　《庄子》首篇《逍遥游》。

考释

海鸥为常见于沙滩、海港及盛产鱼虾的渔场，成群飞翔或游泳觅食的海鸟。蛇鱼，此处指海蜇，是沿海常见的水母，成群出没，随波逐流。

二者无论外部形态，还是生理、繁殖等各个方面均有显著差异。《汇苑》和《诗经》等书并无二者化生的记载。聂璜根据道听途说的情况，首次提出蛇鱼化为海鸥的观点。他指出，"老蚕之茧而蛾，橘虫之茧而蝶""远者、大者固难见，近者、小者果有其状，宁不可即此以通彼乎"，认为"自无翼而变为有翼"的道理是相通的，故而蛇鱼化为海鸥、鲲化为鹏也是有理可循的。此外，聂璜认为蛇鱼颜色"俨俱卵中黄白"，那么合在一起变成卵，便有孵化为鸟的可能。

聂璜指出"鸥之化鹏，庄子未尝亲见"，但还是以破茧成蝶的现象尽力维护化生之说。然而，毛虫破茧化蝶属于昆虫的变态现象，蛇鱼化生海鸥并不能与之相提并论。前者为昆虫的幼虫发育为成虫，已被证实；后者说无脊椎动物水母变为了脊椎动物鸟类，为无稽之谈。

鱼雀互化

鱼雀互化赞　仲秋孟冬[①]，两化鱼雀，比之鹰鸠，其候不错。

广东惠州有一种海鱼，小而色黄，土人云为黄雀所化，而鱼亦能化雀[一]。考《惠州志》有黄雀鱼，云八月鱼化为雀，至十月则雀复为鱼。

愚按，闽广之域为三代荆扬之裔土，自汉始辟。土产之物自具而外，古人所不及详者多矣。即《禹贡》称海物惟错，亦但指青州，闽广之海随刊之所不至也。今惠州黄雀化鱼，鱼化黄雀，稽之一方之志载，不为无据，可与鹰化为鸠、鸠化为鹰两相发明。则殊方异俗、变化之物之奇载，在山经野史有不可胜举者。《字汇·鱼部》有"鹟"字[二]，疑即能化鸟之鱼。而注但曰"鲷"字，省文，埋没一"鹟"字，并埋没古人制"鹟"字之意矣。

摩鹿加雀鲷（黄雀鱼）

注释

① 仲秋孟冬　仲秋，秋季的第二个月，即农历八月；孟冬，冬季的第一个月，即农历十月。

校释

【一】为黄雀所化，而鱼亦能化雀　此为捕风捉影之说。

【二】《字汇·鱼部》有"鹟"字　聂璜从《字汇》中寻找鱼雀互化的依据，但所寻"依据"是其牵强附会而得的。

考释

摩鹿加雀鲷（黄雀鱼）*Pomacentrus moluccensis* Bleeker，身体黄色或柠檬色，眼睛和嘴部有浅蓝的条纹和斑点，栖于热带珊瑚礁海域，以浮游生物为食。三国吴·沈莹《临海异物志》："（黄雀鱼）常以八月为黄雀，到十月入海为鱼。"虽无其他文献记载，但聂璜认为作为一方之志，其记录不会没有根据。此外，聂璜还听说过鹰与鸠互相转化，野史山经中也多有记载，因此他认为鱼雀互化定然无疑了。聂璜还从《字汇》中的"翾"字联想到鱼与羽虫（即鸟）的关系，误定鱼雀互化为实。

鹦鹉鱼

鹦鹉鱼赞　绿兮衣兮，绿衣黄裳，陇上[①]倦游[②]，海中翱翔。

《闽志》载有鹦鹉鱼，而予客闽未尝见。考诸书，惟《汇苑》称龙门江有鹦鹉鱼，云能化龙，其形绿色，嘴红曲，似鹦鹉。

予欲浮槎[③]泛海以访绿衣郎之面貌而不可得。一日，李闻思云，于康熙二十四年七月，同友章伯仁客瓯城，市上觅鱼下酒，忽见有鱼背绿腹白，啄如鸟嘴，而首有冠，红紫色，划水则黄色，尾细长而昂，满身鳞甲，背有翅，青色，约重三斤。询之渔贾，曰："此鹦鹉鱼，能变鹦鹉。"令画家为予图。

愚按，是鱼身小，《汇苑》称能变龙，未然。闽中产此鱼。瓯人虽云能变鹦鹉，而闽中又何以无鹦鹉也？鹦鹉原产于粤，似乎粤中鹦鹉所化之鱼，而非鱼之能为鹦鹉也。

鹦哥鱼

注释

① 陇上　泛指小山坡或指陕北、甘肃及其以西一带地方。

② 倦游　常形容游兴已尽。

③ 槎（chá）　木筏。

考释

鹦鹉，种类繁多，形态各异，羽色艳丽；具对趾型足，适合抓握；喙强劲有力，可食用硬壳果。鹦鹉鱼是生活在热带珊瑚礁海域的鱼类，属于鲈形目鹦嘴鱼科，其因色彩艳丽、嘴形酷似鹦鹉嘴而得名。

聂璜寻鹦鹉鱼不得，道听途说。其所绘鹦鹉鱼"喙如鸟嘴，而首有冠，红紫色""尾细长而昂"，这些均非鱼类特征。

绿蚌化红蟹

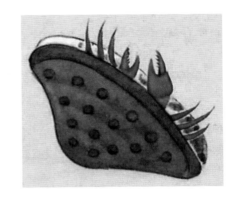

绿蚌化红蟹赞　看绿衣郎，拥红袖女，你便是我，我便是你。

螺之化蟹[一]比比皆是，蚌之化蟹[二]则仅见也。闽海有一种小蚌，绿色而壳有瘤。剖之无肉，而红蟹栖焉。以螺而类推之，亦化生也，然亦偶见，不多。

校释

【一】螺之化蟹　并非螺变化为蟹，实为寄居蟹住在空螺壳内。

【二】蚌之化蟹　聂璜误以为栖于蚌蛤外套腔内的豆蟹为蚌所化生。

考释

非绿蚌化红蟹。参见"琐蛄腹蟹——豆蟹"条。

蝗虫化虾

蝗虫化虾赞　蝗虫入海，德政所致[一]，化而为虾，其毒不炽①。

考《汇苑》，有蝗虫化虾之说。然蝗盛之时，农人往往罗食，亦同虾味。

类书载，吴俗有虾荒蟹兵之语。蟹兵者，言蟹披坚执锐。繁盛之地多有兵兆，此理易明也。

虾荒之谚，所不可解，及考蝗可化虾，而得悉其故矣。盖久潦未必不多虾，久旱未必不多蝗。天道旱后常多潦，潦后又常多旱，此水潦旱蝗相继而及也。潦固多虾，而旱年之蝗亦能变虾。潦与旱总皆以虾兆，故曰虾荒。

凡蝗化虾，蝗入水解其蜕，所存之肉则为虾。

考杜台卿②《淮赋》，亦云蝗化为虾、雉化为蜃云。

注释

① 不炽　不烈。

② 杜台卿　（？—597年），字少山，北齐时官至尚书左丞，入隋朝后修《齐记》二十卷。

校释

【一】蝗虫入海，德政所致　蝗灾与干旱等确实有关，但"蝗虫入海，德政所致"纯属臆想。

考释

蝗虫有"蝗神"之称，古人对其认知不多。古代还有蝗与鱼虾互化之说。宋·陆佃《埤雅》："或曰蝗即鱼卵所化。"宋·潘自牧《记纂渊海》："蝗化为鱼虾。"宋·李昉《太平御览》："蝗虫飞入海，化为鱼虾。"明·李苏《见物》："旱涸则鱼、虾子化蝗，故多鱼兆丰年。"

有文指出，蝗与鱼虾互化这一错误之说影响到治蝗。

天虾

天虾赞　虾不在水，乃游于天，居然羽化，虫中之仙。

天虾，产广东海上。状如蛾而有翅，常飞于天，入海则尽为虾，或为黄鱼所食，亦称黄鱼虫。海人捕其未变者，炙食之，甚美。

考释

天虾，参见"虾虱——糠虾"条。

虾化蜻蛉

虾化蜻蛉赞　虾学鲲鱼，飞欲鹏比。恶居下流，水穷云起。

蜻蛉，一名蜻蜓。《本草》虽云有五六种，大约多从水中化生。

《淮南子》曰："虾蟆为鹑，水蛊[①]为蟌。"虾蟆化鹌鹑，其说详述羽虫内，兹不多赘。蟌，《篇海》注云："蜻蛉也，水蛊。"虽不专指虾，而虾为水虫化生，其说已见于《淮南子》矣。

《本草》载崔豹云："辽海间有蜚虫如蜻蛉，名绀蟠[②]，七月群飞暗天。夷人捕食，云是虾化为之。"按，此种蜻蜓色红，吴楚浙闽亦常于夏秋天将雨则匝[③]野纷飞，不独辽海也。大都青色是蜻蛉，红色者为绀蟠。崔豹之说又可与《淮南》相发明。

又考《衍义》云："蜻蛉，生化于水中，故多飞水上。"杜诗云："点水蜻蜓，款款飞合。"

三说而观之，蜻蜓之化自水虫，大要不离乎，虾者近是。

虽然水虫之善化，岂独虾为然哉？蚊蚋之为物也，亦同乎蜻蛉之化自虾。《尔雅翼》谓："蚊，乃恶水中孑孓所化。"孑孓音决结，即吴俗所谓觔斗虫是也。在水，头大而身细，已具蚊体，但少翅足耳，多生夏秋雨水中。或谓吴俗常贮霉水于瓮罍，虽封闭甚密，而此虫无种自生，何欤？曰此雨水化生之虫，如蟻蠓细虫。

字书云："因雨则生。"又《南越志》云："石蜐，得春雨则生花。"盖雨水之妙能化生也。或谓："蚊母鸟，蚊自口中吐出。蚊母草，蚊自叶中包裹而生。"并无水虫所化，无端而自出，何欤？不知此雨水归池泽，瓶盎则为池泽，瓶盎之水而虫生也。鸟当是时而饮此水，有素袋以畜之。草当是时而披此水，有隙孔以留之。又安知雨水生虫之理，不即分寄于草叶、鸟腹以为池泽，以为瓶盎，孕而为孑孓，散而为蚊蚋乎？

总之，蜎飞蠕动，皆属雨水化生，又岂特百谷、草木沐雨泽之神功哉！

君子之教，《孟子》比之雨化，注云："潜滋暗长，止据有形而化，而不知更有无形之化。"百谷、草木之发生，有形之化。孑孓、蟻蠓之无端而生，无形之化也。夫化至无形而能为有形，可为神矣。是岂雨水之性能然哉？龙为之也。

夫虾化蜻蛉细等，孑孓之为蚊，大比鲲鱼之为鹏，可以引申而触类者如此。若夫龙之变幻，即据雨水而言，其奥妙不可以言语形容，故但拟之为万化之宗云。

注释

① 水蛋（chài） 豆娘和蜻蜓的稚虫，羽化为成虫时不经蛹期。

② 绀蟠（gànpán） 指黑红色且屈曲者。

③ 匝（zā） 环绕。

考释

聂璜引经据典，无非是说化生可无中生有。

鹢乌化墨鱼

鹢乌化墨鱼赞 乌化墨鱼，两物皆黑，诚中形外①，不离本色。

《本草》云："乌贼鱼，一曰是鹢乌所化。今其口脚犹存，颇相似，故名乌贼。"然予游闽之海滨，见乌贼实卵生。初出者名墨斗，疑鹢乌所化之说为未确。

考《字汇》云："鹢乌，状似鸠②，水鸟也。"及睹乌贼鱼喙，果如乌嘴，但以章然之喙③亦然，犹未信也。更尝询之渔人，云："乌贼，产南海大洋，以三四月至，散卵于海崎，五六月散归南海，小乌贼亦随之而去，至秋冬则无矣。且畏雷声，多雷则乌贼少。"又云："其墨能吐能收。"宜自有理，盖乌贼微躯，怀墨有限，苟能吐而不能收，安得几许松烟④为大海作墨池乎？又云："其背骨轻浮。名海螵蛸者，非因烹而食者剖存而得名也。墨鱼散后尸解，其肉不知作何变化。其背骨往往浮出海上，故曰海螵蛸。墨鱼岁岁化去，故无老而巨者〔一〕。"予闻其说，叹乌贼变化特无人见耳。据古人云鹢乌化乌贼，又安知乌贼之不化鹢乌乎？况形与色两肖。

予因得耶田鼠化为鴽之说参观之矣。《素问》曰："鴽，鹑也。"《本草》云："四月以前未堪食，是虾蟆所化。"愚按，虾蟆与鹌鹑形色绝相似。杨文公《谈苑》载："至道⑤二年夏秋间，京师鬻鹌者皆以大车载入，时多霖云，绝无蛙鸣。人有得于水间者，半为鹌，半为蛙。"古人目击如此。又赣友谢芹庵云："向客山海关，有莎鸡⑥。夏末大盛，五色而狗脚。其味甚美。亦云为蛙所变。"

陆地变化之物，人易辨而易知者历历如此。海中变化之鱼虫，人不及见则不易信，岂止一墨鱼也耶！

注释

① **诚中形外**　真诚的内心与外表表现一致。《礼记·大学》："此谓诚于中，形于外，故君子必慎其独也。"

② **鹌**（yì）　古同"鹢"，水鸟名；形似鸬鹚，善高飞。

③ **章然之喙**　章然，明显貌。此句似欠通达，恐有笔误。"章然之喙"改为"章鱼之喙"更合理。

④ **松烟**　古代制墨，多用松木烧出烟灰作原料，故名松烟墨。

⑤ **至道**　是宋太宗的最后一个（995—997年）年号。

⑥ **莎鸡**　又名络纬，为中型斯螽（螽斯），俗称纺织娘、络丝娘、蝈蝈。

校释

【一】岁岁化去，故无老而巨者　乌贼寿命一般只有一年，但是少数个体较大。

考释

聂璜游闽，见乌贼卵生，故"疑鹔乌所化之说为未确"。然而，其终因古籍如《素问》《本草》《谈苑》及友人所言而放下疑惑。聂璜所绘除头颈部外，余似乌贼的躯干部。聂璜对此进行解释，鶻乌和乌贼"形与色两肖",而且"乌贼鱼喙,果如鸟嘴"。其还进一步发挥:"鶻乌化乌贼,又安知乌贼之不化鶻乌乎"。

乌贼,即墨鱼,遇敌时会喷出墨汁,将周围的海水染黑,以掩护自己逃生。鶻乌为形似鸬鹚的水鸟。二者有截然不同的生活习性和生理结构,不可能产生如此"神奇"的转化。然而,为什么古人将二者联系在一起?乌贼有很强的游泳能力,似鶻乌善飞。此外,古人观察到乌贼口腔内具鸟喙状的颚,且乌贼外形和颜色也与鶻乌相似,故将乌贼视为鶻乌所变。

聂璜对乌贼虽有观察和探究,但限于条件,不能确切了解其生活习性和繁殖过程,难以自圆其说,故写道:"特无人见耳。"他还说:"陆地变化之物,人易辨而易知者历历如此。海中变化之鱼虫,人不及见则不易信,岂止一墨鱼也耶!"参见"墨鱼——乌贼"等条目。

大香螺化蟹——鲍、寄居蟹

大香螺化蟹赞 香螺肉锦,岂甘久隐,一朝变蟹,玉不椟韫[1]。

香螺[一]之肉如锦纹,壳形似土贴而黄绿色,或有黑斑点不等。其肉似腹鱼而微香,故以香名。壳之大者,见养花家,多架于药栏,以栽芸草花卉为玩。

吴日知云:"至老亦有变而为蟹者,人亦称为蟹螺。"

注释

① 椟韫(dúyùn) 收藏,蕴藏。句出《论语·子罕》:"子贡曰:'有美玉于斯,韫椟而藏诸?求善贾而沽诸?'子曰:'沽之哉,沽之哉!我待贾者也。'"

校释

【一】香螺 此图似鲍,非香螺。

考释

参见"九孔螺——鲍"条。

瓦雀变花蛤

瓦雀变花蛤赞　花蛤母雀，介属化生，其壳斑驳，仿佛羽纹。

瓦雀，即麻雀也。闽人初为予述，海滨花蛤多系瓦雀所化，余不敢信。以雀体大，蛤体小，焉得以蛤尽雀之量？及谢若翁先生为予言，花蛤果为瓦雀所化，曾亲见之。瓦雀尝成群飞集海涂，以身穿入沙涂之内死，其羽与骨星散，所存血肉变成小花蛤无数。或以一雀而幻成数十百花蛤，亦未可知，非一雀变一蛤也。故花蛤无种类，皆雀所化，然有时盛衰。有一年变者多则花蛤数百斛①，海人日日取之不竭；有一年变者少则取之易竭；然亦有数年无一花蛤之时，雀或不变，或飞往他处变也。

若翁先生九旬有三，善谈而喜饮，必不欺予而妄为是说。且《月令》原有雀入水为蛤之典，第人不经见②，疑信相半耳。今得瓦雀化花蛤说，读《月令》者可以相悦以解而无疑。

注释

① 斛　旧量器，方形，口小，底大；容量本为10斗，后来改为5斗。
② 不经见　不常见。

考释

麻雀又名家雀、琉麻雀，亚种分化极多，广布于我国南北各地以至整个欧亚大陆，是一种最常见的雀类。麻雀一般体长14 cm左右，褐色；喜欢群居，多活动在人类居住的地方。花蛤，有等边浅蛤、菲律宾蛤仔或杂色蛤等。麻雀与花蛤大小相差甚大，亲缘关系也很远。然而，花蛤与麻雀颜色相似，且具斑驳的羽纹，让人产生联想。

聂璜并不相信福建沿海居民"海滨花蛤多系瓦雀所化"的说法，因麻雀明显大于花蛤。聂璜虽未亲见这种变化，但认为耄耋之年的谢先生不会胡乱编造。此外，《礼记·月令》也有"雀入大水为蛤""雉入大水为蜃"的记载。综合二者，聂璜认为"可以相悦以解而无疑"。见"花蛤——等边浅蛤"等条。

蝙蝠化魁蛤

蝙蝠化魁蛤赞　仙鼠化蝠，飞腾上屋，蝠老入海，忽又生壳。

《本草》云，魁蛤是伏翼[1]所化，故一名伏老。魁蛤如大腹槟榔，两头有乳[一]，今出莱州[二]，表有文。《图经》云："老蝙蝠化魁蛤，用之至妙。"

愚按，鼠之老者，能化为蝠。为蝠多伏入岩谷，不能死矣，故称仙鼠。千年则色白矣，不知何以。有厌山谷者，又沉沦入海，而变为魁蛤。世间之物惟一变，惟鼠则变而又变。鼠性善疑，所谓首鼠两端，此变化之所以无定欤？蝠，一名飞鸓[2]，与蝠同。《史记》从鸟，《文选》从虫。按蝠形张翼，原有雷象，故字从畾[3]。

注释

① 伏翼　蝙蝠的别称，另有天鼠、仙鼠、飞鼠等名。

② 鸓（lěi）　即鼯鼠，属于松鼠科。

③ 畾　古同"雷"。

校释

【一】两头有乳　魁蚶两侧壳顶为圆形突起。

【二】今出莱州　魁蚶不仅栖于山东莱州，也分布于辽宁、河北、江苏、福建、广东等地。

考释

聂璜所绘蝙蝠从张开的贝壳中展翅，生动描绘了蝙蝠化为魁蛤的景象。

魁蛤属于软体动物门双壳纲蛤目，为味道鲜美的经济种。参见"巨蛤——魁蛤"条。蝙蝠属于脊索动物门哺乳纲真兽亚纲翼手目，分布于世界各地，是唯一有飞翔能力的哺乳动物。前者为海生的贝类，后者为陆生的兽类，二者差异何其之大！然而在古人的认知里面，天地万物都在变化，生物当然也可以由此变彼。文中描述了其变化历程：老鼠老了，化为蝙蝠；蝙蝠老了（甚至可活千岁），不想生活在山谷，则沉入海中化为魁蛤。

为何古人会认为是蝙蝠化为魁蛤，而不是其他动物呢？文中解释如下：虽然世间万物都是变化的，但是鼠类尤其善变。鼠性多疑，出洞时一进一退，不能自决。蝙蝠由鼠类所化，也是变化不定的。另外，蝙蝠有翅，活动能力远较鼠类强，甚至可在海滩附近盘旋觅食。推测古人观察到蝙蝠驻足于魁蛤上，因此联想到蝙蝠和魁蛤之间的化生关系。

值得一提的是，虽然蝙蝠在《史记》中被认为是"鸟"，在《文选》中被认为是"虫"，但大多被认为属鼠类。蝙蝠与鼠相似处：身覆短毛，尖嘴细牙，都有1对小眼和1对竖耳；都喜欢在黑夜活动，并发出"吱吱"叫声。故相传，老鼠偷吃油或盐变成了蝙蝠，因此蝙蝠又称盐老鼠。实际上，蝙蝠与老鼠是两种截然不同的动物。

雉入大水为蜃

雉入大水为蜃赞　雉蜃辨变，始于《月令》，齐丘化书，从兹取证。

或曰，雉，山禽也，曷为乎附入海物？不知雉虽山禽，而所入者则海，而所变者则海中之蜃也。《月令》止曰："雀入大水为蛤，雉入大水为蜃。"而《尔雅翼》则有以别之，曰："雀入淮为蛤，雉入海为蜃。"若是乎，蜃为海中之物，而雉亦得与鸥凫等类同附于海上之羽虫也，何疑？

考释

雉，体形如鸡，尾长，毛色五彩斑斓；栖于开阔林地和田野，冬时迁至山脚草原及田野间，成小群觅食。蜃是我国神话传说的一种海物。《周礼·掌蜃》："蜃，大蛤也。"《国语·晋语》："小曰蛤，大曰蜃。皆介物，蚌类也。"

有关雉化为蜃一说，古籍中多有记载，但是往往语焉不详，缺乏足够的证据。所以聂璜开篇指出，雉为山禽，怎么会附归于海产动物？他接着解释其中缘由，认为雉虽为山禽，但是进入海中则变为海物。然后他引用《月令》和《尔雅翼》以佐证此观点。最后他指出，雉与海鸥、野鸭等同是海上的鸟类。参见"海市蜃楼"条。

27

余　辑

《海错图》中非海洋生物或非生物辑于本篇。

朱蛙

朱蛙赞　葛仙炼丹[①]，遗有灶窝，炭火如拳，变为虾蟇。

朱蛙，产温州平阳海涂[一]、田野间。背大红色，腹白，状如常蛙，惟眼金色，光华灼烁有异。冬月始有，然偶有遇之取以为玩者，不可多得。王士俊亲见，为予图述。闽人云："吾福清亦间有此，甚大，约重八九两，全体赤色，可爱。"土人名为朱鸡。捕者偶得，不敢食，云为此方真人[②]庙神物，多舍[③]之。然有朱蛙处，群蛙不敢鸣，亦奇。

海蛙

注释

① 葛仙炼丹　指东晋道士葛洪（284—364年）在湖州炼丹。

② 真人　道家称"修真得道"或"成仙"的人。

③ 舍　放。

【一】产温州平阳海涂　如果朱蛙系海蛙，亦非产于温州。

聂璜所记朱蛙非海生。对于蛙类，除肺呼吸外，皮肤呼吸也是重要的途径。然而，高渗透压的海水不适于蛙行皮肤呼吸。

在我国，唯一生活于近海半咸水的蛙类是海蛙 *Rana cancrivora* Gravenhorst。海蛙体长 6 ~ 8 cm；头长略大于头宽，吻钝尖；前肢短，后肢粗壮；背面深绿色，具不规则的斑块；后肢有黑色条纹。海蛙大多傍晚觅食，因其食物以蟹为主，又名食蟹蛙。海蛙主要分布于广东、广西、海南红树林地区。

龙虱

龙虱赞　雾欝云蒸，龙鳞生虱，风伯雨师①，空中探出。

谢若愚曰：龙虱，鸭食之则不卵【一】，故能化痰。

按，龙虱状如蜣螂，赭黑色，六足两翅【二】而有须。本海滨飞虫也，海人干而货之，美其名曰龙虱，岂真龙体之虱哉？食者捻去其壳翼，啖其肉，味同炙蚕，不耐久藏。或曰此物遇风雷霖雨则坠于田间，故曰龙虱。

① 风伯雨师　我国神话中的风神和雨神。

考释

昆虫，六足四翅两触角，虽拥物种百万之众，但在海洋中种数甚少。据称，海洋因缺钙，不足以使昆虫外壳钙化；另外，动荡不定的海洋难以使其蛰伏生儿育女；再说，海风也会无情地把有翅昆虫吹得无影无踪。还有一种说法，昆虫的起源晚于甲壳动物，竞争和捕食的结果限制了昆虫大规模进入海洋。

龙虱，属于节肢动物门昆虫纲鞘翅目。明·谢肇淛《五杂俎·物部》："闽有龙虱者，飞水田中。与灶虫分毫无别。"所记"龙虱"非海洋所有。

海蜘蛛

海蜘蛛赞 海山蜘蛛，大如车轮，虎豹触网，如系蝇蚊。

海蜘蛛，产海山深僻处，大者不知其几千百年。舶人樵汲①或有见之，惧不敢进。或云年久有珠，龙常取之。

《汇苑》载，海蜘蛛巨者若丈二车轮，文具五色，非大山深谷不伏。游丝隘中，牢若絙②缆。虎豹麋鹿间触其网，蛛益吐丝纠缠，卒不可脱，俟其毙腐，乃就食之。

舶人欲樵苏者，率百十人束炬往，遇丝辄燃。或得其皮为履，不航而涉。

愚按，天地生物小常制大。蛟龙至神，见畏于蜈蚣；虎豹至猛，受困于蜘蛛；象至高巍，目无牛马，而怯于鼠之入耳；鼋至难死，支解犹生，而常毙于蚊之一啄。物性受制可谓奇矣。

注释

①樵汲 打柴汲水。

②絙（gēng）古同"緪"，大绳索。

海蜘蛛（sea spider），属于节肢动物门有螯亚门海蛛纲；具发达的单肢型附肢，第一附肢为螯肢，无触角，无复眼，无呼吸器官。海蜘蛛多见于潮间带和潮下带浅水域，常与其他海洋动物或海藻生活在一起。

然而，聂璜所绘，又似多了一对附肢的鞘翅目甲虫。

知风草

知风草赞　大块噫气[①]，自西自东，知风之自，草上之风。

知风草，生边海山岩，闽广海边处处有之。其草月月生成，有直绉纹，已具风动水成纹之象。所最奇者，每一节一风，无节无风。

横施于叶上者为节，图内七节，则七风矣

注释

① 大块噫气　大地发出来的气叫作风，这是古人对风起因的解释。《庄子·齐物论》："夫大块噫气，其名为风。是唯无作，作则万窍怒号。"大块：大自然，大地。噫气：吐气出声。

考释

宋·祝穆《方舆胜览》卷四三："知风草，丛生，若藤蔓。土人视其叶之节有无，以知一岁之风候。"明·董斯张《广博物志》："南海有草，丛生如藤蔓，土人视其节以占一岁之风。每一节则一风，无节则无风，名曰知风草。"

知风草 *Eragrostis ferruginea*（Thunb.）P. Beauv.，为单子叶禾本科画眉草属植物。

海盐

海盐赞　淮盐多晒，浙盐多煎，晒煎两用，惟闽能兼。

海水何以咸？《天经或问》辨之详矣，曰：海水之咸皆生于火。如火燃薪，木既已成灰，用水淋灌，即成灰卤，干燥之极，遇水则咸，此其验也。地中得火既多干燥，干燥遇火即成盐味。盐性下坠。试观五味，辛、甘、酸、苦皆寄草木，独是盐味寄于海水，足征四味浮轻，盐性沉重矣。海于地中为最卑下，诸盐就之。又曰，地中火煖多能变化，盐能固物使之不腐，又能敛物使之不生。盐水生物美于淡水，盐水厚重，载物则强，故入江河而沉者或入海而浮。海月入江，验痕深浅。石莲试海，盐则莲浮。可见盐能载物明矣。

《图象几表》云：日光彻地，则生温热。温热之极，则火成烬。水经其烬，因而得盐，故忘其热。而海水不冰者，亦具有热性矣。热极入地，即成干燥。欝为雷霆，升于晶明。火之精微，洞穴相通，则为西国火山、蜀中火井。若遇石气滋液发生，则成琉矾。泉源经之，即为温泉。火道所经，填压不出，则为火石。故火在地中，助于土气发生万物。五金八石及诸珍宝皆由火炼而成，然物中最近火者，无如硫黄。水过其上则成温泉，游子六《天经或问》，吾因论海盐，节略其说如此，此至理也。但地中之水易见，地中之火难见。判出奥义可知万物虽生于土，非死土也，有活火以养之。海之生物亦类焉。

《洪范》论五行曰："火，炎上。"又曰："润下作咸海。"火与盐虽似反背，不知激为波涛，嘘为潮汐，颠倒错乱而生，生之理出。

不但盐生于火，而诸物皆生于火。即如一蛎，本属湿生，为盐水之沫所结而成，而火性存焉。南海向阳无处不生，即枯腐之壳，或为风水之所飘聚，则结而为石花，丛而为冻菜。或为鱼虫之所吞噬，而遗出之则为石珊瑚、羊肚、鹅管、松纹、菌叶等石，阳刚之质几同五金，故朽壳仍存，生理而不坏。

观于盐块如水则化，入火不消，可知盐实生于火而受剋于水，有明征矣。

淮盐多晒出，其粒粗重而黑。浙盐皆熬成，其粒轻细而白。闽中之盐亦晒亦熬，晒者名大盐，熬者名小盐。既晒且熬，其盐最广，其价亦贱。自昔民间足食，迩来盐价甚昂，商民交困，何以至此？念国计民生者亟早察之。

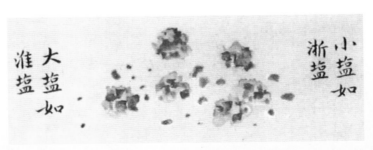

大盐如淮盐，小盐如浙盐

吸毒石

吸毒石赞　石有吸毒，本名婆娑^①，真者难得，伪者甚多。

吸毒石，云产南海，大如棋子而黑绿色。凡有患痈疽、对口钉疮、发背诸毒，初起以其石贴于患处，则热痛昏眩者逾一二时后，不觉清凉轻快，乃揭而拔之人乳中，有顷则，石中迸出黑沫，皆浮于乳面，盖所吸之毒也。

乃又取石，仍贴患处，以毒尽为度，石不能贴而落则毒尽矣。凡治患者，必投乳以出毒，否则毒蕴结于石，石必碎裂而无用。然一石不过用十余次，久之吸毒之力减或破碎不可用，故藏此者不轻以假人。售此石者解急需者，难购，不易得。

余寓福宁，承天主堂教师万多默惠以二枚，黑而柔软。以其一赠马游戎，其一未试，不知其真与伪也。考诸类书以及《本草》《海槎录》《异物记》，并无石有以吸毒石名者。止于《汇苑》见有婆娑石，云生南海，解一切毒。其石绿色，无斑点，有金星。磨之成乳汁者为上。番人尤珍贵之，以金装饰作指彄^②带之，每饮食罢，含吮数四以防毒。其石欲试真假，滴鸡冠热血于碗中，以石投之，化其血为水者乃真也。亦谓之婆娑石。今日吸毒石即此。

┏┓**注释**┏┛

① 婆娑　描绘盘旋舞动的样子，也表示枝叶扶疏的样子，还形容眼泪闪动的样子。
② 彄（kōu）　同"驱"。

《海错图》序　观海赞　跋文

《海错图》序

　　《中庸》言①，天地生物不测，而分言不测之量。独于水，而不及山[一]。可知生物之多，山弗如水也。明甚。

　　江淮河汉皆水，而水莫大于海。海水浮天而载地，茫乎不知畔岸，浩乎不知津涯。虽丹嶂②十寻，在天池荡漾中，如拳如豆耳，大哉海乎！允为百谷之王，而山何敢与京！故凡山之所生，海尝兼之。而海之所产，山则未必有也。何也？

　　今夫山野之中，若虎，若豹，若狮，若象，若鹿，若豕，若骥，若兕③，若驴，若马，若鸡犬，若蛇蝎，若猬，若鼠，若禽鸟，若昆虫，若草木，何莫非山之所有乎？而海中鳞介等物多肖之。虎鲨变虎，鹿鱼化鹿。鼠鲇诱鼠，牛鱼疗牛。象鱼鼻长，狮鱼腮阔。鹤鱼鹤啄，燕鱼燕形。刺鱼皮蝟，鳐鱼翅禽。魟鱼蝎尾，狱鱼豕心。海骥肉腴，海豹皮文。海鸡足胼，海驴毛深。海马潮穴，海狗涂行。海蛇如蟒，海蛭若螾。鲽鱼既伴鹣鹣，人鱼犹似猩猩。海树槎枒，坚逾山木。海蔬紫碧，味胜山珍。海鬼何如山鬼，鲛人确类野人。所谓山之所产，海尝兼之者如此。

　　若夫海之所产，卵胎湿化，其类既繁，鳞介毛螺，厥状尤怪，诚有禹鼎④之所不能图，《益经》⑤之所不及载者矣，然此特具体而微者尔。至稽海上伟观，鲤可堂也，鳐可帘也，蠔可阜也，龟可洲也，鼍可城也，鳍脊任春也，鳌首戴山也，摩竭之鱼吞舟也，善化之蟹大九尺也，北溟之鲲不知其几千里也，是岂山中鸟兽所能髣髴其万一者！所谓海之所产，山未必能有者如此。

况乎网起珊瑚，已胜丹砂之赤。而宵行熠耀，难侔蚌室之光。山川出云，仅为霖于百里。而潮汐与月盈虚，直与天地相终始也。山与海大小之量何如？无怪乎生物多寡相去悬殊，是以《禹贡》惟以"错"称海物也，概可知矣。

夫错者，杂也，乱也，纷纭混淆，难以品目，所谓不可测也。今予图海错，甲乙鱼虾，丹黄螺贝，绘而名，名而赞，赞而考，考而辨，不犹然视海以为可测乎？曰非然也。予图所采，亦取其可见可知者而已，其不及见知者何限哉？然则博物君子披阅是图，慎毋曰燃犀一烛也，谓吾以蠡测⑥海也可。

时康熙戊寅仲夏
闽客聂璜存庵氏题于海疆之钓鳌几

注释

①《中庸》言　《中庸》原句："其为物不贰，则其生物不测。"不测，难以意料、不可知、不可计数、不可测量。

② 丹嶂　翠色屏风样的山峰。句出唐·李隆基《幸蜀西至剑门》："剑阁横云峻，銮舆出狩回。翠屏千仞合，丹嶂五丁开。"

③ 兕（sì）　古称雌犀牛。

④ 禹鼎　传说夏禹铸九鼎，上铸万物，使民知何物为善，何物为恶。另外，鼎象征九州，后以喻国家领土、政权。

⑤《益经》　指《山海经》。有种观点认为，《山海经》为伯益在辅佐大禹治水时整理的。

⑥ 蠡（lí）测　典出《汉书·东方朔传》："以莞窥天，以蠡测海，以莛撞钟，岂能通其条贯，考其文理，发其音声哉！"用蠡（贝壳做的瓢）来舀海水，喻自不量力。

校释

【一】而不及山　记为"而山不及"宜解读。

《海错图》观海赞

水天一色，万国同春。鱼鳖咸若①，四海荡平。

① 咸若 句出禹曰："吁！咸若时，唯帝其难之。"后以咸若称颂帝王之教化。谓万物皆能顺其性，应其时，得其宜。

《海错图》跋文

儒不识字，农不识谷，樵不识木，渔不识鱼。四者非不识也，不能尽识也。

《字学正韵》万有一千五百二十，《广韵》二万六千一百九十有四，兼之篆隶异体、雅俗异尚，此字之于儒难尽识也。

稻黍稷麦菽，五谷总称也。而谷又有百种之名，百种之外，品类繁多、迟早异性、风土异宜，此谷之于农难尽识也。

《书》称栝①柏，《诗》咏桑杨，可知之木也。其余《篇海》所载木类，《汇苑》所纪杂树，多有闻其名而不得见，或见其木而误称其名，此木之于樵难尽识也。

郭璞《江赋》，鱼称鳍、鰊、鳠、鲉、鲮、鳐、鯩、鲢。张融《海赋》，鱼称鲖、鳄、鳙、鲐、鳒、魟、鳏、鳕，匪但渔叟未悉其状，即雅士亦难审其音。鳞虫虽曰三百六十属，《说文》、韵书所载鱼名既广，而不在典籍之内者尤不知凡几，此鱼之于渔难尽识也。

予不识字，愚等农夫，贱同樵子，乃敢越俎，妄求识鱼，不大谬乎！不知既不识字，又不识鱼，坐老岁月何益乎！

缘是借海滨作濠②上之游，数年以来得识海鱼种种。乃因识鱼，而并喜得识字。若魟，若鲍，若鲔，若鲫，若鲅，若鲭，若鳠，若鲅，若鳍鰊，若鳞鲰，若绿鲹，若蛞鲭，若鸥鲗，若鲦鲐，若鲬鞠，若蝇鲟，若魟鲂，若鳐鲦，若鲑鳟，若鑹鸓，若鰕、蟹、鲜、鉗，若鲀、鳞、鲜、鲡、鲵、鲍、鲦、鳐，以及鲟、鲖、鲺、鲻、鎬、鳐、鲮、鋸、鉤、鲹、鲃、鲯、鳍、鳎、鲱、鳢、鲱、钱、鲡、鲴、鲸、鋻、鲹、鲯、鳘、鳐、鲊、鲂、鳘、鉍、鳞、鲑、鳟、鳜、鳘、鹏、鲦、鲓、鲟、鲘、鉅、鲥、鑞、鲮、鲐、鳜、鳗、鳟、鳒、鲛、鲃、鲹、鍚、鈚、鈘、鐶、鹹、鳒、鉤等鱼名，皆因求识鱼而反得识字者也。若是乎，海错一图，居今稽古，不为无益。

① 栝（guā） 指桧树。
② 濠（háo） 水名，在我国安徽省。

图海错序　观海赞　附跋文

图海错序

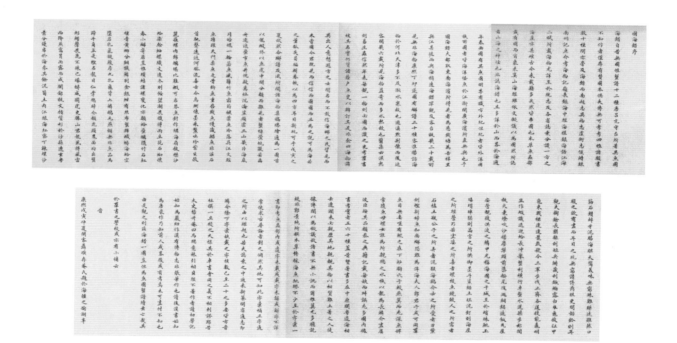

　　海错自昔无图[一]，惟《蟹谱》十二种，唐[二]吕亢守台所著。《异鱼图》，不知作者，仅存有赞，图本俱失传，无可考。考四雅诸类书数十种，间亦旁及海错；而《南越志》、《异物志》、《虞衡志》、《侯鲭录》、《南州记》、《鱼介考》、《海物记》、《岭表录》、《海中经》、《海槎录》、《海语》、《江》《海》二赋，所载海物尤详。至于统志及各省志乘，分识一方之海产，亦甚确。

　　古今来，载籍多矣，然皆弗图也。《本草·鱼虫部》载有图，而肖象未真；《山海经》虽依文拟议以为图，然所志者山海之神怪也，非志海错也，且多详于山而略于海；迩年[①]泰西国有《异鱼图》，明季有《职方外纪》，但纪者皆外洋国族，所图者皆海洋怪鱼，于江浙闽广海滨所产无与也。

予图海错，大都取东南海滨所得，见者为凭。钱塘为吾梓里，与江甚近，而与海稍远，海错罕观。及客台瓯几二十载，所见无非海物。康熙丁卯②，遂图有《蟹谱》三十种。客淮扬，访海物于河北、天津，多不及浙，水寒故也。游滇、黔、荆、豫而后，近客闽几六载，所见海物益奇而多，水热故也。《医集》云：湿热则易生虫，信然。

年来每睹一物，则必图而识之，更考群书，核其名实，仍质诸蜑户鱼叟，以辨订其是非。金③曰："海物谲异，出人意想。远方之士，闻名而不敢信。海乡之民，习见而未尝图。今君既见而信，信而图，图而且为之说，可为海若之董狐④矣。"曷编辑卷帙，以为四方耳目新玩，可乎？

戊寅之夏，欣然合《蟹谱》及凤所闻诸海物，集稿誊绘，通为一图。首以龙虾，终以鱼虎，中间分类而杂见者。蟹棹鲎帆俨若扁舟逐浪，蜃市鱼井恍疑万灶沉沦。鲨头云亚山几片，海底月皓魄一轮。箬鱼风籇⑤，竹鱼霜筠。枫叶鱼冷落吴江，文鳐鱼踊跃天门。柔鱼乏骨，钩鱼重唇。钱鱼慢藏，鲳鱼非淫。石首驰声远近，河豚流毒古今。乌鲗怀墨，朱鳖吐珍。紫贝壳丽，苏螺肉锦。蚝堪比鞋，虾可名琴。鱼针作绣，海扇披襟。沙蛤染翰，蛐螺织文。逢冬则馁，望潮畏腊。得雨生花，石蜐怀春。小蟹寄居，岂惟琐蛣？诸螺变化，亦类蛤蜃。蛎随竹石，虹种青黄。蛳分铜铁，鳞别金银。蚶有丝布，蟹辨蟥蟳。海蛤空堕，岩乳气凝。鳆房九孔，龟背七鳞。鹅毛燕额，无非鱼品。马蹄牛角，并是蛏名。龙目仙掌，总归介类。虎头鬼面，均出蟹形。鳄声畏鹿，不殊巴蟒。蟳威斗虎，更胜山君。龙虱得风雷而降，燕窝冒雨露而成。闽鄙瓯文，指质形于沙蒜。辽玄粤素，分优劣于海参。其余泥笋土肉，江绿海红，密丁辣螺，沙筋石钻，蚌牙泥肠，海胆天脔，美味无穷，殊难殚述。虽然口腹之欲有尽，而耳目之玩无穷。请停鼎俎，更问韬钤。则再观夫掬枪长槊，拥剑短兵，鲋藏利簇，鳜露白刃，龟披征甲，鼋束战裙。逢逢鼍鼓，号令三军，步伐止齐，各逞技能。鼋明坐作，虾识退迎，蛤长冲举，蟹利横行。车螯水运，桀步邮闻，执火秉燎，吹沙扬尘。犁头前导，拔尾后巡，铜锅造饭，瓦屋安营。睹彼洪波之鳞甲，允称海国之干城。至于蠙珠蚍玉、璿瑁砗磲，则晶宫之所供御。墨斗鲨锯、土坯泥钉，则海屋之所经营。乃若涂婆之所喜者，螺梭鱼镜鲛人之所需者，石楗土瓶公子之所弄者，泥猴海鹞介士之所爱者，刀鳖、剑蛏、新妇鱼、和尚蟹恐难为伴，海夫人、郎君子或可同群。鱼目无妻，嗟有鳏之在下。鲹胸穴子，较燕翼而尤深。鱼婢常随鱼母，螺女谁为所亲？

总之，水族以龙为长，鳞介尽属波臣，按其品类乔之。典籍记载每缺，而舛误尤多。图内据书考实者五六十种。盖昔贤著书多在中原，闽粤边海相去辽阔，未必亲历其地，亲睹其物，以相质难土著之人，徒据传闻以为拟议，故诸书不无小讹。而《尔雅翼》尤多臆说，疑非郭景纯所撰【三】。《本草》博采海鱼，纰缪不少。至于《字汇》一书，即考鱼虫部内，或遗字未载，或载字未解，或解字不详，常使求古寻论者对之惘然。其他可知，此《字汇》补《正字通》之所由以继起也。若夫志乘之中，迩来新纂闽省通志，即鳞介条下《字汇》缺载之字，核数已至二十之多。要皆方音杜撰，一旦校之天禄⑥，其于车书⑦会同之义不相刺谬⑧耶！

昔太史杨升庵曰："马总《意林》引《相贝经》，不著作者。读《初学记》，始知为严助作。汉有《博物志》，非张华作也。读《后汉书》，始知为唐蒙作。"乃知前人或略后或有考焉，未可尽付不知也。由是观之，则兹海错一图，岂但为鱼图蟹谱续垂亡哉？其于群书之雠⑨校，或亦有小补云。

时康熙戊寅仲夏
闽客聂璜存庵氏题于海疆之掬潮亭

注释

① 迩年　近年。

② 康熙丁卯　1687年。

③ 佥（qiān）　都。

④ 董狐　春秋晋国太史，亦称史狐。董狐为史官，不畏强权，坚持原则，秉笔直书赵盾族弟赵穿弑晋灵公，开我国史学直笔传统的先河。

⑤ 箨（tuò）　竹笋上一片一片的皮。

⑥ 天禄　具多种解释，如古代神话里辟邪的神兽，天赐的福禄等；在此指汉代藏书阁名。

⑦ 车书　《礼记·中庸》："今天下车同轨，书同文。"后泛指国家制度（统一）。

⑧ 刺谬（là miù）　亦作刺缪。违背，悖谬。

⑨ 雠（chóu）　同"雠"，校对文字。

校释

【一】海错自昔无图　明·文俶于1617—1620年著《金石昆虫草木状》，工笔彩绘千多种金石、生物，含海洋动物牡蛎、玳瑁、文蛤、乌贼、鱼等40余种，海洋植物海带、昆布、鹿角菜等4种。可能晚二十几年的聂璜未见。

【二】唐　聂璜误记。吕亢，宋代人。参见200页注释⑥。

【三】疑非郭景纯所撰　《尔雅翼》为宋·罗愿所撰。"景纯"为晋·郭璞的字，郭璞所著《尔雅注》为后人所宗。

观海赞

海不扬波，鱼虾可数，际会①明良②，风云龙虎。

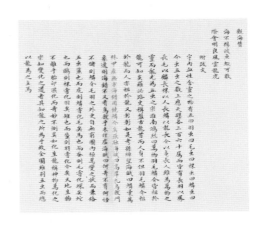

注释

① 际会　聚首、聚会，引申为配合、呼应。
② 明良　指贤明君主和忠良臣子。

附跋文

宇内血性含灵之物有五，曰羽虫，曰毛虫，曰裸虫，曰鳞虫，曰介虫。

五虫之数，上应天躔①，各三百六十属而皆有长，羽以凤长，毛以麟长，裸以人长，鳞以龙长，介以龟长。人虽为万物之灵，而龙尤为五虫之宗。

《淮南鸿烈》曰："万物羽毛鳞介，皆祖于龙。"可知矣。罗泌《路史》称，盘古龙首而人身，不但羽毛鳞介祖于龙，而人亦祖于龙，又彰彰如是。考孙绰《望海赋》曰"鳞汇万殊，甲产无方"，海错固饶鳞介矣。张融《海赋》曰"高岸乳鸟，兽门象逸"，则海错不又有鸟兽乎？木玄虚《海赋》曰："何奇不育，何怪不储"，则鳞介毛羽之外，更自无穷。

图内极万变之状，而兼备五虫，鲨也而虎，则鳞尝化毛矣；马也而蚕，则毛尝化蠃矣；蛇也而鸥，则裸尝化羽矣；雉也而蜃，则羽尝化介矣。

天地生物不离乎胎卵湿化，而奇妙不测，莫如化生。龙称神物，万化之宗，知变化之道者，其知龙之所为乎？故全图虽别五虫，而总以龙为之主焉。

注释

① 躔（chán）　兽走过的足迹或指天体运行的投影。

参 考 书 目

汉·戴德.大戴礼记.丛书集成初编.长沙：商务印书馆，1937（民国二十六年）.

汉·朱仲.相贝经.北京：中华书局，1991.

汉·许慎撰.清·段玉裁注.说文解字注.2版.上海：上海古籍出版社，1988.

汉·司马迁.史记.北京：中华书局，1959.

汉·班固.汉书.北京：商务印书馆，1958.

汉·袁康.越绝书.清文渊阁四库全书本.

汉·杨孚.异物志.丛书集成初编.上海：商务印书馆，1936.

吴·陆玑.毛诗草木鸟兽虫鱼疏.清咸丰七年刻本.

吴·沈莹.临海水土异物志辑校.张崇根，辑校.北京：农业出版社，1988.

北魏·贾思勰.齐民要术.北京：中华书局，1956.

魏·张揖.广雅.丛书集成初编.上海：商务印书馆，1936.

晋·师旷撰.张华注.禽经.北京：中国戏剧出版社，1999.

晋·郭璞注.尔雅.丛书集成初编.长沙：商务印书馆，1937.

晋·张华.博物志.丛书集成初编.长沙：商务印书馆，1939.

晋·崔豹.古今注.明万历吴琯刻本.

晋·干宝.搜神记.上海：上海古籍出版社，1999.

南朝梁·任昉.述异记.清光绪元年（1875）湖北崇文书局刻本.

南朝梁·萧统.昭明文选.李善，注.北京：中华书局，1977.

南朝梁·顾野王.玉篇.北京：国家文化出版公司，2008.

南朝梁·陶弘景.本草经集注.尚志钧，尚元胜，辑校.北京：人民卫生出版社，1994.

唐·苏敬，等.新修本草.上海：上海科学技术出版社，1959.

唐·虞世南.北堂书钞.清光绪十四年南海孔氏三十有三万卷堂刻本.

唐·徐坚.初学记.北京：中华书局，1962.

唐·欧阳询.艺文类聚.北京：中华书局，1959.

唐·段成式.酉阳杂俎.北京：中华书局，1981.

唐·段成式.酉阳杂俎续集.北京：中华书局，1981.

唐·刘恂.岭表录异.丛书集成初编.上海：商务印书馆，1936.

唐·段公路.北户录.丛书集成初编.上海：商务印书馆，1936.

宋·苏颂，等.本草图经.福建：福建科学技术出版社，1988.

宋·陆佃.埤雅.北京：中华书局，1985.

宋·朱彧.萍州可谈.清文渊阁四库全书本.

宋·唐慎微.证类本草.清文渊阁四库全书本.

宋·范成大.桂海虞衡志.南宁：广西民族出版社，1984.

宋·李昉.太平御览.北京：中华书局，1960.

宋·李昉.太平广记.北京：中华书局，1961.

宋·李石.续博物志.丛书集成初编.上海：商务印书馆，1936.

宋·沈括.梦溪笔谈.丛书集成初编.长沙：商务印书馆，1937.

宋·傅肱.蟹谱.丛书集成初编.长沙：商务印书馆，1939.

宋·毛胜.水族加恩簿.清顺治年间刻本.

宋·罗愿.尔雅翼.合肥：黄山书社，1991.

宋·高承.事物纪原.北京：中华书局，1989.

宋·梁克家.三山志.淳熙九年（1182）成书.

宋·戴侗.六书故.上海：上海社会科学院出版社，2006.

明·杨慎.异鱼图赞.丛书集成初编.长沙：商务印书馆，1939.

明·黄省曾.鱼经.丛书集成初编.长沙：商务印书馆，1939.

明·冯时可.雨航杂录.上海：文明书局，1922.

明·闵梦得.漳州府志.万历四十一年刻本.厦门：厦门大学出版社，2012.

明·李时珍.本草纲目.北京：人民卫生出版社，1957.

明·谢肇淛.五杂俎.上海：上海书店出版社，2009.

明·彭大翼.山堂肆考.上海古籍出版社，1992.

明·郭棐.万历广东通志·琼州府.明万历二十七年刻本.海口：海南出版社，2006.

明·徐光启.农政全书.北京：中华书局，1956.

明·王圻，王思义.三才图会.上海：上海古籍出版社，1988.

明·何乔远.闽书.福州：福建人民出版社，1995.

明·屠本畯.闽中海错疏.丛书集成初编.长沙：商务印书馆，1939.

明·屠本畯.海味索隐.清顺治三年李际期宛委山堂刻本.

明·方以智.方以智全集 第一册 通雅.上海：上海古籍出版社，1988.

明·陈懋仁.泉南杂志.丛书集成初编.上海：商务印书馆，1936.

明·王世懋.闽部疏.丛书集成初编.上海：商务印书馆，1936.

明·文俶.金石昆虫草木状.明万历年间彩绘本.

明·张自烈，廖文英.正字通.北京：中国工人出版社，1996.

清·周亮工.闽小记.丛书集成初编.上海：商务印书馆，1936.

清·胡世安.异鱼图赞补.丛书集成初编.长沙：商务印书馆，1939.

清·胡世安. 异鱼图赞闰集. 丛书集成初编. 长沙：商务印书馆，1939.

清·徐化民. 乐清县志. 康熙二十四年刻本.

清·屈大均. 广东新语. 北京：中华书局，1985.

清·褚人获. 续蟹谱一卷. 世揩堂藏版.

清·张英，等. 渊鉴类函. 上海：上海文艺出版社，1996.

清·蒋廷锡，等. 古今图书集成. 北京：中华书局，1934.

清·曹秉仁修，万经纂. 宁波府志. 清雍正十一年刻本.

清·屈大均. 广东新语. 北京：中华书局，1985.

清·黄任，郭庚武. 泉州府志. 清同治九年章倬标刻光绪八年补刻民国十六年续补刻本.

清·陈廷敬. 康熙字典. 北京：国际文化出版社公司，1993.

清·陈元龙. 格致镜原. 清正十三年刻本.

清·吴其濬. 植物名实图考. 北京：商务印书馆，1959.

清·黄宫绣. 本草求真. 上海：上海科学技术出版社，1959.

清·阮元校刻. 十三经注疏. 北京. 中华书局，1980.

清·李调元. 南越笔记. 丛书集成初编. 上海：商务印书馆，1936.

清·李调元. 然犀志. 丛书集成初编. 长沙：商务印书馆，1939.

清·厉荃. 事物异名录. 北京：中国书店，1990.

清·赵学敏. 本草纲目拾遗. 上海：商务印书馆，1955.

清·周学曾等. 晋江县志. 清道光九年稿本.

清·鲍作雨，张振夔. 乐清县志. 北京：线装书局，2009.

清·郝懿行. 尔雅义疏. 咸丰六年刻本. 北京：北京中国书店，1982.

清·郝懿行. 记海错. 清光绪五年东路厅署刻本.

清·李元. 蠕范. 丛书集成初编. 上海：商务印书馆，1937.

清·郭柏苍. 海错百一录. 清光绪十二年刻本.

清·喻长霖，等. 台州府志. 清光绪二十三年稿本. 台北：成文出版社，1970.

民国·徐珂. 清稗类钞. 北京：中华书局，1986.

民国·连横. 台湾通史. 北京：九州出版社，2008.

佚名. 百子全书. 杭州：浙江人民出版社，1984.

汪仁寿. 金石大字典. 天津：天津古籍出版社，1982.

国际动物命名法委员会编辑委员会. 国际动物命名法规（第四版）. 卜文俊，郑乐怡，译. 北京：科学出版社，2007.

中国科学院海洋研究所. 中国经济动物志　海产鱼类. 北京：科学出版社，1962.

陈大刚，张美昭. 中国海洋鱼类. 青岛：中国海洋大学出版社，2016.

陈惠莲，孙海宝. 中国动物志　无脊椎动物　第三十卷　甲壳动物亚门　短尾次目　海洋低等蟹类. 北京：科学出版社，2002.

陈万青.海错溯古.青岛：中国海洋大学出版社，2014.

戴爱云，杨思谅，宋玉枝，等.中国海洋蟹类.北京：海洋出版社，1986.

郭郛.尔雅注证：中国科学技术文化的历史纪录.北京：商务印书馆，2013.

苟萃华，汪子春，许维枢.中国古代生物学史.北京：科学出版社，1989.

何径.贝壳.采集鉴定收藏指南.哈肯海姆：ConchBooks，2010.

黄晖，杨剑辉，董志军.南沙群岛渚碧礁珊瑚礁生物图鉴.北京：海洋出版社，2013.

黄宗国，林茂.中国海洋生物图集.北京：海洋出版社，2012.

李海霞.汉语动物命名考释.成都：四川出版集团巴蜀书社，2005.

廖玉麟.中国动物志　棘皮动物门　海参纲.北京：科学出版社，1997.

廖玉麟.中国动物志　棘皮动物门　蛇尾纲.北京：科学出版社，2004.

冷宇，张宏亮，王振中.黄渤海常见底栖动物图谱.北京：海洋出版社，2017.

刘静，吴仁协，康斌，等.北部湾鱼类图鉴.北京：科学出版社，2016.

刘瑞玉，王绍武.中国动物志　无脊椎动物　第二十一卷　甲壳动物亚门　糠虾目.北京：科学出版社，2000.

刘瑞玉，钟振如.南海对虾类.北京：科学出版社，1986.

刘瑞玉.中国北部经济虾类.北京：科学出版社，1995.

钱仓水.《蟹谱》《蟹略》校注.北京：中国农业出版社，2013.

钱仓水.中华蟹史.桂林：广西师范大学出版社，2019.

沈嘉瑞，刘瑞玉.我国的虾蟹.北京：科学出版社，1976.

徐增莱，汪琼，吕春朝，等.中国生物学古籍题录.昆明：云南教育出版社，2013.

王珍如，杨式溥，李福新，等.青岛、北戴河现代潮间带底内动物及其遗迹.武汉：中国地质大学出版社，1988.

王祖望.中华大典　生物学典　动物分典.昆明：云南教育出版社，2015.

文金祥.清宫海错图.北京：故宫出版社，2014.

杨德渐，孙瑞平.中国近海多毛动物.北京：农业出版社，1988.

杨德渐，孙瑞平.海错鳞雅.青岛：中国海洋大学出版社，2013.

杨思谅，陈惠莲，戴爱云.中国动物志　无脊椎动物　第四十九卷　甲壳动物亚门　十足目　梭子蟹科.北京：科学出版社，2012.

袁珂.山海经校注.上海：上海古籍出版社，1980.

张春霖，成庆泰，郑宝珊，等.黄渤海鱼类调查报告.北京：科学出版社，1955.

张凤瀛，廖玉麟，吴宝铃，等.中国动物图谱　棘皮动物.北京：科学出版社，1964.

张孟闻，宗愉，马积藩.中国动物志　爬行纲第一卷　总论　龟鳖目　鳄形目.北京：科学出版社，1998.

张素萍.中国海洋贝类图鉴.北京：海洋出版社，2008.

张玺，齐钟彦.贝类学纲要.北京：科学出版社，1961.

郑作新.脊椎动物分类学.北京：农业出版社，1964.

邹仁林.中国动物志　无脊椎动物　第二十三卷　腔肠动物门　珊瑚虫纲　造礁石珊瑚.北京：科学出版，2001.

周开亚.中国动物志　兽纲　第九卷　鲸目　食肉目　海豹总科　海牛目.北京：科学出版社，2004.

小野田胜造，小野田伊久马，等.内外动物原色大图鉴.东京：诚文堂新光社，1943.

木村重.鳞雅.华中铁道版，1945.

青木正儿.中华名物考（外一种）.范建明，译.北京：中华书局，2005.

学名索引

后记——聂璜和《海错图》

聂璜《海错图》受到人们的青睐和关注。有文称"这是大清国的海鲜图鉴"，也有的谓"这是乾隆皇帝亲自策划下绘制的"，还有的说"这是紫禁城里游出的海洋生物"……颇多奇谈。

聂璜其人

聂璜生平，史无明载。仅依《海错图》知，聂璜单字存，号存庵；浙江杭州钱塘人；一生经清顺治、康熙、雍正三朝。

1645年，《海错图》"空须龙虾"条记："顺治乙酉……时予童年，塾师即此命对……"顺治乙酉为1645年。按5岁入塾推算，聂璜生于1640年前后。他可入塾，家里能购得价值不菲的龙虾，其家境当属殷实。

1651—1666年，聂璜回故里，在文人汇聚的杭州学文、学画，未记师从何人。但就《海错图》所记所绘，其阅历和学养，非常人能及。

1667年，"客台瓯几二十载"。台瓯指浙江台州、温州。

1687年，绘就《蟹谱三十种》。同年写《日本新话》，附入《闻见录》，惜佚。此见"海鳛——鲸"条。

1687—1694年，"客淮阳"，访海物于河北、天津，又"客闽几六载"。期间，1690年（康熙庚午年）游滇、黔、荆、豫（见"云南紫蟹——淡水蟹"条）。

1698年，"集稿誊绘，通为一图"名《海错图》。《海错图》序："时康熙戊寅仲夏　闽客聂璜存庵氏题于海疆之钓鳌几"。图海错序记："时康熙戊寅仲夏　闽客聂璜存庵氏题于海疆之掏潮亭"。

1699年，补牛角蛏、海蛇。己卯夏，补梅花鲨。

1701年，在德州幸遇名手唐书玉，补神龙。也就是说，直到1701年聂璜仍勤于绘画、勤于写作《海错图》。从康熙六年始，用时35年。

聂璜，似未步入仕途，可能也无甚功名，亦非权贵。对其影响巨大者，至少有两人。

丁文策，字叔范，号固庵，又称江樵先生。其乃聂璜岳丈，明末清初颇具文名的文言小说家，著《江樵杂录》《壮非琐言》等。其精于医术，闻名于当地，享年八十一。有文记："钱塘丁文策，号固庵。明诸生，明亡，不仕。"清末遗老吴庆坻《蕉廊脞录》亦载："丁文策，字叔范，号固庵，钱塘人。貌瘦削而面黑，人目为黑丁。少为诸生，有声。甲乙后，遂弃去，偕母妻避居骆家庄。巡抚张存仁闻其才，迹所在而说之，嘿不应承之。以威不动，曰铁石人也。""庵"释为草屋或书斋，"固庵"示固守于此而不仕。聂璜自号存庵，以承其志。丁文策亲为《蟹谱图说》写序，曰："聂子存庵，余门下倩玉也。好古博学，每遇一书一物，必探索其根底，覃思其精义而后止。"他还写道："昔张司空茂先在乡间时著《鹪鹩赋》，既嗣宗见之，叹为公辅才。"丁文等把聂璜比作晋惠帝时为司空的张华，有宰相、大臣（公辅）之才。

张汉逸，聂璜姊丈。在金华拥有香室、药室（药铺）（见"海蛇"条和"鼋"条），系医家富贾。"海蛇"条记："张汉逸姊丈金华香室有干海蛇两条，云为琉球人所赠，可为治疯之药。""鲨"条记："闽中张汉逸，业医而博古，无书不览。因与论鲨，彼出二十年前病中所著《鲨赋》，示予而快之。"《海错图》中常有张汉逸之言，二人互尊张汉翁、存翁，足见关系之亲密。

聂璜何以绘而文《海错图》

《图海错序》记："古今来，载籍多矣，然皆弗图也。《本草·鱼虫部》载有图，而肖象未真；《山海经》虽依文拟议以为图，然所志者山海之神怪也，非志海错也，且多详于山而略于海；迩年泰西国有《异鱼图》，明季有《职方外纪》，但纪者皆外洋国族，所图者皆海洋怪鱼，于江浙闽广海滨所产无与也。"这足见聂璜对海洋生物情有独钟而作《海错图》。

聂璜所绘，工整细密、线描精细、设色绚丽。从绘画功力看，他训练有素，不在明·文俶（1595—1634）之下。文俶为文征明之玄孙女，以工笔描绘，粉彩敷色，著有《金石昆虫草木状》，但仅画海洋生物40种，惜无文字。

聂璜谓："予图海错，大都取东南海滨所得，见者为凭。钱塘为吾梓里，与江甚近，而与海稍远，海错罕观。及客台瓯几二十载，所见无非海物……年来每睹一物，则必图而识之，更考群书，核其名实，仍质诸蜑（疍）户鱼叟，以辨订其是非。"

聂璜在表达能力方面，亦非一般。如《蟹谱图说》自序，引经据典，言简意赅，可谓经典："蟹之为物，《禹贡》方物不载，《毛诗》咏歌不及，《春秋》灾异不纪……《太元》著郭索之名，《搜神》传长卿之梦。拨棹录收《岭表》，拥剑赋入《吴都》。化漆为水《博物》志也，悬门断虐，《笔谈》及之。蟹醢疏于《说文》，蟹螯称于《世说》。《淮南》知其心躁，《抱朴》命以无肠。《酉阳》识潮来而脱壳，《本草》论霜后以输芒……介士为吴俗之别名，铃公为青楼之隐语。吕亢叙一十二种之形，仁宗惜二十八千之费。忠懿叠进，惟其多矣，钱昆补外，又何加焉？此半壳含红之句，既欣慕于长公。而寒蒲束缚之吟，宁不垂涎于山谷也耶？"

聂璜除涉猎诸子百家、博览群书外，还有言人所不能言、敢于批评的勇气。如在《图海错序》写道："盖昔贤著书多在中原，闽粤边海相去辽阔，未必亲历其地，亲睹其物，以相质难土著之人，徒据传闻以为拟议，故诸书不无小讹。而《尔雅翼》尤多臆说，疑非郭景纯所撰。《本草》博采海鱼，纰缪不少。至于《字汇》一书，即考鱼虫部内，或遗字未载，或载字未解，或解字不详，常使求古寻论者对之惘然……"

在传承上，三国吴·沈莹《临海水土异物志》、唐·刘恂《岭表录异》、宋·郑樵《通志》，明·谢肇淛《五杂俎》、明·杨慎《异鱼图赞》、明·黄省曾《鱼经》、明·屠本畯《闽中海错疏》等，此外还包括本草、地方志，对海洋生物的所记，均为聂璜绘作打下基础。

《海错图》为谁而作

明清易代后，面对"溥天之下，莫非王土。率土之滨，莫非王臣"的统治以及"一言一字皆怀诡谲"的清初文字狱，对聂璜来说，绘作恐怕是免受迫害的不二选择。

即便如此，在又写又画中，稍有不慎也会有灭顶之灾。聂璜在"空须龙虾"条借海物说南明政权："物象委靡，早已兆端矣。张汉逸曰：'然！'"这有向当朝示好之意，旨在自保和保护他人。

再说，受其岳丈固守不仕的影响，聂璜何去何从，已无须讳言。

聂璜在"海参"条中写道，"世事之伪极矣"，又在"虎鲟"条中诗曰："山君传是兽之王，敛迹潜身入蟹筐。从此渡河浮海去，知无苛政到遐荒"，均表达了他对时政的看法。

除此之外，聂璜再无只字提及清朝。从清代朝廷不放过屈翁山来看（参见"潜龙鲨——中华鲟"条注释），聂璜在清初的"文字狱"中能否得以幸免也是个谜！

如上所记，绘作《海错图》是聂璜兴趣所使，爱好所为。这不是为皇室而作，也不是为弘扬朝政而为，更非为"货于帝王家"。

据确切的文字记载，1701年聂璜"集稿誊绘，通为一图"后，《海错图》旋即于雍正四年（1726年）被副总管太监苏培盛搜罗入宫。可叹《海错图》从此被锁入宫中，鲜为人知300余年。《海错图》被搜罗入宫后，被分为4册。抗日战争时期，故宫文物南迁后，4册失群。其后3册返回北京故宫博物院，1册收藏于台北故宫博物院。

对《海错图》全书的排列顺序，也有必要正本清源。聂璜在《图海错序》记："戊寅之夏，欣然合《蟹谱》及夙所闻诸海物，集稿誊绘，通为一图。首以龙虾，终以鱼虎，中间分类而杂见者。"这里写得很清楚，《海错图》"首以龙虾，终以鱼虎"。显然，台湾故宫博物院收藏的"龙虾"本，应该是《海错图》之首；而北京故宫博物院收藏的则是其后的3册。后人将错就错，或许还浑然不觉。

另外，还要指出，当年清宫中《海错图》被重新装裱。从乾隆经嘉庆到宣统，虽有鉴藏印钤以示御览，有把"龙头虾"后置的"原则错误"，但用的仍是《海错图》原名。因此，2014年刊印的《海错图》易名为《清宫海错图》，实属谬误。

简评

囿于时代，聂璜的《海错图》中难免有道听途说、牵强附会之言，有谬悠荒唐、画鲸似鱼之处。制约着聂璜对海洋生物认识的是：

其一，聂璜言必"化生"："天地生物不离乎胎卵湿化，而奇妙不测，莫如化生。"诸如"鲨变虎""刺鱼变箭猪""蛇鱼化海鸥""鱼雀互化""蝗虫化虾""瓦雀变花蛤"等，均属主观臆断、无稽之谈。

其二，聂璜称"山之所生，海尝兼之。而海之所产，山则未必有也"：山有蜈蚣、蚕、驴、虎，海中必有海蜈蚣、海蚕、海驴、鱼虎，且前者可化为后者。其说、其推论、其图，均相当武断。

其三，聂璜"笃信前说"：如石斑鱼（海鳟鱼）"与蛇交而孕，故其刺甚毒""上岸合牝"等等，均系古人不知石斑鱼雌雄同体，性成熟时全为雌性，次年逆转成雄性（性逆转）之故。即便聂璜在观察中，发现这些说法"谬甚矣""事实不一"（见"虎鲨"条），但仍沿袭古之"成说"。

据统计，《海错图》绘图340余幅。除去重复种、淡水种、非生物、神话动物、"化生"相关图、友人代画者，计300余幅图，涵盖原生动物、刺胞动物、环节动物、星虫动物、软体动物、节肢动物、腕足动物、棘皮动物、脊椎动物（软骨鱼、硬骨鱼、海蛇、海龟、海鸟、海兽）等海洋动物和海藻。如此巨幅长篇，可谓古代之最。

如果以1840年鸦片战争作为我国古代与近代的分界，那我国这部既写实又彩绘之《海错图》，被誉为首部"中国古代海洋生物志"或称为"中国古代海洋生物全书"，当之无愧。

我们在逐字逐句通读并系统研究4册《海错图》的过程中，力求贯通古今，古为今用、以今统古，分类解读。我们也遇到不少困难，正是聂璜著《海错图》锲而不舍的精神激励我们前行！

本书得以付梓，是亲朋好友共同努力的结果，是前辈、同侪学者研究的继续，也是近年来相对安定的学术环境使然。